植物生理生态学

（第2版）

主　　编	蒋高明	
副 主 编	高玉葆　常　杰　刘美珍	
编　　者	（按姓氏拼音排序）	
	曹坤芳　常　杰　陈世苹　樊大勇	
	高玉葆　葛　滢　黄振英　蒋高明	
	李永庚　刘滨扬　刘美珍　刘允芬	
	牛书丽　彭长连　师生波　王光美	
	王艳芬　吴冬秀　于顺利　张守仁	
	赵可夫	
学术秘书	程　达　谷　仙	

高等教育出版社·北京

内容简介

　　本书比较全面系统地介绍了植物生理生态学知识，对重要概念、重要事件进行了回顾。全书共分 8 章：第 1 章介绍植物生理生态学的学科起源与发展史，第 2 章至第 6 章分别论述植物的生长环境、光合生理生态、水分生理生态、矿质营养、植物生长发育的生理生态，第 7 章阐述自然环境胁迫与植物的适应，第 8 章探讨人类活动造成的污染胁迫与植物的反应。全书在保持第 1 版基本知识框架的基础上，补充了新的学科进展、常见植物生理生态指标测定和本学科领域有重大科学贡献科学家的介绍等内容，使教材更加符合现阶段植物生理生态学教育，并具有更强的实用性。

　　本书不仅是植物生理生态学及相关专业本科生教材，也可作为从事植物生理学、生态学、环境科学、生物多样性保护等方面教学、科学研究相关人员的重要参考书。

图书在版编目（CIP）数据

　　植物生理生态学 / 蒋高明主编 . −−2 版 . −− 北京：
高等教育出版社，2022.4
　　ISBN 978−7−04−053807−6

　　Ⅰ. ①植… Ⅱ. ①蒋… Ⅲ. ①植物生理学②植物生态
学 Ⅳ. ① Q94

　　中国版本图书馆 CIP 数据核字（2020）第 038186 号

Zhiwu Shengli Shengtaixue

策划编辑　李光跃　　责任编辑　张　磊　　封面设计　王　洋　　责任印制　朱　琦

出版发行	高等教育出版社	网　　址	http://www.hep.edu.cn
社　　址	北京市西城区德外大街4号		http://www.hep.com.cn
邮政编码	100120	网上订购	http://www.hepmall.com.cn
印　　刷	北京市联华印刷厂		http://www.hepmall.com
开　　本	787mm×1092mm　1/16		http://www.hepmall.cn
印　　张	19.75	版　　次	2004 年 12 月第 1 版
字　　数	480 千字		2022 年 4 月第 2 版
购书热线	010-58581118	印　　次	2022 年 4 月第 1 次印刷
咨询电话	400-810-0598	定　　价	45.00元

　　蒋高明，山东平邑人。1985年毕业于山东大学生物系植物学专业，同年考入中国科学院植物研究所，1988年和1993年分别获得硕士和博士学位，1991—1992年和1995—1996年分别在英国利物浦大学和美国哥伦比亚大学生物圈二号研究中心做访问学者。现任中国科学院植物研究所研究员、博士生导师、中国科学院大学教授、《植物生态学报》副主编、《生态学报》编委、《生命世界》编委、《首都食物与医药》编委、联合国大学咨询专家。曾任联合国教科文组织人与生物圈中国国家委员会副秘书长、山东省人民政府泰山学者特聘教授、联合国教科文组织人与生物圈计划城市组委员、中国生态学会副秘书长、中国生物多样性保护基金会副秘书长、中国环境文化促进会理事、北京植物学会常务理事兼青年工作委员会主任、中国生态系统研究网络生物分中心学术委员、中国科学院植物研究所学位委员会委员等。

　　长期从事植物生理生态学、恢复生态学、农业生态系统管理研究。提出自然恢复理论以及"畜南下、禽北上"战略构想；创立了生态效益与经济效益双赢的"弘毅生态农业"模式；研究成果曾两度被选入国际知名大学教科书，并被美国《科学》杂志报道；针对风沙源治理、食品安全、生物入侵、自然保护区、水源保护等建议，多次获国家有关部门领导批示、肯定。

　　发表学术论文200多篇，其中SCI论文110篇，专著10部；被SCI刊物引用2993次，单篇论文引用最高153次，主编国内第一部植物生理生态学教科书。代表性专著有《以自然之力恢复自然》《中国生态环境危急》《中国生态文明建设》《中国生态六讲》《生态农场纪实》等。

　　已培养出站博士后10名，博士毕业生48名（其中留学生2名），硕士毕业生17名；培养美国、法国、德国、韩国等国进修生5名；目前有在读硕士生、博士生以及在站博士后10名。

编者简介

曹坤芳　博士，广西大学林学院教授、博士生导师。研究方向：热带森林植物的水分和光合生理生态学、胁迫生理学研究、胁迫环境下植物生长、发育、形态解剖。通讯地址：广西南宁市大学东路100号，邮编：530004；E-mail：caokf@xtbg.ac.cn 或 kfcao@public.km.yn.cn。编写第3章第7节。

常　杰　博士，浙江大学生命科学学院教授、博士生导师。研究方向：植物生理生态学、理论生物学、富营养化治理的生态工程。通讯地址：浙江省杭州市文三路34号，邮编：310012；E-mail：jchang@public.hz.zj.cn。参与本书框架设计、编写第6章。

陈世苹　博士，中国科学院植物研究所研究员、博士生导师，研究方向：植物生理生态学、生态系统生态学，通讯地址：北京市海淀区香山南辛村20号，邮编：100093；E-mail：spchen@ibcas.ac.cn。参与编写附录Ⅱ 10.5。

樊大勇　博士，北京林业大学林学院研究员、博士生导师，研究方向：植物生理生态学。通讯地址：北京市海淀区清华东路35号，邮编：100083；E-mail：dayong73fan@163.com。编写附录Ⅱ 5。

高玉葆　博士，南开大学生物系教授、博士生导师。研究方向：植物生理生态学。通讯地址：天津市南开区卫津路94号，邮编：300071；E-mail：ybgao@sun.nankai.edu.cn。参与本书框架设计、编写第4章。

葛　滢　硕士，浙江大学生命科学学院教授、博士生导师。研究方向：植物化学生态学、濒危植物保护生物学、环境污染与治理的生态技术及理论生物学研究。通讯地址：浙江省杭州市文三路34号，邮编：310012；E-mail：geying@hzcnc.com。编写第2章第1节和第4节。

黄振英　博士，中国科学院植物研究所研究员、博士生导师。研究方向：植物生理生态学、种子生态学、分子生态学。通讯地址：北京市海淀区香山南辛村20号，邮编：100093；E-mail：zhenying@ibcas.ac.cn。参与本书统稿，编写第7章第5节。

蒋高明　博士，中国科学院植物研究所研究员、中国科学院大学教授、博士生导师。研究方向：植物生理生态学、恢复生态学及农业生态系统管理。通讯地址：北京市海淀区香山南辛村20号，邮编：100093；E-mail：jgm@ibcas.ac.cn。设计本书框架，编写第1章、第2章第2节和第3节、第3章（第7节除外）、第7章第4节、第8章、附录Ⅱ 4、附录Ⅱ 6~9。

李永庚　博士，中国科学院植物研究所研究员。研究方向：植物生理生态学及作物生理学。通讯地址：北京市海淀区香山南辛村20号，邮编：100093；E-mail：

liyonggeng@ibcas.ac.cn。编写第 7 章第 2 节、附录Ⅱ3、附录Ⅲ。

刘滨扬　博士，河北师范大学生命科学学院讲师。研究方向：植物生态学，苔藓植物学及污染生态学。通讯地址：河北省石家庄市南二环东路 20 号，邮编：050024，E-mail：fleetcher.2003@163.com。参与编写第 8 章第 5 节。

刘美珍　博士，中国科学院植物研究所副研究员。研究方向：植物水分生理生态学。通讯地址：北京市海淀区香山南辛村 20 号，邮编：100093；E-mail：liumzh@ibcas.ac.cn。负责本书统稿，编写第 8 章、附录Ⅱ4 和Ⅱ11。

刘允芬　中国科学院地理科学与资源研究所研究员、博士生导师。研究方向：农业生态系统对全球变化的响应研究。通讯地址：北京市朝阳区大屯路 3 号 917 大楼，邮编：100101；E-mail：liuyf@igsnrr.ac.cn。编写第 7 章第 1 节。

牛书丽　博士，中国科学院地理科学与资源研究所研究员、博士生导师。研究方向：植物光合生理生态学、全球变化生态学。通讯地址：北京市朝阳区大屯路 3 号 917 大楼，邮编：100101；E-mail：sniu@igsnrr.ac.cn。编写附录Ⅰ、附录Ⅱ1。

彭长连　博士，华南师范大学生命科学学院教授、博士生导师。研究方向：植物生理学。通讯地址：广东省广州市天河区中山大道西 55 号，邮编：510631；E-mail：pengchl@scib.ac.cn。编写附录Ⅱ2。

师生波　博士，中国科学院西北高原生物研究所研究员、博士生导师。研究方向：紫外辐射的植物生理生态学。通讯地址：青海省西宁市西关大街 59 号，邮编：810008；电话：0971-6143282；E-mail：sbshi@mail.nwipb.ac.cn。编写第 7 章第 3 节。

王光美　博士，中国科学院烟台海岸带研究所副研究员。研究方向：生态学、生物多样性保育及生态修复。通讯地址：山东省烟台市莱山区春晖路 17 号，邮编：264003；E-mail：gmwang@yic.ac.cn。编写第 5 章。

王艳芬　博士，中国科学院大学生命科学学院教授、博士生导师。研究方向：全球生态学。通讯地址：北京市石景山区玉泉路 19 号（甲），邮编：100049；E-mail：yfwang@gscas.ac.cn。编写附录Ⅱ10。

吴冬秀　博士，中国科学院植物研究所研究员。研究方向：全球生态学、植物生理生态学及理论生态学。通讯地址：北京市海淀区香山南辛村 20 号，邮编：100093；E-mail：wudx@ns.ibcas.ac.cn。编写附录Ⅱ10。

于顺利　博士，中国科学院植物研究所副研究员。研究方向：土壤种子库生态学、生物多样性保护。通讯地址：北京市海淀区香山南辛村 20 号，邮编：100093；E-mail：yushunli2002@yahoo.com。编写第 7 章第 6 节。

张守仁　博士，中国科学院植物研究所研究员、硕士生导师。研究方向：全球气候变化对森林生态系统的影响及植物生理生态学。通讯地址：北京市海淀区香山南辛村 20 号，邮编 100093；E-mail：zsr@ibcas.ac.cn。编写附录Ⅱ5。

赵可夫　山东师范大学逆境植物研究所教授、博士生导师。研究方向：盐分胁迫生理生态学、植物抗盐生理机制。通讯地址：山东省济南市历下区文化东路 88 号，邮编：250014；E-mail：zhaokefu@263.net。编写第 7 章第 7 节。

数字课程（基础版）

植物生理
生态学

（第2版）

主编　蒋高明

 **Abook**

植物生理生态学（第2版）

　　植物生理生态学（第2版）数字课程与纸质教材一体化设计，紧密配合。数字课程包括教学课件、知识性附录、参考文献、名词解释、索引等内容，充分运用多种形式的媒体资源，为师生提供教学参考。

用户名：	密码：	验证码：	5360 忘记密码？	登录	注册

http://abook.hep.com.cn/53807

扫描二维码，下载Abook应用

日月如梭，《植物生理生态学》出版已17年了。第1版连续10次印刷，被不少高校用于研究生或本科生教材，或作为研究生入学考试命题的参考书，反响不错。然而，第1版毕竟过去时间较长，一些知识不断更新，亟待出版新版。几年前就制订了第2版出版计划，无奈科研任务繁重，致使再版工作拖了又拖。在各位编写人员努力下，《植物生理生态学》（第2版）终于和大家见面了。主要修订内容如下：

第一，修订版对重要生理生态概念、重要事件进行了回顾。每一门学科都是在不断发展的，有些研究已经非常深入，但学科毕竟有其界限，是不能无限扩大的。本书力求在植物个体水平上探讨植物与环境的关系，尽量将研究介绍到器官水平，只有一些机制解释借鉴了生理学或分子生物学的研究进展。

第二，充分考虑了教材实用功能，并在此基础上开发课件。目前，关于植物生理生态学图书种类繁多，大多数是针对某一类型的植物进行的分析，例如《药类植物生理生态学》《荒漠植物蒙古扁桃生理生态学》《植物光合、蒸腾与水分利用的生理生态学》等，而*Plant Physiological Ecology*由于是外文，翻译成中文会有一些意义上的偏差和时间上的滞后。相比之下，本书比较全面系统地介绍了植物生理生态学知识，再版后可以补充最新的知识，能够更好地为读者服务，如增加了延伸阅读与思考题等内容。

第三，增加了本领域有重大科学贡献的科学家的介绍，以诺贝尔奖获得者为主。植物生理生态学的发展离不开前人的贡献，一些重要机制的发现，如光合作用这一重要过程的发现，是经历了几代科学家不断努力而获得的。对于大家都熟悉的光合作用过程，我们在梳理中发现，共有8名科学家获得了诺贝尔奖。他们是谁？主要发现是什么？对科学和社会有什么贡献？在新版中，我们对其进行了介绍。

第四，补充了一些新的植物生理生态指标的测定方法。20年前，植物生理生态指标测定还局限于光合、水分、温度等指标，随着信息技术、电子技术与成像技术的不断进步，植物生理生态测定仪器也不断更新。除光合仪、叶绿素荧光仪、水势仪等外，本书增加了涡度相关碳通量等指标测定方法的介绍。

第五，增加了一些新的学科进展。针对植物与光、温度、水分、胁迫、环境污染的关系，介绍了一些新的研究进展，重点修改了污染环境植物的响应研究。污染生态学的出现已有近半个世纪，过去造成污染胁迫的以二氧化硫、氯气、重金属为主，现增加臭氧、雾霾下植物胁迫响应研究内容。

第六，修订了原书的错误。再好的教科书，总会有或多或少的错误，第1版中出现的错别字及拉丁文、文献引用不合适的地方，在本书中进行了更正。

第七，更换了部分图表。一本好的教科书，必须是图文并茂的。在读图的时代，好的插图，尤其是重要刊物上发表的最新发现的机理图或生理生态学过程图，对于理解比较晦涩的生理生态学知识是大有裨益的。为此，我们要求编写者参考国际著名的植物生理生态

学、生态学教材，参考生态学主流刊物，替代了第1版中我们认为不美观或不典型的插图或表格。

　　参与本书修订和编辑的学者，除部分原书作者外，中国科学院植物研究所植被与环境变化国家重点实验室的部分科研人员、博士后和研究生们，也参与了再版工作。吴光磊博士、李彩虹博士、郭立月博士、刘海涛博士、孟杰博士；博士研究生谷仙、岑宇、崔晓辉、王岚，硕士研究生战丽杰、虞晓凡、梁啸天、宋彦洁、原寒、徐子雯、秦天羽、吴志远、张易成等，他们的名字没有出现在作者队伍中，但付出了无私的劳动。其中，梁啸天对书稿进行了大量的核对工作，对于以上人员的辛勤劳动，特致谢忱。

蒋高明

2021年11月28日

目录

第 1 章

植物生理生态学的学科起源与发展史

　　植物生理生态学和植物生态生理学讨论的问题有很大的一致性，甚至在一些场合下，它们被混为同样的学科。造成同一学科的不同理解的原因在于中国学者对外文术语的翻译与理解。例如，奥地利学者 Larcher 编著的 *Physiological Plant Ecology*（原书以德文出版），李博先生等人在英译本的基础上翻译为《植物生理生态学》（Larcher 1980）；17 年后同是该书（再版），翟志席等人就译成《植物生态生理学》（Larcher 1997），给初学者带来了困惑。实际上，植物生理生态学与植物生态生理学中"生态"与"生理"前后排列的差异，意味着研究所强调的重点有所不同，研究生理的往往习惯用"生态生理"，它或多或少地涉及机制的变化和反应；而"生理生态"研究多限于某种生理现象而较少涉及机制。尽管如此，两门学科在大多场合下是可以互相包容的。它们基本上研究相似的问题，但从中文的译法以及"约定俗成"与"先入为主"的实用角度出发，在中文里我们接受"植物生理生态学"这一术语作为这一学科的正式名称，英文我们倾向于用 plant ecophysiology 作为这一学科的正式名称，以避免造成更大的混乱。与植物生理生态学关系比较密切的学科有实验植物学（experimental botany）、环境植物学（environmental botany）、植物进化生态学（plant evolutionary ecology）、功能生态学（functional ecology）等。

1.1　植物生理生态学的特点

　　植物生理生态学是植物生态学的一个分支，它主要是用生理学的观点和方法来分析生态学现象。它研究生态因子以及植物生理现象之间的关系，即生态学与生理学的结合。植物生理生态学研究的问题包括：①植物与环境的相互作用和基本机制；②植物的生命过程；③环境因素影响下的植物代谢作用和能量转换；④有机体适应环境因子改变的能力。植物生理生态学研究可以在不同的尺度水平上展开，从分子、细胞、组织、器官、个体，到种群、群落，甚至生态系统等都可以展开有关的研究，但研究的焦点是有机体本身，即无论在哪个尺度上的研究都要围绕个体的基本性能表现（performance）来进行。个体是自然选择中以其去留使优良性状得以保存和发展的基本单元，个体层次起承前启后的作用。因此，植物生理生态学的学科定位是：①研究种群、群落和生态系统生理功能的学科；②宏观与微观生物学研究的结合点；③个体水平以下研究结果的证明和理解等。

　　从 20 世纪 60 年代开始，国际地圈与生物圈计划（IGBP）启动；1971 年，联合国环境计划署（UNEP）启动了国际生物圈计划（IBP），后来该计划发展成为"人与生物圈计划"（MAB）。目前参与该计划的国家达 120 多个，分布全球各大洲。在上述 IGBP、IBP、

MAB 计划的有力推动下，植物生理生态学得以迅速发展。近 20 年来，植物生理生态学的研究日新月异，其研究在从细胞到生态系统各个组织层次放大的同时，又重新将重点集中到个体水平。研究对象从过去的以作物和常见种为主转向生物多样性和全球变化的关键植物种类。当前植物生理生态学研究的新动向便围绕上述问题展开，包括：植物温室气体浓度上升造成的全球变暖和由它带来的各种变化中的生理生态响应；植物适应和进化的机制，对有限资源的合理利用；光、温、水、气、养分等多种环境因子对植物影响的相互作用；对植物生长发育的影响；植物的抗逆性潜能和植物生长过程的动态模拟；特殊生境下植物的生态适应机制等。

近年来，由于人类经济活动对生物圈干扰的不断升级，造成的生态环境问题越来越突出，如全球气候变化、生物多样性不断丧失、环境污染扩大与加重等。这些环境问题的存在和导致的不良后果引起了各国政府与科学家的广泛关注。植物生理生态学从生理机制上探讨植物与环境的关系、物质代谢和能量传输规律以及植物对不同环境条件的适应性（Larcher 2003）。由于它能够给许多生态环境问题以生理机制上的解释，因而得到日益广泛的重视。例如，许多著名的国际刊物，如 *Plant, Cell and Environment*、*Oecologia*、*Functional Ecology*、*Journal of Experimental Botany* 等，其上发表植物生理生态学研究的论文不断增加。如在 *Oecologia* 的固定栏目中，生理生态学（ecophysiology）被列在首位。由此可以看出，植物生理生态学越来越多地受到重视，已成为植物生态学领域重要的学科方向之一。

1.2　植物生理生态学的起源与发展阶段

植物生理生态学来源于植物生态学，它作为一门成熟的学科也只有几十年的历史。最初植物生理生态学关注的内容是介绍生态学的思想，即介绍"植物与环境"系统中的基本过程、作用功能的机制。作为植物生态学，我们知道它的起源是二元的（李继侗 1958）：一方面是由植物地理学发展而来，起源于德国植物地理学家 A. von Humboldt（1769—1859）；另一方面则来源于植物生理学，始于瑞士学者 A. P. de Candolle（1778—1848）。至于谁是植物生理生态学的奠基人，从目前掌握的资料看，似为德国植物生态学家 A. F. W. Schimper（1856—1901），他在 1898 年发表的经典著作《基于生理学的植物地理学》一书的序言中就强调了植物生理生态学研究的必要性。从萌芽阶段开始，植物生理生态学已经历了 5 个阶段。

1.2.1　思辨方法和准实验方法阶段（1750 以前）

在古代社会生产力低下的条件下，人们只能依靠感官进行表面观察，对获得的不充分事实进行简单的逻辑推理及非逻辑的构思，得出一些带有猜测性的笼统结论。国外一些文明古国在这方面贡献很大，如古埃及的尼罗河引水灌溉农业等。这里，我们以中国为例，介绍一些朴素的植物生理生态学思想。《尚书·洪范》（记载的时代约公元前 2000—前 600）中的"一曰水，二曰火，三曰木，四曰金，五曰土"五行说，从非常朴素的观点提出了万物包括生命在内的起源及其相互关系。《周礼》有关于阳生植物与阴生植物的记载，如"仲冬斩阳木，仲夏斩阴木"以及郑玄对其的注解"阳木生山南者，阴木生山北者"。春秋时期（前 770—前 476）的《管子·地员》专门记载了土壤类型特点与自然分布的和适宜种植的植物，将土壤分为上中下 3 等，每等又分 6 类，每类又分 5 种，计 90 种，所种植的谷物列有 36 种之多。如文中记载"赤垆，历强肥，五种无不宜，其麻白，其布黄，其草宜白茅与蕱，其木宜赤棠"。西汉（公元前 202—公元 8）的《淮南子》记载"草木洪者为本，而杀者为末"以及"故食其口而百节肥，灌其本而枝叶美，天地之性也"，描述了植物地上部与地下部的关系；《盐铁论》中有关于光影响植物生长的记载，如"茂林之下无丰草，大块之间无美苗"。北魏（386—534）贾思勰著的《齐民要术》则论述了各种农作物、蔬菜、果树、竹木的栽培，书中所记载的旱农地区的耕作和谷物栽培、树苗繁殖、嫁接方法，都是对植物生长习性的观察总结。尤其可贵的是，贾氏提倡的"顺天时，量地力，则用力少而成功多；任情反道，劳而无获"的思想，就是在科学比较发达的今天也是符合生理生态学思想的。唐宋之后，人们对植物与环境的关系理解更进一步了，如唐代（618—907）刘恂《岭表录异》记载"广州地热，种麦则苗而不实"，揭示了小麦发育需要低温阶段的现象；北宋（960—1127）《东溪试茶录》的"茶宜高山之阴，而喜日阳之早"是关于植物与光照的辩证关系的记载；元代（1271—1368）王祯《农书·粪壤篇》记载有踏肥、大粪、苗粪、草粪、火粪、泥粪多种肥料，同时指出绿肥在江南地区普遍使用，以及"一切禽兽毛羽亲肌之物，最为肥泽"，上述描述是关于植物与土壤关系的精彩记载。然而，需要指出的是，中国古代的思想家大多是从自然界那里认知一些基本的规律，包括生命的起源与演化，但后来这些知识大多被引申为做人和做官的道理，很少像文艺复兴以后的西方人那样沿着认知自然的道路走下去。这可能就是为什么我们祖先很早的发现不能演变成近代自然科学的主要原因。

西方人在这一漫长的阶段中，大部分时间的科学与技术是落后于中国的。但是工业革命以后，西方在自然科学的道路上却领先于中国了。如在植物生理生态学的最初阶段，西方科学家开始注意到植物与环境的关系：波义耳最早提出了元素、化合物和土壤盐分的概念（Boyle 1661）；17 世纪初布鲁塞尔的医生范·海耳蒙特（van Helmont）设计了著名的柳树实验，试图寻找光合作用的物质来源（Loomis 1960）；Woodward（1699）利用液体培养技术栽培植物，找出了植物生长需要的一些营养物质，显然这是受到了化学家的影响；Hales（1727）指出了空气是植物体的组成部分，认识到了光合作用主要物质的来源问题；18 世纪初，一批科学家补充了范·海耳蒙特等人的实验，从而完善了对光合作用的发现。

1.2.2 观察与描述方法的开创阶段（1750—1900）

在生态学的初创时期，生态学研究基本上停留在描述阶段，而生理学研究则大部分局限在实验室内，植物生理生态学仍未从其双亲学科中脱离出来。在植物生理学方面，1862年李比希提出了著名的最小因子定律（Liebig 1862）；在植物生态学方面，1866 年海克尔提出了生态学的概念（Haekel 1866）。其后，Pfeffer（1900）在众多学者在植物与环境观察与描述的基础上，出版了第一部《植物生理学》，书中内容涉及了植物的光合作用、呼吸作用、同化物质的分配、水分关系、矿质营养、氮同化、植物与环境关系等内容，书中的有些观点影响至今。另外值得提出的是，Haberlandt（1884）、Schimper（1898）、Warming（1891）等人分别从植物解剖学、植物地理学和植物生态学的角度出发，提出了植物对环境的适应性，并围绕各自的研究提出了一系列重要的猜测和假说，这些成果的获得在很大程度上是由于他们善于观察。因此，观察是植物生理生态学研究的一种重要方法。

相对于后来的实验方法而言，观察方法有很多缺点和局限性：①只能得到关于事物本质的某些表面现象，而某些现象往往时过境迁，不能自发重现，限制了进一步深入研究；②只能得到事物综合的表面现象，无法了解原因。生命现象是自然界最复杂的运动形式，生态学过程尤其复杂，仅仅运用观察方法远远不能解决深入的问题，必须采用实验方法。

1.2.3　实验方法阶段（1900—1950）

实验方法是利用仪器或控制设施有意识地控制自然过程条件，模拟自然现象。利用环境控制技术，在研究某种因子对植物的影响时，控制其他环境条件尽量不发生改变，这样就避开了干扰因素，突出主要因素，在特定条件下探索客观规律。实验方法与观察方法的不同在于：①改变单个因素，保持其他因素不变，从而判断各个因素的作用，使研究对象以纯粹的、更便于观察和分析的形态表现出来。如李比希在研究影响植物生长的营养元素中，就是采取上述"避轻就重"的做法，其对实验生物学影响很大。②实验结果能够反复再现，重复研究。

作为植物生理学与植物生态学的交叉学科，植物生理生态学也是植物生态学中实验内容最强的分支学科。这些工作早在 20 世纪初就有人认真地做工作了，如 Clements（1907）研究了植物叶片能量的平衡；Blackman（1905）根据他的实验提出了限制光合生产的一些基本因子，指出光合作用受到数种因子影响时，其受限制的程度取决于供应量最少（小）的那个因子。虽然后来发现该定律难以判断不同因素之间是否有交叉作用，但它对于理解植物的生理活动仍然具有重要意义。其后，许多学者对环境因子对植物生长发育过程的影响进行了大量的实验研究，如植物气孔的开张（Briggs *et al.* 1920）、光补偿点、光饱和点（Bates & Roeser 1928）、CO_2 补偿点、CO_2 饱和点、温度（Blackman & Matthaei 1905）、矿物质（Briggs 1922）对光合作用的影响等，取得了有意义的成果。但这些研究大部分是在室内进行的，其进行时的环境与自然环境差别较大，并且主要是对单个因子的影响做研究，故仅能从某个侧面反映植物的生理生态特性，无法表现在自然环境中多种因素作用对植物的功能的综合影响。鉴于这些原因，一些先驱者开始尝试把生理学实验搬到野外去，如苏联的 Maximov（1929）和美国的 Daubenmire（1974）等，研究了沙漠植物和植物群落中的植物与环境关系。这些研究促进了植物生理生态学作为一门独立的学科的问世。20 世纪50 年代，Billings 最早倡议把植物生理生态学看作是一门独立的学科，对该段详细的历史读者可以参考他写的回忆录（Billings 1985）。

实验方法阶段初期，存在的主要问题是实验方法的缺陷，例如在与生理活动相应的小尺度上测定气候因子就很困难，成为植物生理生态学发展的一个限制因子。直到 20 世纪60 年代才有了精确测定植物叶温、光合有效辐射的技术；CO_2 交换和 H_2O 的现代测定技术使植物生理生态学家可以在自然条件下对气孔活动、蒸腾和光合速率进行连续的监测。尽管研究手段较以前有明显的改进，但距离植物生理生态学实验研究的要求还差很远。例如，当时只能对草本植物和木本植物的幼苗进行控制部分环境条件的试验，并且自然环境的模拟技术水平较低。再如，如何在生长室中模拟风速的涡动效应，当时还没有解决。在水生生态系统中，光、涡流以及碳交换的测定都还只是初步的形式。植物地下环境及植物地下过程测定方法相当缺乏。虽然人们对植物的气孔控制和失水方面的理解已经取得了很大进展，但植物细胞水分关系中的有关参数，如膨压、渗透势的测定仍然相当困难。在植物 – 离子关系方面，情况也相似。

1.2.4 理论方法与综合方法阶段（1950—1980）

植物生理生态学主要发展于 20 世纪下半叶，自然科学得到迅速的发展。在此形势下，作为科学研究的工具，运用单一的研究方法已经不能满足需要了。研究对象和研究方法之间的关系已经发生了根本性变化，研究方法呈现出交叉化、多元化、综合化的发展趋势。

植物生理生态学研究方法的演变不可能再走与其他古老学科（如物理学和化学）同样的路。自然科学，甚至一些社会科学的先进方法和理论无时不渗透进来。20 世纪 60 年代以来，植物生理生态学研究方法开始长足发展，特别是野外测定手段的不断改进和计算机的广泛采用使模型方法得到广泛的运用。精确测定植物代谢与其微环境变化成为可能，也为人工气候室内自然环境的模拟奠定了基础。如研究多种限制因素的相互作用对 CO_2 和 H_2O 气体交换的影响（Holmgren *et al.* 1965）；对 C_3 和 C_4 代谢的研究（Kortschack *et al.* 1965）等。Ludlow & Wilson（1971）对气体进出叶片阻力的研究、Gates（1962）对叶片能量平衡的研究，以及 Monteith（1965）的植物干物质生产－气候模型等，奠定了定量研究环境对植物代谢影响的理论基础。20 世纪 60 年代末以后，植物生长模型研究进入繁荣时期，影响较大的有农作物同化、呼吸以及蒸腾作用的系统性模拟模型、作物生长与生产的模拟模型等。在这方面最突出的工作要数荷兰的 Wageningen 研究中心，开创了用计算机来模拟农业生产和环境与植物群落之间的相互影响的先例（de Wit 1978）。20 世纪 80 年代，植物生理生态学家又发展了建立在生物化学反应基础上的光合作用模型及气孔调节模型（Farquhar *et al.* 1980；Farquhar & von Caemmerer 1982）。1975 年，奥地利学者 Larcher 编著的《植物生理生态学》出版（Larcher 1975），宣告了这门学科的正式形成。

1.2.5 现代植物生理生态学阶段（1980 至今）

20 世纪 80 年代以来，植物生理生态学得到了长足的发展，这在不同层次上都得以体现。植物个体生理生态学的研究主要以农作物、经济林木、牧草和资源植物为研究对象，研究个体的光合生产、水分循环和抗性生理。进入 20 世纪 80 年代初期，植物群落结构与功能的研究成为群落生理生态学研究的核心内容。有两个重要的原因使得这门科学在近几十年发展迅速。其一是生态环境问题的不断出现，尤其是以大气中 CO_2 浓度升高为主题的全球变化问题，使它在解决实际问题（气候变化、环境污染、粮食危机等）上有了用武之地；其二则是技术的进步，便携式快速而精确的测定仪器不断推出，可以实现在野外自然状态下测定植物的气体交换过程、叶绿素荧光、能量交换、水势、水分在植物内的流动、冠层与根系生长的分析，各种环境控制手段的不断完善使实验的重复性加强；而室内稳定性同位素技术（Edwards & Walker 1983）、元素分析技术的成功应用则给许多生态学现象和野外观测的结果以机制性的解释。除此以外，系统科学的原理和方法，如系统论、控制论、耗散结构理论、分形理论等也广泛应用进来。

1.3 植物生理生态学在国内的发展

1920—1960 年：我国在植物生理生态学方面研究始于 20 世纪 20 年代，当时一些前辈如钱崇澍（1883—1965）、李继侗（1897—1961）等在国外的工作，涉及植物生长发育与土壤理化性状、水分的关系，是早期的启蒙性工作。钱崇澍与 Osterhout 合作发表的论文《钡、锶及铈对水绵的特殊作用》，是中国人第一次在国外刊物上发表有关植物生理学的论文（Chien & Osterhout 1917）。如果钱氏的工作是植物生理学的内容，其工作开创了中国植物生理学的先河，那么李继侗的工作经历则开创了中国植物生理生态学研究之先河。李氏最早在英国期刊上发表的《光对光合速率变化的瞬时效应》，公认是对两个光系统的先驱报告（Li 1929），可见其在植物生理学领域的造诣。抗日战争结束，李氏转入植物生态学研究，较早在国内开展植物生态的调查工作。在高等植物的呼吸代谢方面，汤佩松先生以水稻为研究对象发现了糖酵解途径（EMP）无氧呼吸酶系统（汤佩松 1956），从而证明了"呼吸代谢多条路线"的理论；在营养生理方面，罗宗洛于 1927 年在日本《植物学》杂志上发表了题为《不同浓度的氢离子对植物的影响》的论文（Luo 1927），其后又发表了几篇矿质营养的论文。他的这些工作是我国植物生理学者在矿质营养方面的起始标志。在水分生理的研究中，中国学者的工作可谓世界领先。汤佩松与物理学家王竹溪合作发表了一篇有着深远意义的论文（Tang & Wang 1941），用热力学原理分析了单细胞和水分的关系，如渗透压、吸水压及膨压等；20 年后，类似的水势研究才出现在国际刊物上。新中国成立以后，一些科学家对营养元素尤其是微量元素对植物的影响方面进行了大量的有代表性的研究（汤玉玮等 1955，崔澂 1954）；以罗宗洛为首的专家从 20 世纪 50 年代开始了干旱、盐碱、寒害和涝害等方面的研究。如果把当时分散在农、林、草各学科的生理生态工作综合来看，也有一定的基础。但由于当时学科范围的限制，没有独立发展成为植物生理生态学。如涉及作物、林木和牧草生理生态学的研究有：小麦、水稻等作物的抗旱性、抗寒性；杉、杨、柳的生长分布与环境条件的关系；穿心莲北移后光温处理，促进开花结实；罗芙木生长发育、生物碱含量与光照强度的关系；羊草大针茅草原群落的单叶光合生理生态研究等。

1960—1980 年：从生理生态学角度开展的大田光合生理研究，对传统的群落光合模型作了修订。以兴安岭和长白山红松针阔混交林、内蒙古草原、亚热带杉木针阔混交林结构与光合生产的研究也是群体水平的工作。这些工作与国际地圈生物圈计划（IGBP）研究中光合生产、矿质营养元素循环的目标一致，成为群体光合生理生态的一个特殊领域。此外，从 20 世纪 70 年代开始，我国生态学者围绕着大气和水质污染开展了植物与环境污染物质关系的研究，分别就 SO_2、NO_x、HCl 以及 Cu、Pb、Cd、Hg 等重金属的吸收积累与分配及其净化功能也进行了研究，对大气和污水排放标准的制定、污灌对作物质量的影响以及建立生物净化带等提供了依据。

1980—1990 年：植物生理生态学研究零星分散，由于实验观测仪器设备落后陈旧，开展的植物生理生态学研究则近乎空白。但这一阶段非常值得一提的是，李博先生翻译 Larcher 的《植物生理生态学》，为该学科以后在中国的迅速发展奠定了基础。这 10 年当中，特别需要提及的是李继侗的《植物气候组合论》一文，该文全面地介绍了伦德加德（Lundegårdh）等人的理论，并结合实际对我国全境的植物群落和气候组合作了比较深入的探讨，同时开展了一些有光、温度、水分对植物生长发育影响的研究。

1990 年至今：由于仪器的更新，尤其是中国生态系统研究网络（CERN）和中国生物多样性项目（BRIM）的实施，以中国科学院和中国林业科学研究院为主的研究队伍购置了大量的植物生态生理仪器（室内和野外的），已开展了不少研究，如对不同野生植物或大田作物的光合生理、水分生理、抗性生理方面取得了大量的进展（蒋高明 2001）。

1.4 结束语

植物生理生态学的特点表明，它具有植物生态学与植物生理学双亲起源的特点，是一门明显的交叉学科。在学科成熟过程中，Schimper、Billings、Larcher等人的贡献是不可以磨灭的；李继侗、李博的工作促进了该学科在中国的传播与发展。衡量一门学科是否有生命力，主要是看它能否在实践中接受检验，能否为社会、经济或环境的可持续发展提供一种思维的方法与研究的手段。植物生理生态学最近的迅速发展说明，它能够对一些生态学现象以及资源的可持续利用给予机制上的解释，受到了国内外学者越来越多的重视。当然，这门学科的交叉特点使得在某些场合下难以区分学者们所做的工作是属于植物生理学的还是植物生态学的，但有一点是可以肯定，即包括了生理学的严谨实验与生态学的宏观思路的研究在一定程度上为开展研究提供了新思路。今后我国的植物生理生态学研究，一是要紧紧抓住中国自己的生态问题，如由人类活动引起的退化生态系统的恢复、青藏高原的特殊生境、全球变化下的中国陆地生态系统响应、植物对环境污染的修复作用等。二是要保证研究手段的不断更新，在国际高水平学术刊物上发表高质量的论文。例如，所使用的仪器必须是国际同行认可的，一些质量和信誉很差的仪器所获得的数据在有影响的国际专业刊物上发表的机会很小。加强我国的植物生理生态学研究，即能满足解决国民经济发展中的实际生态问题的需求，又可使中国植物生理生态学研究在国际大舞台上有"表演"的机会。在今后的国际学术竞争中，我们是依然唱"配角"，还是争取唱"主角"，取决于我们这一代人的努力。

思考题

1. 植物生理生态主要研究哪些问题？
2. 植物生理生态学可以从哪几个层面研究？
3. 植物生理生态学经历了哪几个阶段？
4. 请简要谈谈全球气候变化对植物生理生态研究的影响？

第2章

植物生长的环境

┃ 关键词 ┃

环境　全球环境　区域环境　群落环境　种群环境　个体环境　人工环境
自然环境　半自然环境　环境因子　生态因子　生境　非生物因子　生物因子
气候因子　土壤因子　地形因子　人为因子　稳定因子　变动因子　生态作用
生态适应　生态反作用　生态幅　驯化　休眠　内稳态机制　生理有效辐射
光形态建成　温周期现象　水稳定性团粒　主导因子　限制因子

环境是指某一特定生物体或生物群体以外的空间，以及直接或间接影响该生物体或生物群体的一切事物的总和。植物环境包括在植物周围直接或间接影响植物生存和发展的各种因素，以及其他生物所施加的影响。

2.1　环境的基本要素

2.1.1　环境的类型

环境的构成因素极其复杂，尺度各异，性质不同。按照不同标准，环境可作不同的划分。

2.1.1.1　按照环境的空间尺度分类

（1）全球环境（global environment），是指大气圈中的对流层、水圈、土壤圈、岩石圈和生物圈，又称地球环境。大气圈（atmosphere）由下至上可分为：对流层、平流层、电离层、扩散层。对流层平均 10 km 厚，含有 CO_2 和 O_2，以及水汽、粉尘和化学物质等，风、雨、霜、雪、露、雾、雹等天气现象均在此层产生。平流层的臭氧层吸收了大部分太阳紫外线辐射，保护了地球上的生物。水圈（hydrosphere）包括海洋、江河、湖泊、沼泽、冰川及地下水等，是一个连续而不规则的圈层。岩石圈（lithosphere）是地球表面坚硬的外壳，分为两部分：大陆型（平均 33 km 厚）和海洋型（平均 4.3 km 厚），为大气圈、水圈、土壤圈、生物圈存在的牢固基础。土壤圈（pedosphere）是覆盖在岩石圈表面并能生长植物的疏松层，它具有自己的结构和化学性质，且含有土壤生物群落，与其他圈层的性质完全不同。生物圈（biosphere）是指生活在大气圈、岩石圈、水圈、土壤圈等的界面上的生物有机体及其生存环境的总称。生物圈上限可达海平面以上 12 km，下限可达海平面以下 15 km 甚至还要深。在这个广阔的范围内，最活跃的是生物，其中绿色植物能在生命活动中截取太阳辐射能量，吸收水分和养料，吸收大气中的 CO_2 和 O_2 等，使地球各个圈层之间发生相互关系，以及各种物质循环和能量转换。

（2）区域环境（regional environment），是指占有某一特定地域空间的自然环境，其尺度是大洲和大洋，受大气环流及太阳高度角等因素影响。

（3）群落环境（community environment），即群落（或生态系统）附近的环境，一般是群落所在的山体、平原及水体等，尺度的数量级与植物群落相当。

（4）种群环境（population environment），植物的种群环境是指种群周围的植物和非植物环境，尺度一般是在植物群落之内或附近的非植物环境和同种及异种的植物环境，山体的朝向、地势特征、附近或上层植物种类等都对其有很大影响。

（5）个体环境（individual environment），植物个体环境是指接近植物个体表面或表面不同部位的环境，与种子掉落的位置密切相关。植物生理生态学研究的环境尺度一般是指植物个体环境。

2.1.1.2 按人类影响程度分类

（1）人工环境（artificial environment），由人类建造的环境。又可分两类：①广义人工环境，环境的物理结构由人工建立，其中的自然成分来于自然环境，如城市环境；②狭义人工环境，所有的结构均由人工建造，人工可以控制光照、温度、湿度和气体成分等，如人工大棚、人工气候箱、太空舱等。

（2）自然环境（natural environment），基本未受人类干扰或干扰少的环境，如原始森林、地球两极、冻原、天然草原等。

（3）半自然环境（semi-natural environment），人类干预较强或部分结构是由人类建造的环境，如农田、人工林等。

对于植物来讲，主要分布空间从 100 m 的海洋深处直到海拔 4 500 m 的高山，分布的植物种类从海洋的藻类到陆地的高山冻原垫状植物，从低等植物到高等植物。地球上植物分布的空间环境见图 2-1。

延伸阅读

按照环境的范围大小可将环境分为宇宙环境（或称星际环境）、地球环境、区域环境、微环境和内环境。

宇宙环境（space environment）指大气层以外的宇宙空间。是人类活动进入大气层以外空间和地球邻近天体的过程中提出的新概念，也有人称之为空间环境。宇宙环境由广阔的空间和存在其中的各种天体及弥漫物质组成，对地球环境产生深刻的影响。例如：太阳辐射是地球主要的光源和热源，为地球生物有机体带来了生机，推动了生物圈的正常运转；月球和太阳对地球的引力作用产生潮汐现象，并可引发风暴、海啸等自然灾害。

地球环境即为前面提到的全球环境。

区域环境指占有某一特定地域空间的自然环境，由地球表面不同地区的 5 个自然圈层相互配合而形成。不同地区形成各不相同的区域环境特点，分布不同的生物群落。

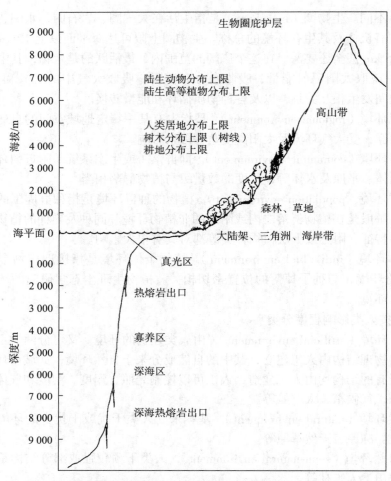

图 2-1　植物在地球上垂直空间分布范围（转引自 Southwich 1985）

　　微环境（microenvironment）指区域环境中，由于某一个（或几个）圈层的细微变化而产生的环境差异所形成的小环境。例如，生物群落的镶嵌性就是微环境作用的结果。

　　内环境（inner environment）指生物体内组织或细胞间的环境，对生物体的生长和繁殖具有直接的影响。例如，叶片内部，直接和叶肉细胞接触的气腔、气室、通气系统，都是形成内环境的场所（李博 2000）。

2.1.2　生态因子及其分类

　　在论述构成植物生长的环境要素时，必须弄清环境因子（environmental factor）和生态因子（ecological factor）的概念。构成环境的各种因素称为环境因子，对生物的生长发育具有直接或间接影响的外界环境要素（如食物、热量、水分、地形、气候等）称为生态因子。所有生态因子构成生物的生态环境（ecological environment），具体的生物个体和群体生活地段上的生态环境称为生境（habitat）。环境因子和生态因子是两个既有区别又有联系的概念，前者是指生物有机体以外的所有环境要素，是构成环境的基本成分，后者则是指环境要素中对生物起作用的部分。显然，在太空环境中的光、温度等就只能称环境因子而不能称生态因子，因为那里没有生命。根据不同的研究目的和划分标准，可以划分出多种生态因子类型。

按照生态因子是否具有生物成分，可划分为：①非生物因子（abiotic factor），指生命周围的光、温度、水、空气、土壤等非生命的理化因子；②生物因子（biotic factor），指某一主体植物周围各等级层次的生物系统，包括同种类系统和异种类生物及其子系统。

按照生态因子的组成性质分为：①气候因子（climatic factor），光、温度、水、空气（包括风、O_2、CO_2）等；②土壤因子（edaphic factor），土壤的物理化学特性、土壤肥力等；③生物因子（biological factor），动物、植物、微生物等；④地形因子（topographic factor），高原、山地、平原、低地、坡度、坡向等；⑤人为因子（artificial factor），把人为因子从生物因子中分离出来是为了强调人的作用的特殊性和重要性，其影响远远超过了所有自然因子，具有特殊性。如人类的技术应用到改变植物性状，则会改变其生态位，若应用到改变环境，就可以使沙漠有水生植物的生长环境，也可以使北极有温暖的环境生长植物。如果没有竞争影响，植物在很多地方均可生存，目前在人类的努力下，植物的分布地域已发生了很大变化。但人类必须与自然因子有机结合才能发挥更大作用，所以人类必须大力发展生态学，通过各种手段提高植物的初级生产力，从而提高地球对生物尤其是人类的环境容纳量。

应当指出的是，在植物生理生态学上，所指的生态因子主要是指前两种，即各类气候因子与土壤因子。对于植物生长发育而言，光照、温度、水分、CO_2、O_2、无机盐（土壤）6大因子最为重要，是最基本的生态因子（侯学煜 1984）。

按照因子变动情况分：①稳定因子，质和量不随时间变化的因子，如地磁、地心引力、太阳辐射常数等，这些因素对植物影响不大；②变动因子，质和量随时间变化的因子，包括周期性变动因子（如气候的日变化和四季变化、潮汐涨落等）和非周期变化因子（如风、降水、捕食、寄生等）。这类因子经常突然间改变了植物的生长，给动物尤其是人类带来无法预料的灾难。这些正是人类努力预测、防治、调控和改善的方面。

2.1.3 植物与生态因子之间的相互关系

植物生态因子之间的关系主要表现为作用、适应和反作用3种形式。植物生理生态学中探讨植物与生态因子的关系在各个等级层次上均存在，并且在方式上是相似的。由于在个体层次上的研究结果比较丰富，所以下面的讨论主要以个体为例。

2.1.3.1 生态作用

生态因子对植物的作用称为生态作用（ecological action），生态因子使植物的结构、过程和功能发生相应的变化。在生态学上，生态因子对植物的作用包括对系统的结构、过程、行为、功能、寿命和分布等的影响。非生物环境因子对植物的作用形式体现在因子的质、量和持续时间3个方面：①因子的质，指因子是否对植物有意义，相当于"开关变量"，对植物来说是"有"和"无"的关系。②因子的量，在因子的"质"对植物有意义的前提下，因子对植物的作用程度随其"量"的变化而变化。因子的量（数量或强度）决定其对植物作用以及植物响应的程度，属于连续变量，对植物来说是"多"与"少"的关系，如温度对植物作用的"三基点"。③因子的持续时间，在质和量的基础上，生态因子必须有一定的持续时间才能对植物起作用，使植物做出响应。这是因为：（a）植物的发育需要时间，这段时间里环境因子需要不断地保持作用；（b）某些因子在量的方面具有累

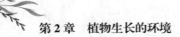
加的生态作用；（c）由于植物对某一因子的长期适应，以致植物将某一因子的持续时间作为某些发育阶段（主要是生殖）的启动信息。

2.1.3.2　生态适应

植物改变自身的结构与生理生化过程以与其生存环境相协调的过程称为生态适应（ecological adaptation），是植物处于特定环境条件（特别是极端环境）之下时发生的结构、生理生化过程和功能的改变，这种改变有利于植物在新的环境下生存和发展。适应有短期适应（short-term adaptation）和长期适应（long-term adaptation）两类。以植物个体为例，短期适应发生在个体的当代，特别是幼年时期，其结果表现为个体结构的环境饰变，而在生理生化过程和功能上表现出偏离原来的状态。长期适应特定的环境压力，就可能引起基因型的相应改变，使新结构被一代代保留下来。例如，长期生长在极端干旱条件下的植物形成了各种节水或贮水的结构，如仙人掌（*Opuntia dillenii*）；而在热带则形成了适应终年高湿的结构，如带滴水叶尖的菩提树（*Ficus religiosa*）。各种生态适应就是植物生理生态研究的主要内容，但这些适应是基于一定的生态作用产生的，所以在研究时必须对产生这种适应性的那些生态作用有充分的了解。

2.1.3.3　生态反作用

植物反过来对环境的影响作出反馈并改变环境的作用称为生态反作用（ecological reaction）。植物在其生命活动中对环境也起着改造作用，如植物的生长使岩石碎屑形成土壤，生物的活动使池塘变浅直至填平，植物的光合作用使地球古大气从缺氧变为富氧状态，等等。

从较短的生态时间尺度看，植物与环境的关系以适应为主，反作用为辅；但从较长的进化尺度看，植物与环境的关系则以反作用为主，如生物对大气成分的调控。生态因子对植物的作用与植物的反作用之间的平衡使全球理化性状稳定在一定的状态，这一状态进一步决定生物的生存和发展。人类目前轻视了植物的反作用，才使地球产生了各种危机，所以我们在研究植物生理生态、提高植物适应现实环境的同时，决不应忽视植物对环境反作用的研究和发挥。

延伸阅读　

植物与其他生物之间的相互关系

植物与其他生物环境的关系虽然也有类似与非生物环境关系的形式，但更主要体现在一个系统与其他系统之间的关系上。除了全球尺度以外，无论哪一层次的植物系统（如群落、种群、个体、器官等），都是构成上一层次系统的子系统，因而它们之间都存在着相互关系。有些关系比较简单，有些关系比较复杂，可分为横向关系、纵向关系和亲缘关系等。

（1）横向关系

同层次系统之间的相互作用，与以往人们熟悉的种间关系很相似，包括竞争、共生、寄生、附生等。进化地位越原始，或亲缘关系越远的系统（如物种）之间，越容易有恶性关系，如病毒、细菌、致命毒素之间及其对高等动植物致死作用等；进化地位越先进，或亲缘关系越近，系统之间关系越趋向良性，这种协同性的发展是进化的结果。其他生物多以植物为食物，或以植物的身体为其生存的环境，但这些生物也为植物提供各种服务，如营养、传粉、传播种子等。可以说，如果植物是一个快速运作的系统，其他生物则扮演着使这一系统输入、输出维持平衡的重要角色。所以其他生物也可能是决定植物生理生态特征的重要因素。在研究植物与其他生物关系时具有正确的思考角度，站在正确的立场上非常重要。

（2）纵向关系

生态系统之间的纵向关系即等级层次之间的关系，主要包括自相似性（self-similarity）与整合（intergration）。一个物体存在自相似性，说明它的整体与局部在结构、功能或信息等方面是相似的。整体是局部的放大，局部是整体的缩影。整合指系统下一层次的组分或子系统的功能组合到系统层次作为整体而表现出来。植物个体将组成植物种群，种群又将组成植物群落（陆地生态系统的结构性成分）。不同植物在各层次系统中的作用将受到系统的制约。植物的生理生态特性将在一定程度上决定其在各层次系统中的地位和作用，反之系统又对其生理生态特性产生影响。

（3）亲缘关系

生命的独特性质——生殖、遗传，使同层次系统之间具有母体系统与子系统之间的亲缘关系。这种关系在个体层次上最典型，同时也由于有性生殖而变得完美而复杂。现在的生命是亿万年前生命延续下来的，目前在其他层次之间是否存在明确的亲缘关系是进化生物学研究的重要课题。

2.1.4 植物对生态因子的响应和耐受性

2.1.4.1 植物对生态因子的响应

植物在每个生态因子轴上都有一个能够生存的范围（过去称耐受性范围），在此范围的两端是系统能够耐受的极限，分别为最低点和最高点，在中间有最适宜于生命活动的最适点，这三点合称植物对环境因子响应的三基点。一般来说，植物在某一生态因子维度上的分布常呈正态曲线（图2-2），该曲线可以称为资源利用曲线（resource utilization curve）。从最低点到最高点之间的跨度称为生态幅（ecological amplitude）。

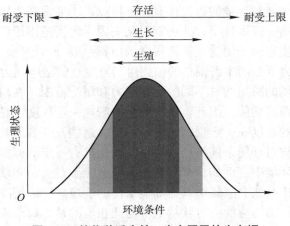

图 2-2　植物种适应某一生态因子的生态幅

（仿 Mackenzie *et al.* 1998）

　　某种植物在某一个因子梯度上的生态幅实际上也就是该植物的生态位（niche），即植物在空间、食物以及环境条件等资源谱中的位置。任何一个植物都有自己的生态位，两个生态位重合的部分表示生态位重叠（niche overlap），其重叠程度可用数学模型进行定量。环境变量可以增加到 3、4 或更多个，虽然对超过 3 个维度的生态位空间难以用图解表示，但数学上是可解决的。能够为某一物种所需要的理论上的最大空间，称为基础生态位（fundamental niche）；植物由于经常需要共同的生态因子，所以其基础生态位重叠是非常多的。但当在群落中有竞争对手存在时，其实际栖息的空间要小得多，称为实际生态位（realized niche）。

　　在资源利用曲线上，系统适宜区之外到最低或最高点之间的区间称为耐受区，此时植物要遭受一定程度的限制，即胁迫（stress）。该词的文字含义是限制（从拉丁文 *stingere* 而来）或强迫力；而在生态学上，胁迫是指一种显著偏离于植物适宜生活需求的环境条件。这种环境条件引发植物在其功能性水平上产生变化和反应，尽管开始的时候是可逆的，但后来可变为永久性的。虽然有害的过程是暂时的，但植物的活力随胁迫时间的延长而相应变弱。当胁迫超过植物自身调节能力的极限时，潜在损伤就发展成慢性病或不可逆伤害。胁迫因子是指对植物胁迫刺激的生态因子，胁迫反应或胁迫状态是指植物对胁迫刺激的反应或适应的即刻状态。关于胁迫环境对植物的作用请参看第 7 章和第 8 章的内容。

2.1.4.2　植物对环境的耐受性

　　任何一个生态因子在量上的不足或过多，即当其接近或达到某种植物的耐受性限度时，就会使该植物衰退甚至不能生存，这就是耐受性定律（law of tolerance）。对同一生态因子，不同种类植物的耐受范围很不相同。以个体为例，植物对温度的耐受范围差异很大，有的可耐受很广的温度范围，称广温性植物（eurytherm），有的只能耐受很窄的温度范围，称狭温性植物（stenotherm）。其他生态因子也一样，有广湿性（euryhydric）、狭湿性（stenohydric）、广盐性（euryhaline）、狭盐性（stenhaline）、广食性（euryphagic）、狭食性（stenophagic）、广光性（euryphotic）、狭光性（stenophotic）等。广适性植物属广生态幅物种，窄适性植物属狭生态幅物种。

　　一般说来，植物个体对环境的耐受性有以下特点：①通常在生殖阶段对生态因子的要求比较严格，即此时耐受范围较窄；②可能对某一因子耐受范围很广，而对另一因子耐受范围很窄；③对所有生态因子耐受范围都很宽的植物一般分布很广；④耐受范围广的植物对某特定点的适应能力低，而生态幅狭的植物对某特定点的适应能力强。

　　系统对于外界环境的胁迫均具不同的耐受能力和耐受范围，在耐受范围内会通过内部调整来获得较稳定的系统功能。因此，植物的生态幅在一定程度上是可变的，它在环境梯度上的位置及所占有的宽度在一定程度上可以改变。这些改变有的是表现型变化，有的也出现遗传的变化。植物对环境条件缓慢而微小的变化具有一定的调整适应能力，甚至能够逐渐适应生活在极端环境中。例如，有些植物已经适应了在火山间歇泉的热水中生活。但是，这种适应性的形成必然会减弱对其他环境条件的适应。一般情况下，一种植物的耐受范围越广，对某特定点的适应能力也就越低。与此相反的是，属于狭生态幅的植物，通常对范围狭窄的环境条件具有极强的适应能力，但却丧失了在其他条件下的生存能力。所以通常实验控制条件下的单因子生态位研究对分析植物自然生长特征具重要指导意义，这是植物生理生态学中重要的研究内容之一。

自然界中的植物很少能够生活在对它们来说是最适宜的地方，其他植物的竞争常常影响它们在最适宜生境中的分布，结果只能生活在它们占有更大竞争优势的地方。例如，很多沙漠植物在潮湿的气候条件下能够生长得更茂盛，但是它们却只分布在沙漠中，因为只有在那里它们才占有最大的竞争优势。但是在人类调控环境能力越来越大的今天，很多植物的分布和生长是受人类强烈影响或直接控制的。

延伸阅读

植物对环境耐受性的调整

（1）驯化（acclimatisation）

任何一种植物对生态因子的耐受限度都不是固定不变的。首先，植物可以通过生理生化过程和结构的改变来适应外界环境的变化，从而拓宽系统的生态幅。其次，在长时间不断的环境压力下，植物的耐受限度和最适生存范围都可能发生变化，既可能扩大，也可能移动在因子轴上的位置。即使是在较短的时间范围内，植物对生态因子的耐受限度也能进行各种小的调整。这种在环境定向压力下植物发生的生态幅变化称为驯化，不同的植物有不同的驯化能力。

（2）休眠（dormancy）

即处于不活动状态，是植物抵御暂时不利环境条件的一种生理机制，这时植物的耐受范围就会比正常活动时宽得多。植物的种子在极不利的环境条件下进入休眠期，且能保持长期存活能力。目前，休眠时间最长的纪录是埃及睡莲（*Nelubium caerulea*），它经历了1000年的休眠之后仍有80%以上的种子保持着萌发能力。

（3）内稳态（homeostasis）机制

即生物控制自身的体内环境使其保持相对稳定，是进化发展过程中形成的一种更进步的机制，它或多或少能够减少生物对外界条件的依赖性。自我调节能力强的植物借助于内部状态的稳定而相对独立于外界条件，大大提高了植物对生态因子的耐受范围，植物可以使自身变为一个广生态幅物种或广适应性物种（eurytopic species）。如盐碱植物借助于渗透压调节机制来调节体内的盐浓度，保持平衡状态。

总之，植物对环境的耐受性可以借助驯化和适应过程而加以调整，也可在较长期的进化过程中发生改变。

2.2　影响植物生理生态的主要生态因子

2.2.1　光

光是太阳的辐射能以电磁波的形式投射到地球表面的辐射线，太阳辐射能是地球上一切能量的最终来源。到达地球上的太阳辐射能是十分巨大的，据统计，太阳每秒钟散发的能量达到 3.75×10^{26} J，而其中只有二十二亿分之一到达地球。尽管如此，地球每秒钟获得的能量仍然相当于燃烧500万吨优质煤所产生的能量。

光是由波长范围很广的电磁波组成的，主要波长范围是150～4 000 nm，其中人眼

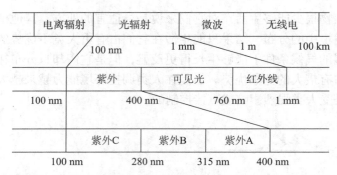

图 2-3　太阳的电磁波谱及紫外线辐射的分布（师生波提供）

可见的光的波长范围为 400 ~ 760 nm，可见光谱中根据波长的不同又可分为红、橙、黄、绿、青、蓝、紫 7 种颜色的光。波长小于 400 nm 的是紫外光，波长大于 760 nm 的是红外光，红外光和紫外光都是不可见光（图 2-3）。在全部太阳辐射中，红外光占 50% ~ 60%，紫外光约占 1%，其余的是可见光部分。波长越长，增热效应越大，所以红外光可以产生大量的热，地表热量基本上就是由红外光能所产生的。紫外光对生物和人有杀伤和致癌作用，但它在穿过大气层时，波长短于 290 nm 的部分被臭氧层中的臭氧吸收，只有波长为 290 ~ 400 nm 的紫外光才能到达地球表面。在高山和高原地区，紫外光的作用比较强烈。可见光具有最大的生态学意义，因为只有可见光才能在光合作用中被植物所利用并转化为化学能。植物的叶绿素是绿色的，它主要吸收红光和蓝光，在可见光谱中，波长为 620 ~ 760 nm 的红光和波长为 435 ~ 490 nm 的蓝光对光合作用最为重要。

2.2.1.1　光质的变化

光质即习惯上理解的光谱成分。在空间变化上，一般规律是短波光随纬度增加而减少，随海拔升高而增加；在时间变化上，冬季长波光增多，夏季短波光增多；一天之内中午短波光较多，早晚长波光较多。植物叶片对日光的吸收、反射和透射的程度直接与波长有关。当日光穿透森林生态系统时，大部分能量被树冠层截留，到达下层的日光不仅强度大大减弱，而且红光和蓝光也所剩不多，所以生活在下层的植物必须对低辐射能环境有较好的适应能力。

能够穿过大气层到达地球表面的紫外光虽然很少，但在高山地带紫外光的生态作用还是很明显的。由于紫外光的作用抑制了植物茎的伸长，所以很多高山植物具有特殊的莲座状叶丛。高山强烈的紫外线辐射不利于植物克服高山障碍进行散布，因此它是决定很多植物分布的一种因素。

光以同样的强度照射到水体表面和陆地表面。在陆地上，大部分光都能被植物的叶子吸收或反射掉。但在水体中，水对光有很强的吸收和散射作用，这种情况大大限制着海洋透光带的深度。在纯海水中，10 m 深处的光强度只有海洋表面的 50%，而在 100 m 深处，光强度则衰减到只及海洋表面的 7%（均指可见光部分）。不同波长的光被海水吸收的程度是不一样的，红外光仅在几米深处就会被完全吸收；而紫光和蓝光等的短波光则很容易被水分子散射，因而也不能潜入到很深的海水中。由于水对光的吸收和散射作用，结果在较深的水层中只有绿光占有较大优势。植物的光合作用色素对光谱的这种变化具有明显的适应性。分布在海水表层的植物，如绿藻海白菜属（*Ulva*）所含有的色素与陆生植物所含有的色素很相似，它们主要是吸收蓝、红光，但是分布在深水中的红藻紫茶属（*Porphyra*）

则另有一些色素能使它在光合作用中较有效地利用绿光。

2.2.1.2 光量的变化

光量即光照强度。太阳产生的能量以电磁波的形式向周围辐射,太阳和地球的平均距离为 1.496×10^8 km,电磁波到达地球大约需要 499 s,在太阳直射地球且地球的大气圈不起作用的情况下,地球表面所获得的太阳能为 8.12 J·cm^{-2}·min^{-1},这称为太阳常数。

实际上,由于大气层对太阳辐射的吸收、反射和散射作用,辐射强度已大大减弱,到达地表只有 47% 左右(图 2-4)。

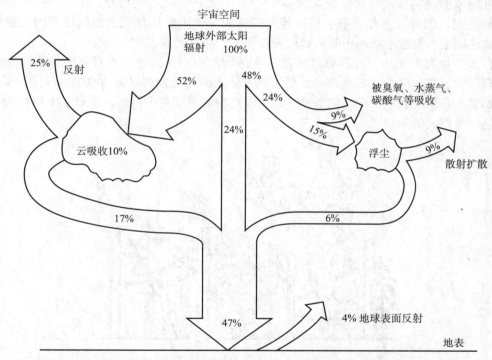

图 2-4 太阳辐射到达地球表面的分配情况(北半球平均值)(转引自李振基等 2000)

光照强度在赤道地区最大,随纬度的增加而逐渐减弱。例如在低纬度的热带荒漠地区,年光照强度为 8.38×10^5 J·cm^{-2} 以上;而在高纬度的北极地区,年光照强度不会超过 2.93×10^5 J·cm^{-2};位于中纬度地区的我国华南地区,年光照强度大约是 5.02×10^5 J·cm^{-2}。光照强度还随海拔的增加而增强,例如在海拔 1 000 m 可获得全部入射日光能的 70%,而在海拔 0 m 的海平面却只能获得 50%。此外,山的坡向和坡度对光照度也有很大影响。在北半球的温带地区,山的南坡所接受的光照比平地多,而平地所接受的光照又比北坡多。随着纬度的增加,在南坡上获得最大年光照量的坡度也随之增大,但在北坡上无论什么纬度都是坡度越小光照强度越大。较高纬度的南坡可比较低纬度的北坡得到更多的日光能,因此南方的喜热作物可以移栽到北方的南坡上生长。

在一年中,夏季光照强度最大,冬季最小。在一天中,中午的光照强度最大,早晚的光照强度最小。分布在不同地区的生物长期生活在具有一定光照条件的环境中,久而久之就会形成各自独特的生态学特性和发育特点,并对光照条件产生特定的要求。

光照强度在一个生态系统内部也有变化。一般说来,光照度在生态系统内将会自上而下逐渐减弱，由于冠层吸收了大量日光能，使下层植物对日光能的利用受到了限制，所以一个生态系统的垂直分层现象既决定于群落本身，也决定于所接受的日光能总量。据测定，北方混交林中，照射到林冠的日光，约有 10% 被反射，其余约 80% 被上层的林冠所吸收，林冠下部的矮小植物几乎吸收了其余的 8%，照射到地面上的光只有 2%。因此，在森林中，最大的吸收量是在林冠层。草甸的情况也类似，约有 20% 被反射掉，约有 5% 照到地面上，被草所吸收的光约占 75%（图 2-5）。这些数字也说明，在植物群落中，实际照射到植物群落中的光可以逐层被充分利用。叶片反射和透射的能力，因叶的厚薄、构造和叶绿素颜色的深浅（含叶绿素的多少），以及光的性质不同而异。阳光穿过植物群落上层林冠时，因叶片互相重叠、镶嵌或互相遮阴，使阳光从林冠表面到林冠内部逐渐递减，其递减量与树冠形状和树叶的密度密切相关，而且光质也大大改变。

在水生生态系统中，光照强度将随水深的增加而迅速递减。水对光的吸收和反射是十分有效的，在清澈静止的水体中，照射到水体表面的光大约只有 50% 能够到达 15 m 深处，如果水是流动和混浊的，能够到达这一深度的光量就要少得多，这对水中植物的光合作用是一种很大的限制。

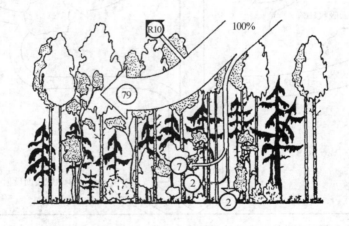

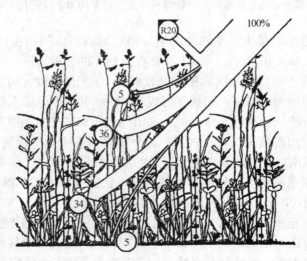

图 2-5　太阳辐射在北方混交林（上）和草甸（下）中的削减（转引自宋永昌 2001）

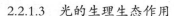

2.2.1.3 光的生理生态作用

（1）光合作用

光是光合作用的能量来源，植物通过光合作用将太阳能转化成生物圈中其他生命形式可以利用的能量。植物在光合作用中所利用的光能对于陆地高等植物而言主要集中在红光区和蓝光区；水生植物中的沉水植物，则主要利用波长更短的光，如海洋藻类可以利用绿光。太阳辐射只有可见光部分可被光合作用所利用。能被光合作用利用的太阳辐射称为生理有效辐射（physiologically active radiation），在生理生态学上理解成光合有效辐射（photosynthetically active radiation），占太阳辐射的 40% ~ 50%。生理有效辐射中，各光谱的有效性顺序为红橙光 > 蓝紫光 > 黄光 > 绿光。绿光在陆生植物的光合作用中很少被利用，称为生理无效辐射（physiologically non-active radiation）。

（2）光形态建成

植物依赖光进行生长、发育和分化的过程，称为光形态建成（photomorphogenesis）。光合作用是高能反应，它将光能转变成化学能；而光形态建成是低能反应，光仅作为一个信号去激发光受体，推动细胞内一系列反应，最终表现为形态结构的变化。光形态建成所需红光的能量与一般光合作用光补偿点总能量相差 10 个数量级，甚为微弱。红光和远红光可以决定光形态建成改变，其光受体是光敏色素，进而控制植物种子萌发、器官分化、生长和运动、光周期和花诱导等（表 2-1）。适当的光能促进细胞分裂和伸长、组织器官分化，提高生长速度。如果缺乏足够的光量，植物发芽后生长为黄色植株，称为黄化现象。黄化植物的节间极度伸长，与正常植株差异很大。足够的光强促进花芽增加和果实成熟，提高果的质量，如西瓜（*Citrullus lanatus*）和苹果（*Malus pumila*）等。

表 2-1　高等植物中一些由光敏色素控制的光形态建成（引自潘瑞炽 2004）

1. 种子萌发	6. 小叶运动	11. 光周期	16. 叶脱落
2. 弯钩张开	7. 膜透性	12. 花诱导	17. 块茎形成
3. 节间延长	8. 向光敏感性	13. 子叶张开	18. 性别表现
4. 根原基起始	9. 花色素形成	14. 肉质化	19. 单子叶植物叶张开
5. 叶分化和扩大	10. 质体形成	15. 偏上性	20. 节律现象

（3）光质对植物的作用

紫光及青光抑制伸长生长，并影响向光性；蓝光引起叶绿体运动；红光促进伸长生长；紫外线使植物体内生长激素受到抑制从而抑制茎伸长，促进花青素形成，并引起向光性，如高山上花朵艳丽，且莲座状植物较多；红外线促进植物茎的延长生长，促进种子、孢子萌发，并提高植物体温。在农业上，通过改变光质可促进植物生长，如有色薄膜育秧：红色薄膜有利于提高叶菜类产量，紫色薄膜对茄子（*Solanum melongena*）有增产作用，蓝色薄膜使草莓（*Fragaria ananassa*）产量提高，但对洋葱（*Allium cepa*）不利，等等。长波促进糖类形成，短波促进有机酸（氨基酸）和蛋白质的合成。如红光下甜瓜（*Cucumis melo*）植株加速发育，果实提前 20 天成熟，果肉的糖分和维生素含量也有增加。蓝光会影响植物的生长形态如向光性、叶绿体移动、气孔开张和花青素积累等。

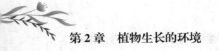

2.2.2　温度

2.2.2.1　温度的分布

地球上的温度受昼夜、四季、纬度、地形、海拔和海陆位置的影响。温度在土壤、水体中以及植物群落内都有影响生态的特性。在北极圈附近高纬度地区，太阳入射角小，昼夜长短明显，因而热量小，属于寒带；而在赤道附近，太阳入射角大，地面获得的热量多而形成热带。从赤道到北极，根据热量的分配，可划分为热带、亚热带、暖温带、寒温带和寒带，在不同的气候带里分布有不同的植物。

我国处于欧亚大陆东南部，盛行季风气候。夏季受热带海洋气团的影响，温暖而湿润；冬季受极地大陆气团的影响，寒冷而干燥。东南部多属海洋性气候，西北部多属大陆性气候。

2.2.2.2　温度的变化

（1）温度在空间上的变化

通常纬度增加 1°，年平均温度下降 0.5℃。这是太阳入射高度角的大小以及昼夜长短所形成的。赤道地区，太阳入射角大，因而热量大；同时，昼夜长短相差不大，因此全年四季热量分配也相差无几。温度在经度上的变化也是显著的，由于海陆位置不同而形成同一纬度上不同地区的温度差异。

海拔变化总的规律是随着海拔升高，温度下降。通常每升高 100 m，气温降低 0.4 ~ 0.7℃。我国山地面积大，海拔有高有低，珠穆朗玛峰海拔为 8 848.86 m；最低的有吐鲁番盆地，海拔为 −293 m，因此温度相差悬殊。喜马拉雅山北坡（5 000 ~ 5 200 m）6 月份土壤温度为 2.5℃（Mani 1978），而美国加利福尼亚州的"死亡之谷"曾观测到 94℃ 的高温，可能是世界之最了（Mooney *et al.* 1975）。

至于地形对气温的影响就更是明显。"十里不同天"是多山地区的气候特点。我国地形地貌非常复杂，既有高原、盆地，也有丘陵、平原等，不同的地形地貌气温往往截然两样。就以一座山而言，有迎风面和背风面，有阳坡和阴坡，不同的位置温度差别非常大。我国众多的山脉，大都是东西走向，对于冷暖空气的南侵北进有很大的阻挡作用。秦岭南坡温暖多雨，北坡则寒冷干燥；天山山脉是新疆南北温度的分界线，因而南北方向上的植物，在数量、种类成分和分布规律上都受温度的严格控制。

（2）温度在时间上的变化

温度在时间上的变化在部分地区非常明显，春、夏、秋、冬四季分明，这是针对温带地区而言。对于热带地区则四季并不分明，而是四季如夏，如海南岛、西双版纳等地；滇中则是四季如春；而高寒山区便是四季如冬。同是一个时刻，在不同的地区，植物生长的情况大不一样，如当青藏高原还是大雪纷飞、寒气逼人的时候，四川盆地或海南岛却近乎烈日炎炎。

（3）温度在土壤和水体内的变化

土壤白天受热后，热从土表向深层运动，称为土壤吸热（heat absorption）；夜间相反，热向表层运动，最后散发到空间，称为土壤散热（heat emission）。吸热和散热的热流速度，便形成了土壤温度的环境。夏季或白天，土壤吸热，温度高于气温，因此酷热的盛暑，常因土表高温而灼伤植物；冬季或夜间，地表冷却，温度略低于气温。一天中最低温度出现在太阳刚从地平线上升起的时候，最高温度出现在中午。土温日变化深度，仅能向下传递到 1 m 左右。土壤温度的年变化，一般是服从于大气温度变化规律。夏季昼长，土壤贮热量加大；冬季相反，土壤散热大于太阳辐射热，土温下降。热带地区几乎没有年温变化，但受雨量的影响，正如高纬度及高山地区的年温变化受冰雪的影响一样，与四季气温变化的关系不大。

水体的温度变化与土壤相比要缓和得多。由于水比热容大，而且蒸发消耗热量，即使气温较高，水温也不会剧增而灼伤植物，所以水生植物生长期要长得多。

（4）温度在植物群落内的变化

植物群落内，温度的意义更为重要。群落内部的温度，白天或夏天比群落外要低，夜间或冬季要高，年温变与昼夜温变幅度都小，变化缓和。有些树苗在旷野很容易被冻死，而在群落的庇护下能成长起来。如果森林面积足够大，还能稳定和调节附近地区的温度，这就是森林群落对气候的调节作用。

温度在群落中主要受太阳光直射的影响。群落上层阻截了大部分阳光，并且大量吸热和蒸腾，使林内温度大大下降；同时，植物吸热、散热缓慢，导热效果差，因而群落内温度变化缓慢。植物之间互相遮掩，阻滞了林内空气流通，使群落内部热量不易消失。群落地面枯枝落叶层，也能够缓和土壤表面温度变化的幅度，并可调节内部气温的变化。群落结构越是复杂，内外温差越大，并在不同的部位形成各种温度变化的小气候。例如阳生植物多居上层或林缘；阴生植物多居底层。群落结构同时又受坡向、坡度的影响，甚至一棵植物的不同部位的温度也有明显的差异（图 2-6）。

2.2.2.3 温度的生理生态意义

温度是一种无时无处不在起作用的重要生态因子，任何生物都是生活在具有一定温度的外界环境中并受温度变化的影响。如前所述，地球表面的温度条件总是在不断变化的，在空间上随纬度、海拔、生态系统的垂直高度和各种小生境而变化；在时间上有一年的四季变化和一天的昼夜变化。温度的这些变化都能给生物带来多方面和深刻的影响。生物经过长期演化，都各自选择了自己最合适的温度，但有一定的适应幅度。通常分为最适点、最低点、最高点，在生态学上称为温度的"三基点"。在最适的范围内，生物生长发育良好；如偏离最适点，则生长发育缓慢甚至停滞；超出最高或最低点，则进入死亡带。

（1）温度对植物生长的作用

首先，植物体内的生物化学过程必须在一定温度范围内才能正常进行。一般说来，植物体内的生化反应会随着温度的升高而加快，从而加快生长发育速度；随温度的下降而变缓，从而减慢生长发育的速度。当环境温度高于或低于生物所能忍受的温度范围时，植物的生长发育就会受阻，甚至造成死亡。其次，在一定温度范围内，光合速率随温度的变化而变化。从低温到高温，光合速率逐渐升高，在某种温度范围内出现最大的光合速度，但如果温度进一步上升，则光合速度就开始下降。出现最大光合速率的温度范围因植物种类的不同而不同，幅度有宽有窄。这一点

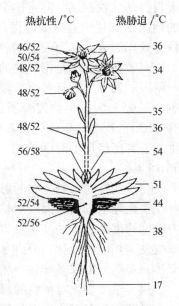

图 2-6 温度在植物不同部位的变化（引自 Larcher & Wagner 1983）

在生态学上具有重要意义，温度生态幅宽的植物种，在适宜温度范围内，光合速度受温度变化影响较小，能保持较高水平；反之，温度生态幅小的植物种，光合速率易受温度变化的影响。植物种类不同，光合作用的适宜温度也有很大不同。原产于热带的植物种，光合作用的适宜温度高，为 30～35℃；原产温带的植物种，适宜温度则较低，为 20～25℃。

（2）温度对植物发育的作用

温度是植物发育的关键因子。温度对发育的进程具有间接和直接的影响，并影响植物胚胎发育。变温对植物体的发育有促进作用，甚至快于恒定的适温条件。植物需要在一定的温度以上，才能开始生长和发育，这个温度称为发育起点温度（即最低有效温度，也称植物学零度）。

研究温度对生物的影响，既要考虑温度的强度，又要注意温度影响的持续时间，这就产生了兼具以上两种功能的温度指数——积温。积温是指在一段时间内的日平均温度的积累值。有效积温（K）是植物在某时段内有效温度的总和，可用下列公式计算：

$$K = N(T-C) \qquad (2-1)$$

式中，N 指发育时期，即生长发育所需时间，T 指发育期间的平均温度；C 指发育起点温度。从式（2-1）推出：

$$T - C = K/N, \quad 即\ T = C + K/N \qquad (2-2)$$

令 $1/N=V$ 为发育速率，则：

$$T = C + K(1/N) = C + KV \qquad (2-3)$$

式（2-2）表明发育时间与温度是双曲线关系，式（2-3）则表明发育速率与温度是直线关系。求 C、K 值的简便方法是，在两种实验温度下分别观察和记录两个相应的发育时间 N_1 值和 N_2 值，解联立方程即可。

有效积温的应用：①制定农业气候区划，合理安排作物；②预报农时，根据当地气温资料，估计收割期，制定整个栽培措施；③利用科学手段，扩大种植面积到有效积温不足的地区，如利用温室效应提高早期大田温度；④预测昆虫发生世代数（年总积温 K/ 某物种有效积温 K_i）；⑤预测植物地区地理分布北界（$K \geq K_i$）。

有效积温法则是指生物的生长发育过程中，必须从环境中摄取一定的热量才能完成某一阶段的发育。而且各个阶段所需要的总热量是一个常数，可以用公式 $K = N \cdot (T-T_0)$ 表示，其中 K 为该生物发育所需要的有效积温，它是一个常数；T 为当地该时期的平均温度（℃）；T_0 为该生物生长发育所需的最低临界温度（发育起点温度或生物学零度）；N 为生长发育所经历的时间（d）。如棉花从播种到出苗，其生物学零度是 10.6℃，有效积温是 66 d·℃。

（3）温度对植物分布的影响

在全球范围内，温度对植物分布的影响主要表现在群落分布的纬向地带性，即群落沿着地球纬度而表现的变化。以北半球的欧亚大陆为例，即从北向南温度逐渐升高，植物分布也发生相应的变化，分别是：冻原→寒带针叶林→暖温带落叶阔叶林→常绿阔叶落叶混交林→亚热带常绿阔叶林→热带雨林。

（4）温度变化对植物的影响

温度的昼夜变化，对植物的生长、发育和品质有很大影响。植物适应于温度昼夜变化的现象称为温周期现象（thermoperiodism）。温周期现象实际上是植物适应温度变化（变温）的结果。对于大部分植物来说，适当的变温是有利的，但温差过大就会有害。变温对植物的作用主要表现在：①促进种子萌发；②对植物生长有促进作用；③夜温低则抑制高生长；④促进开花结实；⑤提高产品品质，如温差越大，新疆葡萄（*Vitis vinifera*）、甜瓜的品质越好。总之，变温对植物有利是因为白天温度高促进光合作用，夜间温度低减弱呼吸作用，有利于有机物质的净积累。植物温周期特性与原产地日温节律有关。

2.2.3　水

2.2.3.1　水的分布

地球素有"水的行星"之称，地球表面约有70%以上被水覆盖，地球总水量约为1.45×10^9 km³，其中94%是海水，其余则以淡水的形式储存于陆地和两极的冰山中。水在地球上的流动和再分配有三种方式：一是水汽的大气环流，二是洋流，三是河流。地球上的水循环由两部分组成，其一是海洋蒸发的水分有一部分经大气环流输送到大陆，并成为降水。大陆上的降水一部分蒸发成水汽，一部分渗至土壤中，一部分又经江河流回海洋，这种海洋与大陆之间的水交换，称为大循环或外循环。其二是海洋和陆地水蒸发后，在空中形成降水，回归到原来的海洋和陆地，称为小循环和内循环。地球上海洋、湖泊、河流、大气中水的循环及其分布状况见图2-7。

2.2.3.2　水的变化

水有三种形态：液态、固态和气态。三种形态的水因时间和空间的不同能发生很大变化，这种变化是导致地球上各地区水再分配的重要原因。水因蒸发和植物蒸腾而被送入大气，大气中的水汽又以雨、雪等形态降落到地面。以整个地球计，平均蒸发量和降水量是相等的，每年接近1 000 mm。蒸发量和纬度有关，一般高纬度地区的蒸发量比低纬度地区的低。

（1）气态水

空气中的水汽主要来自海平面、湖泊、河流以及地表蒸发和植物的蒸腾。通常用相对湿度来表示空气中的水汽含量。相对湿度是指空气中气含水蒸气密度和同温度下饱和水蒸气密度的比值，用百分数表示。相对湿度越小，空气越干燥，植物的蒸腾和土壤与自由水体表面的蒸发就越大。相对湿度随温度的增高而降低，随温度降低而增高。在一天内相对湿度早晨最高，下午最低。在地中海气候中，一般最冷月份相对湿度最大，最热月份相对湿度最小。我国由于受季风影响，出现相反的变化规律，即冬季空气最干燥，而夏季空气最湿润。

（2）液态水

空气中的水汽过饱和时会发生凝结现象，从而产生液态水，液态水包括露、雾、云和雨。露的形成是由于物体表面温度在晚间辐射冷却到露点温度时，空气中的水汽在物体表面凝结成液态水的过程，露对于沙漠地区的短命植物特别重要。当空气中的水汽达到饱和时就形成雾，雾实际上就是地面的云层，能减少植物的蒸腾和地表的蒸发。云的形成是由于空气上升，绝热膨胀冷却，温度降低，从而水汽凝结的过程，云的多少会影响光照强弱和日照时数的长短。雨是降水中最重要的一种，占降水量的绝大部分，它的形成是空气运动的结果，当空气上升，绝热膨胀冷却，水汽凝结就形成雨。根据形成的原因可将雨分为气旋雨、地形雨、对流雨和台风雨四种。降水量不仅因地区不同而异，还因季节不同有很大差别，一般是夏季降水量占全年降水量的一半左右，其次是春季和秋季，冬季降水量最少。我国降水量多少和同期的温度高低成正相关，这对植物生长发育很有利。不同的

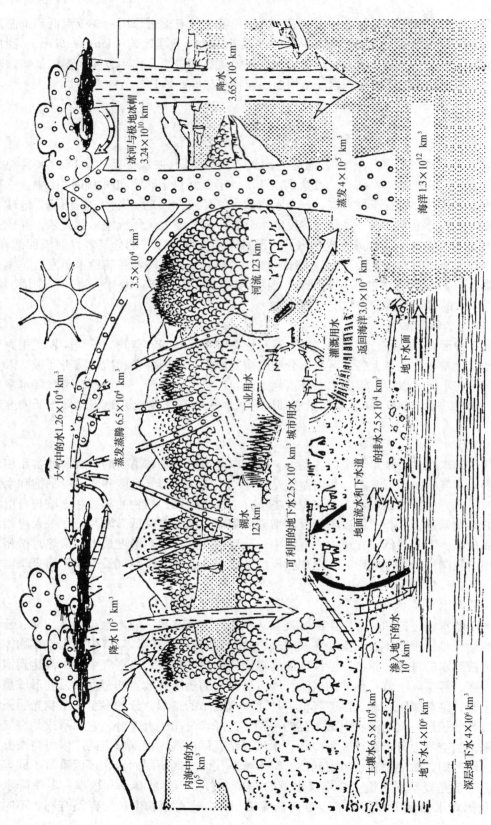

图 2-7　地球上不同形态的水及其分布状况（引自 Duvigneaud 1987）

降雨方式对植物发生的效应是不同的，如降水强度越缓和，渗入土壤中的水分越多，则降水效应越好。

（3）固态水

固态水主要是指霜、雪、冰雹和冰。霜是指露点温度为0℃以下时在物体表面所形成的固态水。当空气中的露点温度在0℃以下时，水汽就直接凝结成固体小冰晶，降落到地面就是冰雹或雪。降雪的地区分布与该地区的温度高低有关：在低纬度地区，高山之上才有降雪；在温带地区，降雪仅限于冬季；在两极，全年降水都是雪。

2.2.3.3　水对植物的生理生态学意义

（1）植物的重要组成部分

没有水就没有生命。地球上水的出现比生命更早，水是植物体不可缺少的重要组成部分。植物体的含水量一般为70%~80%，有些植物则可达90%；而种子的含水量一般低于15%，含水量越低，就越容易保存；细胞壁的含水量在8%左右（Stamm 1944）。植物的一切代谢活动都必须以水为介质，所有的物质也都必须以溶解状态才能进出细胞，所以在植物与环境之间时时刻刻都在进行着水分交换。生物起源于水环境，在生物进化过程中，90%以上的时间都是在海洋中进行的。生物登陆以后所面临的主要问题是如何减少水分蒸发和保持体内的水分平衡。现在大部分植物都已适应了陆生环境，在获取更多的水、减少水的消耗和贮存水三个方面都具有特殊的适应性。水对陆生植物的热量调节和能量代谢也具有重要意义，因为蒸腾作用是所有陆生植物降低体温的重要手段。处于干旱条件下的植株与处于水分适宜条件下的个体相比，在形态结构、生理适应和行为上都有所变异以适应干旱环境。在形态结构上：体积矮小；叶小而硬，气孔少而下陷，栅栏组织多层、排列紧、细胞间隙少，海绵组织不发达；体表的表皮细胞厚，角质层发达，毛被及蜡质有所增加；个别器官肉质；机械组织发达；根系发达；等等。生理适应的特点是：半纤维素和糖含量增加，以提高渗透压；脯氨酸增加；气孔开度减小，甚至关闭；光合减弱，呼吸增加，以增强抗干旱能力；吸收运输水分能力增强；等等。行为的适应：叶片卷曲等。植物对湿涝在个体表现型上的适应有：根木质化，气腔、气道增加，等等。

（2）水对植物生长发育的作用

水是光合作用的原料之一，没有水就形成不了干物质。水通过形态、数量和持续时间来影响植物的生长、发育、繁殖和分布。植物只能利用液态的水，并且主要是淡水；在量上，水分对植物生长也有最高、最适、最低的"三基点"。对植物来说，干旱抗性是植物抵抗干旱时期的一种能力，并且是一个综合特性。在极度干旱胁迫下，植物原生质水势的降低（因失水造成的有害性降低）越能被延缓，则原生质越能度过干旱而未受损伤（干化耐性）。为在干旱地区生存，植物并非必须是抗旱的，逃避干旱的植物在水分充足的短期内进行定时生长和生殖。

（3）水对植物分布的作用

水对植物分布的影响主要表现在群落分布的经向地带性（longitudinal zonality），以中国东北样带（Northeast China transect）为例，从东到西随着水分的不断变少，植物群落分布也发生相应的变化，分别是：暖温带落叶阔叶林→森林草原→草甸草原→典型草原→荒漠化草原→荒漠（Jiang *et al.* 1999）。在热带地区，随着水分条件的递增，从常雨林开始，可能依次出现下列植被类型：常雨林→季雨林→稀树乔木林→多刺疏林→稀树干草原。

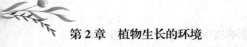

2.2.4　二氧化碳

2.2.4.1　CO_2 的分布

大气中的碳主要以 CO_2 的形式存在，其中的 C 约为 7×10^{11} t。水中溶解状态的 CO_2 占有重要的地位，如表层水中含有约 5×10^{11} t 的 C；而海洋中约含有 3.45×10^{13} t 的 C，是地球最大的 C 库。在陆地上，大气中的 CO_2 被植被截获后通过光合作用转变成总生物量，约为 2×10^{11} t，用来供养人类、动物以及植物本身的需要。假设生物圈处于平衡状态，则此 2×10^{11} t 有机物质将仅用于维持生物圈的现状。在地球上，CO_2 的产生主要来自动物、植物和微生物的呼吸消耗，其中微生物的作用对于产生 CO_2 意义更大，因为它的生物量不到绿色植物的 1/2 000，但两者呼吸消耗产生的 CO_2 却基本一致。这几类生物的生物量和消耗光合产物的情况如下：

8.4×10^{10} t 有机物被用来保证 2×10^{11} t 的绿色植物呼吸消耗；

5×10^{9} t 有机物被用来燃烧；

2×10^{10} t 有机物被用来维持 2×10^{9} t 动物的生活；

6×10^{8} t 有机物被用来保障 10^{8} t 人类生活的需要；

8.45×10^{10} t 有机物被用来弥补 10^{9} t 细菌和真菌呼吸消耗。

大气中的 CO_2 相对含量目前的平均值在 400 μmol·mol^{-1}，但是这个值随着季节的变化而变化，一般夏季的 CO_2 相对含量比冬季低 20 μmol·mol^{-1} 左右，主要与光合作用的进程有关。同在生长季节，夜晚的 CO_2 相对含量比白天高，如温带落叶阔叶林中，白天与夜晚的 CO_2 相对含量最大差值可达 41 μmol·mol^{-1}（Jiang *et al.* 1997）。城市中的大气 CO_2 相对含量比自然植被所在的地区高，主要是因为城市是 CO_2 生产的源，而其植被对 CO_2 固定的汇（sink）的作用较小，如北京近郊区与北京山地同在夏季，大气 CO_2 相对含量平均相差 53 μmol·mol^{-1}（蒋高明等 1998）。

自然界中，C 在生物圈中的不同组分在如生物群落、大气、海洋之间进行着循环。人类因为燃烧化石燃料，加速了 CO_2 的循环过程，由此造成了全球气候变化等重大环境问题。在 C 的循环过程中，CO_2 扮演着重要的角色（图 2-8）。

2.2.4.2　CO_2 的变化

图 2-9 显示了过去 2000 多年来 IAC Switzerland 记录的大气 CO_2 相对含量的年际变化。从图中可以看出，自从工业革命以来，大气 CO_2 相对含量一直是增加的，尤其到了 20 世纪 50 年代以后，增加的速度更加惊人。直接测定的数据中显示，1958 年大气 CO_2 相对含量为 315 μmol·mol^{-1}，而到了 2016 年则上升到了 402 μmol·mol^{-1}，58 年中增加了 87 μmol·mol^{-1}。

有足够的证据表明，人类使用化石燃料（煤、石油、天然气）以及生产水泥等是大气中 CO_2 浓度增加的一个重要原因。另外，热带土地利用方式的改变（如砍伐森林）也向大气中释放了相当多的 CO_2。这两部分是大气 CO_2 的源（source）（表 2-2）。作为吸收大气 CO_2 的主要因素，除大气圈增加 CO_2 的量外，海洋吸收、北半球的森林生长以及植被的 CO_2 施肥效应是 CO_2 的主要汇。此外，还有一部分 CO_2 去向不明，这就是著名的 CO_2 失汇（missing sink）现象。

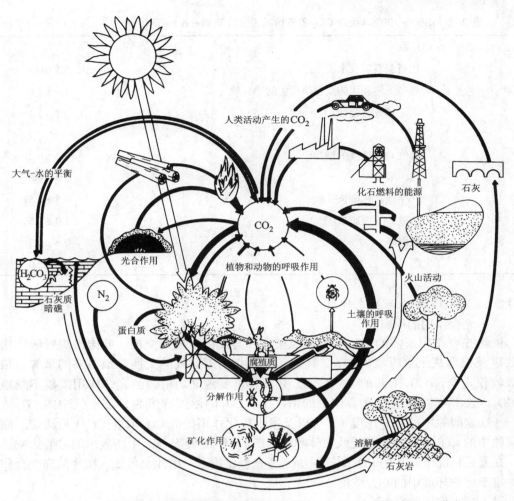

图 2-8　自然界中碳的循环过程（引自 Duvigneaud 1987）
其中大气与陆地生物群落的碳交换主要通过 CO_2 实现

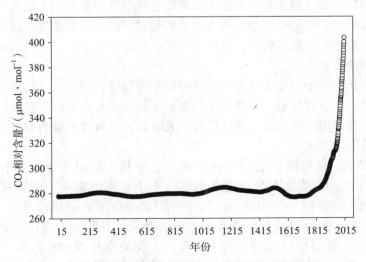

图 2-9　过去 2000 多年以来大气 CO_2 相对含量的变化

表 2-2　1980—1989 年全球 CO_2 收支情况（引自 Walker & Steffen 1999）　　单位：$10^9 \, t \cdot a^{-1}$

CO_2 源	
化石颜料以及水泥生产	5.5 ± 0.5
热带土地利用的变化所产生的净释放	1.6 ± 1.0
人工释放源合计	7.1 ± 1.1
CO_2 汇	
大气 CO_2 浓度的增加	3.2 ± 0.2
海洋吸收	2.0 ± 0.8
北半球森林增长吸收	0.5 ± 0.5
植被 CO_2 施肥效应	1.0 ± 0.5
氮沉降	0.6 ± 0.3
失汇	0.2 ± 2.0

2.2.4.3　CO_2 的生理生态作用

（1）光合作用的原料

植物光合作用所需的 CO_2 分别来源于叶片与周围空气的交换、叶肉组织呼吸作用的释放以及根部从土壤吸收的 CO_2。其中，叶片与周围空气的交换是最主要的来源，根部的吸收仅占全部 CO_2 来源的 1% ~ 2%，并不具重要意义。植物的光合作用需要不断地吸收 CO_2、放出 O_2。在进行光合作用的情况下，CO_2 的浓度梯度为外部空气中的 CO_2 浓度（C_a）、细胞间隙中的 CO_2 浓度（C_i）以及发生羧化作用处的 CO_2 浓度（C_x）所决定。而细胞间隙中的 CO_2 浓度，还要受线粒体呼吸（C_{MR}）和光呼吸（C_{RL}）所放出的 CO_2 影响。因此，在光照情况下叶片的 CO_2 流通量等于净光合作用率。由此也可知，植物的净光合作用率决定于植物环境中的 CO_2 浓度。

（2）呼吸作用的底物

与光合作用相对应的呼吸作用，不论白天还是黑夜，均需要吸收 O_2、放出 CO_2。因此，在一定时间内，光合作用和呼吸作用这两个过程是互相消长、不断变化的。通常，在白天的大部分时间内，植物吸收 CO_2 的速度总要超过放出 CO_2 的速度。呼吸消耗后剩余的碳素，主要用于植物干物质的增加、生长及存留。

（3）植物的物质生产

一个物种在其生境中的竞争能力与该种植物干物质的合成有关。起决定作用的不是短暂的光合作用最高值，而是 CO_2 吸收的平均量。即使在非常有利的气候条件下，例如温带地区植物的净光合作用的平均值，也仅只有一天内 CO_2 最高吸收量的 50% ~ 60%。

（4）植物的形态建成

高 CO_2 环境下，植物的形态结构也可能发生变化，如根系变粗、中柱鞘变厚、栓皮层变宽等；在高 CO_2 浓度下受切割刺激后会产生更多的根系，而且根系增长、鲜重增加；一些植物如大豆（*Glycine max*）、白桦（*Betula platyphylla*）等，其根 / 茎比成倍增加。根系随 CO_2 浓度改变在数量及形态上的变化，有助于植物在环境胁迫下摄取更多的养分及水分，从而更好地适应高 CO_2 环境。花的发育对 CO_2 的反应也很敏感，在 1 000 ~ 1 500 $\mu mol \cdot mol^{-1}$ 高 CO_2 环境下，大部分温室植物开花增多，花的干重增加，坐花率提高，落花率减少。

2.2.5 氧气

2.2.5.1 氧气的分布

氧是地壳中最丰富的、分布最广的元素，它在地壳中的含量为 48.6%。单质氧在大气中占 21%，水中占 88.8%，人体中占 65%。地球大气中，氧气的出现与生物的进化紧密地联系在一起，现今大气中的氧气几乎全部来源于植物的光合作用。

大气是地球上氧的重要库，全部氧气的含量约有 1.2×10^{15} t，空气中的氧气含量比 CO_2 高得多。对于陆生植物来说，地上部分总是生存在氧气充足的环境中，只有在少数例外的情况下（如厚实的器官、粗大的乔木树干以及大的果实等不易为气体透过）才会因扩散阻力过大而发生缺氧。大气中 O_2 虽然不断地用于动物的呼吸、燃烧及其他氧化过程，但由于周围的光合作用能够把 CO_2 转变成 O_2，就使大气中 O_2 的浓度几乎保持不变，约含 21%。但随着海拔高度的升高，O_2 含量不断下降，如在海拔 4 500 m 左右的 O_2 含量下降到 14% 左右。

土壤空气是土壤的肥力因素之一。O_2 存在于土壤空隙中，由于植物根系及土壤生物的活动，各成分的比例及数量与地面大气不相同。与地面上的空气相比，土壤空气中 O_2 浓度不及地面空气中高，然而 CO_2 和 H_2O 则高于地面空气。因此，土壤空气和地面空气之间也就有着陡急的扩散梯度。借助扩散作用，土壤空气可不断得到更新。外界的温度、气压、风速以及水分状况对土壤空气的更新都有影响（赵儒林等 1983）。土壤空气中的 O_2 含量极不规则，在 20% ~ 30% 之间变化，若土壤中出现滞留水时，O_2 的缺乏还将更加严重。通常在田间持水状态下的土壤中，植物根系主要活动层内氧气的含量约为 19%。

水体中的 O_2 是贫乏的，主要原因是因为氧气在水中的溶解度小。水体与大气中 O_2 的平衡仅发生在表层，水层越深，水体中缺氧的情况越严重。

2.2.5.2 氧气对植物的生理生态作用

（1）参与植物的分解代谢

氧气通过扩散作用进入植物细胞，扩散的途径与 CO_2 相似，只是彼此方向相反。在有氧存在的情况下，植物光合产物的分解彻底，形成 H_2O 和 CO_2，并放出较多的能量。大分子糖类的分解需要经过许多步骤，整个分解过程中除放出能量外，还能给大多数其他必要产物如氨基酸、核苷酸、叶卟啉、色素、脂肪等提供碳骨架。在缺氧的条件下，植物的分解代谢也能进行，但在这个过程中光合产物不能完全氧化，以致形成对发育不利的有机物，同时三磷酸腺苷（ATP）的净生产以及释放的热量亦远远低于有氧状态下的分解代谢。在缺氧条件下绝大多数的植物都生长不良，其原因即在于此。

（2）种子萌发的必需条件

种子萌发需要三个基本的条件，即充足的水分、充足的氧气和适当的温度。缺氧时，种子内部呼吸作用缓慢，休眠期长。当种子深埋土下时，往往会因缺氧而使其萌发受阻。我国东北地区曾发现过在泥炭中深埋 1000 多年的古莲子，但当人为处理这些古莲子，使种子获得足够的氧气后，古莲子很快又萌发了。

（3）与植物根系的生长关系密切

土壤空气中氧气的含量在 10% 以上时，植物的根系一般都不表现出伤害。通常排水良好的土壤，氧气的含量都在 19% 以上，而且越接近土壤表层氧气的含量越高。所以陆生植物的根系常集中在上层通气较好的土层中。当土壤空气中氧气低于 10% 时，大多数植物根的正常生长机能都要衰退；当氧气的含量下降到 2% 时，这些根就只能维持不死。对植物有利的氧气含量都出现在地下水位以上的土层中，因而绝大多数陆生植物根系都被限制在这一土层范围内。地下水位高的地方，许多植物自然地形成浅根系，根系的改变常给地上部分的生长造成不利影响。但是，也有许多植物的根，如垂柳（*Salix babylonica*）、东方香蒲（*Typha orientalis*）、水稻（*Oryza sativa*）等可以生活在水中或水分饱和的土壤中。一般来说，沿湖、河、海及山坡的底部，地下水位的高低常是植物分布的限制因素。

2.2.6　土壤

2.2.6.1　土壤的分布

土壤是各种成土因素综合作用下的产物，不同地区形成相应的土壤类型。土壤在地理位置上的分布，既与生物气候条件相适应，表现为广域的水平分布规律和垂直分布规律；也与地方性的母质、地形、水文、地质和成土时间等因素相适应，表现为微域分布规律；同时在耕种、灌溉等人为条件下形成不同类型的土壤。土壤的纬度地带性在我国表现为在东部形成湿润海洋性地带谱，由北向南依次分布着暗棕壤、棕壤、黄棕壤、红壤、黄壤、砖红壤。土壤的经度地带性，在我国由沿海到内陆表现为干旱内陆性地带谱，由东向西依次分布着黑钙土、栗钙土、棕钙土、灰钙土、荒漠土。在这两个土壤地带谱之间，自东北向西南，则形成一个过渡性地带谱，顺序分布着黑土、黑钙土、栗钙土、褐土、黑垆土。而且，山地土壤由于海拔不同而呈现出垂直地带性分布。

对于植物而言，植物根系与土壤之间具有极大的接触面，在植物和土壤之间有着频繁的物质交换，彼此有着强烈的影响，因此通过控制土壤等因素可影响植物的生长与发育。土壤是陆地生态系统的基础，可以强烈影响植物个体的生长与繁育，因此它能够在植物群落的演替方面发挥巨大的作用，从而控制陆地生态系统的稳定与变化。另外，生态系统中很多重要过程都是在土壤中进行的，其中特别是分解作用、硝化作用和固氮过程，这三种过程都是整个生物圈物质循环中必不可少的一环。

2.2.6.2　土壤的物理性质

土壤的物理性质是指土壤质地、结构、容量、孔隙度等。这里着重讨论土壤的质地、结构性质，并由此引起的土壤水分、土壤空气和土壤温度的变化规律，这些都能对植物根系的生长和植物的营养状况及土壤动物生活状况产生明显的影响。

（1）土壤质地与结构

土壤是由固体、液体和气体组成的三相系统，其中固相颗粒是组成土壤的物质基础，占土壤全部重量的 85% 以上，是土壤组成的骨干。土壤的固、液、气三相中，液、气两相都受固相颗粒的组成、特性及其排列状态的影响。根据土壤颗粒直径的大小可把土壤分为粗砂（2.0 ~ 0.2 mm）、细砂（0.2 ~ 0.02 mm）、粉砂（0.02 ~ 0.002 mm）和黏粒（< 0.002 mm）。这些大小不等的矿物质颗粒，称为土壤的机械成分，机械成分的组合百分比即称为土壤质地。根据土壤质地可把土壤区分为砂壤、壤土和黏土三大类。在砂土类土壤中以粗砂和细砂为主，粉砂和黏粒所占比例不到 10%，因此土壤黏性小、孔隙多，通气透水性强，蓄水和保肥能力差。在黏土类土壤中以粉砂和黏粒为主，占 80% 以上，甚至可超过 85%。黏土类土壤质地黏重，结构致密，湿时黏、干时硬。黏土类土壤因含黏粒多，保水保肥能力较强，但因细小、孔隙细微，通气透水性差。壤土类土壤质地较均匀，

是砂粒、黏粒和粉粒大致等量的混合物，物理性质良好，通气透水，有一定的保水保肥能力，是比较理想的耕种土壤。

土壤结构是指土壤固相颗粒的排列形式、孔隙度及团聚体的大小、多少以及稳定度。这些都能影响土壤中固、液、气三相的比例，并从而影响土壤供应水分和养分的能力以及通气和热量状况。土壤结构可分为微团粒结构（直径小于 0.25 mm）、团粒结构、块状结构、核状结构、柱状结构、片状结构六种，其中以团粒结构最为重要。团粒结构是土壤中的腐殖质把矿质土粒相互黏结成 0.25 ~ 10 mm 的小团块，具有泡水不散的水稳定性特点，常称为水稳定性团粒。它是土壤肥力的基础，因为具有团粒结构的土壤不仅能统一土壤中水和空气的矛盾，而且还能统一保肥和供肥的矛盾，从而协调土壤中的水分、空气和营养物之间的关系，改善土壤物理化学性质。无结构和结构不良的土壤，土体坚实、通气透水性差，植物根系发育不良，土壤微生物和土壤动物的活动亦受限制。

（2）土壤水分

土壤水分主要来自降雨、降雪和灌水。土壤水分的适量增加有利于各种营养物质的溶解移动和土壤中有机物的分解及合成，也有利于磷酸盐的水解和有机态磷的矿化，从而改善植物的营养状况。此外，土壤水分还能调节土壤的温度，灌溉防霜就是这个道理。但水分太多或太少都对植物、土壤微生物和土壤动物不利。

土壤干旱会影响植物的生长，土壤水分过多会使土壤中通气不良，同时还造成营养成分的大量流失，这些都对植物的根系和好氧性土壤微生物的生长不利。土壤孔隙内充满了水对土壤动物的生存亦有重大影响，常可使动物因缺氧而死亡。

（3）土壤空气

土壤空气绝大部分来自大气，还有一部分是由土壤中的生化过程产生。土壤空气中有 80% 是 N_2，20% 是 O_2 和 CO_2。由于土壤中生物（包括微生物、动物和植物根系）的呼吸作用和有机物的分解，不断消耗 O_2，释放 CO_2，所以土壤空气的成分与大气有所不同。例如土壤空气中的 O_2 相对含量一般只有 10% ~ 12%，但 CO_2 相对含量则在 0.1% 以上。土壤空气中各种成分不如大气稳定，经常随季节、昼夜和深度而变化。在土壤板结和积水、透气不良的情况下，土壤中的氧气含量可低到 10%，这就会抑制植物根系的呼吸，进而影响整个植物的生理机能，动物则可通过垂直移动来选择适宜的呼吸条件。当土壤表层变得干旱时，土壤动物因不利于其皮肤呼吸而重新转移到土壤深层，空气可沿着虫道和植物根系向土壤深层扩散。

土壤空气中高含量的 CO_2，一部分可扩散到近地面的大气中，一部分则可直接被植物根系吸收。但是在通气不良的土壤中，CO_2 的相对含量可达到 10% ~ 15%。在此条件下，植物根系的发育和种子萌发会受到抑制，如 CO_2 相对含量进一步增加则会对植物产生毒害作用，破坏根系的呼吸功能，甚至导致植物窒息死亡。土壤空气和土壤水分同处于土壤孔隙之中，所以土壤空气和土壤水分是互为消长的。

（4）土壤温度

土壤的热量主要来自太阳能。由于太阳辐射强度有周期性的日变化和年变化，所以土壤温度也具有周期性的日变化和年变化。土壤表面在白天和夏季受热，温度最高，热量从土壤表面向深层输送。在夜间和冬季土表温度最低，热量从深层向土壤表面流动。但土壤温度在 30 ~ 100 cm 之间昼夜变化不明显，30 m 以下则无季节变化。土壤温度的垂直分布从冬季到夏季和从夏季到冬季要发生两次逆转，随着一天中昼夜的转变也要发生两次变化。

土壤温度除了能直接影响植物种子的萌发和生根出苗外，还对植物根系的生长和呼吸能力有很大影响。大多数作物在 10～35℃的范围内随着土壤温度增高，生长也加快，这是因为随着土壤温度的增加，根系吸收作用和呼吸作用也增加，同时物质运输加快，细胞分裂和生长速度也随之增加。土壤温度太高和太低都能减弱根系的呼吸能力，并不利于其生长。例如向日葵（*Helianthus annus*）的呼吸作用在土壤温度低于 10℃和高于 25℃时都会明显减弱。

（5）土壤化学性质

①土壤酸碱度是土壤化学性质特别是盐基状况的综合反映，它对土壤的肥力性质、微生物活动、有机质的分解和合成、营养元素的转化与释放等都有很大影响。例如，可通过调节矿质盐分溶解度来影响养分的有效性。②土壤有机质包括非腐殖质和腐殖质两大类。非腐殖质是动植物的已死组织和部分分解组织。腐殖质是土壤微生物分解有机质时，重新合成的具有相对稳定性的多聚体化合物。腐殖质可占有机质的 80%～90%。土壤有机质对植物十分重要，因为它是植物矿质营养的重要来源，并可增加元素的有效性；土壤有机质还可改善土壤物理、化学性质，促使土壤团粒结构形成，使水、气、热条件良好；促进植物的生长和养分吸收。最近 20 多年来，西方国家开始重视中国人施有机肥的耕作方式，纷纷研究和效仿。③ 土壤矿质元素，土壤中含有大量植物必需的矿质元素，如 C、H、O、N、P、K、S、Mg、Ca、Fe、Cl、Mn、Zn、B、Cu、Mo、Ni 计 17 种元素。其中 8 种元素（Fe、Cl、Mn、Zn、B、Cu、Mo、Ni）植物需要量极微，稍多即发生毒害，故称为微量元素（minor element，microelement 或 trace element）。另外 9 种元素（C、H、O、N、P、K、S、Mg、Ca）植物需要量相对较大，称为大量元素（major element 或 macroelement）。

2.2.6.3　土壤对植物的生理生态作用

（1）机械支持

土壤是岩石圈表面能够生长植物的疏松表层，是陆生植物生活的基质的总和。土壤为植物提供必需的营养和水分，作为一种重要的环境因子，它为植物根系提供赖以生存的栖息场所，起着将植物固定的作用。不同的植物生长在不同的土壤上，在裸露岩石上，只有地衣、苔藓类植物能够生存。黏土含水量高，一些耐湿的植物喜欢在那里"安营扎寨"，生根开花。大多数植物无法耐受碱性土壤，但许多豆科植物却喜欢在那些地方"落户"，而且长得根深叶茂。杜鹃花（*Rhododendron simsii*）则能牢牢地扎根于酸性土壤之中。

（2）提供矿质元素

植物从土壤中吸收的矿质元素来源于无机盐和有机物质的分解。植物对元素的需求量有最适范围，缺少和过多均属于胁迫。另外，植物需求的不仅是某种元素绝对的量，而且还在于各种元素的相对关系，即比例。在合适的比例时植物的生长发育最好。

植物通常有主动吸收能力，选择性地吸收、富集，且能逆浓度梯度而吸收离子。不同元素含量的土壤分布着不同植物。某些植物常常在某种元素含量特别高的地区生长，成为此元素的指示植物（indicative plant）；如果某些元素极端缺乏，则使植物无法生存，如澳大利亚的大面积草地以前缺乏硒，几乎寸草不生，施肥后成为水草肥美的牧场。

（3）提供水分

植物的一切正常生命活动，只有在一定的细胞水分含量的状态下才能进行。植物不断地从环境中吸收水分，以满足正常生命活动需要。陆生高等植物主要依靠根系从土壤中吸收水分，根系吸水主要靠根压（root pressure）与蒸腾拉力（transpirational pull）。由于根压和蒸腾拉力的作用，土壤水溶液—植物根尖根毛—根部皮层—茎木质部—分枝—花叶果等组成一个水势梯度差异的连续体，保证了植物水分沿水势梯度供应。

（4）影响植物分布

在特定的气候条件下，土壤决定植物的分布。例如在酸性土壤上分布有酸性土植物铁芒萁（*Dicranopecris linearis*）；在海滨分布有碱地植物如翅碱蓬（*Suaeda heteroptera*）等；在含盐量较高的土壤中分布有盐生植物猪毛菜（*Salsola collina*）等；在沙质土壤上分布有沙生植物油蒿（又叫黑沙蒿，*Artemisia ordosica*）等。我国著名生态学家侯学煜先生最早注意到植物分布与土壤的关系，指出植物群落不是单纯取决于气候，土壤因素具有同等重要性，并提出了指示植物的概念。美国著名植物生态学家 R. H. Whittaker（1951）在美国《植物生态学专论》（*Ecological Monograph*）上发表的《评论植物组合和顶极概念》（A Criticism of Plant Association and Climax Concepts）一文中将侯学煜观点归结为土壤顶极学派。

2.3　关于生态因子的基本观点

2.3.1　生物的自身属性与生态因子辩证统一的观点

不同的植物种类或作物的品种由于长期历史发育或培养的结果，形成了特定的本性或遗传性，它们为了本身正常的生长发育，要求不同的外界生态因子，即不同种类或品种的植物要求的日光、温度、水分、空气和土壤矿物养分各有不同。

就植物与气候的关系来说，有些植物只能在热带或亚热带气候生长，有些适宜暖温带气候，也有些适宜寒温带气候。再如，植物与土壤的关系，有些植物喜欢沼泽土壤，有些需要排水良好的土壤，有些限于酸性土，而有些适宜盐碱土。但事物变化总是辩证统一的，植物的本性不是永久不变的，如果在把某种植物生长环境改变以前就突然地把它栽培或引种到远远超出其要求的生态条件下，就不可避免地会引起该种植物生长发育不正常，以致产量或质量降低甚至还会发生死亡现象；然而也有一些植物可能比其在原有生境以更好的状态生长，如把盐碱地生长的二色补血草（*Limonium bicolor*）引种在土壤肥力较好的中性土壤上，其生长反而更好。

从这一观点出发，在生态治理中所谓优良植物或劣质植物、速生树种或慢生树种，都不是绝对的，而是有条件的，即必须与一定的土壤、气候等外界生态因子联系起来考虑。同一种植物或品种，栽植到它本性要求的土壤和气候条件下，就是优良植物或速生品种，否则就会变成劣质植物或慢生品种，甚至死亡。如在英国西海岸煤矿废弃地作为先锋优良种类的匍茎剪股颖（*Agrostis stolonifera*）就不一定能成为我国西北部煤矿废弃地植被恢复的适宜种类。同样，所谓肥土或瘦土也不是绝对的，必须联系到特定的植物来考虑，同一种土壤对某些植物可能是瘦土，对另一些植物就可能是肥土。如在土壤瘠薄的城市建筑废弃地上，对喜湿喜肥的禾本科的一些植物（如早熟禾）来讲是不能生存的瘦土，而对一些固氮类植物来讲就能够生存并使土壤得到改良。因而，生物本性与生态因子是辩证统一的，在实践应用中应避免"一刀切"或"无所作为"，可避免经济上的巨大浪费。例如，对待同一片土地，如果认为适宜种植某一些植物而不适宜种植另一些植物，仅强调后者而不会做生态学的分析，就会简单地认为土壤不适而去人工填土，这样土地恢复的代价就会成倍甚至几十倍地增加。

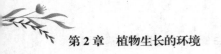

2.3.2　生态因子综合性的观点

生态因子综合性的观点就是要认识影响生物生长的各种生态因子是同样重要的，以及它们对于生物的综合作用。就生态因子与植物的关系来说，任何生态因子都不是孤立地对植物发生作用，而是与其他生态因子共同地、综合地对植物发生作用。我们不能无条件地强调某一种生态因子，而忽视其他生态因子的重要性，应该了解到植物所赖以生长发育的环境不是个别因素，而是日光、温度、水分、空气和土壤等因素的综合。

根据植物生态因子综合性的观点，每一种生态因子只有在植物所必需的其他因素同时具备时，才能发挥其作用。例如某一地区土壤中虽具有丰富的矿物营养物质，但如果不存在对该种植物生长有利的气候因素，这些土壤矿物营养物质也表现不出它们的有效作用来；同样，如果缺少土壤营养物质，优越的阳光、温度、大气、水分等气候因素对植物也不会有什么好效果。

例如，茶树（*Camellia sinensis*）需要湿润亚热带气候与排水良好的强酸性土壤所组成的综合环境，北方温带地区虽有酸性土，因气候不适宜就不能正常生长，即使生长，其品质也非常低下，所以"南茶北移"的口号是错误的。南方许多地区虽然气温、水分等气候因素适宜茶树生长，但在石灰岩土或沿河石灰性冲积土上推广茶树，就会生长很慢，甚至死亡。即使是土壤呈酸性反应，如果地势平坦、土质黏重、排水不良，茶树也不会生长良好。小叶杨（*Populus simonii*）在北方温带和暖温带的深厚土壤和水分条件比较优良的生境下，的确是速生树种；而在山西大同盆地，气候虽适宜，但土层很浅，雨量又少，水分供应不足，长到十多年后就形成"小老头树"。所以作为速生树种必须考虑到外界综合生态因子。

杉木（*Cunninghamia lanceolata*）是亚热带阴湿酸性深厚土层上的优良速生树种。温带山谷中虽有阴湿深厚的土层，但由于冬季气温过低，不能越冬而冻死；向南到了热带，由于气温过高，成熟期过早，反而生长很慢，也会长成"小老头树"。即使在亚热带地区，如果把杉木推广到土层浅、阳光强、气温高的丘陵黏重红壤土，十几年后同样会长成"小老头树"。这说明杉木作为速生树种必须具有适宜气候和适宜土壤的综合环境，而不单纯取决于气候或土壤的某一个因素。因此，在地形和局部气候复杂的南方，号召建立万亩或数十万亩杉木林基地是不符合生态学规律的。

2.3.3　生态因子主导性和限制性的观点

不同的植物分布在不同的生态因子中，在一定的场合下影响植物生长的各种生态因子不能同等地看待，因为各种生态因子在一定的场合中按照一定的方式结合，结果不同。其中总会有某种生态因子起着决定性作用，该种生态因子就是主导因子（leading factor）（图 2-10）。主导因子有两方面的含意：①从生态因子角度说，当所有因子处于通常状态时，其中关键因子的变化会引起全部生态关系的改变，如空气因子由暴风转为静风时的效应；②对植物而言，某一因子的存在与否和数量变化是其存在和发展的必需，如植物启动繁殖的日照长度。

与主导因子容易混淆的是限制因子。什么是限制因子？限制因子（limiting factor）是指在植物的生存和繁殖所依赖的众多环境因子中，任何接近或超过某种植物的耐受极限而阻止其生存、生长、繁殖或扩散的因素。限制因子一般是某种植物必需的生态因子，只要

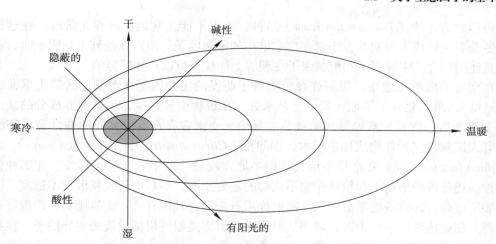

图 2-10 不同的植物分布在不同的生态因子中（引自 Schulze *et al.* 2002）

图中温度是主要因子

其在量上接近或超过了植物的耐受范围，它就会成为这种植物的限制因子。植物生长和繁殖需得到必需的基本物质，如光、温、水、矿质元素等任何一种生态因子都可能成为限制因子即某种不能缺少但又不能太过量的因素。不同植物要求的条件不同：有些只生长在寒冷微温的条件下，如红松（*Pinus koraiensis*）；而有些植物只能在热带生活，如三叶橡胶（*Hevea brasiliensis*）、香蕉（*Musa nana*）。在这两个例子中，温度就是限制植物分布的因子。地球上各地方的环境条件各不相同，海洋、森林、荒漠、高山、极地，这些环境还存在季节上的变化。所以，植物生存、繁衍处处受到环境条件的限制。

如果一种植物对某一生态因子的耐受范围很广，而且这种因子又非常稳定，那么这种因子就不太可能成为限制因子；相反，如果一种植物对某一生态因子的耐受范围很窄，而且这种因子又易于变化，那么这种因子很可能就是一种限制因子。限制因子概念的主要价值是使生态学家掌握了一把研究植物与环境复杂关系的钥匙，因为各种生态因子对植物来说并非同等重要，生态学家一旦找到了限制因子，就意味着找到了影响植物生存和发展的关键因子，并可集中力量研究它。

主导因子与限制因子都对植物起关键作用，但二者的含义不同。当植物处于某一因子的胁迫区时，该因子应为限制因子；然而当植物处于某一因子的适宜区时，就可能成为植物的主导因子。在理解主导因子与限制因子作用时，首先不能把主导因子和各种生态因子具有同等重要性的观点对立起来。例如，在光、温均适宜的情况下，水分供应状态越好，光合和生长就越好，此时水就是植物的主导因子。直接影响植物新陈代谢的阳光、温度、水分、无机盐类、氧气、二氧化碳等对于植物来说，都同等重要，缺少任何一种就足以影响植物的正常生长发育。只是在不同的场合中，某一种或两种因素会起到主导作用。例如，对小麦来说，虽然在春化阶段（即植物开花需要低温刺激的现象），温度、湿度、氧气和土壤的营养成分都很重要，但在这个阶段中温度的高低却起着主导作用，在这一阶段温度是主导因子；在小麦的光照阶段，虽然光线、温度、湿度、氧和营养成分都很重要，但每天光照或黑暗的长短在这个阶段却具主导地位，光照的长短是主导因子。如果把生态因子的时间性和空间性结合起来考虑就更容易理解上述观点。例如，在冬季温度较高的广东，种植北方小麦（*Triticum aestivum*）品种，小麦不能正常地度过春化阶段，在这种场合，冬季温度就成了限制北方小麦在广东推广的限制因子。所以在谈到主导因子时，首先要看具体的场合。主导因子和限制因子在理解上往往是难以具体区分的。

在南方的酸性土壤中，限制先锋植物种子萌发的主导因子在湿润地区是土壤酸碱度（pH 过低），而在北方干旱地区就可能是水分。在植物生长阶段，土壤营养成分的缺乏就成为主要矛盾，营养元素如氮和磷就是主导因子。南方存在着大面积的酸性黄壤和红壤地，有人试栽过多种作物或经济树木，如甜橙（*Citrus sinensis*）、玉米（*Zea mays*）、高粱（*Sorghum bicolor*）等，常常得不偿失，很多地方栽种一二年后又重新撂荒。在那种荒地上栽种前述各种经济树木和粮食作物不成功的主要原因，不是由于气候因素不适宜，而是土壤酸度过高；在具备灌溉条件下，需要施用石灰混合其他有机、无机肥料，产量就可大大提高。在亚热带的一些山区，局部气温偏低又常常是限制柑橘发展的主导因子。在我国西北部的甘肃、新疆、内蒙古一带，对于选择抗盐、耐旱的作物品种，以及对于因开垦后可能发生次生盐碱化或沙漠化的问题就要特别加以注意，这也是在高寒环境中开垦荒地的主要问题。

2.3.4　生态因子联系性的观点

在自然界中，一切生态因子从来就不是孤立存在的，而是永远处于相互依赖的关系之中，在改变任何一种生态因子时，其他生态因子也会相互改变。气候因子中的光、温度、湿度、水分等是相互制约的，一般光照充足时温度提高，温度中的能量直接或间接来自太阳光能（煤、石油、天然气中的能量是古生代贮藏的太阳光能），温度越高，水分含量也越高。土壤因子中物理性、化学性、生物性也是互相依赖的。土壤因子和气候因子又是相互联系的，地形、生物又与土壤、气候因子相关联。

生态因子联系性的观点可有助于我们理解地球上植被的分布，进一步理解在这些地区发生的生态系统退化的恢复或重建问题。例如，我国各地区高山的坡向有南北走向，也有东西走向。坡向与植被的关系取决于与坡向相联系的各种气候因子和土壤地理因子。如新疆天山是东南走向的山脉，北坡是向风坡，由于准噶尔盆地的西部界山有缺口，在一定程度上受到北冰洋和大西洋湿气余波的影响，南坡是雨影坡，所以天山北坡分布云杉林而南坡为草原。西藏喜马拉雅山南坡受印度洋季风的影响，与天山恰相反，南坡出现各种垂直带森林，而北坡则为草原。

就海拔来说，同一种植物分布在不同地点，对于海拔的关系是不相同的。例如，在北纬 27° 左右的贵州西北部威宁，核桃（*Juglans regia*）和板栗（*Castanea mollissima*）一般在海拔 1 500～2 000 m 的山谷或坡上生长良好；但到北纬 40° 左右的北京附近，只能栽在海拔 600 m 以下地带，海拔较高处就生长不良。海拔本身对于植物不起什么作用，只是与它相联系的气温、湿度、雨量、光线、风力和土壤性质等对植物发生作用。因为海拔越高，温度越低（每上升 100 m，降低 0.6℃），纬度越高，温度亦越低（每升高 1 个纬度，降低约 0.5℃）；同样，海拔越高，纬度越低，光照越强，风速亦变化。如果不结合具体地点的纬度位置，只孤立地去谈某种果树的分布界限和适宜海拔，在推广时，就会遭受失败。

与同一海拔相联系的光照、水分、土壤也不一定相同，这主要是地形、坡向等因素可能不同。例如，柴达木盆地海拔 2 800 m 的诺木洪能栽种苹果，小麦平均亩产可达 310 kg；

而相同海拔的青海东部脑山浅山地区的化隆一带，春小麦产量不仅很低，而且不能保收，苹果根本不能栽培。这是由于柴达木是盆地地形，其周围是高山屏障，阻挡冬季寒潮，白天增温快，夜间辐射的热量较多，加以干旱，气温自然就高些；而化隆回族自治县是浅山地形，北面无高山屏障，易受寒潮影响，又较湿润，气温自然比较低。

2.3.5 生态因子变动性的观点

一年四季或一天中的日光、温度、水分、土壤肥力等的生态因子，都在不停地发生着变化。同时植物本身从一个阶段发育到另一个阶段所需要的上述生态因子也是变化着的，即每种植物与生态因子的关系随着从营养期到开花结实期而有所变动。同一种生态因子在植物某一阶段可能作用不大，但到了另一阶段却成了必要的因素，再到下一个阶段又可能变成不利的因素。

在我国南方热带气候条件下推广北方暖温带原产的小麦，尽管这些小麦到了次年春季收获时植株旺盛，分蘖很好，但不能成熟抽穗，这是由于在热带气候条件下，北方原产地冬小麦春化阶段所需的低温和光照阶段需要的长日照条件得不到满足。又如南方晚熟水稻品种，移到北方栽培，因北方日照长、温度低，出穗成熟显著延迟，有的甚至不能成熟抽穗。因而同是温度和光照因子的作用，对于不同的品种其作用是变化的。如果在南方塌陷地区推广栽培华北的苹果，枝叶生长也会很旺盛、生长势很强，但不会开花结果。这是由于苹果是暖温带的落叶果树，花芽的形成必须经过冬季一定时间的低温休眠期，次年才能开花结果。尽管通过人工的措施可使塌陷环境中的土壤和水分适于苹果树的生长，但由于气温从北到南的变动性使其不能在南方热带生长，因为南方冬季气温较高，不具备苹果所要求的冬季休眠期的低温。亚热带地区移植的苹果品质不好，也与冬季低温休眠期的不足有关。

植物在不同生长发育阶段，不仅对日光和温度要求不同，对于土壤中营养物质的需要也是不同的，如我国南方双季稻地区，在晚稻分蘖期和孕穗期特别需要充足的氮肥，但往往由于供应不足，发生黄叶病，以致减产。另一方面有的地方在水稻抽穗期间，由于氮肥施用过多，又往往发生贪青、徒长茎叶，不能结穗。这说明同样的氮肥，对分蘖期和孕穗期的水稻十分重要，但到了抽穗期反而变为不利的因素。土壤中盐分的存在对于作物是不利的因素，但不同地点土壤盐分高低是随着一年四季气候特点而变化的。同种植物抗盐能力也因出苗、生长、开花、结果有所不同，一般作物在幼苗期抗盐能力最弱。盐渍化地区，如果作物能顺利度过出苗期，以后的生长多不成问题。所以如何在出苗期减少土壤盐分影响或在播种期间如何避免土壤盐分过高等不利因素，就是从生态学角度解决沿海地区盐碱土改良的重要措施之一。

2.4 植物适应环境的生态型

在长期的自然演化中，植物对其生存的环境产生了很强的适应性。这一点是理解所有植物生理生态现象的基础。植物本身也是自然界演化的产物，它的产生对改变局部的环境条件甚至全球气候起到了关键的作用，如氧气的产生、水的循环、主要营养元素的循环等。但是，在一定的时间和空间范围内，植物并没有主动地改善环境，而是被动地适应环境。其道理正如只有鸟选择树木而栖息，而不是树木选择鸟而被栖息一样。在长期的适应环境过程中植物产生了一定的生活型（life form）、生态型（ecotpye）或者功能型（functional type），生态型中有些是对单一因子（光、温、水、矿质元素）适应的类型，有些则是对复合因子（风、海拔、气候）适应的类型。

2.4.1　植物对单因子适应的生态型

2.4.1.1　植物对光的适应

（1）植物对光强的适应

植物适应光照强度的类型主要分三类：①阳生植物（sun plant），在强光环境中才能生长，发育健壮，弱光条件下生长发育不良，群落的先锋植物均属此类。②阴生植物（shade plant），在弱光下比强光下生长好，强光受害，如许多阴生蕨类、兰科的多个种类等，其在群落中多处于底层。③耐阴植物（shade-enduring plant），有两个含义：其一在全日照下生长最好，也能忍耐一定荫蔽的植物类群；其二是在生活史的某些阶段（主要是苗期）需要适度弱光的类群。如青冈（*Cyclobalanopsis glauca*）、红松，幼苗期不耐强光，适宜生活在上层树木遮蔽之下，成年时则到达林冠上层，成为阳性植物。

实际上，上述植物对光强适应的同时也适应了光质的变化。在弱光下，光谱成分与全光照下有显著的不同，林下适合光合作用的光成分自上而下逐渐被吸收而减少，到地面附近往往以绿光为主，作为适应，阴生植物的叶绿素 b 的比例较阳生植物高。

（2）植物对光照时间长短的适应

日照长度对植物的生态作用主要有光的信息作用和能量总量两方面。可以从植物对日长的响应情况分析日照长度变化对植物的影响。日照长度是地球上最严格和最稳定的周期性变化，因此被植物用作发育和行为节律的最可靠的信息。分布在地球各个地区的植物长期适应于特定的昼夜长度变化格局，形成了以年为周期的、由特定日长启动的繁殖和行为，即植物的光周期现象（photoperiodism）。光周期实际上是植物的一种适应策略，有利于充分利用资源，避开不利季节。现已确定，大部分植物的光周期不是由日照长度引起，而是由连续黑暗的长度启动。引起植物繁殖（花芽形成）的最小或最大黑暗长度称为临界夜长（critical night-length）。

根据各种植物诱导花芽分化所需的临界夜长，可分为 4 类：①只有当暗期长于其临界夜长时才能开花的植物为长夜植物（long night plant）（又称短日照植物 short day plant）。如果诱导的暗期不够长，则只有营养生长，不能形成花芽。在一定范围内，暗期越长，开花越早。早春、深秋开花的植物属于这种生态类型，如大豆、玉米、烟草（*Nicotiana tabacum*）、棉花（*Gossypium hirsutum*）、菊花（*Chrysanthemum morifolium*）、圆叶牵牛花（*Pharbitis purpurea*）等，一般起源于低纬度地区；②只有当暗期短于其临界夜长时才能开花的植物为短夜植物（short night plant）（又称长日照植物 long day plant）。在一定范围内，暗期越短，开花越早。这类植物常在夏季开花，如小麦、油菜（*Brassica campestris*）、菠菜（*Spinacia oleracea*）、萝卜（*Raphanus sativus*）、凤仙花（*Impatiens balsamina*）、除虫菊（*Pyrethrum cinerariifolium*）等，一般起源于高纬度地区；③只有当昼夜长短比例接近相等时，才能开花的植物为中夜植物（middle night plant）（又称中日照植物 middle day plant），如甘蔗（*Saccharum officinarum*）等，一般起源于热带。④不受暗期长短的影响，或影响较小的为无光周期植物，只要条件合适，在不同的日照长度下都能开花，如黄瓜（*Cucumis sativus*）、番茄（*Lycopersicon esculentum*）、蒲公英（*Taraxacum mongolicum*）等。

光虽然在植物繁殖方面的信息作用很重要，但并非唯一的启动信息。在热带，日照长度常年稳定在 12 h 左右，信息功能转而成为其他因素（如雨季和旱季的开始时间）。植物的落叶休眠、出叶，地下贮藏器官形成等也对日长有响应。了解植物的光周期现象在生产上具有重要意义。例如，在植物引种时，要考虑纬度和海拔对光周期的影响：从高纬度向低纬度引种，生育期缩短；海拔、纬度相近地区，引种容易成功。在育种中可利用光周期控制作物花期。在园艺上，利用暗期长度诱导来调节开花时间，达到"花开遂人意"。

2.4.1.2 植物对温度的适应

除了热带一些地区以外，植物所在的生境中都有一定的温度胁迫。而植物能够经历千百万年的胁迫生存下来，是植物适应的结果，包括结构适应和生理适应两个方面。在结构方面，植物对低温的适应主要表现在体表多毛，被蜡粉，树皮具木栓层，芽及叶片常有油脂类保护，特别是芽具鳞片，以缓解和抵御寒冷；植株形态矮小、匍匐、垫状、莲座状，以使体表附近保持一定温度；植物结构对高温的适应主要体现在体毛、鳞片隔绝高热，体色浅或革质发亮等，以反光、绝热；叶片垂直排列，叶缘向光移动，甚至折叠，茎干有木栓层，以隔绝和逃避高热。在生理适应方面，植物对低温和高温的生理适应十分相似，主要表现在原生质水分减少，生长减弱，直至休眠，只是在低温时可吸收红外线，高温时增加蒸腾、反射和放射红外线。这种适应可以通过驯化作用而加强。植物对于高温和低温长期适应形成以下生态型。

（1）植物对高温适应的生态类型

自然界中适应高温的生态类型包括：①热敏感植物。此类型包含在 30～40℃ 或最高到 45℃ 受损伤的所有植物种：真核藻类和沉水茎叶植物，水合状态的地衣。然而，这些植物在强太阳光下迅速干透，然后变为完全抗热。②较抗热植物。一般而言，阳光充足和干燥环境的植物具有抗热性。植物可在 50～60℃ 条件下存活 0.5 h。然而 60～70℃ 是高度分化的细胞和生物存活的绝对极限。③耐热植物。一些喜温的原核生物能忍受极高的温度。火山口和火山喷泉的水中，在 75℃ 的热水区生长着蓝细菌型群落，细菌在 90℃ 水中都能存活。而在海洋深处有超耐热的原始细菌，如热杆菌（*Pyrobaculum*）、热球菌（*Pyrococcus*）及热网状菌（*Pyrodictium*），可在 110℃ 的高温下生活。上述有机体有特别抗热的细胞膜、核酸和蛋白质。

（2）植物对低温适应的生态类型

植物对低温适应的生态类型主要包括：①冷敏感植物。此类型包括在冰点以上但植物可被严重伤害的所有植物，如温暖海洋里的藻类、某些真菌和一些热带维管植物，如麒麟叶（*Epipremnum pinnatum*）、甘薯（*Dioscorea esculenta*）等。②冻敏感植物。这些植物仅靠延迟冷冻时间来防止损伤。在较冷的季节，细胞液和原生质中的渗透活性物质如糖类、不饱和脂肪酸等增加，以提高对冻胁迫的抗性。生活在海洋深层的藻类和一些淡水藻类、热带和亚热带维管植物，以及温暖适宜地区的多数植物，全年都对冻害敏感。③耐冻植物。潮间藻类和一些淡水藻类、气生藻、各气候带的苔藓和在寒冷冬季地区的多年生陆生种类都是季节性耐冻的。一些藻类、多种地衣和各种木本植物能够充分锻炼以忍耐极度低温，不因霜期延长而受到损害。一些高山植物和极地植物，如矮生嵩草（*Kobresia humilis*）、雪莲（*Saussurea involucrata*）在一年中几天内获得耐冻性，因此也能在夏天胞间结冰下生存。

2.4.1.3 植物对水分的适应

在长期进化过程中，不同类型的植物对水因子的要求各不相同。根据栖息地水量多

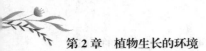

少，通常划分为水生植物和陆生植物两大类。

（1）水生植物

水生环境与陆生环境有许多差别，如光照弱、缺少氧气、密度大、温度变化平缓以及可以溶解许多无机盐等。以高等植物为例，有许多性状长期适应缺氧的环境，根、茎、叶形成一整套通气系统，从而能够长期生活在水中。植物体全部或部分器官长期生长在水中的植物即是水生植物（hydrophyte）。水生植物在水下的叶片多分裂成带状、线状，而且很薄，以增加吸收阳光和 CO_2 的面积。最典型的是伊乐藻属（*Anacharis*），叶片只有一层细胞。有的水生植物，出现有异型叶，即同一植株上有两种不同形状的叶片，在水面上呈片状，而在水下则裂成丝状或带状。植物生活在不同水层中，适应水体流动，一般具有较强的弹性和抗弯曲的能力。水生植物又可细分成 3 类：①沉水植物。整株沉于水中，与空气隔离，环境特征是弱光、缺 O_2，适应特征是叶片薄且呈丝状或带状，具封闭式通气组织，增强浮力、贮存 CO_2 和 O_2，如狸藻（*Utricularia vulgaris*）和金鱼藻（*Ceratophyllum demersum*）等。②浮水植物。叶浮出水面，有通气组织，如睡莲属（*Nymphaea*）、浮萍属（*Lemna*）。③挺水植物。茎、叶大部分在水上（有阳性植物特征），如芦苇（*Phragmites australis*）、香蒲等。

荷花（*Nelumbo nucifera*）是一类典型的水生植物，从叶片气孔进入的空气，通过叶柄、茎进入地下茎和根部的气室，形成了一个完整的通气组织，以保证植物体各部分对氧气的需要；又如金鱼藻，属于封闭式的通气组织，该系统不与大气直接相通，系统内可以贮存由呼吸作用释放出来的 CO_2，供光合作用的需要，而光合作用释放出来的氧气又被呼吸作用所利用。植物体内的通气组织增加了体积，使植物增加了浮力。

（2）陆生植物

生长在陆地上的植物统称陆生植物（terrestrial plant）。根据对环境水量的适应，也可再分为 3 类：①湿生植物（hygrophyte）。多生长在水边或潮湿的环境之中，地下水在地表附近，或有季节性淹水。一般空气湿度也大，因而其蒸腾少。这类植物在潮湿环境中生长良好，不能忍受较长期缺水，抗旱能力很差。如秋海棠（*Begonia grandis*）、泽泻（*Alisma orientale*）、水稻（阳性湿生）等。②中生植物（mesophyte）。要求水分条件适中，营养亦适中。此类植物种类最多，数量也最大。如绝大部分树木、双子叶植物及农作物。③旱生植物（xerophyte）。在干旱环境生长，能忍受较长期干旱而仍能维持水分平衡和正常生长、发育。如夹竹桃（*Nerium indicum*）、草麻黄（*Ephedra sinica*）、骆驼刺（*Alhagi sparsifolia*）。

2.4.1.4　植物对土壤的适应

植物对于长期生活的土壤会产生一定的适应特性，因此，形成了各种以土壤为主导因素的植物生态类型。例如，根据植物对土壤酸碱度的反应，可以把植物划分为酸性土植物（acid tolerant plant）、中性土植物（neutrial soil plant）、碱性土植物（alkaline plant）生态类型；根据植物对土壤中矿质盐类（如钙盐）的反应，可把植物划分为钙质土植物（calcium-type plant）、嗜钙植物（calciphile）和嫌钙植物（caliphobe）；根据植物对土壤含盐量的适应，可划分出盐土植物（saline plant）和碱土植物（alkali-earth plant）；根据植物对风沙基质的适应，可以分出沙生植物（sandy plant），并可再划分为抗风蚀、抗沙埋、耐沙磨、抗日灼、耐干旱、耐贫瘠等一系列生态类型。

2.4.1.5　植物对氧气的适应

植物对氧气不足的适应，主要取决于其形态和生理上的特性。

（1）低氧浓度下生长的植物

其种子萌发时对氧气的需要量特别低。例如，满足水稻萌芽所需的氧气量仅为小麦的 1/5。不少种子在萌发时，它们的胚至少能在一个短时间内依靠无氧呼吸获得能量。例如豌豆（*Pisum satium*）、玉米以及许多豆科植物的种子，它们的种皮阻碍氧气的充分扩散，萌发过程中，直到种皮破裂后才能进行有氧呼吸。因此，人为地破裂这类种子的种皮，往往可以起到提高萌发率的效果。

（2）成年植株在缺氧环境下能够生长

这类植物根细胞在进行无氧呼吸时，所积累的最终产物对细胞本身是无毒的，如以苹果酸、γ- 氨基丁酸等代替乙醇。这样，它们在缺氧的环境下也就不致因无氧呼吸产物的积累而使细胞本身遭受毒害。

（3）在形态上对通气不良有良好的适应

例如，露出水面生长的红树林植物光亮海榄雌（*Avicennia marina*），长有向上的特殊根系，这些根系能伸出通气不良的基质，而根内部具良好的细胞气室系统，与气孔相连。此外，水生植物常具发达的通气组织，白天光合作用放出的氧气贮存这里，以供植物本身呼吸使用。

（4）水涝环境下的植物

水涝引起的伤害主要是恶化了土壤的供氧状况。植物对缺氧适应能力的大小，直接关系到植物抗涝能力的大小。生产实践中，合理深耕、开挖排水沟、中耕除草等，对改善土壤氧气状况均是行之有效的措施。

2.4.2 植物与气候适应的生态型

气候是多个环境因素的综合，包括气温、相对湿度、云量、降水量、风等要素。温度和湿度是构成气候的最重要因素，二者相互影响、相互作用并综合作用于植物。温度及湿度的联合作用是复杂的，不同温度及湿度的组合，对植物的生存、发育、繁殖等都产生不同程度的影响。

2.4.2.1 物候现象

植物长期适应于一年中温度、水分的节律性变化，形成的与之相适应的发育节律称为物候现象（phenological phenomenon）。高等植物的发芽、生长、现蕾、开花、结实、果实成熟、落叶、休眠生长发育阶段，称为物候阶段，即物候期（phonological phase）。某个物候现象或物候期出现的日期为物候日期（phonological date）。例如，飞柳絮的时间在北京为 5 月 1 日，而在南京则为 4 月 22 日。通过物候可以推知一个地区的气候变化，并了解自然现象的综合状况，对于生态学研究和农业生产均有十分重要的意义。根据多年的物候记录，还能够分析一个地区的气候变化。

同一植物物候日期随地理纬度、经度和海拔高度而改变。随着纬度和海拔高度的增高，物候日期在春季后延，在秋季则提前，这些日期的改变常常是有规律的；物候日期随经度的改变主要表现为随着离海岸距离的增加而发生有规律改变。在其他因素相同的条件下，北美洲温带地区每向北移动 1°，向东移动 5° 或上升 121.92 m（400 英尺），植物的阶段发育在春天和初夏将各延迟 4 天；在秋天则相反，即向北移动 1°，向东移 5° 或上升 121.92 m（400 英尺），都要提早 4 天：这就是著名的霍普金斯物候期定律（Hopkin's bio-climatic law）。然而，由于温度受纬度、地形、大气环流和洋流等的影响很大，不同大陆上的物候变化差异很大。霍普金斯的这个定律仅限于北美洲，不同地区在应用这个基本定律时需修正。多年的物候还有一定的周期性波动，目前发现与太阳黑子有关。

　　我国的物候特点以大陆性气候为主，冬季寒潮南侵，西部地形抬升使物候线与纬度不尽符合；冬季南北温度差异大，夏季接近，不同地区物候期差异从早春到 5 月以后，越来越小。

2.4.2.2　气候的周期性变化与植物适应

　　气候随着构成要素的改变而时刻变化着。这种变化有两类——周期性变化和非周期性变化，其中周期性变化对植物的影响最深刻。气候的周期性变化包括昼夜变化、季节变化、多年性变化及时间更长的地质时期变化。植物从起源开始，就经历这些周期性变化，产生了相应的适应，表现为交替出现的周期性植物节律，即植物气候周期，包括植物的昼夜节律、季节的和多年的植物周期。

　　植物体的季节周期是对主要生存条件（营养、热能、水分和气体代谢条件等）季节变化的适应，这些生存条件的变化基本上是以气候的季节变化为基础的。植物的季节周期性主要表现在植物生理活动性（如光合作用和呼吸作用）化学成分的变化、植物的休眠、植物换叶等。

　　植物一方面时刻都受着气候的影响，另一方面又对气候具有反作用。尽管单个个体对气候的影响不大，但大量植物体的累计效果十分惊人。从长远的角度说，现代大气的成分是由植物改造而来的，由于大气成分影响太阳辐射，也就影响其他气候过程。体型越大，植物体对气候的反作用越明显。植物对气候的改善主要表现在：吸收辐射、提高空气湿度、改变土壤水分条件、减弱风速、改变雪的分布、减小土壤温度变化幅度，等等。

2.4.3　植物体对综合环境的长期趋同和趋异适应——生活型

　　生物在进化过程中，一些类群以相似的方式来适应相似的生态环境，表现出相似的外貌、结构、体积、行为和寿命等，据此划分的形态类型称为生活型（life form）（图 2-11）。生活型是生物对综合环境条件的长期适应，亲缘关系很远的生物可能有相似的外貌，这种方式称为趋同适应（convergent adaptation）。同一生活型的生物在生态上占有相似的地位，

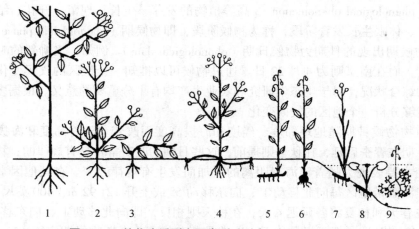

图 2-11　植物生活型主要类型（引自 Raunkiaer 1934）
1. 高位芽植物；2、3. 地上芽植物；4. 地面芽植物；5、6. 隐芽植物；7. 沼生植物；8、9. 水生植物

在生态系统中起相近的作用，具有相同（或相近）的生态位，所以又称为"等位"。

同一种植物的不同个体群，由于分布地区的间隔，长期接受不同环境条件的综合影响，在不同的个体群之间就产生相应的生态变异（图 2-12），即同种植物对不同综合环境条件的趋异适应（divergence adaptation）。然而在不同的生活条件下，有些亲缘关系很近的植物却有着不同的生活型，如豆科植物就有乔木、灌木、藤本、草本等许多种生活型。因而生活型的区分与系统分类并无平行关系。一般说来，动物的可塑性比植物小得多，所以动物的科甚至目一级的生活型都基本相同。

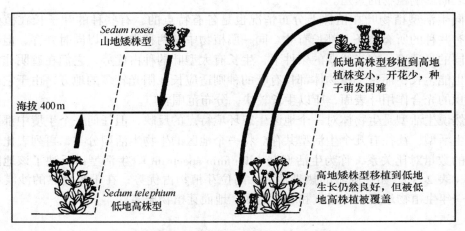

图 2-12　植物的外貌趋异（引自 Chapman & Reiss 2001）

植物生活型有多种分类方法，一般是按植物的大小、形状、分枝以及生命周期等分为乔木、灌木、半灌木、多年生草本、一年生草本、木质藤本、垫状植物等。Raunkiaer 的生活型系统是最常用的，它是以温度、湿度、水分（降水量）作为揭示生活型的基本因素，以植物体在度过生活不利时期（如冬季严寒、夏季干旱等）对胁迫的适应方式为基础，将高等植物划分为 5 大类。

（1）高位芽植物（phaenerophyte）

能不断地长出嫩枝，向空中伸延，顶端长有萌芽。这种植物具有相当的高度，能度过不利的季节。包括乔木、灌木和一些生长在热带潮湿气候条件下的树状藤本及高大草本植物。根据体型高矮、常绿或落叶、芽有无芽鳞保护等特征再细分为 15 个亚类。

（2）地上芽植物（chamaephyte）

萌芽仅高出地表 20～30 cm，如果冬季降雪情况正常，这些植物的常绿叶和萌芽就能较好地被雪保护起来。所有具有木质茎的矮小灌木［如越橘属（*Vaccinium*）］、垫状植物、匍匐茎植物［如景天属（*Crassulaceae*）］、矮茎肉质植物都属于此类。

（3）地面芽植物（hemicryptophyte）

地面枝条到冬季完全凋萎，但是在地表附近还留有活着的芽，到第二年又能重新发芽长叶。草质多年生植物是最典型的地面芽植物，温带的植物中约有一半都属于这一类。冬季整个根系都是活的，其作用相当于贮存库，很薄的雪层或枯枝落叶层就能防止地面芽植物的越冬部分干枯。遇上较暖的冬季，这类植物会由于呼吸作用而消耗许多能量，因而发芽晚，而且不茂盛。这类植物很多，分无莲座丛、半莲座丛和莲座丛植物 3 类。

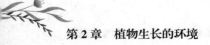

（4）地下芽植物（geophyte）

也称隐芽植物。在冬季时地上部分完全凋萎，萌芽或深埋地下，或在水中度过冬季。植物越冬部分或为根茎、球茎、块茎、鳞茎，也包括芽在水中的水生和沼生植物，可再分为 7 个亚类。

（5）一年生植物（therophyte）

完全靠种子繁殖，最能适应不利季节，因为只有种子保留下来。缺点是只能贮存少量物质供萌发用。幼株必须自己为开花、结果积累所有的物质，遇到植物生长期短时，会因物质缺乏而影响植物的繁殖。

不同生活型植物叶在植株上分布情况也是各有特点的，有些种的叶子长在植株的外周，而有些种的所有枝条上都长有叶。同一属植物中这两种类型可以同时并存，但却有着非常不同的最适度。在光线弱的条件下，生长有大型叶的种占优势，它们在遮阴非常严重的地方也能生长；而整个植物体都长有叶的种则适应长在阳光较多的地方，由于它们具有较大面积的光合作用叶表面，所以生长较快，分布范围较广。

虽然说生活型是生物体对一个地区生态环境特点的反映，但任何一个生境中都不会只有一个生活型，往往有几个生活型共存。将一个地区的生物生活型分类，再列表比较各类生活型的数量对比关系，称为生活型谱（life form spectrum）。生活型谱反映了该地区的气候特征（表 2-3），如在潮湿的热带地区，高位芽植物占优势；在干燥炎热的沙漠和草原地区，一年生植物最多；在温带和北极地区，地面芽植物居多。

表 2-3　不同气候区域植物的生活型谱

生态系统	高位芽植物	地上芽植物	地面芽植物	地下芽植物	一年生植物
苔原	0	24	66	12	0
荒漠	12	21	20	5	42
热带森林	59	12	9	4	14
热带群岛	61	6	12	5	16

注：表中数值表示百分数。

小结

按照环境的空间尺度，环境可分为：全球环境、区域环境、群落环境、种群环境和个体环境。按照人类影响程度可分为：人工环境、自然环境和半自然环境。

按照生态因子是否具有生物成分，可划分为非生物因子和生物因子。按照生态因子的组成成分，可分为气候因子、土壤因子、生物因子、地形因子和人为因子。

植物与生态因子之间的关系主要表现为作用、适应和反作用 3 种形式。

植物对生态因子的响应存在最适点、最高点和最低点。植物对环境具有一定的耐受性，不同的植物对环境的耐受范围也不同，植物可通过驯化、休眠和内稳态机制调整对环境的耐受性。

影响植物生理生态的主要生态因子包括光、温度、水、二氧化碳、氧气、土壤。

光的生理生态作用包括光合作用、光形态建成以及光质对植物的作用。

温度在空间、时间、土壤、水体中以及植物群落内变化都对植物的生长、发育、繁殖和分布有重要的影响。

水是植物体不可缺少的重要组成部分，是植物生长发育进行光合作用的原料之一，对植物的分布有着重要的影响。

二氧化碳是植物进行光合作用的原料，是呼吸作用的底物，影响植物干物质的形成和植物的形态建成。

氧气参与植物的分解代谢，是种子萌发的必需条件之一，与植物根系的生长关系密切。

土壤是由固体、液体和气体组成的三相系统。土壤的基本物理性质指土壤质地、结构、容量和孔隙度等，对植物起到机械支持、提供矿质元素、提供水分等生理生态作用。

生态因子的基本观点包括生物的自身属性与生态因子辩证统一的观点、生态因子综合性的观点、生态因子主导性和限制性的观点、生态因子联系性的观点和生态因子变动性的观点。

在长期的自然演化中，植物对其生存的环境产生了很强的适应性，在长期的适应环境过程中植物产生了一定的生活型、生态型或者功能型。生态型中有些是对单一因子（光、温、水、矿物质）适应的类型，有些则是对复合因子（风、海拔、气候）适应的类型。

植物适应光照强度的类型主要分为阳生植物、阴生植物和耐阴植物。适应高温的生态类型包括热敏感植物、较抗热植物和耐热植物。适应低温的生态类型包括冷敏感植物、冻敏感植物和耐冻植物。根据栖息地水量多少，分为水生植物和陆生植物。

Raunkiaer 以温度、湿度、水分（降水量）作为揭示生活型的基本因素，以植物体在度过生活不利时期（如冬季严寒、夏季干旱等）对胁迫的适应方式为基础，将高等植物划分为 5 大类：高位芽植物、地上芽植物、地面芽植物、地下芽植物和一年生植物。

思考题

1. 什么是环境，按照环境的空间尺度，环境可以分为哪些类型？
2. 环境因子和生态因子的辩证关系是什么？
3. 按照生态因子的组成性质，可将生态因子分为哪几类？
4. 影响植物生理生态的主要生态因子有哪些？
5. 试述光的生理生态作用。
6. 试述温度的生理生态意义。
7. 什么是有效积温，有效积温有哪些应用？
8. 试述水对植物的生理生态学意义。
9. 试述二氧化碳的生理生态作用。
10. 试述氧气对植物的生理生态作用。
11. 试述土壤对植物的生理生态作用。
12. 生态因子有哪些基本观点？

讨论题

1. 植物与生态因子之间的关系是什么？

2. 植物对生态因子的响应和耐受性以及对耐受性的调整有哪些？

3. 同一土壤对某些植物可能是瘦土，对另一些植物可能是肥土，这种说法对吗？原因是什么？

4. 根据本章的内容，你认为如何对退化的生态系统进行恢复和重建？

第**3**章

光合作用的生理生态

| 关键词 |

　　光合作用　叶绿体　基质　叶绿素　光合类色素　光系统Ⅰ　光系统Ⅱ　类囊体膜　电子传递链　希尔反应　光合磷酸化　ATP 合酶　卡尔文循环　光合功能型　C₃植物　C₄植物　CAM 植物　光呼吸　暗呼吸　光合速率　光合作用影响因素　光斑环境　光合诱导　群体光合　消光系数　叶面积指数

　　地球上一切生命可利用的能量均来自太阳，这些能量的转化以及构建生命的基础物质都来自植物的光合作用。光合作用是地球上唯一能够在常温、常压下发生的能量转化与物质合成的生物化学反应。没有光合作用，就没有生物圈，也谈不上人类社会及其创造的文明。作为生态系统中最重要组分的生产者，绿色植物进行的光合作用奠定了生态系统最基本的特征，即能量流动与物质循环。地球生物圈从能量流动到生态系统的运转，光合作用所起的作用最大。光合作用发生在叶绿体中，基粒、基质、光合色素、光系统等是光合作用的基本构件，光合作用从电子的吸收（通过天线叶绿素和极化的叶绿素分子实现）开始，进行传递（在电子传递链上进行），通过光合磷酸化过程，到产生含能化合物还原型辅酶Ⅱ（NADPH）结束，将光能转变为化学能；氧气来自水的光解，是光合作用的副产物。上述过程不需要光，称为光反应。碳固定利用光反应中产生的 ATP 和 NADPH，发生在叶绿体中的基质中。植物的光合作用类型，根据最初固定的有机物碳原子数量分为 C₃和 C₄植物，而景天酸代谢（CAM）植物则为荒漠缺水地区适应特殊环境的一类植物，是上述两种途径的综合体。植物固定的部分碳通过光呼吸和暗呼吸又释放到环境中去，这是植物生长发育的需要，有其特殊的功能。影响光合作用的因素很多，包括光照、温度、水分、CO_2、矿物营养等，合理调控这些生态因子可达到农业增产的目的。在自然界和人工种植的植物种群中，群体光合能力是决定碳固定的重要方面。

3.1　光合作用的发现

　　大约在公元前 4 世纪，古希腊的大学问家亚里士多德（Aristotle，前 384—前 322）曾根据植物生长在土壤中这一基本的现象，预言土壤是构成植物体的原材料；同时认为一切生物都是有灵魂的，植物灵魂只有营养、吸收的功能；动物灵魂有感觉、欲求和移动的功能。人的高贵之处在于除了营养和感觉的功能之外，还有理性。这一观点长期被奉为经典。当然，亚氏并没有看出，动物和人类需要的能量与营养是来自植物，而植物来自太阳和几种气体与无机盐。直到17世纪初，比利时布鲁塞尔化学家范·海耳蒙特（Jan Baptist van Helmont）才对亚里士多德的经典理论进行了挑战。他其实做的仅是一个很简单的试验，但却解决了一个重大的科学问题。范氏将一株重 2.3 kg 的小柳树（Salix sp.）种植在干重 91 kg 的土壤中，用雨水浇灌柳树，5 年后小树长成 77 kg 后（没有计算每年的落叶量），土壤重量只比试验开始时减少了 60 g。他由此断定，植物是从水中取得了生长所需的物质。现在看来，他仅说对了一小部分。

　　100 年后，一批科学家补充了另一部分的工作，从而完善了光合作用的发现过程。期间，有 5 位科学家的名字是非常值得提及的，他们是：英国电气工程师普里斯特利（Joseph Priestley，1733—1804），他设计了著名的植物光合放氧实验；荷兰医生英根豪斯（Jan Ingenhousz，1730—1799），他确定了光合过程中光的作用；瑞士电气工程师、图书馆员森内伯（Jean Senebier，1742—1809），他继续了英根豪斯的工作，并出版了英氏的著作；德国生理学家桑舒（Nicolas Théodore de Saussure，1767—1845），他精确计算了光合固定的 CO_2 和释放的 O_2 量，并提出了光合作用的现代公式；英国外科医生梅杰（Julius Robert Mayer，1814—1878），他于 1845 年正式发表论文，认为光照不仅是光合作用的条件，而且是光合作用的能量来源。

　　1772 年，普里斯特利在密闭容器中燃烧蜡烛，使放于其中的小白鼠窒息昏迷；但他发现若在密闭容器中放入一支薄荷（Mentha canadensis）绿枝条，小鼠就可得到挽救。于是普氏得出结论，植物能够产生氧气。但是他未注意到，植物产生氧气需要照光，因此他的试验有时成功（照光），有时则失败（不照光）。7 年后，英根豪斯才确定植物产生氧气是依赖于阳光的。1782 年，瑞士电气工程师、图书馆员森内伯发现，植物在照光时吸收 CO_2 并释放 O_2。1804 年，德国生理学家桑舒发现，植物光合作用后增加的重量大于 CO_2 吸收和 O_2 释放所引起的重量变化，他认为这是由于水参与了光合作用。这一结论可说是在新的水平上证实了范·海耳蒙特的观点。而在此前 8 年，即 1796 年，荷兰医生英根豪斯就曾提出，植物在光合作用所吸收的 CO_2 中的碳构成有机物的组成成分。至此，柳树生长之谜才算完全解决，即柳树增加的物质是由 H_2O 和 CO_2 通过光合作用而合成的，光合作用的产物保证了柳树的生长。当然，矿质元素吸收也是必不可少的。后来，许多学者观察到，照光的叶绿体中有淀粉的积累，其中主要是由光合作用产生的葡萄糖合成的（Priestley 1924）。至此，人们对光合作用才有了较充分的认识。

延伸阅读

氧气发现的有趣故事

　　氧气是英国化学家普里斯特利于 1772 年发现的，普氏是与光合作用氧气释放有关的著名发现者。在化学领域，他早年对空气发生兴趣，思考着不少有关空气的问题。例如，为什么放在封闭容器中的小老鼠，几天后就会死去？容器中本来有空气，老鼠为什么不能长期活下去？学生时代他参观啤酒厂时，发现有一种能使燃着的木条立刻熄灭的空气，这

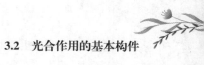

种空气就存在于发酵车间内盛啤酒的大桶里。因此，他怀疑自然界中是不是存在着好多种空气？

为了弄清这些问题，普里斯特利进行了多种有趣的实验。有一次，他点燃一根蜡烛，把它放到预先放有小老鼠的玻璃容器中，然后盖紧容器。蜡烛燃了一阵之后就熄灭了，而小老鼠也很快死了。这一现象使普里斯特利联想到，空气中大概存在着一种东西，当它燃烧时空气就会被污染，因而不能供动物呼吸，也不能使蜡烛继续燃烧，这是一种"受污染的空气"。为了验证这一想法是否正确，他设想，能否把受污染的空气加以净化，使它又成为可供呼吸的空气呢？为此他开始了一个新的实验。他用水洗涤"受污染的空气"，其结果使他大为惊异，他发现水只能净化一部分被污染的空气，而另一部分未被净化的空气，还是不能供呼吸，老鼠在其中照样要死去。

善于思考和钻研问题的普里斯特利进一步想到，动物在"受污染的空气"中会死去，那么植物又会怎样呢？对此，他设计了以下实验：把一盆花放在玻璃罩内，花盆旁边放了一支燃烧着的蜡烛来制取"受污染的空气"。当蜡烛熄灭几小时后，植物却看不出什么变化。他又把这套装置放到靠近窗子的桌子上，次日早晨发现，花不仅没死，而且长出了花蕾。由此他想到，难道植物能够净化空气吗？为了验证这一想法，他点燃了一支蜡烛，并迅速放入罩内。蜡烛果然正常燃烧着，过了一段时间才熄灭。当时，科学家们把一切气体统称为空气。为了确定究竟有几种空气，普里斯特利曾多次重复自己的实验。他认为，在啤酒发酵、蜡烛燃烧以及动物呼吸时产生的气体，就是早先人们所称的"固定空气"（实则二氧化碳）。他对这种"固定空气"的性质做了深入研究，从而得出结论：植物吸收"固定空气"可以放出"活命空气"（实则氧气）；"活命空气"既可以维持动物呼吸，又能使物质更猛烈地燃烧。

3.2 光合作用的基本构件

光合作用（photosynthesis）是自养生物绿色细胞中发生的极其重要的代谢过程，是将太阳能转换为有机化合物化学能的过程。光合作用为异养生物提供食物和氧气，因而也是异养生物赖以生存的基础。其一，植物干物质中90%是有机化合物，而有机化合物都含有碳素，约占有机化合物的45%；其二，碳原子是组成所有有机化合物的主要骨架，没有碳原子，也就不能合成有机化合物，生命也就没有存在的形式。地球上每年约有750亿吨碳原子通过光合作用，由CO_2转移为有机大分子，如糖类、氨基酸和其他化合物。大气中的氧气均来自光合作用，主要由辽阔海洋表层的浮游藻类和陆地生态系统的初级生产者（绿色植物）所完成（Lawlor 1993）。因此，光合作用是地球上发生的规模极其宏伟、极其重要、极其完美的生物化学过程。

那么科学家对光合作用是如何描述的呢？20世纪30年代，范聂耳（van Niel）比较了不同生物的光合作用过程，发现它们有共同之处，例如：

绿色植物 $CO_2 + 2H_2O \longrightarrow (CH_2O) + O_2 + H_2O$
紫硫细菌 $CO_2 + 2H_2S \longrightarrow (CH_2O) + 2S \downarrow + H_2O$
氢细菌 $CO_2 + 2H_2 \longrightarrow (CH_2O) + H_2O$
因此他提出了光合作用的通式：

$$CO_2 + 2H_2A \longrightarrow (CH_2O) + 2A + H_2O$$

H_2A 可以是 H_2O，也可以是 H_2S 或 H_2。可见，范聂耳的研究已经科学地预见到，绿色植物光合作用中产生的 O_2，是来自 H_2O 的（van Niel 1931）。

英国生物化学家和植物生理学家 Hill（1939）从细胞中分离出叶绿体。他发现当电子受体如铁氰化物或染料亚甲蓝（氧化时呈蓝色，还原呈绿色）存在的时候，给分离的叶绿体照光，叶绿体在没有 CO_2 和 $NADP^+$ 存在的条件下就能放出 O_2，同时使电子受体还原。这个实验有力地证明，光合作用产生的 O_2 不是来自 CO_2，而只可能来自 H_2O。更有意义的是，这一发现将光合作用区分为两个阶段：第一阶段为电子传递以及水的光解和 O_2 的释放，这一过程又称为希尔反应（Hill reaction）（Hill & Scarisbrick 1940）。第一阶段之后才是 CO_2 的还原和有机物的形成，第二段是不需要光的。

20 世纪 40 年代初，有人供给植物含同位素 ^{18}O 的 $H_2^{18}O$，结果发现植物光合作用产生的氧气为 $^{18}O_2$，这一权威实验肯定了范聂耳和希尔的科学预见，即光合作用产生的 O_2 不是来自 CO_2，而是来自 H_2O。因此绿色植物光合作用反应式应该更合理地表示为：

$$6CO_2 + 12H_2O \longrightarrow C_6H_{12}O_6 + 6H_2O + 6O_2$$

3.2.1　叶绿体

植物进行光合作用的主要器官是叶片，叶绿体（chloroplast）大部分分布在叶片中。除光呼吸中乙醇酸循环一部分在叶绿体中进行，一部分在其他细胞器（过氧化氢酶体和线粒体）里进行外，光合作用的主要反应都是在叶绿体中进行的，因此叶绿体是植物进行光合作用的重要细胞器。研究光合作用的装置，必须从叶绿体谈起。

3.2.1.1　叶绿体的结构

高等植物中，叶绿体像双凸或平凸透镜，长径 5 ~ 10 μm，短径 2 ~ 4 μm，厚 2 ~ 3 μm。高等植物的叶肉细胞一般含 50 ~ 200 个叶绿体，可占细胞质的 40%，叶绿体的数目因物种、细胞类型、生态环境、生理状态而有所不同。在藻类中叶绿体形状多样，有网状、带状、裂片状和星形等，而且体积相对很大，可达 100 μm^3。

叶绿体由叶绿体外被（chloroplast envelope）、类囊体（thylakoid）和基质（stroma）三部分组成。叶绿体含有三种不同的膜（外膜、内膜、类囊体膜）和三种彼此分开的腔（膜间隙、基质和类囊体腔）（图 3–1）。

（1）外被

叶绿体外被由双层膜组成，膜间为 10 ~ 20 nm 的膜间隙。外膜的渗透性大，如核苷、无机磷酸、蔗糖等许多细胞质中的营养分子可自由进入膜间隙。

内膜对通过物质的选择性很强，CO_2、O_2、P_i、H_2O、磷酸甘油酸、磷酸丙糖，双羧酸和双羧酸氨基酸可以透过内膜，ADP、ATP、磷酸己糖、葡萄糖及果糖等透过内膜较慢。蔗糖、五碳糖双磷酸酯、糖磷酸酯 /$NADP^+$ 及焦磷酸不能透过内膜，需要特殊的转运体（transporter）才能通过内膜。

（2）类囊体与基粒

类囊体是单层膜围成的扁平小囊，沿叶绿体的长轴平行排列。膜上含有光合色素和电子传递链组分，又称光合膜。类囊体膜的主要成分是蛋白质和脂质（60：40），脂质中的脂肪酸主要是不饱和脂肪酸（约 87%），具有较高的流动性。类囊体膜的内在蛋白主要有细胞色素 b_6/f 复合体、质体醌（plastoquinone，PQ）、质体蓝素（plastocyanin，PC）、铁氧化还原蛋白、黄素蛋白、光系统 I、光系统 II 复合物等。

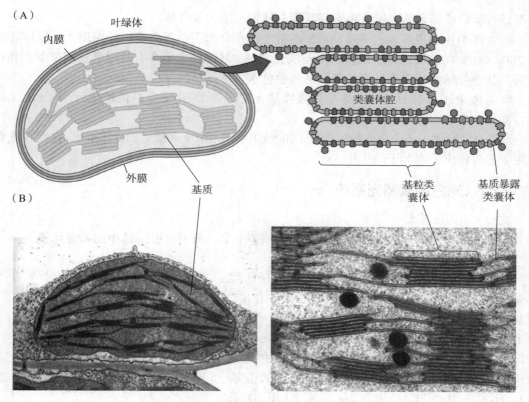

图 3-1 高等植物叶绿体结构示意图

叶绿体通过内膜形成类囊体来增大内膜面积，以此为在叶绿体中发生的反应提供场所。贯穿在两个或两个以上基粒之间的没有发生堆叠的类囊体称为基质类囊体，它们形成了内膜系统的基质片层（stroma lamella）。

由于相邻基粒经网管状或扁平状基质类囊体相联结，全部类囊体实质上是一个相互贯通的封闭系统。类囊体作为单独一个封闭膜囊的原始概念已失去原来的意义，它所表示的仅仅是叶绿体切面的平面形态。

许多类囊体像圆盘一样叠在一起，称为基粒（granum），组成基粒的类囊体，称为基粒类囊体（granum thylakoid），其构成内膜系统的基粒片层（granum lamella）。基粒直径 $0.25 \sim 0.8\ \mu m$，由 $10 \sim 100$ 个类囊体组成。每个叶绿体中有 $40 \sim 60$ 个基粒。

（3）基质

基质是内膜与类囊体之间的空间的胶体物质，主要成分包括：①碳同化有关的酶类：如 1,5- 二磷酸核酮糖（RuBP）羧化酶占基质可溶性蛋白总量的 60%。②叶绿体 DNA、蛋白质合成体系：如 ctDNA、各类 RNA、核糖体等。③一些颗粒成分：如淀粉粒、质体小球和植物铁蛋白等。

3.2.1.2 叶绿体的成分

叶绿体约含 75% 的水分，其余为蛋白质、脂质、色素和无机盐等干物质。蛋白质是叶绿体的结构基础，占叶绿体干重的 30% ~ 45%。蛋白质在叶绿体中最重要的功能是作物代谢过程的催化剂，如酶本身就是由蛋白质组成的。电子传递链中的细胞色素、质体蓝素等都是与蛋白质结合的，所有色素都与蛋白质相连成为复合体。

叶绿体中色素很多，占干重的 8% 左右，在光合作用中起决定性的作用。叶绿体还含有 20% ～ 40% 的脂质，是组成膜的主要成分之一。叶绿体主要含有叶绿素、胡萝卜素和叶黄素，其中叶绿素的含量最多，遮蔽了其他色素，所以呈现绿色。

叶绿体中还含有 10% ～ 20% 的储藏物质（淀粉等）、10% 左右的矿质元素（Fe、Cu、Zn、K、P、Ca、Mg 等）。

此外，叶绿体中还含有各种核苷酸（如 NAD^+ 和 $NADP^+$）和醌（如质体醌），它们在光合作用中起传递质子或电子的作用。

3.2.2　光合色素和光系统

3.2.2.1　光合色素

植物的光合色素有两类，即叶绿素和类胡萝卜素，排列在叶绿体中的类囊体膜上。

（1）叶绿素

高等植物叶绿体中所含的光合色素包括叶绿素 a（chlorophyll a）、叶绿素 b（chlorophyll b）、胡萝卜素（carotene）和叶黄素（xanthophyll）。胡萝卜素和叶黄素都属于类胡萝卜素（carotenoid）。叶绿素由卟啉环和叶醇组成，卟啉环的中央有一个镁原子。叶绿素 a 和叶绿素 b 的分子式分别为 $C_{55}H_{72}O_5N_4Mg$ 和 $C_{55}H_{70}O_6N_4Mg$，它们不溶于水，但能溶于乙醇、丙酮和石油醚等有机溶剂。在颜色上，叶绿素 a 呈蓝绿色，而叶绿素 b 呈黄绿色。

叶绿素 a 和叶绿素 b 的结构十分相近，不同之处只是卟啉环上的一个基团不同；叶绿素 a 上的一个—CH₃ 如果为—CHO 所取代，就成了叶绿素 b（图 3-2）。叶绿素 b 只存在于高等植物和低等植物的绿藻之中，其他低等植物大多没有叶绿素 b。叶黄素的结构与 β - 胡萝卜素十分相近，两者在光合作用中起辅助作用。

叶绿素研究方面的先驱人物是德国的科学家维尔施泰特（Richard Martin Willstätter，1872—1942）。他最早研究出了从木材纤维素中提炼出葡萄糖的方法，并把它应用于有机化学工业。1905 年，他开始研究叶绿素的化学结构。经过无数次的研究实验，1910 年他与其同事终于提取出纯净的叶绿素，并阐明了在绿叶细胞中以 3∶1 的量存在的叶绿素 a 及叶绿素 b 都是镁的络合物。他因此而获得 1915 年诺贝尔化学奖。

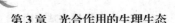

图 3-2　叶绿素 a 和叶绿素 b 分子结构图

（2）类胡萝卜素

类胡萝卜素是一类重要的天然色素的总称。普遍存在于动物、高等植物、真菌、藻类和细菌中，呈黄色、橙红色或红色，因最早从胡萝卜中提取故而得名。它们不溶于水，而溶于脂肪和脂肪溶剂，亦称脂色素。自从 19 世纪初分离出胡萝卜素，至今已经发现近 450 种天然的类胡萝卜素；利用新的分离分析技术如薄层层析、高压液相层析以及质谱分析还不断发现新的类胡萝卜素。

植物的类胡萝卜素存在于各种黄色质体或有色质体内，秋季的黄叶、黄色花卉、黄色和红色的果实、黄色块根等都与类胡萝卜素有关。β– 胡萝卜素是哺乳动物合成维生素 A 的前体，称为维生素 A 原。叶绿体内除含有叶绿素外也含有类胡萝卜素，类胡萝卜素能将吸收的光能传递给叶绿素 a，是光合作用不可少的光合色素。叶黄素是一种重要的抗氧化剂，为类胡萝卜素家族的一员，在自然界中与玉米黄素共同存在。

叶绿体中的类胡萝卜素有两种，即胡萝卜素和叶黄素。胡萝卜素呈橙黄色，而叶黄素呈黄色。类胡萝卜素具有收集和传递光能的作用，除此之外，还有防护叶绿素免受强光伤害的作用。

胡萝卜素是不饱和的碳氢化合物，分子式是 $C_{40}H_{56}$，它有三种同分异构物：α– 胡萝卜素、β– 胡萝卜素和 γ– 胡萝卜素。叶片中常见的是 β– 胡萝卜素，它的两头分别具有一个对称排列的紫罗兰酮环，中间一共轭双键相连接。叶黄素是由胡萝卜素衍生的醇类，分子式是 $C_{40}H_{56}O_2$。

（3）光合色素的光学特性

光合色素的作用是吸收太阳光。光合色素对不同波长的可见光有不同的吸收强度。叶绿素 a 和叶绿素 b 各有两个吸收高峰，一个位于蓝光区，一个位于红光区（Terashima & Saeki 1985）。类胡萝卜素的吸收高峰都位于蓝光区。光合色素不吸收或很少吸收绿光。植物之所以是绿色的，就是因为绿光被它们大量反射出来的缘故。

光谱吸收实验仅能证明光合色素吸收的光段，但不能说明这些被吸收的光谱在光合作用中的效率。要了解吸收光谱的利用效率，还需研究光合作用的作用光谱（action spectrum）。作用光谱表示不同波长的光所引起的光合作用的效率。如果以氧的释放量为标准，作用光谱就表示在不同波长的光下光合作用的放氧量。光合作用作用光谱和单纯的叶绿素的吸收光谱不同，而与各光合色素的总吸收光谱大致相同。这就说明，类胡萝卜素在这里起了作用。但是没有叶绿素，只有类胡萝卜素的叶子不能进行光合作用。现在已知，类胡萝卜素在光合作用中的作用是辅助性质的。它们吸收的光只有传递给叶绿素之后才能启动光合作用。

1883 年，德国生物学家恩格曼（C. Engelmann）进行了一个巧妙的实验，发现了光合反应的作用光谱。他利用一种被称为水绵（*Spirogyra*）丝状绿藻完成了该实验，这种绿藻含有螺旋带状叶绿体。首先，他将棱镜产生的光谱投射到丝状的水绵体上，并在含有水绵的悬液中放入好氧细菌，然后在显微镜下观察在不同波长的光照下，细菌在丝状水绵体各部分的聚集情况。如果细菌聚集多，表明氧的浓度高，即光合作用强度高；反之，细菌聚集少则表明光合作用弱。恩氏用这种简易的方法，得到了光合反应的作用光谱，该光谱与叶绿素的吸收光谱基本一致，即在红光区和蓝光区光合作用最强，而这两个区域也正是叶绿素的吸收高峰区（图 3-3）。用现代技术进行研究，所得出的光合作用的作用光谱与恩格曼的经典工作基本一致。这一开创性的工作揭示了光合作用有效辐射（photosynthetically

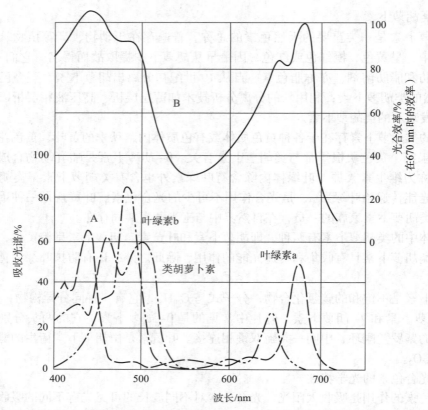

图 3–3　光合色素的吸收光谱（A）和作用光谱（B）（转引自陈阅增等 1997）

active radiation，PAR）的存在（Loomis 1960）。

当叶绿素分子吸收光照后，就由最稳定的、最低能的基态（常态，ground state）上升到一个不稳定的、高能状态的激发态（excited state）。激发态极不稳定，停留时间不超过几纳秒（10^{-9} s），以后就迅速向较低能态转变。转变的途径有三条：①部分吸收的光能以热的形式消耗回到基态；②分子吸收的光能以光能形式（分荧光和磷光两种）释放，能量释放后叶绿素分子回到基态；③激发态的叶绿素参与能量转移，迅速将吸收光能传递给邻近的其他叶绿素分子，这部分激发态能量推动光合作用进行（图 3–4）。关于具体光能吸收、传递、转移的过程，后面还要详细介绍。

3.2.2.2　光系统

早在 1943 年，爱默生（Emerson）以绿藻和红藻为材料，研究其不同光波的量子产率（quantum yield，即植物通过一个光量子所固定的二氧化碳分子数或放出的氧分子数），发现当光子波长大于 685 nm（远红光）时，虽然仍被叶绿素大量吸收，但量子产率急剧下降，这种现象被称为红降现象（red drop）（图 3–5）。当时尚不能理解这个现象。爱默生等在 1957 年又观察到，在远红光（710 nm）条件下，如补充红光（波长 650 nm），则量子产率大增。比这两种波长的光单独照射的总和还要多（图 3–6）。后人把这两种波长的光协同作用而增加光合效率的现象称为增益效应（enhancement effect）或爱默生效应（Emberson effect）。

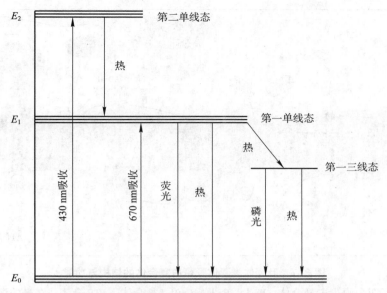

图 3-4　色素分子吸收光能后的能量转变方式（引自潘瑞炽 2012）

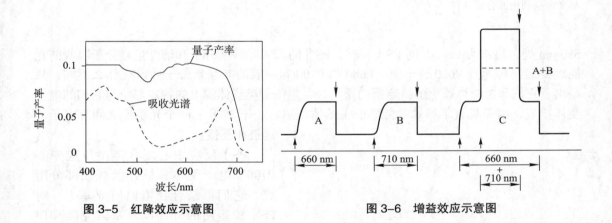

图 3-5　红降效应示意图　　　　　图 3-6　增益效应示意图

上述现象说明植物体中可能存在两种色素系统，各有不同的吸收峰，进行不同的光合反应。随着近代研究技术的进展，可以直接从叶绿体中分离出两个光系统，每个光系统具有特殊的色素蛋白复合体及一些物质。

叶绿体中的光合色素不是随机分布的，而是有规律地组成许多特殊功能的单位，即光系统（photosystem）。每一光系统一般包含 250 ~ 400 个叶绿素和其他色素分子，它们紧密地结合在类囊体膜上（图 3-7）。光系统包括光系统 I 和光系 II 两类，简称 PS I 和 PS II。近年来，有关这两个光系统研究的进展出现在很多的学术文献中（叶济宁 1988）。在 PS I 中，有 1 ~ 2 个叶绿素 a 分子高度特化，称为 P700，是 PS I 的反应中心，它的红光区吸收高峰位于 700 nm，即略大于一般叶绿素 a 分子。其余的叶绿素分子称为天线叶绿素，因为它们的主要作用是吸收和传递光能。天线叶绿素分子以及类胡萝卜素等辅助色素分子吸收的光能都要汇集到 P700 分子上。PS II 也含有叶绿素 a 和叶绿素 b，但同时含有叶黄素等辅助色素，PS II 的反应中心也是少数特化的叶绿素 a 分子，它在红光区的吸收峰位于

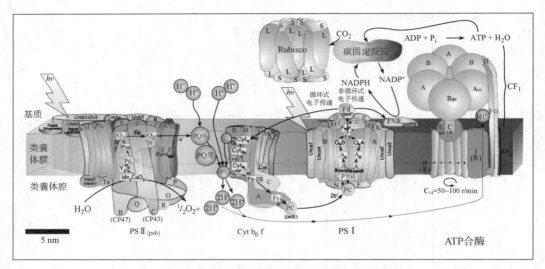

图 3-7　叶绿体类囊体膜蛋白复合体的结构与功能

　　图中显示了四个膜蛋白复合体：PSⅠ、PSⅡ、Cyt b_6f 复合体、ATP 合酶。在光的激活下，电子经PSⅡ、Cyt b_6f、PSⅠ，从水传递到 $NADP^+$；伴随着电子传递而建立起跨膜质子梯度。电化学梯度最终由ATP 合酶利用而合成 ATP。

680 nm 处，故称为 P680。同 PSⅠ一样，PSⅡ的天线叶绿素分子和辅助色素分子吸收的光能也要最终传递到 P680 分子上。P680 与 P700 和一般的叶绿素分子并没有什么不同，只是由于它们和类囊体膜上的特定蛋白质结合，定位于类囊体膜上的特定部位与它们的电子受体接近，因而具有了特殊功能。PSⅠ的体积通常小于 PSⅡ。两个光系统之间有电子传递链相连接。

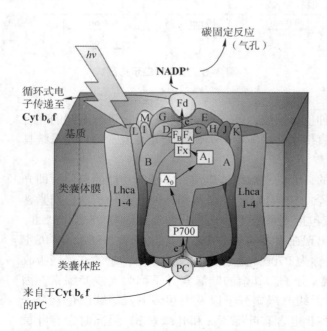

图 3-8　PSⅠ的亚基组成和电子传递示意图

　　PSⅠ反应中心复合体由反应中心P700、电子受体和捕光天线三部分组成。它们都结合在蛋白质亚基上。对PSⅠ膜蛋白的分离以及基因克隆和序列分析证明，该复合体是由大亚基和许多小亚基组成。图 3-8 为 PSⅠ反应中心复合体亚基构成的示意图。图上标明的 A 和 B 两个大亚基，是由叶绿体基因编码的质量为 83 kDa 和 82 kDa 的两个多肽。反应中心色素 P700，原初电子受体 A_0、A_1 及 Fx，都存在于大亚基中。小亚基 C 也是由叶绿体基因编码，质量为 9 kDa 的多肽，它是铁硫中心 F_A 和 F_B 所在的部位。PSⅠ的电子供体 PC和电子受体 Fd 通过特殊蛋白质亚基的静电引力与 PSⅠ反应中心相连接。其中由核基因编码的 F 小亚基作为 PC 与

PS I 的连接物；同样，由核基因编码的 D 和 E 两个小亚基是 Fd 与 PS I 的连接物。其中，由叶绿体基因编码的 I 和 J 两个小亚基的功能尚不清楚。捕光天线是由不同的捕光色素蛋白复合体 LHC I 组成。

图 3-9 为 PS II 复合体模型示意图。它主要包括三部分结构：① 捕光天线系统，主要由围绕 P680 的 CP43、CP47 两个色素蛋白复合体组成的近侧天线和主要由 LHC II 捕光复合体组成的远侧天线共同构成。②反应中心的电子传递链，由两个 32 kDa 多肽组成的 D1-D2 蛋白，其中包括原初供体 Y_Z、中心色素 P680、原初受体 Pheo、Q_A、Q_B 和铁原子。在高等植物中现已能提纯到仅含 D1-D2 多肽并具有光化学电荷分离活性的最基本结构组分。③水氧化放氧系统，由 33 kDa、23 kDa 以及 17 kDa 三种外周多肽以及与放氧有关的 Mn^{4+}、Cl^- 和 Ca^{2+} 组成。值得注意的是，高等植物 PS II 反应中心的 D1-D2 蛋白与紫细菌反应中心的 L 及 M 多肽相比较，不仅在氨基酸顺序上有很大的同源性，而且分子结构上也很相似。与 D1-D2 蛋白相紧密结合的 9 kDa（α）和 4 kDa（β）两个多肽构成细胞色素 b559。其功能不甚清楚，推测它们可能参与环绕 PS II 的电子传递过程。

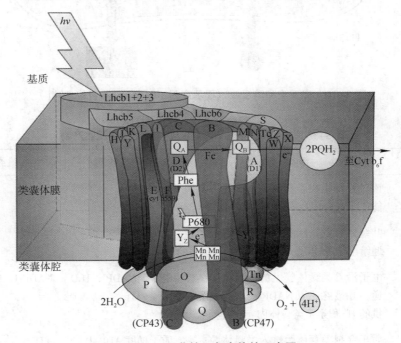

图 3-9　PS II 核心复合体的示意图

PS II 由 20 多个蛋白质亚基组成，在光条件下，完成水的裂解、氧气的释放、PQ 库的还原。

3.3　光合作用简要过程

3.3.1　光反应与暗反应

光合作用（photosynthesis）根据是否需要光的参与，分为光反应（light reaction）和暗反应（dark reaction）两个阶段（图 3-10、表 3-1）。光反应中发生水的光解、O_2 的释放和 ATP 及 NADPH 的生成；暗反应则是利用光反应形成的 ATP 和 NADPH，将 CO_2 还原为糖。

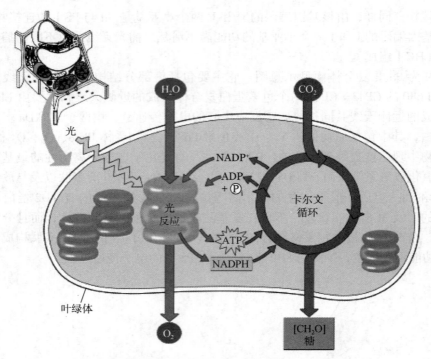

图 3-10　光反应和暗反应过程示意图（引自 Reece *et al.* 2011）

表 3-1　光合作用光反应和暗反应的主要过程及其产物

反应	简要过程	所需物质	最终产物
光反应	该过程发生在类囊体膜中。利用太阳能使水光解，合成 ATP 和 NADPH		
光化学反应	叶绿素激发，反应中心将高能电子传递给电子受体	光能；光合色素	电子
电子传递	电子沿着类囊体膜上的电子传递链传递，并最终还原 $NADP^+$；水的光解提供的 H^+ 积累于类囊体内	电子，$NADP^+$，H_2O	NADPH，O_2，H^+
化学渗透	质子穿越类囊体膜进入类囊体腔；在类囊体腔和基质间形成质子梯度；质子通过由 ATP 合酶复合物构成的特殊通道回到基质中；ATP 生成	质子梯度 ADP+P_i	ATP
暗反应	暗反应发生在基质中。CO_2 固定，即 CO_2 与 RuBP 结合	RuBP，CO_2，ATP，NADPH+H^+	糖，ADP+P_i，$NADP^+$

光反应发生在叶绿体的类囊体膜上，需要光的参与；暗反应发生在叶绿体基质中，不需光（在光下也可进行）。

植物用于光合作用的水来自根系吸收的土壤水，所释放的氧气来自水。英国人希尔是第一个证实光合作用放氧机制的科学家，他首次证明了光合作用在叶绿体中进行；植物放出的氧是水在光下被分解和氧化，由于水的光氧化反应与 CO_2 的还原可分开进行，因而划分出光反应和暗反应两个阶段；发现了光反应中有光诱导的电子传递和水的光解及 O_2 释放；发现了水在光反应中起到的是供氢体和电子供体的双重作用（Hill 1937）。这个在光照条件下，绿色植物的叶绿体裂解水，释放氧气并还原电子受体的反应称为希尔反应。

延伸阅读

希尔反应

希尔反应（Hill reaction）是指在光照条件下，绿色植物的叶绿体裂解水，释放氧气并还原电子受体的反应。该反应由英国科学家罗伯特·希尔发现，故称"希尔反应"。

当希尔（1939）用光照射加有草酸高铁的叶绿素悬浊液时，发现 Fe^{3+} 还原成 Fe^{2+} 并放 O_2。

希尔反应一般可用下式表示：

$$4\,Fe^{3+} + 2\,H_2O \longrightarrow 4\,Fe^{3+} + O_2 + 4\,H^+$$

或

$$2NADP^+ + 2H_2O \longrightarrow 2NADPH + 2H^+ + O_2$$

虽然在光合作用中，生理学上的希尔氧化剂是 $NADP^+$，但用草酸高铁、铁氰化钾和苯醌等化合物也能观察到希尔反应。另外，虽然 O_2 仍可作为氧化剂，但在这种情况下有 O^{2-}（超氧阴离子）和 H_2O_2 的形成，而 H_2O_2 是由不均化反应造成的。

希尔反应把放氧作用与二氧化碳固定作用分开，是光合作用研究史上重要的里程碑。

3.3.2 电子传递与光合磷酸化

光合作用中的电子传递发生在类囊体膜上（图 3-11）。照光时，天线叶绿素被激发，所激发的能量通过共振传导被传递到 P680 和 P700 分子中。然后，P680 和 P700 分子被激发而释放出高能电子。在 PS I 中，P700 分子释放的电子被结合在类囊体膜上的电子传递体即铁氧还蛋白（ferredoxin，Fd）所接受，并经可溶性铁氧还蛋白最后传递给电子传递体 $NADP^+$，生成 NADPH，而 P700 分子则出现了电子缺失。与此同时，在 PS II 中，P680 分子被激发而释放的高能水平的电子也在一系列的电子传递体中被传递，首先传递到质体醌 PQ，与基质中的质子结合，形成还原质体醌（PQH_2），再经细胞色素 b_6 f 复合物和质体蓝素 PC 而传递到 PS I 反应中心 P700 分子，从而填补了 P700 的电子缺失。但是，这时 P680 分子却由此而出现了电子缺失，这一缺失则是由来自 H_2O 的电子来补足的。原来，PS II 在吸收光子而活化时，产生一种强氧化剂 Z^+，使水裂解并放出电子，产生 O_2 和质子。电子即用来补足 P680 的缺失，而 O_2 则被释出。这样，两个光系统的合作完成了电子传递、水的裂解、氧的释放和 NADPH 的生成。所产生的质子则进入类囊体腔中，使类囊体内外形成了质子梯度，利于 ATP 的合成。

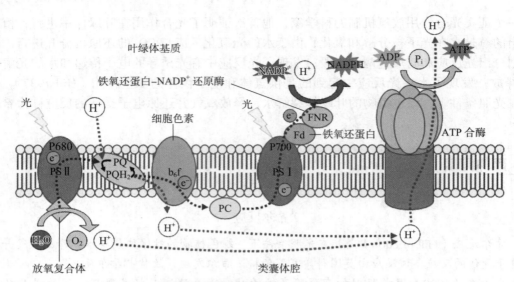

图 3-11　光合电子传递系统（引自 Hopkins & Hüner 2004）

质子穿过类囊体膜上 ATP 合酶（ATP synthase，图 3-12）复合体上的管道，从类囊体腔流向叶绿体基质，将能量通过磷酸化而贮存在 ATP 中。这一磷酸化过程是在光合作用过程中发生的，所以称为光合磷酸化（photophosphorylation），以区别于在线粒体中发生的氧化磷酸化。ATP 合酶，又称为 H^+-ATP 酶或者 F_1F_o-ATP 酶，是由亲水性的头部（CF_1）

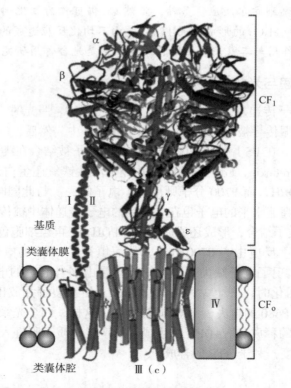

图 3-12　叶绿体 ATP 合酶空间结构模型示意图（引自 Nelson & Ben-Shem 2004）

和镶嵌在类囊体膜的疏水性柄部（CF$_0$）两部分构成。CF$_1$是由五种多肽即 α、β、γ、δ、ε 构成，组成比例为 α$_3$β$_3$γδε。CF$_0$由四个亚基构成，各亚基的分子质量分别为 18 kDa（Ⅰ）、16 kDa（Ⅱ）、8 kDa（Ⅲ）和 20 kDa（Ⅳ）。

美国的 Boyer 于 1993 年提出 ATP 结合转化机制，又称为 ATP 合酶的变构学说，该学说认为，在 ATP 的形成过程中，ATP 合酶的 3 个 β 亚基会发生松弛（loose，L）、紧绷（tight，T）和开放（open，O）三种状态的构象变化，分别对应于底物结合、产物的形成和产物的释放三个过程（图 3-13）。Boyer 因该学说于 1997 年获得诺贝尔化学奖。

图 3-13　ATP 合酶结合转化机制图解（引自 Boyer 1993）

NADP$^+$供应不足时，PS Ⅰ 中 P700 释放的电子可经一个环式途径，即经可溶性 Fd → PQ → Cyt b$_6$f → PC，重新回到 P700。在这一环式途径中虽然不生成 NADPH，也不发生水的裂解和 O$_2$ 的释放，但电子在电子传递链上被传递时，仍然有一定的质子积累，因而仍可形成一定量的 ATP，这一过程称为环式光合磷酸化（cyclic photophosphorylation）。某些光合细菌就是按这一途径进行光合作用的。而如前所述，有两个光系统参与伴随着水的裂解、O$_2$ 的释放和 NADPH 的形成的磷酸化作用，由于电子传递的途径不是环式，故称为非环式光合磷酸化（noncyclic photophosphorylation），由于非环式光合磷酸化中电子传递的能量起伏表示为 Z 型结构，故有人形象地将这一途径称为光合作用的 Z 结构或 Z 链（Z-type chain）（图 3-14）。

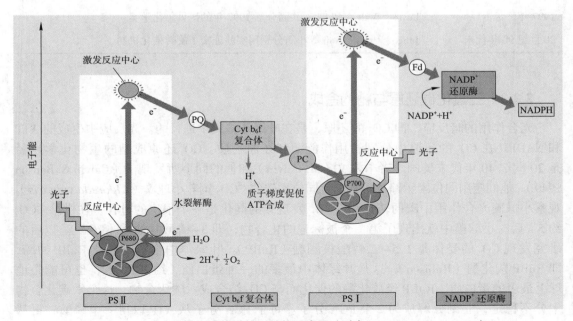

图 3-14　光合作用电子传递的 Z 结构示意图（引自 Raven & Johnson 2001）

延伸阅读

ATP 合酶一直是最具吸引力的科学研究课题之一，近年来很多科学家围绕 ATP 合酶做了大量研究，并获得重要发现（表 Y3-1），但是仍有许多未解之谜等待发现。ATP 合酶结构、功能与作用机制等更为精细的机制尚不完全清楚，这一世界上最小、最快、转换效率最高的蛋白质分子马达仍需进一步研究。

表 Y3-1 关于 ATP 的研究简史（引自张劲和郑胜礼 2014）

年代	事件
1929 年	Lipmann 发现 ATP 分子
1939—1941 年	Lipmann 证实 ATP 是细胞中生化能量货币（1953 年获诺贝尔生理学或医学奖）
20 世纪四五十年代	已知线粒体及叶绿体有大量的 ATP 形成
1948 年	Todd 化学合成 ATP（1957 年获诺贝尔化学奖）
1957 年	Skou 首次发现分解 ATP 的酶，而且证明该酶与 Na^+、K^+ 进出细胞有关
1960 年	Racker 从线粒体中分离出合成 ATP 的酶
1961 年	Mitchell 提出化学渗透学说，并于 1966 年进一步完善该学说（1978 年获诺贝尔化学奖）
20 世纪 60 年代至 20 世纪 90 年代	Boyer 提出构象偶联学说，后来发展为结合变化机制，最终创立旋转催化机制
20 世纪 90 年代	Walker 以 X 光谱研究 ATP 合酶的三级结构，证明了 Boyer 的理论
1997 年	Boyer、Walker 和 Skou 共同分享 1997 年的诺贝尔化学奖
20 世纪 90 年代末	Junge、Cross、Noji 等小组分别用实验证实了旋转催化机制

3.3.3 二氧化碳还原与糖的合成

光合作用的暗反应，即 CO_2 的还原，是在叶绿体基质中进行的。光反应中生成的 ATP 和 NADPH 在 CO_2 的还原中分别被用作能源和还原物质。CO_2 还原成糖的生物化学途径是 20 世纪 40 年代末美国学者卡尔文（M. Calvin）和他的同事所发现的（Calvin & Benson 1949）。他们应用同位素示踪技术，以含同位素碳的 $^{14}CO_2$ 饲养小球藻（*Chlorella vulgaris*），观察小球藻光合作用中碳的转化和去向。发现碳的同化是一个很快的过程，在供给 $^{14}CO_2$ 约 5 s 后，小球藻中就出现了第一个被标记的化合物，即 3- 磷酸甘油酸（PGA）。以后的研究发现 CO_2 的受体是 1,5- 二磷酸核酮糖（RuBP）。叶绿体中含有能羧化 RuBP 的酶，即 RuBP 羧化酶（Rubisco），这是叶绿体中最多的一种蛋白质（约占 50%），也可能是地球上最多的蛋白质。RuBP 经羧化酶的催化而与 CO_2 结合成六碳化合物，这个六碳化合物十分不稳定，立刻分解成为 2 个 PGA 分子。每个 PGA 分子从 ATP 取得一个磷酸，再从 NADPH 取得 2 个电子，使羧基还原为醛基而成贮能更多的 3- 磷酸甘油醛（PGAL，它是已知的一种醛糖，糖酵解的产物也是 PGAL）。然后，一部分 PGAL 经一系列化学变化而形成磷酸葡萄糖，更多的 PGAL 则再经过一系列复杂的变化而生成一磷酸核酮糖（RuMP），RuMP 磷酸化而转变为 RuBP，即 CO_2 的受体，从而继续循环，保证暗反应的顺利进行。这一 CO_2 的固定和还原为糖的全部过程称为卡尔文 – 本生循环（Calvin–Bensen cycle，图 3–15），或简称卡尔文循环（Calvin cycle）。卡尔文循环是光合作用碳固定的重要过程，是人类认识无机世界的物质向有机世界转化的重大发现，卡尔文因此获得了 1961 年度的诺贝尔化学奖。

卡尔文循环包括 3 个阶段，即羧化阶段、还原阶段、RuBP 再生阶段。卡尔文循环的最初产物不是葡萄糖，而是三碳的丙糖，即 PGAL，再由 2 个 PGAL 化合而成葡萄糖。这一循环的基本过程可描述为：循环 3 次；固定 3 个 CO_2 分子；生成 6 个 PGAL，其中 1 个 PGAL 用来合成葡萄糖或其他糖类。这 1 个 PGAL 才是卡尔文循环的净收入，其余 5 个 PGAL 则是用来产生 3 个分子的 RuBP 保证再循环。所以每产生 1 个分子葡萄糖需要 2 个分子 PGAL，即需要完成 6 次循环。从能量的变化来计算：每生产一个可用于细胞代谢和合成的 PGAL，需要 9 个 ATP 分子和 6 个 NADPH 分子参与。这些 ATP 和 NADPH 都是来自光反应的，所以光反应和暗反应是一个整体过程，缺一不可。

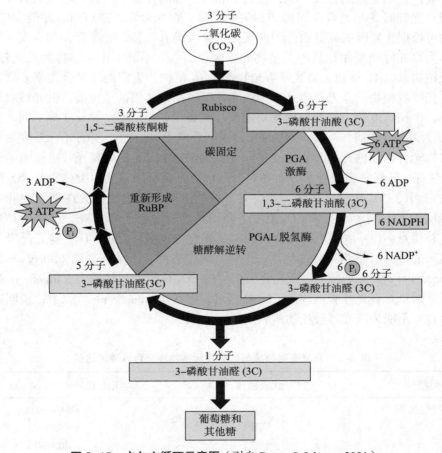

图 3–15　卡尔文循环示意图（引自 Raven & Johnson 2001）

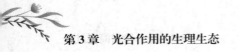

3.4 光呼吸和暗呼吸

3.4.1 光呼吸

3.4.1.1 光呼吸植物

植物的光合作用是一个固定能量与吸收 CO_2 的过程，而呼吸作用则是释放能量与 CO_2 的过程，这种规律是植物长期进化的结果。但我们熟悉的呼吸作用都是发生在线粒体中。进行光合生产的叶绿体有没有呼吸作用？这曾经是长期争论的问题。利用分离的叶绿体所进行的详细实验证明，叶绿体没有呼吸作用，其中没有线粒体中的那一套呼吸酶。但在许多绿藻和某些高等植物的呼吸作用在光下却较强，往往可能增高 2~3 倍，而且用 ^{14}C 的标记实验可以证明，在光下所放出的 CO_2 中，碳都是新固定 $^{14}CO_2$ 中的 ^{14}C。这些矛盾的现象是在发现并且阐明了植物的光呼吸（photorespiration）的本质后，才得到解决的。

光呼吸是相对于暗呼吸而言的，一般的细胞都有暗呼吸，即通常所说的呼吸作用，或线粒体呼吸，它不受光的直接影响，在光下和暗中都同样进行。但光呼吸只有在光下才能进行，而且光呼吸是与光合作用密切相关的，只有在光合作用进行时，才能发生光呼吸。高等植物可根据光呼吸的高低而分为两大类：一大类有明显的光呼吸，如小麦、大豆、烟草等，称为高光呼吸植物；另一类植物光呼吸很弱，几乎测不出来，称为低光呼吸植物。低光呼吸植物都是 C_4 植物，高光呼吸植物都是 C_3 植物，它们的净光合速率差别很大（表3-2），低光呼吸植物的净光合率几乎为高光呼吸植物的 3 倍甚至更高。低光呼吸植物的生物产量高，生长速度快。这两类植物对温度、光强度、CO_2 浓度的反应都不同。例如当温度由 20℃ 上升为 30℃ 时，玉米叶片的光合强度直线上升，而小麦的光合强度则下降。低光呼吸植物光合作用的光饱和点为充足阳光光强的 1/2 以上，而高光呼吸植物的光饱和点仅为 1/5 左右。低光呼吸植物多分布在热带区域，好温喜阳。这两类植物对 CO_2 浓度的反应，可由它们的 CO_2 补偿点得知。测定 CO_2 补偿点时，是把植物放在密闭的叶室中，照以中等强度的光，测定叶室中 CO_2 浓度下降到什么程度就不再下降，这时的 CO_2 浓度即称为 CO_2 补偿点。CO_2 浓度不再下降的原因是光合作用所同化的 CO_2，与光呼吸及暗呼吸所释放出来的 CO_2 恰好相等，达到动态平衡。测定表明，玉米、高粱（*Sorghum bicolor*）、甘蔗（*Saccarum officinarum*）等低光呼吸植物的 CO_2 补偿点，都低于 5 $\mu mol \cdot mol^{-1}$，而小麦、大豆、烟草等高光呼吸植物的 CO_2 补偿点，则在 40 $\mu mol \cdot mol^{-1}$ 以上，说明叶室中有这么多的 CO_2 不能为高光呼吸植物所利用。

表 3-2　高光呼吸植物与低光呼吸植物净光合速率的比较

类型	代表植物	净光合速率 / ($\mu mol \cdot m^{-2} \cdot s^{-1}$)
低光呼吸植物	玉米	40 ~ 60
	高粱	50
	甘蔗	40 ~ 50

续表

类型	代表植物	净光合速率/（μmol·m⁻²·s⁻¹）
高光呼吸植物	烟草	$15 \sim 20$
	小麦	$15 \sim 30$
	水稻	$15 \sim 25$

注：表中数据根据蒋高明研究小组实测数据整理。（测定条件：PPFD $1\,500$ μmol·m⁻²·s⁻¹，CO_2 300 μmol·mol⁻¹，$25 \sim 30℃$）

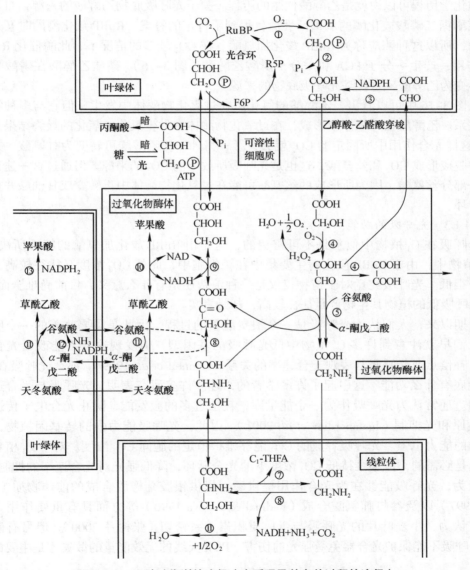

图 3-16　乙醇酸代谢的途径（光呼吸及其有关过程的途径）

①RuBP 加氧酶；②磷酸乙醇酸磷酸酯酶；③乙醛酸还原酶；④能催化乙醇酸和乙醛酸氧化的酶系统；⑤乙醛酸－谷氨酸转氨酶；⑥丝氨酸合成酶或称甘氨酸脱羧酶，一系列酶促反应；⑦转羧羟甲基酶；⑧羟基丙酮酸－谷氨酸转氨酶；⑨羟基丙酮酸还原酶；⑩NAD－苹果酸脱氢酶；⑪天冬氨酸－A－酮戊二酸转氨酶；⑫谷氨酸合成酶；⑬NADP－苹果酸脱氢酶；⑭呼吸链。

3.4.1.2　影响光呼吸的因素

增加光强度、提高温度、增高空气中的氧含量和降低空气中的 CO_2 含量，都会促进光呼吸。例如：烟草光呼吸的最适温度为 35℃左右；氧含量从 0 增至 100% 时，叶片的光呼吸也不断上升，而暗呼吸则不是这样；空气中 CO_2 浓度小于 350 $\mu mol \cdot mol^{-1}$ 时，浓度越低，光呼吸越强，而当 CO_2 浓度高于 2 000 $\mu mol \cdot mol^{-1}$ 时，则光呼吸受到抑制。

光呼吸是发生在过氧化物酯体中的乙醇酸氧化。因为早已观察到烟草的照光几秒钟后的暗期内，有 CO_2 的"骤发"现象，以后又发现这时所放出的 CO_2 是来自乙醇酸。光呼吸的生物化学历程可以说就是乙醇酸代谢的历程。关于光呼吸底物乙醇酸的来源，自从最近发现核酮糖二磷酸羧化酶的双重活性后，得到了肯定的答案。RuBP 羧化酶同时又是一个加氧酶，所以这种酶应称为 RuBP 羧化加氧酶。在 CO_2 较多的情况下，此酶催化 RuBP 的加氧作用，产生一分子 PGA 和一分子磷酸乙醇酸（图 3–16）。磷酸乙醇酸在磷酸酯酶催化下转变为乙醇酸，这就是光呼吸底物的来源。

从图 3–16 中可以看出，乙醇酸的氧化虽在过氧化物酶体中发生，但它与多种细胞器都有关系。乙醇酸在叶绿体中形成，在过氧化物酶体中发生氧化。氧化的最终结果是变成 CO_2，这样光合作用中所固定的 CO_2 就丢失了；另外一些乙醇酸可转变为甘氨酸，并在细粒体中脱羧形成 CO_2 和丝氨酸，这也是光呼吸所放出的 CO_2 的来源。但通过这一途径可以回收一部分丝氨酸，因为所形成的丝氨酸可能在过氧化物酶体中再转变成甘油酸并重新进入光合环。

3.4.1.3　光呼吸的功能

光呼吸在 C_3 植物中似乎是不可避免的，这是由 RuBP 羧化加氧酶的特性所决定的。在 C_4 植物中，由于 RuBP 羧化酶主要集中在鞘细胞中，此外 CO_2 浓度又往往较高，所以光呼吸很低。光呼吸究竟对于植物仅仅是一种浪费还是有什么意义，目前尚难全面评价。不过光呼吸低的植物其生物产量往往较高，却是事实。

长期以来，人们认为光呼吸是一个浪费能量的过程，因此是需要改善的一个明显特性。人们早就注意到许多 C_3 植物中低光呼吸的基因型，但发现这并不能改变光合作用的 CO_2 补偿点或光呼吸与表观光合速率的关系（Cannell et al. 1969）。那么光呼吸在 C_3 植物中到底有什么功能？这引起了许多学者的兴趣。许多研究表明，光呼吸与光合速率关系密切。通常认为光呼吸作为一个能量库，耗散过多的激发能，防止光合电子传递链的过度还原和光抑制（Igamberdiev et al. 2001）。因此，光呼吸能力强的转基因植物，其耐高光强的能力也强。光呼吸释放的 CO_2 能够维护恒定的胞间 CO_2 浓度。对于 C_3 植物来说光呼吸是必需的，能够维持低 CO_2 浓度下的光合循环，降低强光对光合速率的抑制效应。有人认为，光呼吸能够在为光合作用提供磷、提供银胶菊橡胶合成的前体物质（Reddy et al. 1997）以及参与脯氨酸合成（Fedinal & Popova 1996）等方面具有重要作用。甚至也有人认为，小麦叶片的光呼吸与蛋白质积累关系密切（张树芹 2000）。但另有研究表明，光呼吸不能保护光合器免受强光的伤害，PS II 天线的无效能量的散失才是主要的保护机制。

尽管人们对于光呼吸的实际功能还不十分清楚，但大部分学者倾向如下两种观点：①减少光抑制。在干旱和辐射环境条件下，植物发生气孔关闭，CO_2 不能进入叶肉细胞，会导致光抑制。此时，植物的光呼吸释放 CO_2，消耗多余的能量，对光合器官起保护作用，避免产生光抑制。②在有氧呼吸条件下避免损失过多的碳。羧化酶同时具有羧化和加氧的功能，在有氧条件下，虽然光呼吸损失了一些有机碳，但通过 C_2 循环（C_2 photore-siratory carbon oxidation cycle，二碳光呼吸碳氧循环）可以弥补一些损失的碳。由于光呼吸的底物——乙醇酸是二碳化合物，其氧化产物乙醇酸以及转氨形成的甘氨酸都是二碳化合物，故这条途径称为二碳光呼吸碳氧循环，简称 C_2 环。③光呼吸可能为光合作用过程提供磷或参与某些蛋白质的合成过程。

有关光呼吸与产量的研究不多，且有限的研究结果也不一致。许多研究表明高产品种或基因型不仅光合速率高，而且光呼吸也高（Aliev *et al.* 1996），提高小麦生殖期叶片的光合速率和光呼吸，能够提高产量。有人将小麦种植在低氧的环境，降低光呼吸，同时调整 CO_2 浓度，使得光合速率保持不变，结果发现，生殖生长延迟，结实受阻（Gerbaud *et al.* 1988），在高粱和大豆中也发现这种现象。但这究竟是由于光呼吸造成的还是其他生理过程造成的，目前依然不清楚。如果光呼吸在植物适应环境上具有重要意义，那么通过降低光呼吸来提高产量的方法就会受到限制。但也有人研究发现高产棉花具有高光合速率和低光呼吸，而且棉花在驯化过程中，叶面积变小和干物质减少，叶肉结构改良，但细胞内的叶绿体及其光化学活性、光合速率和由同化中心向繁殖器官输导的能力提高，而乙醇酸氧化酶的活性降低。是否能够通过降低光呼吸消耗，来提高净光合速率，从而提高光合产物的积累仍然是一个悬而未决的问题。

目前国外已有一些筛选低光呼吸品种的工作，或用 X 射线处理，企图得到低光呼吸的大豆品种，或用 C_3 植物与 C_4 植物杂交，企图得到低光呼吸的新品种的试验，虽有一些初步结果，但似乎都还没有最后获得成功。

必须注意的是，目前这些工作还都局限在植物的苗期，只以生物学产量或光合强度的增长作为指标，但作物的生物学产量与经济产量并不是一回事，低光呼吸作物与高产作物也不是一回事，抑制或改变光呼吸不一定能在经济产量上直接收到效果。对于这些问题的解决，还需要生理学、遗传学等各方面工作的进一步配合，更需要广泛的理论和实践的进一步探索。

3.4.2　暗呼吸

3.4.2.1　暗呼吸的表达方式

暗呼吸作用的测定结果是以呼吸强度来表示的，表示为单位时间内植物部分的氧吸收量或 CO_2 释放量。植物部分有叶、根、茎、果实、种子等，在实际测定中所用的植物单位又可有鲜重、干重等。传统的呼吸作用测定方法为测压法，所用仪器为 Warburg 呼吸计，仅适于较小体积的植物样品，以组织或个体水平的测定为佳。后来发展了气流法，对其中的 CO_2 变化量的测定以酸碱滴定法为多。近年来发展了红外 CO_2 气体分析仪法（或光合作用测定仪法），其中植物叶室（或样品室）又有闭路及开路式之分，以后者为合理。

呼吸强度的表示近年来通用鲜叶面积为基础的 CO_2 释放强度，表示为 $\mu mol \cdot m^{-2} \cdot s^{-1}$。但为了特殊研究的需要，以单位植物重量表示呼吸强度仍在使用，甚至有人用脱淀粉后的干叶重，或以单位含 N 量表示。叶单位鲜叶面积表示暗呼吸强度时，需要非常精确的光合作用测定系统，另外仪器需要严格的标定。因为，植物的暗呼吸速率仅为净光合速率的 $5\% \sim 15\%$。

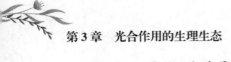

3.4.2.2　暗呼吸与产量的关系

在暗呼吸过程中成熟叶片能够输出的光合同化物，取决于它一天内同化的光合物质与其一昼夜的呼吸消耗之差，因此叶片的光合生产力与呼吸关系密切。但是暗呼吸与经济产量的关系仍然不清楚。通常认为在生长发育阶段，生长呼吸占主导地位，呼吸与生长速率可能是正相关，但在生长后期，维持呼吸占主导地位，暗呼吸与生长负相关（Evens 1993）。许多研究表明暗呼吸与生长正相关（Gerik & Eastin 1985），但是这种关系依赖于比较的基础。如大部分研究结果是建立在整株呼吸速率基础之上的，而不是单位叶面积的呼吸速率。差异很大的大豆品种，叶片呼吸速率与产量之间没有明显的相关性。尽管有许多关于较低暗呼吸对于提高产量有利的报道，但是呼吸速率与籽粒产量之间的关系，以及它在不同环境下的稳定性仍然不清楚。

3.4.2.3　暗呼吸的作用

暗呼吸是植物在没有光存在的条件下，氧化糖类、脂肪、蛋白质等底物生成 ATP、CO_2 和水分的过程，是与光合作用相反的作用。呼吸代谢重新释放的过程，为区别在光下进行的呼吸作用称为暗呼吸。暗呼吸是在线粒体内进行的。暗呼吸的作用，其一是提供能量，所产生的含能化合物如 ATP 等是植物的其他过程如盐的吸收、生长、运动、蛋白质合成等的能源；其二是植物体内的许多重要物质如蛋白质、核酸、脂质、色素等生物合成的原料，是在暗呼吸过程中产生的。虽然暗呼吸消耗了植物光合作用中的大部分碳和所固定的能量，例如据估计呼吸消耗了光合作用所同化碳的 40% ~ 60%（Amthor 1989），但由于这是植物生长所必需的，因此暗呼吸在植物生理生态中依然占有重要的位置。暗呼吸的机制已基本阐明：呼吸作用发生的场所在线粒体中；呼吸的代谢途径主要是糖酵解、三羧酸循环和戊糖磷酸途径；生物氧化过程是在由载体组成的电子传递系统中进行的，这个电子传递系统称为呼吸链，而电子传递途径是多条线路的，主要的氧化酶种类有细胞色素氧化酶（cytochrome oxidase）、交替氧化酶（alternate oxidase）、酚氧化酶（phenol oxidase）、抗坏血酸氧化酶（ascorbic acid oxidase）、黄素氧化酶（flavin oxidase）等。

延伸阅读

呼吸作用

呼吸作用（respiration）包括有氧呼吸和无氧呼吸两大类型。

有氧呼吸（aerobic respiration）指生活细胞在氧气的参与下，把某些有机物质彻底氧化分解，放出二氧化碳并形成水，同时释放能量的过程。一般来说，葡萄糖是植物细胞呼吸最常利用的物质，因此呼吸作用过程简括表示如下式：

$$C_6H_{12}O_6 + 6O_2 \longrightarrow 6CO_2 + 6H_2O + 能量 \qquad \Delta G^{\circ'} = -2\,870 \text{ kJ} \cdot \text{mol}^{-1}$$

上述方程式是目前通常使用的。然而最近有人认为，上述反应不能准确说明呼吸的真正过程，因为氧气在呼吸过程中不直接与葡萄糖作用，需要水分子参与到葡萄糖降解的中间产物里，中间产物的氢原子与空气中的氧气结合，还原成水。为了更准确说明其生化变化，故将呼吸作用方程式改写为下式：

$$C_6H_{12}O_6 + 6H_2O + 6O_2 \longrightarrow 6CO_2 + 12H_2O + 能量 \qquad \Delta G^{\circ'} = -2\,870 \text{ kJ} \cdot \text{mol}^{-1}$$

有氧呼吸是高等植物进行呼吸的主要形式。事实上，通常所提的呼吸作用就是指有氧呼吸，甚至把呼吸看成为有氧呼吸的同义语。

无氧呼吸（anaerobic respiration）一般指在无氧条件下，细胞把某些有机物分解成为不彻底的氧化产物，同时释放能量的过程。这个过程用于高等植物，习惯上称为无氧呼吸，如应用于微生物，则惯称为发酵（fermentation）。

高等植物无氧呼吸可产生乙醇，其过程与乙醇发酵是相同的，反应如下：

$$C_6H_{12}O_6 \longrightarrow 2C_2H_5OH + 2CO_2 + 能量 \qquad \Delta G^{\circ\prime} = -226 \text{ kJ} \cdot \text{mol}^{-1}$$

除了乙醇以外，高等植物的无氧呼吸也可以产生乳酸，反应如下：

$$C_6H_{12}O_6 \longrightarrow 2CH_3CHOHCOOH + 能量 \qquad \Delta G^{\circ\prime} = -197 \text{ kJ} \cdot \text{mol}^{-1}$$

上述呼吸作用方程式是一个全过程。事实上呼吸的具体过程是十分复杂的，总的来看，呼吸作用糖的分解代谢途径有 3 种：糖酵解、戊糖磷酸途径和三羧酸循环，它们分别在胞质溶胶和线粒体内进行，关于呼吸作用的详细机制可参考有关植物生理学的教科书（如潘瑞炽 2012）。

依照暗呼吸的功能可分为维持呼吸（maintain respiration）和生长呼吸（growth respiration）两种。前者是植物为维持正常生长发育所需要的能量而进行的呼吸作用，这部分能量和物质的利用率最高；后者是植物在生长过程中克服外界不良因素进行的呼吸，其能量与物质作为植物适应环境和完成生活史的代价而付出了。关于植物在自然逆境条件下的生态适应，如高温、强光、干旱、高盐分等，详见本书第 7 章内容。

维持呼吸相对独立于环境条件和种类差异，否则影响生长组织的物质合成，因此在育种中可选择性很小。而生长呼吸受环境条件影响明显，不同种类和品种对于环境影响的适应性差异也很大，并且受作物发育阶段和干物质积累状况影响，因此在育种过程中有一定的选择余地。近年来，育种学家试图寻找暗呼吸作用较低的品种，以实现提高产量的目的。

上述光合作用过程中的物质生产与消耗的不断认识，教科书写起来容易，而在实际研究过程中，几代科学家是付出了毕生的努力的，其研究意义之重大，可由自然科学的重大奖项所佐证。围绕光合作用，先后由 10 名科学家获得了诺贝尔奖，可见光合作用研究至今依然是充满了神奇的研究领域，相信随着科学的发展，人类对光合作用的认识将会上升到一个崭新的高度。

延伸阅读

光合作用研究过程中的诺贝尔奖及其贡献

（1）1915 年威尔斯，（Richard Willstater，1872—1942），德国人，研究植物色素特别是叶绿素，指出叶绿素是一种由叶绿醇和含镁的叶绿酸所形成的酯。

（2）1930 年，费歇尔（Hans Fischer，1881—1945），德国人，研究血红素和叶绿素，合成血红素。

（3）1937 年，保罗·卡雷（Paul Karrer，1889—1971），瑞士人，研究类胡萝卜素、核黄素、维生素 B_2 的化学结构。

（4）1961 年，卡尔文（Melvin Calvin，1911—1997），美国人，研究光合作用的化学

过程，确立植物吸收二氧化碳时所涉及的化学反应顺序。

（5）1965 年，伍德沃德（Robert Burns Woodward，1917—1979），美国人，人工合成固醇、叶绿素、维生素 B_{12} 和其他只存在于生物体中的物质。

（6）1978 年，米歇尔（Peter D. Mitchell，1920—1992），英国人，研究生物系统中利用能量转移过程。提出"化学渗透学说"，认为由酶、辅酶等组成的膜具有传递电子、质子的功能，从而造成膜两边的电势差和质子浓度差，使电子和质子可能渗透过膜，推动了ATP 的生成。

（7）1988 年，罗伯特·胡贝尔（Robert Huber 1937—），德国人，首次确定了光合作用反应中心的立体结构，揭示了膜结合的蛋白质配合物的结构特征。

（8）1997 年诺贝尔化学奖授予保罗·波义耳（Paul D. Boyer）（美国）、约翰·沃克（John E. Walker）（英国）、因斯·斯寇（Jens C. Skou）（丹麦）三位科学家，表彰他们在生命的能量货币——ATP 的研究上的突破。

3.5　自然界中不同植物的光合速率

在自然状态下，当植物进行光合作用的环境条件都满足时，即处于最适合的温度条件、最适合的叶水势、最适合的养分供应和植物长期适应的 CO_2 浓度及光照条件下，植物表现出最大的光合能力。这种能力如同人的血压一样，可能成为相对稳定的特征，是植物种类长期适应环境的结果，是植物光合的背景值。但这样的条件在哪里寻找？最好是在自然的状态下，用便携式光合系统测定，这在 30 年前基本上是做不到的。便携式光合系统的不断完善为研究野外状态的光合作用提供了有力的手段。光合速率单位为 $\mu mol \cdot m^{-2} \cdot s^{-1}$（原来使用的 $mg\ CO_2 \cdot dm^{-2} \cdot h^{-1}$ 为废止单位）。通常光合作用测定系统所测得的光合速率为净光合速率（P_n），而不是真正的光合速率。真正光合速率是指植物在光下实际同化的 CO_2 的量，这个值比净光合速率要大一些。由于植物在进行光合作用的同时还进行呼吸作用（光呼吸和暗呼吸），要释放出一些 CO_2。净光合速率就是真正光合作用所同化的 CO_2 的量，减去因呼吸作用而释放的 CO_2 的量。一般我们所指的光合速率是指净光合速率，表示为 P_n（net photosynthetic rate）。最大光合速率 P_{max}（maximum photosynthetic rate）是指植物在最适宜光照强度、最适温度、水分供应充足条件下的净光合速率，通常人们用它来代表植物的光合能力。

表 3–3 为各种不同植物群落优势植物净光合速率的数值，这是在空气中 CO_2 浓度为 $350\ \mu mol \cdot mol^{-1}$、光照条件正常（晴天测定，未加人工光源）、温度合适、水分供应充足条件下的最大净光合速率。陆地植物群落是大气 CO_2 重要的库，高光合能力的植物若同时具备高的叶面积指数（如热带干旱森林），它们在碳固定方面起的作用是很大的。位于半干旱区或中生地区的草原植物，由于生长季节短，植物需要很快完成生活周期，因此具有比较高的光合速率；而常绿植物表现的光合速率则相对低，是由于它们的生长季节长的缘故。

表 3-3　不同生物群落中土壤 C、土壤 N 对优势植物光合速率的影响（引自 Larcher 1997）

群落序号	群落名称	土壤 C/（g·m^{-2}）	土壤 N/（g·m^{-2}）	最大光合速率 /（μmol·m^{-2}·s^{-1}）
1	极地干旱冻原	10 000	168	1.2
2	极地潮湿冻原	10 900	639	9.5
3	极地湿冻原	22 200	1 251	8.5
4	极地冻原	36 600	2 226	3.5
5	北方沙漠	9 000	204	4.0
6	北方干旱灌丛	10 200	631	—
7	北方潮湿森林	15 500	1 034	12.0
8	北方湿润森林	15 000	980	9.3
9	北方林	25 600	1 512	5.5
10	寒温带荒漠	9 700	400	—
11	寒温带灌丛荒漠	10 000	600	18.2
12	寒温带草原	13 300	1 032	17.0
13	寒温带潮湿森林	12 100	626	14.3
14	寒温带湿润森林	17 500	930	10.6
15	寒温带森林	24 000	1 210	5.7
16	暖温带荒漠	1 400	106	5.5
17	暖温带灌丛荒漠	6 000	250	11.3
18	暖温带多刺草原	7 600	538	17.5
19	暖温带干旱森林	8 300	645	20.0
20	暖温带潮湿森林	9 300	648	18.8
21	暖温带湿润森林	15 000	1 600	8.0
22	暖温带森林	27 000	1 200	5.0
23	亚热带荒漠	1 000	100	9.0
24	亚热带荒漠灌丛	2 000	185	15.0
25	亚热带多刺草原	5 400	379	20.5
26	亚热带干性森林	7 000	1 070	19.9
27	亚热带潮湿森林	9 200	987	17.7
28	亚热带湿润森林	14 500	2 853	19.0
29	亚热带雨林	24 000	1 200	9.0
30	热带荒漠	500	50	—
31	热带荒漠灌丛	1 000	100	—
32	热带多刺草原	2 000	264	—

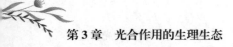

续表

群落序号	群落名称	土壤 C/（g·m^{-2}）	土壤 N/（g·m^{-2}）	最大光合速率/（μmol·m^{-2}·s^{-1}）
33	热带极干旱森林	6 900	597	25.0
34	热带干旱森林	10 200	886	17.3
35	热带潮湿森林	11 500	803	14.7
36	热带湿润森林	21 000	655	9.4

延伸阅读

光合作用的测定

众所周知，光合作用是绿色植物在光照条件下吸收光能，同化 CO_2，合成有机物质并释放 O_2 的过程。光合作用是植物最重要的生理生态指标，研究光合作用有多方面的意义。例如，通过光合作用研究植物的进化与生态适应，判断植物的光合碳同化途径，研究植物的抗逆性及污染物对植物的危害，遗传育种和退化生态系统恢复中的先锋植物筛选以及指导全球变化中的植物生态学研究等。光合作用意义重大，那么光合作用又是如何测定的呢？

其实光合作用测定也经历了曲折的探索过程。

早期的植物光合作用测定方法为半叶法，即使一半叶片照光、一半不照光，然后比较一定时间后的叶重量的差异。仅适于室内少量样品的测定，数据粗糙且变异较大，需要配套仪器测定并手工记录环境参数（光照、温度、相对湿度等）。

后来发展了气流法，即测定植物流入流出叶室（含植物样品）气流的 CO_2 浓度差而计算光合作用，但开始对 CO_2 变化量的测定用酸碱滴定法，比较费时费力。

再后来发展了红外 CO_2 气体分析仪法（或光合作用测定仪法），但植物叶室（或样品室）与红外分析仪分离，不易携带。这些方法因仪器笨重（体积与重量较大）或辅助器较多或适应范围限制（如受交流电源限制）等因素，不能够对大范围内的大量植物快速测定。

近年来国际上开发了便携式的光合作用测定系统，如 LI-6400（美国，由 LI-6000、LI-6200 发展而来）、LCA-4（英国，由 LCA-2、LCA-3 发展而来）、PP（英国）、GFS3000（德国）等，则在测定速度、精度、适应范围、数据记录的计算机化及相关参数（如光合有效辐射、大气温度、大气湿度、叶面温度、露点水汽压降、环境 CO_2 浓度等）的自动记录与贮存等方面做了革新，成为非常流行的光合作用研究仪器，以 LI-6400 为例详细说明。

LI-6400 光合作用系统在 LI-6200 基础上做出了两方面的改进：第一，气路为开放式。第二，CO_2 与 H_2O 的红外分析部位在探头上，与叶室紧紧相连，这样缩短了气体流动过程中气路过长产生的误差。在光合作用测定过程中，有两种光源可供选择：一是自然光，用透明叶室；二是自动光源，此时将叶室的透明部分换成含产生光的部分。用自动光源测定时可测定植物的最大光合作用以及光合作用/光照度曲线。测定时，仪器根据参考气体与叶室气体 CO_2 浓度差、气体流速、叶面积等参数计算光合作用或呼吸作用速率；根据参考气体与叶室气体 H_2O 浓度差、气体流速、叶面积等参数计算蒸腾速率；根据参考气体 H_2O、叶室 H_2O 浓度和蒸腾速率计算叶面水分总导度；又据此以叶片两面的气孔密度比率计算水分气孔导度即气孔导度（其倒数即为气孔阻力）；根据气孔水分导度、叶片两面气孔密度比率、叶面边界层阻力计算气孔对 CO_2 的导度；最后，据气孔 CO_2 导度、蒸腾速率、参考气体 CO_2 浓度、光合速率计算胞间 CO_2 浓度（C_i）。所有运算均由内部计算机系统完成，可在仪器的荧光屏上直接读数。故 LI-6400 能够测定的植物光合与水分生理指标有：净光合（呼吸）速率、蒸腾速率、总气孔导度、气孔导度或气孔阻力、胞间 CO_2 浓度等。

另外，叶室内装有温度与相对湿度探头；外有光照强度探头。在测定过程中能够自动记录的重要环境参数有：大气 CO_2 浓度、大气湿度、叶面温度、大气温度、光照强度等。上述植物生理指标与环境参数的测定可在数秒内完成，仪器自动存储在计算机部位。除此之外，其他参数如叶面水汽压、叶面相对湿度、叶面积、叶室 CO_2 浓度、叶室 H_2O 浓度等，以及仪器工作状态参数如电池寿命、记录时间、气体脉冲信号等连同上述实测与计算的数据与参数共有 70 项，一并记录于计算机中，供研究者分析数据时参考。

除了种间差异外，植物光合速率的差异还表现在生态型的差异上：①即使同一植物，如处在不同部位，光合速率很不相同，背阴面叶子的光合速率只有向阳叶子面净光合速率的 1/3 到 1/2，上部叶片的光合速率大于下部叶片，新生长的叶片大于老叶片。②同化表面小的植物如卷叶的禾本科植物、具沟纹叶的石楠灌丛、针叶植物和肉质多浆液植物的光合速率低于大部分中生植物的光合速率。③高寒植物、盐生植物、高山植物一般具有比较低的光合速率。

同种植物在不同生育期的光合速率表现不同。许多植物的光合速率随生育的进展而逐渐提高，至开花阶段达到最高峰；以后随着植株的衰老，光合速率也下降。环境条件的改变非常容易改变植物的光合速率，如高温、干旱、强光可使沙柳（*Salix psammophila*）的净光合速率降低到 0 附近，甚至出现负值（只有呼吸作用，而没有净的碳固定）（Jiang & Zhu 2001）。

水生植物中挺水植物和浮水植物表现出陆地植物的光合特征，一般光合速率较高，如芦苇。沉水植物的光合速率是另一类型，甚至它们对 CO_2 的利用途径也不相同，它们具有浓缩 CO_2 的"泵"机制，或者利用 HCO_3^- 的机制。尽管某些大型沉水植物的净光合速率可与陆地草本植物的阴生植物接近，但总的来说，沉水植物吸收 CO_2 的能力较低。其中一个重要原因是无机碳的供应不良，虽然水中 CO_2 约为空气中的 160 倍之多，但它到达沉水植物叶表面所遇到的阻力比陆生植物要大得多，即花费的时间更长。淡水植物吸收与传递 HCO_3^- 的机制不如海藻类植物发达，可能是后者经历的进化历程更久远的缘故。

3.6　光合功能型

植物对于气候变化的响应首先表现在其生理生态学功能上，如光合作用类型、水分利用程度和生长发育的差异等，然后才表现出形态、结构和外貌上的差异；反之，不同生态、形态外貌的功能型植物其生理学机制也不同。植物功能型（plant functional type，PFT）是具有确定植物功能特征的一系列植物的组合，是研究植被随环境动态变化的基本单元

（Gitay & Nobel 1997）。PFT 概念的出现是对不同时空尺度上植物生态学研究的一次新的综合，是从植物的生态功能与生态对策的重新考察中得出的。在光合作用的碳同化途径上，植物依据固定 CO_2 的最初产物的不同分为 C_3、C_4 和 CAM 途径，它们的光合能力以及光能利用效率也明显不同。

3.6.1 C_3 植物

在光合作用碳固定过程中，CO_2 首先结合于 RuBP，在 Rubisco 的催化下进行羧化，一个六碳分子的羧化产物立即分解成两分子的 3- 磷酸甘油酸（PGA）。这些最初固定的有机分子均含有 3 个碳原子，故此过程称为 CO_2 同化的 C_3 途径。具有 C_3 途径的植物为 C_3 植物，如油松（*Pinus tabulaeformis*）、樟树（*Cinnamomum camphora*）、羊胡子草（*Eriophorum scheuchzeri*）、大豆等大多数植物。C_3 植物在地球上的分布占全部高等植物的 95% 以上（Houghton *et al.* 1990）。

在形态解剖上，C_3 植物的维管束鞘薄壁细胞较小，不含或含有很少叶绿体，没有"花环型"结构（关于该结构见下述的 C_4 植物），维管束鞘周围的叶肉细胞排列松散。大部分 C_3 植物仅叶肉细胞含有叶绿体，整个光合作用过程都是在叶肉细胞里进行的。淀粉也只是积累在叶肉细胞中，维管束鞘薄壁细胞不积存淀粉。C_3 植物进行卡尔文循环的 CO_2 固定是在 Rubisco 的作用下实现的。一般 Rubisco 的 K_m（米氏常数）为 450 µmol（而 C_4 植物是 7 µmol）。因此，C_3 植物的 CO_2 补偿点比较高，为 $50 \sim 150$ µmol · mol^{-1}。

C_3 植物的稳定性同位素值大部分变化于 $-25\% \sim -35\%$ 之间。关于稳定性同位素及其意义见下述 C_4 植物介绍。

3.6.2 C_4 植物

在光合作用碳固定过程中，所固定的最初产物不是三碳分子，而是草酰乙酸，即具有 4 个碳原子的二羧酸，是由磷酸烯醇式丙酮酸（PEP）的 β- 羧化形成的，故称 C_4 途径，具有 C_4 途径或以此为主的植物称 C_4 植物。

20 世纪 60 年代，植物生理学家证明除了 C_3 植物采用卡尔文循环外，光合作用中还有一种 CO_2 固定的途径。在发现 C_4 光合途径之前，人们就注意到一些热带植物或者热带起源的植物生长很快，在高温、强光和水分供应较少的情况下，这些植物依然具有很高的光合速率。在实验中人们发现这类植物的光呼吸、CO_2 补偿点很低，它们大多为单子叶植物，少数为双子叶植物。

3.6.2.1 C_4 植物的发现

C_4 途径是怎样发现的，是谁发现的？最早开展这个工作的研究单位是美国夏威夷甘蔗协会实验站，其最早于 20 世纪 50 年代末就开展了甘蔗的光合作用研究。在利用 ^{14}C 示踪法研究许多热带的禾本科植物，以及热带起源的玉米、甘蔗、高粱等的光合作用时，发现在极短时间内，^{14}C 不是首先出现于 PGA 中，而是出现于一种四碳酸的第 4 个碳中。随着光合作用时间的延长，四碳酸中的 ^{14}C 逐渐减少，而 PGA 中的 ^{14}C 逐渐增多。这说明 ^{14}C 已从四碳酸中转移到 PGA 中去了。先使植物在 $^{14}CO_2$ 中进行 15 s 光合作用，然后再放在 $^{12}CO_2$ 中继续进行光合作用。结果发现，90 min 后 C_4 酸中的第 4 个碳上的 ^{14}C 即全部转入到了磷酸甘油酸、三碳糖磷酸和碳糖酸中。首先形成的四碳酸是苹果酸或天冬氨酸，因此这种光合碳同化途径称 C_4 途径。第一篇论文（Kortschack *et al.* 1965）发表后引起了世界各地的兴趣，以后随着植物解剖技术以及稳定性同位素技术的应用，大量的 C_4 植物被人们发现（Edwards & Walker 1983）。

3.6.2.2　C_4 植物的碳固定

现已明确，C_4 植物在叶肉细胞中固定 CO_2，产生四碳酸，但并不立即形成淀粉。四碳酸被运至鞘细胞中发生脱羧作用，产生 CO_2，CO_2 再通过卡尔文循环形成 PGA 及其他光合产物，这些光合产物或以淀粉的形式暂时贮藏在鞘细胞中，或以蔗糖的形式运至维管束中（图 3-17）。

图 3-17 中的四碳酸可能是苹果酸，也可能是天冬氨酸，因植物种类而不同。根据运入维管束鞘细胞的四碳酸和脱羧反应的不同，C_4 植物有三种类型（表 3-4）。它们的共同特点是叶肉细胞中均有 PEP 羧化酶，催化 CO_2 固定产生草酰乙酸的反应。

表 3-4　三种类型的 C_4 植物特征的比较及其代表植物

类型	脱羧酶	脱羧部位	进入维管束壳的四碳酸	返回叶肉细胞的三碳酸	代表植物
NADP- 苹果酸酶型	NADP- 苹果酸酶	叶绿体	苹果酸	丙酮酸	玉米、甘蔗、高粱
NAD- 苹果酸酶型	NAD- 苹果酸酶	线粒体	天冬氨酸	丙氨酸	狗尾草、马齿苋
PEP 羧化酶型	PEP 羧化酶	叶绿体	天冬氨酸	丙氨酸和丙酮酸	羊草、非洲鼠尾粟

C_4 植物中，C_4 途径与 C_3 途径的结合，完全可以解释 C_4 植物光合生产率为什么很高。第一，C_4 植物叶子中还原作用和磷酸化作用的部位分别在两种细胞中。叶肉细胞中需要 NADPH，还需要更多的 ATP，但这是没有问题的，因为热带有充足的阳光。叶肉细胞的

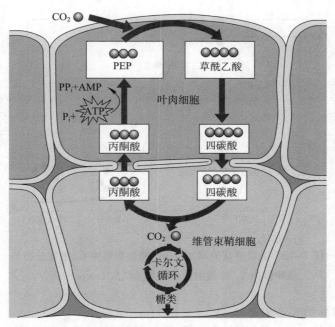

图 3-17　C_4 途径基本反应在各部位进行的示意图（引自 Raven & Johnson 2001）

叶绿体中有两个光系统，足以满足 ATP 和 NADPH 的形成。在鞘细胞中，苹果酸的脱羧会产生 NADPH，所以这里只需要发生循环光合磷酸化作用。鞘细胞叶绿体中常常只有光系统 I，这样光能可充分用于 ATP 的形成，这有利于光合环的进行。第二，鞘细胞叶绿体中合成的蔗糖可就近输入维管束，这可能使光合效率增加。第三，PEP 羧化酶对 CO_2 的亲和力很大，有利于将 CO_2 集中到鞘细胞中去。不过最近已证明 RuBP 羧化酶对 CO_2 的亲和力也不小，所以这第三点解释可能理由不那么充分，但集中 CO_2 的作用当然是存在的。

3.6.2.3　C_4 植物的分布

C_4 植物多为一年生植物，特别是夏季一年生的种类，可在雨热同期中有效地利用太阳光能。其生活型大部分为地面芽植物，而它们很少在冬季一年生种和地下芽植物中见到。高大灌木和树木还没有明显形成 C_4 植物的综合特征。到目前为止，人们发现的 C_4 植物存在于被子植物的 18 科，约 2 000 个种。在分类上，C_4 植物分布比较集中的科有禾本科（Poaceae）、莎草科（Cyperaceae）、马齿苋科（Portulaceae）、藜科（Chenopodiaceae）和大戟科（Euphorbiaceae）。需要指出的是，在上述提到的几个科中，一些属中只有少数种属于 C_4 植物，如藜科的滨藜属（*Atriplex*）和地肤属（*Kochia*）、菊科的黄花菊属（*Flaveria*）、莎草科的莎草属（*Cyperus*）、禾本科的黍属（*Panicum*）等。一些植物存在 C_3 向 C_4 过渡的中间类型，如 *Alloteropisis semialata*。在过渡类型中，解剖学和生物化学的 C_4 特征还没有很好地形成。例如，在菊科的黄花菊属中，存在着从考氏黄花菊（*Flaveria cronquistii*）（C_3）经过多枝黄花菊（*F. ramosissiam*）（C_3–C_4）到三脉黄花菊（*F. trinerva*）（C_4）的逐步过渡。甚至在同一植物的不同发育阶段，也存在 C_3 与 C_4 的过渡，最明显的例子是玉米，在幼苗期以 C_3 途径为主，待叶片充分展开后的发育期以 C_4 途径为主。

在生态分布规律上，C_4 植物多分布在干旱、高温的热带地区，温带草原地区也有分布，主要是由于此地区夏季依然炎热干旱，或者在地理起源上曾经有干热地区。随着海拔的提升，C_4 植物呈现明显减少的趋势（图 3–18）。

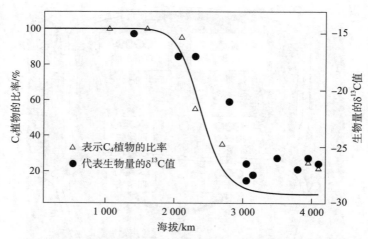

图 3–18　随着海拔的增加，山地植物群落中 C_4 植物分布与植物体内 $\delta^{13}C$ 值的变化趋势（引自 Larcher 1997）

3.6.2.4　C_4 植物的形态学特征

在形态解剖结构上，C_4 植物具有一种独特的结构，即它们叶子的维管束周围有两圈富含叶绿体的细胞。里面一圈称为维管束鞘细胞，外面一圈则为叶肉细胞的一部分（图 3-19）。在许多 C_4 植物中，叶肉细胞与鞘细胞中的叶绿体也不同。例如在玉米和甘蔗中，这两种叶绿体差别很大，叶肉细胞的叶绿体有基粒；鞘细胞的叶绿体没有基粒，大的类囊体平行地贯串在整个叶绿体中。有些 C_4 植物的维管束鞘细胞的叶绿体中有基粒，但这些叶绿体一般都比叶肉细胞中的叶绿体大得多。

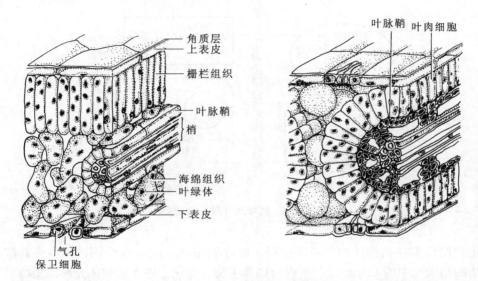

图 3-19 C_3 植物（左）与 C_4 植物（右）叶片解剖学特征的比较（转引自陈阅增等 1997）

C_4 植物的叶肉细胞和鞘细胞可被分开，并能够用一定的手段分离出来。据此，可以研究这两类细胞在酶组成上的差别，原有鞘细胞的叶绿体虽然常常没有基粒，但其中却存在着正常的卡尔文循环的酶。在叶肉细胞的叶绿体中，则有几种它所特有的酶，这些酶是：PEP 羧化酶，该酶促进 PEP + CO_2 —→ 草酰乙酸的反应；天冬氨酸转氨酶，促进草酰乙酸 + ［NH_2］—→ 天冬氨酸。还有需要 NADP 的苹果酸脱氢酶，磷酸丙酮酸双激酶，两者共同促进丙酮酸 + ATP —→ PEP + AMP + P_i；腺苷酸激酶，促进的反应式为 ATP + AMP = 2ADP；有时还有苹果酸酶，酶促反应为苹果酸 + $NADP^+$ —→ 丙酮酸 + CO_2 + NADPH + H^+。

C_4 植物光呼吸 CO_2 途径见图 3-20，C_4 植物的维管束鞘细胞含有无基粒的叶绿体，而 C_3 植物没有，这种无基粒的叶绿体可以增加一条 C 固定途径：在叶肉细胞的线粒体中，两分子甘氨酸在丝氨酸羟甲基转移酶的条件下生成丝氨酸和 CO_2，叶肉细胞里的 PEP 经 PEP 羧化酶的作用，与 CO_2 结合，形成草酰乙酸盐，进而转变为苹果酸盐，并进入维管束鞘细胞，分解释放 CO_2 和一分子甘油，CO_2 进入卡尔文循环，后同 C_3 进程，而甘油则会被再次合成 PEP，此过程消耗 ATP，这种由 PEP 形成四碳双羧酸，然后又脱羧释放 CO_2 的代谢途径称为四碳途径。

3.6.2.5 C_4 植物的稳定性同位素特征

构成大气 CO_2 的 C 有 ^{12}C、^{13}C、^{14}C 三种。自然界中 ^{12}C 的比例最高，约占 98.89%，^{13}C 占 1.11%，而 ^{14}C 则相对很低，其丰度仅占 C 总量的 $1/10^{12}$。因为 ^{13}C 和 ^{14}C 比正常的 ^{12}C 分别多 1 和 2 个中子，但它们的质子数相同，在元素周期表中占有同一位置，因而被称为 C 的同位素。其中，^{14}C 为放射性同位素，进入植物体内不再与大气 CO_2 交换，一旦构成植物组织后即开始衰变（半衰期为 5730 年），人们利用这个特点进行考古和古环境年代学研究。而 ^{13}C 则为稳定同位素，它在植物体内不发生衰变，其含量非常稳定，因而测定 ^{13}C 含量可以揭示与植物生理生态过程相联系的一系列环境信息，其中比较成功的是检测 C_4 途径的存在。

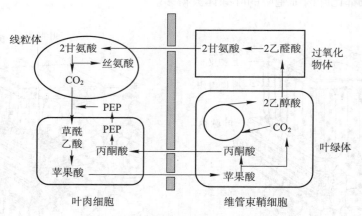

图 3-20 C_4 植物光呼吸 CO_2 途径

稳定性同位素在植物体内的形成过程，通常用 fractionation 这个词，国内将其翻译成分馏，指的是大气中的 CO_2 经过一系列物理和生物的变化，进入植物体并形成植物组织的过程。同位素分馏作用大体分为三个阶段：第一阶段发生在大气 CO_2 通过扩散作用进入气孔腔的过程，这是个相对快速的吸收过程，主要受风速、大气湿度、温度、大气 CO_2 分压（CO_2 浓度）、光照强度等影响。第二阶段是 CO_2 由气孔腔进入到叶肉细胞的过程，所遇到的阻力很大。在这两个过程中 C 还没有发生形态上的变化，只是由于质量差异引起 C 同位素动力分馏，其效应约占总效应的 1/3。第三阶段发生在 CO_2 被羧基多肽酶固定，并进一步合成淀粉、多糖、纤维、蛋白质、脂肪的过程，这时 C 由无机形态转变成为有机形态，同时 C 同位素发生了平衡分馏，约占总分馏效应的 2/3。这个过程主要受不同 C 同化途径的影响。由于 RuBP 羧化酶（C_3 植物为主）具有比 PEP 羧化酶（C_4 与 CAM 的主体酶）大得多的分馏效应，前者为 +34‰，后者为 +2‰，这样就形成了 C_3 与 C_4 植物稳定性 C 同位素差异的生理基础。同位性同位素在两类植物中的分馏效应见表 3-5。

表 3-5 C_3 与 C_4 植物在碳固定过程中 ^{13}C 的分馏效应（引自 Edwards & Walker 1983）

影响因素	分馏值 /‰
大气 CO_2 扩散进入气孔	+4
CO_2 和 HCO_3^- 之间的平衡 [a] （$CO_2 + H_2O \leftrightarrow HCO_3^- + H^+$）	−8
PEP 羧化酶	+2
RuBP 羧化酶 [b]	+34

注：[a] 在 HCO_3^- 中 C 与 O 的亲和力比 CO_2 中要大得多；[b] 它的分馏率变化在 28‰ ~ 38‰ 之间，没有考虑到温度对分馏的影响。

一般植物体内的 C 稳定性同位素用 $\delta^{13}C$ 表示，单位为‰。C_3 植物变化为 $-25‰ \sim -35‰$，C_4 植物变化为 $-10‰ \sim -17‰$，CAM 植物接近此值。根据此明显的特征可以鉴定 C_3 与 C_4 光合途径。那么，前面提到了 C_4 植物中的 PEP 羧化酶对 ^{13}C 的分馏效应远小于 C_3 植物，为什么它的稳定性同位素含量却高于 C_3 植物？这是使许多初接触稳定性同位素技术的人容易迷惑的地方。要确切理解这个问题，需要对 $\delta^{13}C$ 和分馏效应进行计算，以及一些约定进行必要的介绍。

延伸阅读

植物稳定性同位素 $\delta^{13}C$ 和分馏效应的计算

植物稳定同位素技术是近 40 年来得到迅速发展和应用的一种新技术手段，旨在通过分析植物体稳定性同位素组成来揭示地理环境要素的时空变化特征。在植物稳定性同位素研究中，由于植物样品中稳定性同位素含量很低，用绝对含量表示时比较困难，人们就用分析样品与标准样品中的相对值来表示：

$$\delta^{13}C = \frac{(^{13}C/^{12}C)_{SA} - (^{13}C/^{12}C)_{ST}}{(^{13}C/^{12}C)_{ST}} \times 1\,000‰$$

式中，$(^{13}C/^{12}C)_{SA}$、$(^{13}C/^{12}C)_{ST}$ 分别为样品及标准样品相应的 C 同位素比值。

当标准样品中的 ^{13}C 为 1.116‰，大气中的 ^{13}C 为 1.108‰，上式的计算可得出大气中 $\delta^{13}C$ 为 $-7‰$。

而分馏效应的计算公式为：

$$分馏效应 = \frac{\delta^{13}C_{air} - \delta^{13}C_{SA}}{1 + \delta^{13}C_{SA}}$$

式中，$\delta^{13}C_{air}$、$\delta^{13}C_{SA}$ 分别为大气及标准样品的稳定性同位素比值。

由于 C_4 植物中的 $\delta^{13}C$ 值（绝对值小）大于 C_3 植物，代入上式后可以得出 C_4 的分馏效应小于 C_3 植物。

稳定性同位素的应用给植物生理生态学家提供了非常理想的研究手段。如稳定性氧同位素含量测定除了简单的鉴定光合途径外，还能够帮助人们区分大气中的碳，是被海洋固定了还是被陆地固定了（Watson *et al.* 2000）。

3.6.3 CAM 植物

具有景天酸代谢途径的植物，多为多浆液植物。在夜间通过开放的气孔吸收 CO_2，然后借助 PEP 羧激酶与 PEP 结合，形成草酰乙酸，然后在 NADP–苹果酸脱氢酶作用下还原成苹果酸，进入液泡并积累变酸（从 pH 5 至 pH 3）；第二天光照后苹果酸从液泡中转运回细胞质和叶绿体中脱羧，释放 CO_2 被 RuBP 吸收形成糖类。

许多肉质植物如景天属（*Sedum*）、落地生根属（*Bryothyllum*）、仙人掌属（*Opuntia*）等，它们非常耐旱，其中有许多是沙漠植物。这类植物有一个特点，就是在夜间能固定相当多的 CO_2 形成苹果酸，白天在日光照射下，又能将这些已固定的 CO_2 再还原为糖。这种植物光合作用中的碳转变途径，可以说是 C_3 途径与 C_4 途径的混合，其大致情况见图 3–21。

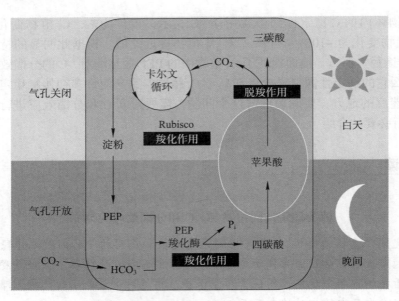

图 3-21　肉质多浆液植物的 CAM 代谢途径（引自 Borland 2014）

这种代谢途径的形成是肉质植物的一种适应特征。图 3-21 说明，在暗中，肉质植物体内发生两步羧化作用，即 1,5- 二磷酸核酮糖的羧化作用和磷酸烯醇式丙酮酸的羧化作用，产生草酰乙酸。草酰乙酸可被 NADPH 还原为苹果酸，这就是这类植物的暗中积累有机酸的原因，这时还原草酰乙酸所需要的 NADPH 是来自呼吸作用的。在光下，除去发生上述的两步羧化作用外，苹果酸还会脱羧产生 CO_2，CO_2 则参加卡尔文循环。在光下，苹果酸的氧化、磷酸甘油酸的还原以及卡尔文循环中所需要的 NADPH 和 ATP，均来自光的作用，作物中属于这一类型的可能有菠萝（*Ananas comosus*）、剑麻（*Agave sisalana*）等热带植物。

　　肉质植物的 CAM 途径是它们对旱生环境的特殊适应方式。因为在沙漠条件下，白天气孔必须关闭以免水分亏缺，但这时仍可进行光合作用，因为前一天夜间由羧化作用所固定的 CO_2 可以重新释放出来。其结果，这种植物的酸含量在夜间高而糖类含量降低。白天则相反，酸减少而糖增多（Griffiths 1989）。

3.7　影响光合作用的主要环境因子

3.7.1　光照强度

　　光能是光合作用的唯一能量来源，所以光照强度对光合作用的影响最大。图 3-22 是光合作用的光曲线。从图中的实线可以看出，在光照强度较低时，净光合速率（P_n）低于暗呼吸速率（dark respiration rate，R_d），叶子释放 CO_2 而不同化 CO_2。在一定光照强度下，真正光合作用的强度与呼吸作用强度相等，这时植物既不吸收 CO_2，也不释放 CO_2，这一光强称为光补偿点（light compensation irradiance，I_c）。以后随着光照强度的增高，光合速率超过暗呼吸作用和光呼吸速率的和，而表现出净的 CO_2 吸收，这时用光合作用测定的数值一般用净光合速率表示。在光补偿点以上，光合速率随光照强度的增加而增加，但当

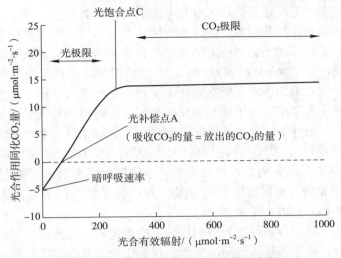

图 3-22　光合作用－光响应曲线示意图

光照强度达到一定限度后，光照强度虽继续增加，光合速率也不增高，这时的光照强度则称为光饱和点（light saturation irradiance，I_{sat}）。如果光照强度特别高，同化速率测定的数值为呼吸速率，但这种情况在野外较少发现，而伴随强光与高温的条件下，植物的同化速率为呼吸速率的情况却能够观察到（Jiang & Zhu 2001）（关于强光胁迫对植物的影响请看看第 7 章）。不同植物，甚至同一株植物的不同叶片，其光饱和点和光补偿点都不同，阴生植物的光补偿点和光饱和点都较低（图 3-23），阳生植物的都较高。阴生植物在强光下甚至光合速率会下降。大体上阴生植物的光补偿点小于 20 μmol·m^{-2}·s^{-1}，光饱和点为 500～1 000 μmol·m^{-2}·s^{-1} 或更低；阳生植物的光补偿点为 50～100 μmol·m^{-2}·s^{-1}，光饱和点为 1 500～2 000 μmol·m^{-2}·s^{-1} 或更高。夏季天气晴朗时，中午最强的光照强度大于 2 000 μmol·m^{-2}·s^{-1}，所以单株植物所能利用的只是阳光的一小部分。农作物几乎都是喜

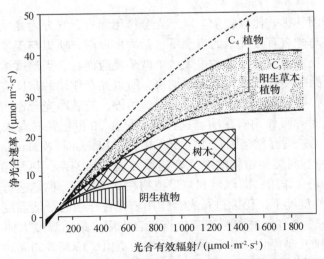

图 3-23　在适宜温度和正常 CO_2 供应下，不同功能型植物
光合作用－光响应曲线（引自 Larcher 1997）

光的阳生植物，要求充足的光照，这一点在考虑密植时很重要。

　　光合作用之所以有光饱和现象，一方面可能是光合作用的色素系统和光化学反应系统来不及吸收和利用那么多的光，另一方面则是光合作用的暗反应系统不能配合，来不及利用那么多光反应的产物（Motos *et al.* 1998）。阴生植物所以在光照强度大的条件下光合作用反而下降，可能就是因为色素系统在强光下受到一定程度的破坏。至于阳生植物，光饱和现象的原因可能主要是暗反应不能与光反应相配合，例如 CO_2 供应不足，酶促反应的周转不够快等。在人工条件下培养小球藻时，只要 CO_2 供应充足，小球藻细胞又处于不断的运动之中（如搅拌良好），其光饱和点可以大大提高，甚至接近于最强的日光照强度，这就说明植物的光饱和曲线完全是可以改变的，也说明提高作物的光能利用率是大有潜力的。C_4 植物在利用光能方面所以优于 C_3 植物，显然就是因为 C_4 途径把大量 CO_2 集中到了鞘细胞内，加强了 CO_2 的供应（图 3-23）。

　　在生产上降低光补偿点和提高光饱和点的可能措施有，选择和培育适当的品种，供应充足的水分和肥料，合理密植等。另一方面，根据作物对光的需要，保证有充足的光照也是重要的措施，例如森林的合理疏伐、果树的修剪整枝、大田作物的合理种植方式和调整畦向等，都有效果。对玉米作物实行距离播种法，使行株距均等，枝叶互不遮阴，可以显著增产，就是改善光照条件使作物充分利用光能的突出例子。

　　在特定条件下，还可应用人工光照以改善光照条件，提高光合速率。例如冬季或早春温室栽培中可以使用。在有条件时，阳畦、温床育苗栽培，也可补加人工光照。人工光照时如使用钨丝灯，则因蓝紫光较少，常使植物生长不正常，细长柔弱，所以要加富于蓝紫光的弧光灯。荧光灯（日光灯）的光谱成分近似日光，对栽培作物适用。目前，华北地区冬季大量使用温室暖棚种植蔬菜，就是充分利用冬季太阳能的最好例子。

　　使用人工光照时应注意光质对于植物生长发育的影响。如上述，其实光质与光合作用也有关系。例如在富于蓝紫光的光下生长的植物，其光合产物中蛋白质含量常较高，而在红光较多的光下生长的植物，其光合产物中糖类常较多。

3.7.2　温度

　　温度对光合作用的影响比较复杂。对于光合作用而言，它分为光反应和暗反应两个部分。光反应中那些与光有直接关系的步骤不包括酶促反应，所以与温度无关；暗反应则为一系列复杂的酶促反应，与温度关系很大。单就暗反应而言，当温度增高时，酶促反应的速度增强，但同时酶的变性或破坏速度也加快，所以光合作用的暗反应与温度的关系也同任何酶促反应一样，有最高、最低和最适温度。另外，若就净光合作用而言，温度既对光合作用有影响，也对呼吸作用有影响。这种现象早在 20 世纪初就有人进行过研究，认为适合植物光合生产的最适温度范围在 25 ~ 30℃ 之间（Blackman & Matthaei 1905）。

　　图 3-23 为各种不同类型植物的净光合速率与温度的关系，热带植物在低于 5℃ 的温度下，即不能进行光合作用；而温带和寒带植物在 0℃ 以下，也能进行光合作用，如地衣甚至在接近 -20℃ 的温度下，仍能进行光合作用。光合作用的最适温度也因植物类别不同而不同。C_3 植物一般在 10 ~ 35℃ 可正常进行光合作用，最适温度大体在此范围之内，到 40 ~ 50℃ 光合作用则几乎停止，甚至净光合速率为负值（Jiang & Zhu 2001）（图 3-24）。C_4 植物则不同，它们进行光合作用的最适温度一般在 40℃ 左右。低温之所以影响光合作用，主要是因为暗反应的酶促反应受到抑制的缘故。高温对光合作用的影响则是多方面的，比

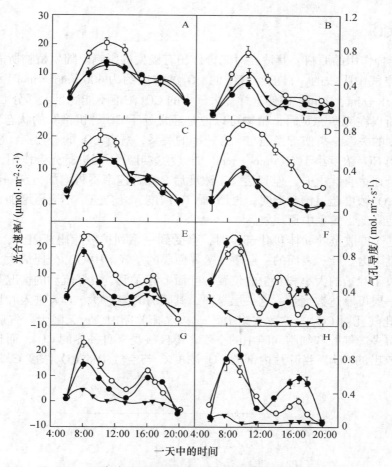

图 3-24 毛乌素沙地三种植物在高温度强光下光合能力变化

●油蒿 Artemisia ordosica；○羊柴 Hedysarum laeve；▼沙柳 salix cheilophia。A–B、C–D、E–F 和 G–H 分别代表 1998 年 5 月 29 日和 30 日以及 1999 年 7 月 24 日和 25 日的测定结果，标准差为 +S.E.

较突出的是引起气孔的关闭（Vu *et al.* 1997）；其次是使光合作用的酶钝化，也可能使叶绿体的结构受到破坏。

呼吸作用和光合作用对温度的反应不完全相同。往往是光合作用对温度要敏感一些。小麦的光合作用在 25℃下即开始下降，可是呼吸作用到了 30℃还继续提高，这样就使得净光合作用在 25℃以上随温度的升高而下降得更快。

如果同时考虑温度与光照强度对光合作用的影响时，则一般是温度越高，光合作用的光饱和点越高；反之，光照越强，光合作用的最适温度就越高。这是因为光照强度越高，光反应越快，因此要求暗反应的速度也要相应地加快。但是温度也不能太高，例如水稻，在光照充足（2 000 μmol·m⁻²·s⁻¹）的情况下，温度超过 35℃时，如果再增加光照，光合作用反而下降。其原因可能不是因为光的直接影响，而是由于光使温度过分升高而产生的间接影响。所以在这种情况下，如能灌溉以降温，对水稻的光合作用是有利的。在光照不足（< 500 μmol·m⁻²·s⁻¹）时，如果气温过低，则光合速率很低，积累干物质就少，秧苗抵抗力差，就易发生烂秧现象。这是春季水稻育秧中常会遇到的问题。

3.7.3　CO_2

CO_2 是光合作用的原料，其浓度对光合作用有极大的影响。陆生植物所需要的 CO_2 主要是叶子从空气中吸收的，目前空气中的 CO_2 的浓度约为 400 μmol·mol^{-1}，城市周围在 440 ~ 470 μmol·mol^{-1} 之间。即使这样，大气中的 CO_2 浓度不能满足大部分 C_3 植物光合作用的需要，所以在光照充足时，植物可以说是经常处于 CO_2 "饥饿"的状态。CO_2 浓度与光合作用强度的关系，类似于光强与光合速率的关系，既有 CO_2 的补偿点，也有 CO_2 的饱和点。一般当 CO_2 浓度小于 50 μmol·mol^{-1} 时，植物叶片不能进行光合作用，随着 CO_2 浓度升高，光合速率直线上升，但到达一定浓度后，光合速率不再增加，这一浓度称为 CO_2 饱和点。当 CO_2 浓度超过饱和点时，再增加 CO_2 浓度，光合速率不会再增加，有的植物光合速率甚至会降低，发生中毒现象。

CO_2 由空气扩散至叶绿体羧化部位时，会受到一系列扩散障碍或阻力，图 3-25 所表示的就是这类阻力。叶子表面的一层空气（界面层的空气）中 CO_2 分压最大，这一界面层的厚度则取决于叶子的大小和着生的位置、叶面上有无毛、空气流动的情况等。在静止的空气中，这一层可厚达数毫米。这一层越厚，其阻力 r_a 就越大。CO_2 进入叶片的主要通道是气孔，因此气孔对 CO_2 的扩散有阻力（r_s），气孔关闭时，r_s 无限大。气腔内 CO_2 的浓度比外界小得多。气腔和细胞间隙中的空气，不仅接受来自外界的 CO_2，而且也接受叶内细胞呼吸所放出的 CO_2。当叶片内部的 CO_2 浓度 C_i 与空气中的 CO_2 浓度 C_a 相等时，即使

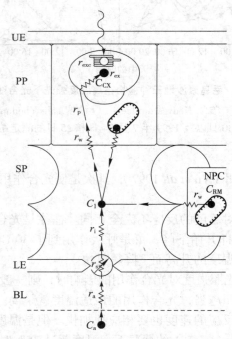

图 3-25　大气 - 植物 - 气孔 CO_2 浓度的梯度和 CO_2 转运的阻力（引自 Larcher 1997）

UE 上表皮，PP 栅栏组织，SP 海绵组织，LE 下表皮，BL 界面层（靠近叶面的一薄层空气），NPC 无光合作用的细胞。空气中 CO_2 浓度（C_a）最高，细胞间隙中（C_i）次之，发生羧化的部位 CO_2 浓度（C_x）最低。线粒体呼吸（C_{RM}）与光呼吸（C_{RL}）也产生 CO_2。各个 r 为 CO_2 运输的阻力。r_a 界面层阻力，r_s 为气孔阻碍力，r_i 为细胞间隙中对扩散的阻力，r_w 和 r_p 分别为细胞壁与原生质中的阻力，r_x 为 "羧化阻力"。

在气孔完全张开时也不会发生 CO_2 的交换，这种状态称为气体交换平衡的"补偿点"。细胞间隙中 CO_2 运输的阻力 r_i 决定于叶子的结构，例如阴生叶中的 r_i 就比阳生叶中的 r_i 小。细胞壁与原生质和叶绿体中还有阻力 r_w 和 r_p，r_w 和 r_p 的大小与 r_i 相差无几。CO_2 运至叶绿体中发生羧化作用，羧化反应的快慢也会影响 CO_2 浓度的梯度，因而影响 CO_2 自外部分运入叶绿体的速度。羧化反应比光反应的速度慢，因而成为光合作用过程的限制因子，所以它对 CO_2 的运入也有阻力，这就是所谓羧化阻力 r_x。C_4 植物的 r_x 常比 C_3 植物的 r_x 小得多。光合作用的 CO_2 饱和点的高低，实际就是 r_x 的大小。

在充足的自然光照下，小麦、亚麻（*Linum usitatissimum*）、甘蔗等作物的 CO_2 饱和点在 $500 \sim 1\,500\ \mu mol \cdot mol^{-1}$，番茄、甜菜（*Beta vulgaris*）、紫花苜蓿（*Medicago sativa*）、马铃薯（*Solanum tuberosum*）等的 CO_2 饱和点在 $1\,200 \sim 1\,500\ \mu mol \cdot mol^{-1}$ 之间。

CO_2 浓度与光照强度对光合作用有影响。光合作用的光饱和点较低的原因是 CO_2 浓度不够，如果 CO_2 浓度增高，光合作用的光饱和点也会增高，由于 CO_2 浓度增加引发的全球变化生态学研究成为最热门的内容（蒋高明等 1997）。反之，如果光照强度增大，CO_2 饱和点也会增高。这种相互关系包含着一个"限制因子"的概念，这个概念在植物生理学中被广泛应用。如当光照强度足够高时，光合作用强度之所以不能随光照强度而提高，并不是因为光照不足，而是因为 CO_2 供应不足。这时如能增加 CO_2 浓度，光合速率就随之提高。在这种情况下，CO_2 浓度就是光合作用的限制因子；反之，当 CO_2 浓度足够高时，光照强度不够高，光照强度就成为光合作用的限制因子。

植物光合作用所吸收的 CO_2 量很大。一般而论，作物每天每平方米叶面积吸收 $20 \sim 30\ g\ CO_2$，因此每亩作物每天就要吸收 $40 \sim 60\ kg\ CO_2$。这相当于 $(8 \sim 13) \times 10^4\ m^3$ 空气中的 CO_2 量，或一亩地面积上 $100 \sim 150\ m$ 以上空间的 CO_2 量。显然，单靠空气中 CO_2 浓度差所造成的扩散作用，远不能满足作物对 CO_2 的需要。在中午前后光合速率较高时，株间的 CO_2 浓度是较低的，可能降至 $100 \sim 200\ \mu mol \cdot mol^{-1}$。在天然森林生态系统中，林冠外 $2\ m$ 处在中午前后的 CO_2 浓度比早晨的 CO_2 浓度低 $50\ \mu mol \cdot mol^{-1}$，这主要是光合作用引起的 CO_2 降低（Jiang *et al.* 1997）。所以要满足作物对 CO_2 的需求，空气必须流动，使大量含有 CO_2 的空气接近叶面，才能保证光合作用正常进行。生产上要求田间通风良好，原因之一就是保证 CO_2 的供应。

但是，无论如何，在光照强、水分充足而温度又适宜的情况下，只要作物处于光合作用旺盛的状态，CO_2 浓度经常是光合作用的限制因子。因此，如果能向作物进行 CO_2 施肥，即给作物补加 CO_2，对增产肯定是有好处的。在温室内进行蔬菜栽培时，只要光照强、温度、水肥等条件合适，增施 CO_2（所谓空气肥料），增产效果显著。但在光线弱、温度低时，则增施 CO_2 的效果很小。

延伸阅读

植物的光合作用对 CO_2 浓度升高的响应

全球气候变化，如果不是从很全面的定义来考察，可以简单地认为主要是由于大气中一些气体的浓度如 CO_2 等发生变化而引起的气候变化。事实上，我们在 40 年前还担心 CO_2 浓度不足会影响到植物的光合生产，而目前却担心 CO_2 浓度升高太快会影响到其他环境问题。在 40 年前，大气中 CO_2 浓度还在 290 $\mu mol \cdot mol^{-1}$ 左右，那个时候人们担心的是大气中的 CO_2 浓度太低，不足以维持植物的光合作用；40 年后就升高到了 400 $\mu mol \cdot mol^{-1}$ 左右，有人担心在 21 世纪中期，CO_2 浓度会加倍，增加到 700 $\mu mol \cdot mol^{-1}$ 左右。那么，对于植物而言，光合作用是怎样响应的呢，国内外进行了大量的模拟实验（图 Y3-1），有关比较一致的认识如下：

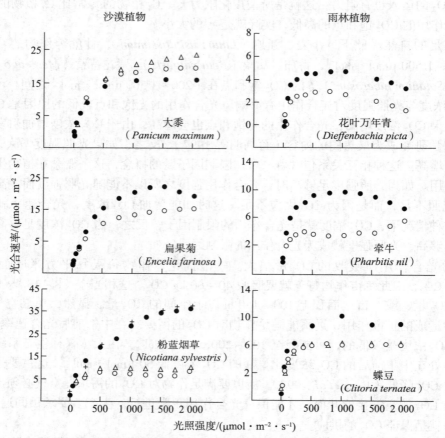

图 Y3-1　生物圈二号内植物在不同 CO_2 浓度下光合作用的变化（蒋高明和林光辉 1997）

△ 850 $\mu mol \cdot mol^{-1}$；● 350 $\mu mol \cdot mol^{-1}$；○ 1 750 $\mu mol \cdot mol^{-1}$

（1）CO_2 利用的限制因素

植物在光合作用过程中对 CO_2 的利用受 3 种因素制约：① CO_2 固定过程中，Rubisco 消化 RuBP 的能力（CO_2 为 0～300 $\mu mol \cdot mol^{-1}$）；② RuBP 再生时类囊体盘供应 ATP 及 NADPH 的能力（400～700 $\mu mol \cdot mol^{-1}$）；③ 淀粉及蔗糖合成过程中，磷酸三碳糖的消化能力及光合磷酸化过程中 P_i 的再生能力（大于 700 $\mu mol \cdot mol^{-1}$）（Farquhar *et al.*1980；Harley & Sharkey 1991）。通常 C_3 植物在低的胞间 CO_2 浓度下，Rubisco 消化 RuBP 的能力很低，但当 CO_2 浓度升高时，P_i 的再生能力往往成为主要的限制因素（这时植物需要更多的 P_i 来合成糖类）。

（2）光合适应

有关长期生长在高 CO_2 下对作物光合作用影响的报道存在分歧。存在的争议是，长

期反应后植物的 CO_2 补偿点和饱和点是否变化。许多实验发现，植物在长期高 CO_2 适应后，植物的光合作用会恢复到原来的水平（Fordham *et al.* 1997）。很多实验显示高浓度 CO_2 对作物光合速率的最初促进会随时间延长而渐渐消失。这些实验包括对番茄、棉花及黄瓜的研究。这些数据表明长期生活在高浓度 CO_2 下致使作物在生化、生理或形态上发生变化，从而抵消了对光合最初的促进作用。对光合促进的降低或消失虽有大量报道，但也有实验观测到明显的促进作用（Idso & Kimball 1991）。人们将这种因长期生活在高浓度 CO_2 下导致作物光合能力下降的现象称为对 CO_2 的光合适应现象（photosynthetic acclimation）。值得指出的是，尽管在高浓度 CO_2 下生长的作物存在着对 Rubisco 活性及 RuBP 再生能力的调节，其生长浓度下测定的光合速率一般也将高于正常大气 CO_2 浓度下生长的作物（Cure & Acock 1986）。

光合适应现象的确定是通过比较高浓度 CO_2 与正常浓度 CO_2 下生长作物的光合速率得到的。最常用的方法是建立光合速率对 CO_2 浓度的反应曲线（A/C_i 曲线）。对这些曲线可依据已有的模型进行分析（Long *et al.* 1993）。光合适应现象发生的表现是光合速率对 CO_2 浓度反应曲线发生了变化。分别测定不同生长浓度下的光合速率然后进行比较来判断光合适应现象是不准确的，至少要将被测叶片或作物置于同一浓度 CO_2 下，测定一系列 CO_2 浓度下的光合速率是更为可靠的。最为直观的光合适应现象的证据是生长在高浓度 CO_2 下的作物在正常 CO_2 浓度下测定时其光合速率低于正常 CO_2 浓度下生长的作物。

Sage *et al.*（1989）曾对 5 种 C_3 作物对 CO_2 浓度升高的反应做了比较。其中 3 种生长在高浓度 CO_2 下作物的 A/C_i 反应曲线初始斜率减小，说明发生了由 Rubisco 限制引起的光合下调（down-regulation）；另外两种的 A/C_i 反应曲线初始斜率不变，但 CO_2 饱和光合速率增加，这是一种光合作用上调现象（upward regulation）。在开顶式培养室中对冬小麦的研究发现，高浓度 CO_2 下生长的作物 A/C_i 反应曲线初始斜率减小，但 CO_2 饱和光合速率增加。同样，在豌豆（*Pisum sativum*）幼叶及大豆的成熟叶中也出现光合适应现象，同时发现 Rubisco 含量降低（Ziska & Teramura 1992）。两种长期生长在高浓度 CO_2 下的番茄品种光合能力下降，伴随着淀粉在叶片中的积累。在黄瓜中也曾发现光合速率及 Rubisco 活性降低。另外还有棉花，长期高浓度 CO_2 处理使其光合能力降低，非气孔内部阻力增加，淀粉积累。

（3）植物对高 CO_2 适应的标志

植物对长期高 CO_2 的反应表现出光合适应的显著标志是 A 与 C_i 相关反应曲线的斜率降低，并经常伴有 Rubisco 含量及活性状态的变化。Sage 等人（1989）发现生长在 950 $\mu mol \cdot mol^{-1}$ CO_2 下的五种植物叶片中 Rubisco 活性状态全部降低，Rubisco 比活性（Rubisco specific activity）也在长期处理后降低。另有许多实验证实 Rubisco 整体活性及蛋白含量受 CO_2 浓度升高影响而降低（Nie *et al.* 1995）。光合适应也常常伴随着光合蛋白的显著变化，推测也将出现基因水平的调节。在高 CO_2 浓度下，Rubisco 小亚基（*rbc*S）编码基因转录水平降低，而大亚基（*rbc*L）没有变化。同时，核编码的光合作用有关基因转录产物发生变化，而叶绿体编码的基因则没有变化。当库的需求降低时这种作用更加明显。供给叶片组织糖分可模拟这种作用。Rubisco 活化酶基因（*Rca*）的 mRNA 水平在高 CO_2 或高糖含量时降低（van Oosten & Besford 1994）。这些结果表明高浓度 CO_2 在转录及后转录水平改变了 Rubisco 编码基因的表达，但其影响机制并不清楚。有关光合作用其他酶类的研究报告很少。碳酸酐酶（carbonic anhydrase, CA）催化 CO_2 和 HCO_3^- 的相互转化，并参

与 CO_2 由细胞间隙到 Rubisco 的扩散过程。Raines 等人（1992）曾对拟南芥（*Arabidopsis thaliana*）的 CA 基因表达做过研究，发现其 mRNA 水平随 CO_2 升高而增加。这些有限的数据只能说明在 CO_2 浓度升高与叶片糖类含量和光合作用有关基因表达上有某种联系。

（4）源 – 库关系

很多人认为高等植物光合作用对 CO_2 浓度升高的适应现象可能是一种库的需求对光合的调节机制，因为大量证据表明生长在高浓度 CO_2 下植物的源 – 库关系发生了变化。第一，当光合能力超过库对光合产物的利用能力时，糖类会积累在叶片（源）中；第二，不同植物及同种植物在不同发育阶段和不同环境条件下对 CO_2 浓度升高的不同反应，可认为是不同的库强造成的；第三，在高 CO_2 下某些形态上的变化可认为是由于同化物增多而形成的新的碳库。作为证据，几乎所有的实验都发现高 CO_2 浓度下生长的作物有大量的糖类积累在叶片中，包括棉花、小麦、大豆、向日葵、紫花苜蓿、黄瓜和水稻等。长期高 CO_2 处理下光合速率降低被认为是过多的同化产物积累造成的，从而造成库变小，该过程被称作光合作用产物反馈抑制（Allen 1994）。这种作用一直被怀疑是光合作用下调的起因，最早见于 Neales & Incoll（1968）发表的文章。他们认为照光叶片中同化物的积累可能是此片叶子光合速率下降的原因。

3.7.4　水分

水分状况对光合作用也有多方面的影响。水首先是光合作用的原料，但光合作用所利用的水相比于植物所吸收的水，只占极小的比例。因此，水分的作用主要是影响气孔的开关以及细胞中的代谢活动。气孔关闭，CO_2 不能进入叶子，叶内淀粉的水解作用加强，光合产物运出又较缓慢，结果糖分累积，这些都会影响光合作用。例如，小麦在土壤含水量为 1% 时，下午就会萎蔫。在这种状态下，整株小麦的光合作用比水分充足时要低 35% ~ 40%，而在下午叶片萎蔫时，光合作用几乎停止。所以叶片缺水过甚，会严重损害光合作用的进行。

在维管植物中，水分亏缺的第一效应是气孔变窄，减少了 CO_2 交换。空气湿度降低可引起气孔早期关闭，土壤水分亏缺会增加气孔的关闭程度。土壤缺水造成植物叶内的水势变低（水势值更负），这样也会造成光合作用的抑制（图 3-26）。主要是它对电子传递和光合磷酸化效应产生影响。从上述分析看，水分影响光合作用的机制主要表现在两个方面：一是具有特别敏感气孔的植物，由于气孔变窄而使 CO_2 的吸收降低；二是在许多草本植物和旱生植物种中，因代谢需水减少造成对光合作用的抑制。

在植物气孔开闭过程中，光合作用吸收 CO_2 的过程与蒸腾作用水分消耗的过程是相反的。植物为了保持体内的水分平衡需要通过根系从土壤中吸收大量的水分，要保水最好的途径是关闭气孔，但是为了进行 CO_2 气体交换，必须开放气孔。因此，植物为了吸收 CO_2 就必须以蒸腾作用损失一定量的水分为代价。通常，人们把光合作用与蒸腾作用的比率称为水分利用效率（water use efficiency，WUE），表示为：

$$WUE = P_n/E$$

式中，WUE 为水分利用效率（$\mu mol\ CO_2/mmol\ H_2O$）；P_n 为净光合作用；E 为蒸腾作用。WUE 的生理生态意义为，植物每损失 1 mmol H_2O 所固定 CO_2 的物质的量（μmol）。

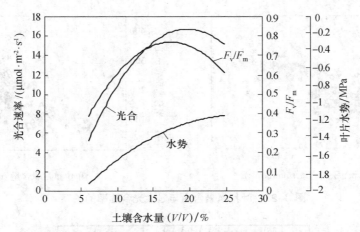

图 3-26　浑善达克沙地土壤（10～40 cm）含水量与榆树（*Ulmus pumila*）叶片
光合速率、水势、可变荧光 / 最大荧光（F_v/F_m）值的关系（李永庚提供）

3.7.5　矿质元素

矿质营养元素对光合作用有多种直接或间接的影响。其对光合生产的主要作用表现在以下几个方面：

第一，矿物质是光合作用重要酶的组成部分，或者作为活化剂直接参加到光合作用的过程。如 N、Mg、Fe 是合成叶绿素所必需的元素，Mn、Cl 等许多微量元素是进行光合作用所必需的辅酶或辅助因子，P 是光合作用过程中所不可缺少的元素。P 的作用主要表现在：富含能量的化合物如 ATP、丙糖磷酸、戊糖磷酸、己糖磷酸等，必须有磷酸盐的参与；无机磷的供应在卡尔文循环、代谢物和同化物的运输中起关键作用。K 对糖类代谢运输有很大影响。N 作为蛋白质和叶绿素的必要成分，是类囊体和酶形成所必需的。光合作用的关键酶，RuBP 羧化酶可能是陆地植物群落中含量最多的蛋白质。据估计碳同化酶中的 RuBP 羧化酶、PEP 羧化酶、PPDK（丙酮酸磷酸双激酶）羧化酶约占叶片可溶性蛋白的 50% 以上，这些酶蛋白含量均随施 N 量的上升而上升。研究表明，植物叶蛋白 N 与光合速率之间存在明显的正相关关系（图 3-27）。N、P、K 三要素对光合作用的影响更是明显，尤其是氮肥。一般在氮肥不够的情况下，施用速效氮肥，数日之内光合速率就会有显著提高。土壤 N 和土壤 C 含量对植物的光合作用也有明显的作用（图 3-28）。

第二，矿物质含量会影响到叶绿素形成和叶绿体的发育，叶绿体的数量、大小和超微结构的形成都必须有一些重要元素的参与，如 Mn、Fe 缺乏可导致缺绿病，缺绿可使 CO_2 的吸收减少到原来水平的 1/3 以下。缺绿造成的直接生理反应是由于叶绿素太少，而使植物不能充分利用强光，造成光合作用下降。

第三，矿物质通过对形态建成（如叶、茎和根的生长、大小和结构）和发育进程（如生活期限）的作用来影响气体交换。缺 N 导致气孔不良的小叶形成，而 N 过量则引起呼吸过剩，同样导致净光合产量的降低。

第四，此外，许多微量元素，如 Mn、Mo、Zn 等对光合作用也会起一定的促进作用，有时在喷施后也可能使光合速率提高。

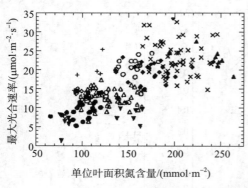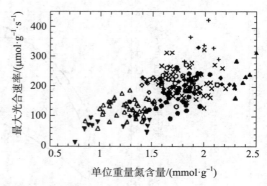

图 3-27　叶片氮素含量与最大光合速率的关系

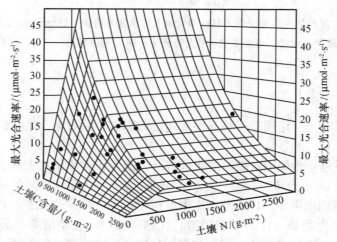

图 3-28　通过测定土壤 C 和 N 预测最大光合速率（A_{max}）

● 表示不同生物群系类型的 A_{max}

3.7.6　其他因子

　　叶绿素含量与光合作用有密切关系，其理由是很明显的。但是当叶绿素含量超过一定限度之后，其含量对光合作用就没有影响了。这是因为叶绿素已经有余，与叶绿素密切相关的光化学反应，已不再是光合作用的限制因子。为了表示叶绿素含量与光合作用的关系，常用"同化数"的大小作为指标。同化数是指每克叶绿素每小时所同化的 CO_2 的质量（以克为单位）。一般深绿色的叶子同化数小，而浅绿色叶子的同化数大，差别可达十几倍。例如，有的树种，深绿色叶子的同化数为 6.8，而浅绿色叶子的同化数为 78.9。植物叶中叶绿素含量有很大的富裕，可看作是一种适应特征，即使在阴雨天气和早晚日光不强烈时，也可以充分吸收日光，所以作物以叶绿素含量较多为健壮。

　　光合产物（特别是糖）的积累会使光合作用减弱；反之，光合产物运出则会加强叶片的光合速率。例如，对苹果进行环割，使同化物不能外运的情况下，苹果叶子的光合速率就会显著下降，同化物的外运是与生长过程紧密联系的。只有光合作用足够强时，才可能有大量同化物向叶子外面运输，而同化物的外运反过来又会促进光合作用的进行。植物的这种光合生产与转移储藏之间的关系称为"源库关系"。只有源库关系协调才能提高光合生产和产量。在栽培措施上，必须考虑到这种相辅相成的作用，例如植株不可过密，要施肥适当，等等。

3.8　光斑环境及植物适应

在许多密闭的森林中，只有一小部分的太阳光能够到达植被的下层。因此，植被下层的植物生长在一种变动的光环境中，一般是短期的直射太阳光和光照强度很弱的散射光相互交替。通常把透过植被冠层的缝隙透射到冠层内和植被下层的短时间的直射太阳光称为光斑（sunfleck）。科学家们（Evans 1956）早就注意到了光斑对森林下层植物的光环境的贡献，但只是在近 30 年，研究者才就光斑对森林下层植物的光合和生长影响的程度进行了深入的研究。研究表明，光斑对于受光限制的林下植物来说是一种重要的资源。

3.8.1　光斑环境的特点

在密林冠层笼罩下，植物全天大部分时间受光强很弱的散射光照射，只有 10% 左右的时间受光斑照射，但是光斑照射期间光通量密度的总和可达该地点全天光通量密度的 10%～80%。一个光斑持续的时间往往只有几秒至几分钟或更长一些时间，其光强却高于林下散射光的几十倍乃至百倍以上。森林中林下散射光的光合有效辐射往往在 $20～50\ \mu mol \cdot m^{-2} \cdot s^{-1}$ 之间。从林冠层透射下来的光强高于散射光光强的辐射，即为光斑辐射。由于太阳光通过冠层的缝隙时形成扩散的晕圈（penumbral effect），导致到达林下光斑的光发生扩散，光强减弱。

太阳光经过郁闭的植被冠层时，大部分光合有效辐射（400～700 nm）被叶片吸收，叶片对绿光（492～535 nm）吸收率较低，更很少吸收近红外光（760～810 nm）（图 3-29），导致到达林下的光的光合有效光谱比例较低，而且绿光和近红外光比例较高，红光与远红光的比率较低。红光与远红光的比率是用波长为 655～666 nm 与 725～735 nm

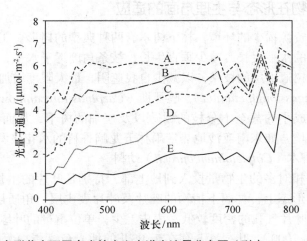

图 3-29　小麦群落中不同高度的光斑光谱光流量分布图（引自 Holmes & Smith 1977）

A. 群落上方（红光：远红光 =1.17）；B. 地面以上 0.8 m（红光：远红光 =0.90）；C. 地面以上 0.6 m（红光：远红光 =0.96）；D. 地面以上 0.4 m（红光：远红光 =0.93）；E. 地面以上 0.2 m（红光：远红光 =0.93）

的光通量和之比来测度，热带雨林冠层上的红光与远红光之比为 1.05 ~ 1.35，其底层只有 0.20 ~ 0.36（de Castro 2000）。红光与远红光的比率，对植物的生长和发育有显著影响。

大片密林下未受光斑照射时，绿光的比例较高，小片林斑下和冠层稀疏的林下，因较多的蓝光辐射可透射到林下，蓝光（422 ~ 492 nm）的比例较高。凌晨日出时，林下散射光的蓝光比例较高（Endler 1993）。

林冠特征、森林结构是影响到达林下光斑的数量、强度、时间长短的主要因子。冠层的缝隙常常呈聚集式分布，导致林下光斑在水平空间上也呈聚集式分布。在一天当中，大部分光斑发生在午间几个小时，一个光斑出现后一系列光斑将会相继出现。森林的冠层高、层次多、郁闭度大，如典型的热带雨林，林下底层所能接受到的光斑较少，其斑块也较小，光斑的光强较弱，红光与远红外光的比例也较低。热带雨林底层只有全光照的 1% ~ 5%。

林下光斑还受季节、天气的影响。在季节性热带雨林中，一些植物的叶片在旱季一部分或全部脱落，且此间阴天天气较少，林下可得到较多和较大光强的光斑照射。因太阳高度角随着季节的变化，在北半球的仲夏季节，常绿林下可得到更多光斑的照射，纬度越高，这个现象越明显。而在温带落叶林和亚热带山地落叶常绿混交林中，夏季树冠层最繁茂，而在早春和晚秋更多的光照可到达林下。这些林下的幼树往往比冠层展叶早、落叶迟，它们在早春、晚秋季节可获得较多的光合产物。有些林下植物甚至在春季完成生活史。

在多风的天气或地区，由于风导致叶片和枝条的运动，使得更多光斑可到达林下，并且光斑在林下的分布趋于均匀（Roden & Pearcy 1993）。在热带湿润地区，往往下午多云、甚至有阵雨，因此此期间林下光斑出现的机会较少。但是，如果云较薄，由于云对太阳光的折射和散射作用，这些光可从更多方向和角度透射到林下，林下植物所接受的光量反而比晴天高，且白光比例高，红光与远红光的比例也提高，即光合有效光谱比例提高。因此，在多云天气，林下植物所合成的光合产物可能比在晴天还多。

3.8.2 林下植物在形态与生理方面的适应

为了适应林下光资源稀少的环境，林下树木有两种典型的树形。①形成较宽的单层树冠，相对地维持树冠的水平生长，减少垂直生长，枝条角度近于水平，且叶片生长在枝条的两侧，加速自疏掉树冠下层的枝条，以减少自我遮阴，最大限度增加对光的接收，如温带林下的水青冈（*Fagus longipetiolata*）、鹅耳枥（*Carpinus turczaninowii*）的幼树（Cao & Ohkubo 1998）。②形成小的甚至不分枝的树冠以及瘦细的树干，从而维持垂直生长，以便尽早地脱离弱光环境，如东南亚沙地热带雨林下龙脑香科的水花婆罗双（*Shorea pachyphylla*）和伯氏怀裂香木（*Cotylelobium burckii*）幼树。

林下植物往往把相对多的生物量投入到地上部，特别是叶片的生长，形成较高的冠/根生物量比。在叶片形态上，林荫下植物的叶片及叶片表皮层、角质层和栅栏组织较薄，栅栏细胞比较粗短，叶片气孔的密度较低，表皮毛少，单位重量的叶绿素含量较高，叶绿素 a/b 比例较低（Cao 2000）。叶绿素 b 存在于 PS Ⅱ 的捕光色素蛋白复合体上，所以林下植物比阳生植物具更高的 PS Ⅱ/PS Ⅰ 比值。这有利于提高林下植物对红光的有效吸收，以保持光合系统之间的能量平衡（Björkman 1981）。

较高比例的远红光往往促进植物枝干的节间伸长生长，叶片的总面积与枝条长度的比例变小，叶片变薄，叶柄变长，有些植物对根和叶生物量分配的比率也降低。因为不同植物的生态习性不同，所以对高比例的远红光的敏感性和响应也不一样。一般来说，喜光植物对高比例的远红光更敏感，而耐阴植物、属于林下成分的植物则较不敏感。

林下植物叶片的 Rubisco 含量比阳生植物低许多，与之对应的可溶性蛋白和氮的含量都低。林下植物叶片中与光合电子传递有关的质体醌库、总脂醌和细胞色素 f 含量比阳生植物低，铁氧还蛋白、ATP 合成酶含量也较低（张守仁和高荣孚 1999），而光合系统的单位却较大（Alberte *et al.*1976），这些都导致林下植物的光合能力低。但是，林荫下植物叶绿体基粒形成更大的垛叠，而且对卡尔文循环中间产物库的调控比较有效，这两个特征都有利于提高光斑照射期间的光合有效性和光斑后 CO_2 的同化作用（Pearcy 1990）。

3.8.3　林下植物对光斑的利用

3.8.3.1　光合诱导及维持

在散射光照射下，林下植物可以进行微弱的光合作用。受光斑照射时，林下植物叶片便会逐渐提高其光合速率，这个过程涉及作用气孔导度的增大和光合酶的激活，称为光合诱导（photosynthetic induction）。光斑过后的短时间内，林下植物往往还能以较高的光合速率进行短时间的光合合成，称为光后合成（post-illumination CO_2 fixation）。光斑过后，林下植物往往可以在相当长一段时间内维持其光合激活状态，此间一旦受光，叶片可以迅速恢复光合作用。光合诱导激活状态的丧失是渐进的、缓慢的，当达到最大光合诱导后，丧失全部光合诱导约需 1 h 或更长时间。在弱光下，光合诱导激活状态的维持使得植物在下一个光斑到来时，能很快地利用其光能进行光合合成。实际上，在白天相当长的一部分时间内，林下植物都处于一定水平的光合激活状态。如果每次光斑持续的时间短，且光斑前后相隔的时间短，则植物对光斑的光能利用效率高（Tang *et al.* 1994）。植物对光斑的光能利用能力很大程度上受光合诱导的快慢及其激活状态维持的影响（图 3-30）。

光合诱导响应曲线可归纳为三种类型：指数曲线型（诱导较快）、S 曲线型（诱导慢）和这两者的中间型——先快后慢型（图 3-31）。有些植物在光合诱导过程中气孔导度的增

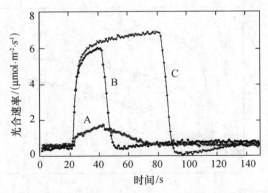

图 3-30　林下植物海芋（*Alocasia macrorrhiza*）具有不同光合诱导状态的叶片
对不同长度的人工光斑的光合响应（引自 Chazdon 1991）

A. 先前处于低光照状态 2 个多小时、完全没有受到光诱导的叶片对 20 s 光斑的反应；B. 受到完全光诱导的叶片对 20 s 光斑的反应；C. 受到完全光诱导的叶片对 60 s 光斑的反应

加呈现几个峰值（Zipperlen & Press 1997）。光合诱导的速率及其激活状态维持因植物的习性、季节和一天中时间的不同而有较大差异。先锋树种光合诱导较快，而耐阴树种光合诱导较慢。但是，有些耐阴植物的光合诱导也比较快。在季节性热带雨林的雨季，上午时植物对光合诱导比较敏感，而到下午时同一植物的光合诱导则需较长时间；旱季时植物的光合诱导比雨季时慢许多；且在雨季的下午和旱季，植物光合诱导维持的时间也较短（Allen & Pearcy 2000a，b），这主要是因为雨季的下午和旱季植物气孔的开张度较小，而光合诱导的速率与弱光下植物气孔的导度呈正相关（Ögren & Sundin 1996）。一般来说，在光合诱导的过程中，光合酶的激活相对较快，而气孔的开张较慢。但是，气孔一旦开张以后，闭合的过程比开张的过程更慢。Tinoco-Ojanguren & Pearcy（1993）对先锋树种墨西哥胡椒（*Piper auritum*）和耐阴的灌木胡椒（*Piper aequale*）的对比研究发现，两者光合酶激活的速率类似，后者光合诱导较慢是由于其在光合诱导过程中气孔开张较慢。

　　光合诱导的快慢与叶片的寿命长短呈负相关。Kursar 和 Coley（1993）对巴拿马热带雨林 8 种耐阴植物的研究发现，叶寿命为一年的植物光合诱导快，约需 1 min 达到 50% 光合诱导，3～6 min 达到 90% 光合诱导。而叶寿命为 4～5 年生植物则需 3 min 和 11～36 min 分别达到 50% 和 90% 光合诱导。同一植物的老叶光合诱导会比新叶慢，因为老叶的气孔开张速度比新叶慢，同时老叶中光合酶的活性可能也比新叶低。

　　大多数植物生长在林窗下和林冠下的个体所需的光合诱导时间无显著差异。但是 Poorter & Oberbauer（1993）却发现顶极树种 *Dipteryx panamensis* 生长在林下的个体比生长在光照较好的地方的个体光合诱导快。与之相反，Zipperlen & Press（1997）却发现柳叶鳞毛蕨（*Dryobalanops lanceolata*）生长在光照好的地方的幼树光合诱导较快（图 3-31）。

　　达到全光合诱导激活后，大多数植物约需 60 min 或更长时间黑暗才会完全失去光合诱导（图 3-32）。但是，也有些植物光合诱导丧失相当快。研究普遍发现，同种植物生长在林荫下个体的叶片与生长在林窗下个体的叶片相比，光合诱导维持的时间更长。这使得林下植物能经常保持一定水平的光合诱导状态。阳生植物的叶片光合诱导丧失快可能是因为其 RuBP 的再生能力低，而不是因为其光合酶活性丧失得快或气孔关闭得快。

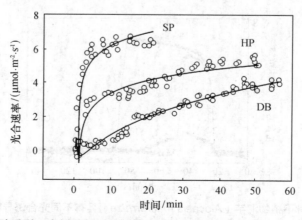

图 3-31　龙脑香科三个树种林下幼树的叶片光合诱导曲线（引自 Cao & Booth 2001）
水花婆罗双（SP：诱导快）、五脉坡垒水（*Hopea pentanervia*）（HP：先快后慢）和
龙脑香（*Dipterocarpus borneensis*）（DB：诱导慢）

3.8.3.2 光斑引起的胁迫

光斑的光照度可能比林下散射光高几十乃至百倍以上。光斑照射时，林下植物的叶温迅速升高，可高达 8 ~ 20℃。叶温过高可使叶组织灼伤、坏死。一般情况下，叶温升高使蒸腾加快，植物水势迅速下降，植物遭受暂时性水分亏缺。林下植物光饱和点低，强光可使其光合系统的光化学转化效率降低，产生光抑制（photoinhibition），从而导致植物的最大光合速率和光量子产率（quantum yield）降低。一般认为，光抑制的原初作用部位主要在 PSⅡ（张守仁和高荣孚1999）。Powles & Björkman（1981）利用叶绿素低温荧光光谱测定发现，红杉林下植物在长时间的光斑照射下（20 min 和 50 min）有光抑制现象。为

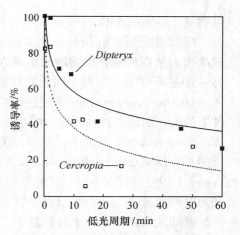

图 3-32 *Cercropia* 和 *Dipteryx* 在暗光下光合诱导状态光合诱导丧失的过程

（引自 Poorter 1993）

了避免光抑制，该林下的俄勒冈酢浆草（*Oxalis oregona*）在强光照射时叶片垂下来，而邻近的卵叶延龄草（*Trillium ovatum*）叶子不能进行保护性运动，强光斑之后其叶绿素可变荧光降低 40%，这意味着叶片的 PSⅡ 的光化学效率降低。热带森林中有些植物的叶或叶背以及有些植物的嫩梢嫩叶是紫红色的，这是因为这些叶片中含有较多的花青素苷（anthocyanin）。花青素苷与叶绿素 b 的吸收光谱重叠，能吸收多余的光，使 PSⅡ 免受强光的伤害。总的来说，由于大部分光斑照射的时间很短，并且暗光期间光合系统的修复可以防止光抑制所引起的累积效应，因此光斑导致的光抑制的效应很可能是微小的（Pearcy 1990）。

3.8.3.3 光斑对于林下植物光合产物的获得、生长和生殖的重要性

根据单日测量的估算，热带和温带森林林下植物 32% ~ 65% 的光合产物是因光斑照射而合成的（Björkman *et al.* 1972），这包括光斑照射时的直接合成、光后合成和光合诱导效应。在林下白天全天连续测定叶片的光合速率及其所接受的光通量，就可以算出该叶片当天因光斑照射所合成的光合产物。红杉林下的草本植物二色和尚菜（*Adenocaulon bicolor*）的全天光合合成产量与全天的光斑的总光量显著相关（Pfitsh & Pearcy 1989a）。阔叶混交林下的糖槭（*Acer saccharum*）幼苗，在夏天全天的光合产物约 35% 是因光斑照射而合成的。

光斑照射促进许多植物的生长、立苗和生殖。在墨西哥热带雨林下，两种胡椒属树种墨西哥胡椒和大胡椒（*Piper umbellatum*）的种子萌发，受光斑照射时间长的种子萌发率高（Orozco-Segovia 1986），当然此处的红光与远红光的比例也较高。但是，大部分耐阴的林下植物的种子可在散射光下萌芽（Angevine & Chabot 1979）。夏威夷常绿阔叶林下的大戟（*Euphorbia forbesii*）和白桐树（*Claoxylon scandwicense*）的幼苗的相对生长率与潜在受光斑照射的日总量呈线性正相关。对美国东部落叶阔叶林下的尖紫菀（*Aster acuminatus*）研究发现，该植物的平均个体大小和性生殖的投资与其所受光照水平显著相关（Pitelka *et al.* 1980）。山金车（*Arnica cordifolia*）无性分株的有性和无性生殖的投资量都是接受光斑多的个体高（Young 1983）。Pfitsh & Pearcy（1992）在红杉林下对二色和尚菜用挡光板遮挡掉光斑，使之散射光的光量不受影响，第二年该植物的个体比对照小 50%，其生殖器官的

生物量比对照小 83%。

　　植物对光斑的利用能力因其生态习性、生理特征的不同而异。Watling *et al.*（1997）对澳大利亚四种雨林植物的幼苗施以同样总量的光照，但是一种是变动光——模拟光斑，另一种是不变光。发现不同植物对这两种光处理有不同的响应。属于林下成分的小芸香木（*Micromelum minutum*）的生长在变动光条件下的幼苗的生物量明显比生长在不变光条件下的大；而另一种林下成分海芋（*Alocasia macrorrhiza*）及先锋植物圆叶血桐（*Omalanthus novo-guinensis*）的生长在变动光下的幼苗生物量却比生长在不变光下的小。耐阴的类酸豆（*Diploglottis diphyllostegia*）在这两种光下的幼苗的生物量却无显著差异。Sims & Pearcy（1993）对海芋进行光总量相同的三种光处理：不变光、长时间光斑（10 ~ 20 min）和短时间光斑（7 s），也发现该植物生长在不变光下的生长量最大，短时间光斑下的次之，而长时间光斑条件下的生长量最小。他们认为可能是该植物需较长的光合诱导时间，所以不能有效地利用光斑的光能。

3.9　植物群体水平上的光合作用

　　植物群落的光合作用与单叶光合作用不同，受到很多因素的影响。一般来讲，群落的光合作用（P）与组成群落个体种的净光合速率（net assimilation rate，NAR）、叶面积指数（leaf area index，LAI）和群落的发育时间（t）成正比，即：

$$P = \text{NAR} \cdot \text{LAI} \cdot t$$

　　由此可以看出，组成群落种的个体净光合速率越高，叶面积指数越大，发育时间越长，则群落的光合作用或净生产力越高。具有高光合生产力的群落一般结构比较复杂，组成群落种具有利用不同光照强度的能力。一般来讲，除了草本群落和比较矮小的栽培作物群落外，群落的净生产能力难以实际测定到。较大的同化箱可以实现在野外状态下对群落光合作用测定，其原理与单叶光合的测定一样，都是测定在一定时间段内 CO_2 浓度差，然后根据进气口的气体流速、群落面积和各种环境参数进行计算：

$$P = \frac{\Delta C \cdot F \cdot \rho}{A}$$

　　式中，P 为群落的光合速率；ΔC 为进出同化箱的 CO_2 浓度差；F 为空气流量；ρ 为 CO_2 密度系数。密度系数与群落光合测定时的温度、大气湿度和大气压有关。

　　对于较高大的植物群落，光合作用的计算一般采取数学模型估测法，其计算公式为：

$$\text{NAR} = -\frac{\mathrm{d}W}{\mathrm{d}t} \cdot \frac{1}{A}$$

　　式中，$\mathrm{d}W$ 和 $\mathrm{d}t$ 为植物群落重量和测定时间的变化，在实际操作中，两者的计算依下式：

$$\text{NAR} = \frac{W_2 - W_1}{A_2 - A_1} \cdot \frac{\ln(A_2/A_1)}{t_2 - t_1}$$

　　式中，W_1 和 A_1 分别为时间 t_1 是群落的干重和叶面积；W_2 和 A_2 分别为时间 t_2 是群落的干重和叶面积。NAR 为净光合的量，一般用 $g \cdot dm^{-2} \cdot d^{-1}$ 表示。

　　在群落水平上，光合生产力除了理论上的光合速率、光合面积和光合时间外，还与光在植物群落中的传输、叶面积指数的构成以及光在群落中的消减有关。下面将分段介绍有关的知识。

3.9.1 植物群体对光的吸收

植物群落是指自然生长的一群植物，这是个生态学上的术语；群体是指人工栽培的一群植物，是作物栽培学上的术语。其实二者在本质上并无区别。群体又可分为两大类：一大类是单一的群体，例如稻田、麦田、棉田等；另一大类是由两种或两种以上作物组成的群体，即间作、套种的田。利用合理密植或间作套种，可以充分利用日光。光能利用率提高了，产量当然也就提高了（当然经济系数是一个重要因素）。所谓合理密植，就是创造一个合理的作物群体。

群体适当才能更好地利用太阳能。群体的光合作用比单叶的光合作用的光饱和点要高得多，这是什么原因呢？这是因为群体中叶子的总面积增加很多。上层叶子受到太阳光的照射，吸收了部分太阳光，还有一部分光则反射到下层叶子上。中层和下层的叶子主要是吸收漫散光（即从各个方面的叶子反射的光）和透射光，也能吸收一小部分直射光。这些叶子的光饱和点并不一定比上层叶子的光饱和点低多少，但它们所接受到的光照度却比上层叶子所接受的低得多。所以光照度较高，透射光和漫射的强度也越高，中下层叶子可以充分利用。这就是群体的光饱和点比单片叶子的光饱和点高得多的原因。由此可见，合理密植后群体的光能利用率可以增高很多。

在田间状态下，一个作物群体会自动调节其大小，水稻、小麦的群体有自我调节的作用。发生这种现象的原因，其实质无非是群体促进其本身的发展，促进就是肥水促进生长和分蘖，所以基本苗虽很少，最后的成穗数也不低。但当分蘖发展到一定限度后，光和肥水都不足了，生长减慢，分蘖停止，甚至有一部分死亡，这就是群体本身限制了其发展。所以基本苗尽管很多，最后的成穗数甚至会低于基本苗数。但是作物群体自身的调节是有一定限度的，密度过大或过小都难以达到一个合理的群体结构。光透过自然植物群落到达地部形成光斑，关于光斑的作用见本章第6节的介绍。

3.9.2 叶面积指数

叶面积指数（LAI）是一定土地面积上所有植物叶表面积与所占土地面积的比率。据现有数据，大概一般作物的最大 LAI（即生长期中总叶面积最大时的数值）在 2.5 以下时，它与产量成明显的正比，即产量随总叶面积成比例地增加；当 LAI 增大到 4~5 或以上时，则产量不再随叶面积的增大而增加。小麦、大麦（*Hordeum vulgare*）、甜菜、玉米、大豆等合适的最大叶面指数为 2~4，最高不超过 4.5~5，在此范围内，产量随总叶面积增大而增加，叶面积再大则反而减产。当 LAI 超过 4~5 后，光能的吸收并没有什么增加，可是由于株间光照条件变差，光合速率减弱，而呼吸的消耗则由于叶面积增大而增加，对有机物积累不利。自然森林群落由于结构复杂，LAI 一般较大，如暖温带落叶阔叶林的 LAI 约在 12，热带雨林在 20 左右。

关于叶面积指数，还应考虑两个因素：一个因素是叶片在不同层次的分配比例，另一个因素是叶面积的动态。叶面积的动态是一个非常重要的问题，其动态是否合理对产量的形成影响极大。一般说来，前期叶面积扩展应较快，以便较好地吸收日光，为后期器官形成打下良好基础。但在生产实践中，为避免后期过于郁闭，叶面积的发展不宜太快。在产品器官形成期间，叶面积大小与分布要合理，否则影响很大，如水稻、小麦的倒伏，棉花的蕾铃脱落等都发生在此期间，因此是栽培管理上的关键时期。生育后期是大多数作物形成经济产量的时期，这时群体结构是否合理，与产量关系极大。这期间一定要有足够大的叶面指数，而且叶子的光合速率也要足够大。

3.9.3　消光系数

要达到合理的群体结构，固然应当充分利用上述自然调节的作用，但更重要的是人为地进行调节。人工调节首先要考虑到群体的大小。作物群体的大小，可以用各种指标来表示，如播种量、基本苗数、总分蘖数、总穗数、花果数、叶面系数、根系大小等。除此之外，要实现套种或在林下发展经济作物，还必须充分考虑到群落下层所能透过光的强度。当光透过多层叶子时，叶子对光的吸收服从于朗伯 – 比尔（Lambert – Beer）定律，为适用植物群落，可将消光的方程写成：

$$I = I_0 \cdot e^{-K \cdot \mathrm{LAI}}$$

式中：I_0 —— 照射到植物群落顶部的光照强度；

　　　I —— 距顶部一定距离的光照强度；

　　　K —— 植物群落的消光系数或称大田消光系数（用于作物）；

　　　LAI —— 叶面指数，即从顶部到测定之处的总叶面积除以土地面积。

对于禾谷类作物、草地等，3/4 以上的叶子均与地平线呈 45° 以上的角度，消光系数一般小于 0.5，在这种群体的中部，光照强度至少为 I_0 的 1/2。对于展开的阔叶的植物，如烟、草、苜蓿和很高的多年生草本植物，则消光系数大于 0.7，在中部的光照强度为 I_0 的 2/3 ~ 3/4。一般作物的消光系数为 0.3 左右，所以根据式（3–5），若叶面指数为 1，则 I/I_0 = 0.5。即当叶面指数为 1 时，到达地面上的光为群落上面光强的 1/2 左右；同样，当叶面指数为 5 时，I/I_0 = 0.03，即到达地面上的光为群落上面光强的 3% 左右。如果自然光强为 2 000 $\mu\mathrm{mol} \cdot \mathrm{m}^{-2} \cdot \mathrm{s}^{-1}$，则叶面指数为 5 时，到达基部的光强约为 60 $\mu\mathrm{mol} \cdot \mathrm{m}^{-2} \cdot \mathrm{s}^{-1}$。一般作物的补偿点在 30 $\mu\mathrm{mol} \cdot \mathrm{m}^{-2} \cdot \mathrm{s}^{-1}$ 以下，所以最大叶面积指数为 5 并不会使最下层的叶子得不到补偿点以上的光。

研究光合作用的根本目的，一个是增加粮食和其他植物产品的产量，解决吃饭问题；另一个是为太阳能的利用开拓新途径，解决能源问题。这是举世瞩目的两大问题，所以受到全世界的重视。而在考虑这些问题时，植物单叶和群体的光合作用都是非常重要的指标。1999 年，在首批批准的国家重大科研发展计划（"973" 计划）中，就把光合作用高效转能机制及其在农业上的应用列入了重点支持的项目之中。

小结

绿色植物的光合作用对于吸收太阳能量、合成构建生命的基本物质都有很大的作用，是生态系统中能量流动与物质循环的基础。光合作用可以为异养生物提供食物来源和氧气，是异养生物赖以生存的基础。

在高等植物中，叶绿体是由类囊体膜组成的膜器官。光合色素就位于类囊体膜上。光合色素包括叶绿素和类胡萝卜素两类。叶绿素主要是叶绿素 a 和叶绿素 b，类胡萝卜素包括胡萝卜素和叶黄素。叶绿素在光合作用中起主要作用，类胡萝卜素起辅助作用。

光系统是叶绿体中光合色素有规律地组成的特殊功能单位，分为光系统 I（PS I）和光系统 II（PS II）。PS I 中有 1~2 个叶绿素 a 分子高度特化，称为 P700，是 PS I 的反应中心，在红光区吸收高峰位于 700 nm，其余叶绿素分组称为天线叶绿素。PS II 反应中心在红光区吸收高峰位于 680 nm，称 P680。两个光系统之间由电子传递链相连接。PS I 反应中心复合体由反应中心 P700、电子受体和捕光天线三部分组成，PS II 反应中心复合体由捕光天线系统、反应中心的电子传递链和水氧化放氧系统三部分组成。

　　光合反应分为光反应和暗反应两个部分。光反应发生在类囊体膜上，主要发生光的水解、O_2 释放及同化力（ATP + NADPH）的生成；暗反应发生在叶绿体基质中，利用光反应形成的 ATP 和 NADPH，将 CO_2 还原为糖。

　　光呼吸是发生在过氧化体中的乙醇酸氧化。光呼吸只有在光下才能进行，与光合作用密切相关。高等植物可以根据光呼吸的高低分为两大类：高光呼吸植物和低光呼吸植物，一般高光呼吸植物都是 C_3 植物，低光呼吸植物都是 C_4 植物。影响光呼吸的因素有光强度、温度、空气中氧气含量和二氧化碳含量。

　　光呼吸具有以下功能：①减少光抑制；②在有氧呼吸条件下避免损失过多的碳；③光呼吸可能为光合作用过程提供磷或参与某些蛋白质的合成过程。

　　暗呼吸是植物在无光存在的条件下，氧化糖类、脂肪、蛋白质等底物分解生成 ATP、CO_2 和水分的过程，是与光合作用相逆反的过程。暗呼吸是在线粒体体进行的。暗呼吸的作用，其一是提供能量，所产生的含能化合物如 ATP 等是植物的其他过程如盐的吸收、生长、运动、蛋白质合成等的能源；其二是提供植物体内的许多重要物质如蛋白质、核酸、脂质、色素等生物合成的原料。

　　依据暗呼吸的功能可分为维持呼吸和生长呼吸。前者是植物为维持正常生长发育所需要的能量而进行的呼吸作用，这部分能量和物质的利用率最高；后者是植物在生长过程中克服外界不良因素进行的呼吸，其能量与物质作为植物适应环境和完成生活史的代价而付出了。生长呼吸对于培育高产品种具有重要意义。

　　净光合速率就是真正光合作用所同化的 CO_2 的量，减去因呼吸作用而释放的 CO_2 的量。一般所指的光合速率是指净光合速率，表示为 P_n。最大光合速率 P_{max} 是指植物在最适宜光照强度、最适温度、水分供应充足条件下的净光合率，通常人们用来代表植物的光合能力。

　　在光合作用的碳同化途径上，依据固定 CO_2 的最初产物的不同具有 C_3、C_4 和 CAM 途径。

　　C_3 途径在光合作用碳固定过程中，CO_2 首先结合于 RuBP，在 Rubisco 的催化下进行羧化，一个六碳分子的羧化产物立即分解成两个分子的 PGA。具 C_3 途径的植物为 C_3 植物，C_3 植物的维管束鞘薄壁细胞较小，不含或含有很少叶绿体，没有"花环型"结构，维管束鞘周围的叶肉细胞排列松散。

　　C_4 途径在光合作用碳固定过程中，所固定的最初产物不是三碳分子，而是草酰乙酸，即具有 4 个碳原子的二羧酸，是由磷酸烯醇式丙酮酸（PEP）的 β– 羧化形成的，故称 C_4 途径，具 C_4 途程或以此为主的植物称 C_4 植物。在形态解剖结构上，C_4 植物具有一种独特的结构，即它们叶子的维管束周围有两圈富含叶绿体的细胞。

　　CAM 植物具景天酸代谢途径的植物，多为多浆液植物。在夜间通过开放的孔吸收 CO_2，然后借助 PEP 羧化酶与 PEP 结合，形成草酰乙酸，然后在 NADP– 苹果酸脱氢酶作用下还原成苹果酸，进入液泡并积累变酸（从 pH 5 至 pH 3）；第二天光照后苹果酸从液泡中转运回细胞质和叶绿体中脱羧，释放 CO_2 被 RuBP 吸收形成碳水化合物。

光合作用受多种环境因子的影响，其中主要有光照度、温度、CO_2 浓度、水分、矿质元素和其他因素。

光斑是透过植被冠层的缝隙透射到冠层内和植被下层的短时间的直射太阳光。林冠的特征、森林的结构是影响到达林下光斑的数量、强度、时间长短的主要因子。林下光斑还受季节、天气的影响。为了适应林下光资源稀少的环境，林下树木有两种典型的树形：①形成较宽的单层树冠；②形成小的甚至不分枝的树冠以及瘦细的树干。受光斑照射时，林下植物叶片便会逐渐提高其光合速率，这个过程涉及气孔导度的增大和光合酶的激活，称为光合诱导。光斑对于林下植物光合产物的获得、生长和生殖具有重要作用。

植物群落的光合作用与单叶光合作用不同，受到很多因素的影响。一般来讲，群落的光合作用，与组成群落个体种的净光合速率、叶面积指数和群落的发育时间成正比。叶面积指数是一定土地面积上所有植物叶表面积与所占土地面积的比率。

思考题

1. 试叙光合作用发现的简要过程。
2. 何为光系统？简述光系统的功能。
3. 简述光反应和暗反应及其各自发生的条件与部位。
4. 简述光合磷酸化及其能量物质的产生过程。
5. 光呼吸与暗呼吸有什么区别，各自功能是什么？
6. 简述光呼吸与光合速率之间的关系。
7. 简述 C_3、C_4、CAM 植物的区别。
8. 影响光合作用的环境生态因子有哪些？它们各自是怎样影响光合作用的？
9. 何为光斑，光斑是怎样影响林下植物的生长的？
10. 何为群体光合，根据群体光合原理，提高作物产量应从哪些方面入手？

讨论题

1. 光合作用的光反应与暗反应存在什么联系？
2. 作物的光合速率高产量就一定高，这种说法对吗，为什么？
3. 分析植物光能利用率低可能的原因。
4. 根据你掌握的生理生态学知识，你认为提高光合作用的途径可从哪些方面入手？
5. 根据本章内容，试讨论不同类型植物通过哪些光合生理变化来应对干旱炎热的气候条件。

第4章

植物的水分生理生态

| 关键词 |

　　束缚水　　自由水　　水势　　细胞壁弹性　　渗透调节　　质外体途径　　共质体途径　　水通道蛋白　　水力提升　　蒸腾作用　　气孔运动　　空穴化　　栓塞　　根压　　内聚力学说　　田间持水量　　永久萎蔫系数　　相对含水量　　水分饱和亏缺　　变水植物　　恒水植物　　林冠截流　　土壤渗漏水分平衡　　土壤－植物－大气连续体（SPAC）

　　在生命的进化史上，陆生植物是由水生植物进化而来的。植物体的物质组成中水占主要部分：原生质含有 80% ~ 90% 的水分，甚至富含脂质的细胞器如叶绿体和线粒体也含有 50% 的水分；果实的含水量为其鲜重的 85% ~ 95%，嫩叶和根的含水量也很高，分别可达鲜重的 80% ~ 90% 和 70% ~ 95%（Stamm 1944）。植物组织中较高的含水量使细胞的膨胀态得以维持，从而维持了植物固有的多种多样的形态。细胞是植物生理生化过程的基本场所，而水分是这些活动的必需介质，光合作用、呼吸作用以及其他许多涉及物质合成和分解的过程都有水分子参与。水又是物质吸收并在体内运输的溶剂，植物所需要的矿质营养只有溶解在水中才能被吸收利用。无数观察和实验证明，水是植物存在的必要条件。水生植物在其生活史的大部分时间里都离不开水，陆生植物的生命活动只有在土壤或基质中存在水分的情况下才能进行，否则就会受抑制至停止。

　　植物的根系从土壤中吸收水分，水分自根的组织运输到地上部分的茎和叶，再经过蒸腾作用散逸到大气中，这样从土壤到植物再到大气就构成了一个连续的体系。在相对稳定的环境中，植物的水分收支保持着平衡状态，环境因子改变时这种平衡就可能被打破。不同类群的植物之间水分吸收和利用的特点可能有很大的不同，对环境中水分可利用性的长期适应和进化导致水分生态类型的产生。植物个体的水分关系是群体水分平衡的基础。作为不同物种有机集合的植物群落的存在，常常以它与环境的水分平衡为前提条件。

4.1　植物细胞的水分关系

4.1.1　束缚水与自由水

水分在植物细胞内通常呈束缚水（bound water）与自由水（free water）两种状态。前者靠近原生质胶体颗粒而被其吸附束缚不易自由流动；后者距离胶体较远而可以自由流动，参与细胞的各种代谢作用，其含量制约着植物的代谢强度，如光合速率、呼吸速率、生长速度等。束缚水虽然不直接参与代谢作用，但植物需要较低的代谢强度度过不良的环境条件，因此束缚水含量多少与植物抗旱性或抗寒性强弱具有密切关系。已有的实验证据表明：①不同水分生态类型的植物之间束缚水含量或束缚水 / 自由水的比值存在差异，通常情况下抗旱性越强的植物其束缚水的含量或束缚水 / 自由水比越高（Rascio *et al.* 1999）（表 4-1）；②植物细胞内束缚水含量或束缚水 / 自由水比值沿环境水分梯度减少的方向而增加（Rascio *et al.* 1992），在时间序列上随着干旱胁迫的持续而增加；③细胞内束缚水 / 自由水比值高低可以作为植物耐寒性强弱的一个指标，耐寒性强的植物具有较高的束缚水 / 自由水比值（佘文琴和刘星辉 1995）。

表 4-1 锦鸡儿属（*Caragana*）不同水分生态类型植物的水分状态（引自马成仓等 2011）

种类	自由水含量 /%	束缚水含量 /%	束缚水 / 自由水	含水量
中生种	38.23[a]	25.47[b]	0.668[c]	63.72[a]
旱生种	29.02[b]	28.50[a]	0.981[b]	57.61[b]
强旱生种	23.70[c]	28.76[a]	1.229[a]	52.45[c]

注：表中同一列中不同字母表示差异显著 $P < 0.05$

4.1.2 植物细胞的水势

水势（water potential）这一概念的提出并被广泛接受可以说是植物水分关系研究领域的一大进步。在一个物理系统中，水分总是由水势高的区域向水势低的区域流动；反之，水分逆水势下降梯度的运动需要从外部加入能量才能实现。因此将水势的概念引入植物水分关系研究中具有以下三方面意义：①如同化学势一样，水势遵从能量平衡原理，指示出水分在植物体系统内部是否处于平衡态，还可以进一步指示出自发过程进行的方向与进度；②水势差成为水分流动的驱动力；③引入水势的概念后，植物生理生态学中有关水流的专业用语与其他学科特别是土壤学上的专业用语统一起来，从而可以更好地解释土壤 – 植物 – 大气连续体（soil–plant–atmosphere continuum，SPAC）原理以及与此有关的生理生态现象。

通常认为植物细胞的水势（Ψ_w）由四个组分来决定，即渗透势（osmotic potential，Ψ_π）、压力势（pressure potential，Ψ_p）、衬质势（matric potential，Ψ_m）和重力势（gravitational potential，Ψ_g），符合以下关系式（Porporato *et al.* 2001）：

$$\Psi_w = \Psi_\pi + \Psi_p + \Psi_m + \Psi_g \tag{4-1}$$

式中，衬质势由能够降低液体 – 固体界面水分自由能的毛管力和附着力所决定；压力势是液态水的正压力；渗透势是溶液浓度的函数（随溶液浓度的增加而降低）；重力势与水的密度和测点高度成正比（Porporato *et al.* 2001）。

由于衬质势在实践中不易测得或它在数量上影响甚微可以不予考虑，而重力势只有对特别高大的植物才适用，于是式（4-1）就改写为：

$$\Psi_w = \Psi_\pi + \Psi_p$$

式中，$\Psi_\pi \leq 0$，$\Psi_p \geq 0$，$\Psi_w \leq 0$。

植物调节自身细胞水势的主要机制是改变渗透势或者调节压力势。生活细胞必须维持一定的膨压才能保持其生理活性，因而细胞或质外体的渗透势是它们能够在短时间（如几小时）内调节细胞水势的唯一组分。渗透势与水的摩尔分数和水活度有关，但对多数生物溶液来说，可用较简单的范特·霍夫关系式来求得渗透势：

$$\Psi_\pi = -RTC_s \tag{4-3}$$

式中，R 为气体普适常数，T 为热力学温度，C_s 为溶液的浓度。

当环境变得干燥引起细胞失水时，细胞体积（V）、细胞水势（Ψ_w）、渗透势（Ψ_π）和压力势（Ψ_p）之间的相互关系可以通过压力－容积曲线（即 $P–V$ 曲线）进行分析，这项技术已广泛应用于植物水分关系和抗旱性方面的研究（孙善文等 2014）。与生活细胞不同的是，木质部的死细胞含有浓度很低的溶质，因此水势的改变只能通过静水压（hydrostatic pressure）来达到。

延伸阅读

范特·霍夫

范特·霍夫（Vant Hoff）。荷兰化学家，1901 年因研究化学动力学和溶液渗透压的有关定律，成为第一位获得诺贝尔化学奖的科学家。范特·霍夫提出的溶液渗透压的计算公式 $\Psi_s = \Psi_\pi = -iCRT$，一直是植物生理学中研究、分析和测定植物细胞吸收和运输水分的基础。

1852 年 8 月 30 日，范特·霍夫出生于荷兰的鹿特丹市，父亲是当地的名医。他是一生痴迷实验的化学巨匠，不仅在化学反应速度、化学平衡和渗透压方面取得了骄人的研究成果，而且开创了以有机化合物为研究对象的立体化学。

上中学时，范特·霍夫的实验兴趣就表现出来了。看到老师在实验室中做的各种变幻无穷的化学实验，他的探索欲望被激发起来，他想探究这些实验背后的奥秘。可光是看着老师做实验太不过瘾了，他很想亲自动手做化学实验，这成了他做梦都想做的事情。

一天，范特·霍夫从化学实验室的窗户前走过，忍不住往里看了一眼。那排列得整整齐齐的实验器皿，一瓶瓶的化学试剂，多么诱人啊！这些器材无异于整装列队的士兵，正等待着总指挥范特·霍夫的检阅。他的双脚不由停了下来，他在心里对自己拼命大喊："没有人看见，进去做个实验吧！""进去做个实验"的声音越来越响地在他脑海里回荡，让他忘掉了学校的禁令，忘掉了犯禁后的严厉惩罚，他只想着一件事：进去做个实验。

实验室正好有一扇窗开着。范特·霍夫犹豫了片刻，纵身跳上窗台，钻进了实验室。看到那些仪器就摆在面前，他的每一根神经都兴奋起来了，支起铁架台，架起玻璃器皿，寻找试剂，范特·霍夫像一位在实验室里待了多年的老教授，对一切都很熟悉。他全神贯注地看着那些药品所引起的反应，发自内心的喜悦使他的脸上露出了笑容。"我成功了，成功了！"他在心里默默地说。

范特·霍夫正专心致志地做实验时，管理实验室的老师来了，他被当场抓住。根据校规，他要受到严厉的处罚。幸好这位老师知道范特·霍夫平时是一个勤奋好学又尊敬老师的学生，因此并没有向校长报告此事。同时，老师心里更清楚，是对化学实验的浓厚兴趣驱使这样一个好学生违反了校规。范特·霍夫因为自己的兴趣换来了老师的一次"包庇"。一个天才的化学家从那扇窗户里诞生了。

4.1.2.1　渗透调节物质与细胞水势

当土壤缺水时，土壤水势即开始下降，植物细胞可以通过在细胞中积累具有渗透活性的化合物来调节水势。随着渗透势的下降水势也同时下降，其结果是当细胞处于完全水合状态时即可具有较高的膨压。换言之，与未经缺水锻炼的植物相比较，这些细胞只有在较低的水势下才会丧失其膨压，因而就使得植物持续地从低水势的土壤中获取水分。

研究表明，作为渗透调节物质的无机离子和有机酸存在于植物细胞的液泡内，但同时植物又能在细胞质中合成一些"可兼容的溶质（compatible solute）"，如甘氨酸甜菜碱、山梨糖醇、脯氨酸，它们对细胞代谢并无不利的影响。这些化合物所带电荷不多，具极性并高度可溶，而且有一个比 NaCl 等变性分子厚一些的水化层，因而在同一个浓度下 NaCl 可能强烈地抑制酶的活性，而它们却不会对酶有任何干扰。这些渗透调节物质如山梨醇、甘露醇和脯氨酸还可以作为离体条件下的羟基清除剂。另外，甘露醇作为体内羟基自由基清除剂的功能也已被确认（Shen *et al.* 1997）。

到目前为止，关于渗透调节物质的研究大体集中在无机离子、可溶性糖、游离氨基酸和有机酸上面，其中脯氨酸是近几十年来报道最多的一种。游离脯氨酸的积累现象最初是在遭受干旱胁迫的黑麦草（*Lolium perenne*）的叶子中发现的，后来在许多植物中得到证实，可以看作一个普遍现象（高玉葆 1995）。关于它在植物体内积累的原因已从生理生化角度研究得比较清楚，而其生态学意义也在逐步被认识。干旱胁迫下植物体内游离脯氨酸含量的变化至少有两个重要特点可以引起生态学工作者的注意：一是对干旱胁迫敏感并且变化幅度大，即当外界渗透势下降但细胞膜相对透性尚未发生显著变化时，游离脯氨酸含量就可增加数十倍甚至上百倍，相应地，它在总游离氨基酸中所占百分比也呈大幅度增加；二是胁迫解除或者施用外源脯氨酸时，累积的脯氨酸即被降解参与到植物的代谢循环中。

目前所报道的关于脯氨酸在植物耐受非生物胁迫方面的作用主要包括如下几个方面（Kaur & Asthir 2015）：①渗透调节和保护。脯氨酸不仅作为渗透调节剂降低细胞质的水势，维持胞质的水分状况（Joseph *et al.* 2015），还是一种保护剂，能增强生物膜和蛋白质的稳定性（Sivakumar *et al.* 2000；Wu & Bolen 2006），最大限度地降低逆境对植物细胞的伤害。②活性氧清除剂。脯氨酸不仅可以同 H_2O_2 和 OH^- 形成稳定的羟脯氨酸衍生物（Kaul *et al.* 2008），在外源施用时还可增加受胁迫植物抗氧化酶的活性（Ahmed *et al.* 2010；Kaushal *et al.* 2011；Molla *et al.* 2014），缓解脂质过氧化（de Campos *et al.* 2011）。③氧化还原缓冲剂（redox buffer for reductants）。渗透胁迫下，气孔导度的下降不仅限制植物对 CO_2 的吸收而且降低卡尔文循环对 NADPH 的消耗，此时叶绿体中脯氨酸的大量合成可能通过消耗 NADPH 而维持细胞中的氧化还原电势从而降低光抑制，缓解光合系统所受的伤害（Székely 2008；de Ronde *et al.* 2004）。④能量来源。脯氨酸在通过谷氨酸途径的合成过程中会消耗大量的 NAD（P）H，因此脯氨酸的氧化降解会伴随着能量的产生。据估计，1 mol 脯氨酸完全氧化降解能够释放相当于 30 mol ATP 的能量（Szabados & Savouré 2009）。在拟南芥中已有研究发现受干旱胁迫的植物在复水过程中，脯氨酸脱氢酶在主根和侧根的中柱和分生组织区大量表达，推测可能为根系生长提供能源（Nakashima *et al.* 1998；Kishor *et al.* 2005）。⑤重要代谢途径的联系纽带。脯氨酸在合成过程中可能通过消耗 NADPH 而与戊糖磷酸途径（PPP）发生联系（Verbruggen & Hermans 2008）。脯氨酸在线粒体的降解一方面可能为三羧酸循环（TCA）提供碳源（Sarkar *et al.* 2011），另一方面也可能为电子传递和ATP的形成提高还原力，从而实现逆境恢复过程中的损伤修复（Araújo *et al.* 2013）。

4.1.2.2　细胞壁弹性与细胞水势

细胞失水时其体积变小直到膨压完全丧失。细胞体积能够减小的限度，同时也是细胞水势能够降低的最小程度（此时压力势降至零），取决于细胞壁的弹性（elasticity）。具高弹性壁的细胞，如 CAM 植物（景天科酸代谢植物）伽蓝菜（*Kalalnchoe laciniata*）的细胞，在完全膨压下含有很多水，因而它们的体积可减小很多，直到膨压完全丧失。这些细胞可以将晚间收集的水贮藏起来，然后在白天蒸腾时再逐渐散失掉，以这种方式它们就能够暂时地支出比从根系获得的水量更大的水分。

表征细胞壁弹性大小的一个物理量是弹性模量 ε（elastic modulus），单位为 MPa，其含义是在某一个初始细胞体积下细胞体积（V）每发生一个小的改变量（ΔV）所导致的膨压（P）的改变量（ΔP）（Tyree & Javis 1982）：

$$\Delta P = \varepsilon \cdot \Delta V / V, \quad 或 \quad \varepsilon = \mathrm{d}P/\mathrm{d}V \cdot V$$

这样，具较高弹性的细胞壁可以表达为具有较小的弹性模量 ε。一般来说，壁较厚的细胞比较薄的细胞具有较高的 ε 值。草本植物的叶子柔软而有弹性，弹性模量通常在 1~5 MPa，表明细胞壁易随细胞体积的增大而膨胀，所以膨压缓慢升高，它们的细胞能够贮存较多的水分。相反，乔木和灌木的叶子比较坚硬，其弹性模量一般较高，其中落叶树叶子的 ε 在 10~20 MPa，常绿叶 ε 在 30~50 MPa，贮水容量较低（Roberts *et al.* 1981）。

当细胞并不是独立存在而是形成组织时，每个细胞的壁压可能受到相邻细胞的壁压作用而发生变化，这时必须考虑到组织张力（tissue tension）因素的影响。如果相邻细胞的壁压增大，那么细胞就在较低含水量下膨胀，这一点对植物幼嫩组织的细胞是很重要的，因为在此条件下它们无须得多少水分就能够保持膨压，然而对于壁较坚硬的细胞来说，相邻细胞间的影响就不那么大。这样在水分缺乏的情况下，水分就可能从较大弹性壁的细胞（如鲜嫩茎的贮水组织）转移到较小弹性壁的相邻细胞当中（Larcher 1997）。

具有弹性细胞壁的优点之一是可以储存水分，这对于生长在间歇缺水的环境中的植物尤其重要，如匍匐生长的无花果。那么，在水分短缺时细胞壁弹性差的细胞是否也有优点？细胞壁较硬的细胞限制细胞伸展，进而减少叶片的扩展，也可以起到减少水分散失的作用。

4.1.2.3　渗透调节和细胞壁弹性调节的非兼得性平衡

对于某一个物种而言，其适应水分胁迫的策略或是通过渗透调节，或是通过细胞壁弹性调节，但渗透调节和细胞壁弹性增加不可能同时出现，因为溶质的积累若引起细胞膨胀，就不能同时导致水势的降低，弹性增加与渗透势降低以几乎同样的方式维持细胞膨压（图 4–1，Lambers *et al.* 2008）。

以半附生绞杀植物榕为例，其最初是附生在其他植物上，随后发根与土壤接触，而生长成直立的乔木。与直立乔木阶段相比，附生生长阶段的植物，其叶细胞具有较低的渗透调节能力和较高的细胞壁弹性，植物应对水分胁迫的策略主要是通过在有水供应时将大量的水分储存在植物体内，这时细胞壁弹性调节起主导作用；而对于直立生长的乔木，低渗透势一方面使叶片能够抵抗较高的蒸腾而不发生萎蔫，另一方面也有利于叶片从干旱或深层土壤中吸收水分。不同生长习性的植物尽管应对水分胁迫的策略不同，但二者在膨压失

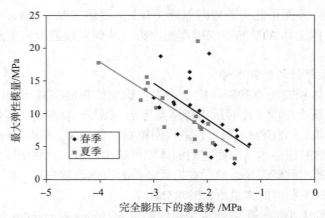

图 4-1 澳大利亚西南部（地中海气候）20 个物种在春季和夏季处于完全膨压时
的渗透势和细胞壁最大弹性模数（引自 Mitchell *et al.* 2008）

去点时具有相似的含水量（Holbrook & Putz 1996）。

溶质浓度和细胞壁弹性的调节都是受遗传控制的。菊科那夷菊属（*Dubautia*）物种分布范围广泛，其中一些物种只分布在干旱区域，另一些物种则只局限于湿润区域。以夏威夷岛的两个同域物种为例，分布于湿润熔岩流区的物种 *Dubautia scabra* 与分布于干旱熔岩流区域的物种 *Dubautia ciliolata* 相比，前者具有较高的水势和较低的细胞壁弹性，两个物种在自然条件下形成的杂交种，其渗透势和细胞壁弹性大小均介于父母本之间（Robichaux 1984）。

4.1.3 植物细胞的吸胀作用及代谢性吸水

由于原生质、淀粉和纤维素都具有亲水性，水分子（液态水或气态水）会以扩散或毛管作用进入蛋白质凝胶内部或淀粉、纤维素分子之间，引起吸胀作用（imbibition）。植物细胞在形成液泡之前的吸水主要是靠吸胀作用，如风干种子的萌发吸水、果实与种子形成过程的吸水、分生细胞生长的吸水等（潘瑞炽 2001）。

植物细胞对水分的吸收一般被看作一个仅与植物和土壤间水势差相关的被动过程（Shannon *et al.* 1994）。然而水分也可以凭借细胞呼吸所释放出的能量，经过质膜而进入细胞内部，可以称为代谢性吸水（metabolic water absorption）。当通气良好、细胞呼吸加强时，细胞吸水加强；相反，减小氧气或以呼吸抑制剂处理时，细胞呼吸速率降低，细胞吸水就减少。由此可见，原生质代谢过程与细胞吸水有着密切关系。

延伸阅读

水势测定方法

植物水势的测定方法可分为三大类，即液相平衡法（小液流法）、压力平衡法（压力室法）和气相平衡法（露点法）。

液相平衡法是根据植物组织与环境溶液之间水分移动方向由水势差决定的原理，把植物组织放在已知浓度的外界溶液中，通过外界溶液的浓度变化情况来确定植物组织的水势。液相平衡法原理清晰，不需复杂的仪器设备，简便易行，至今国内大专院校植物生理学实验教学中仍普遍采用，但液相平衡法测水势由于被测量植物组织切口处受伤细胞内的可溶性内含物进入外界溶液，改变了样品测量管中溶液的浓度，影响测量的准确性（柏新富等 2012）。同时，液相平衡法测水势的效率较低，因而限制了它在科学研究中的实际应用价值。

压力室法是通过测定木质部导管中的负压来测定水势。在水分的散失和供应处于平衡状态时，叶细胞的水势等于导管中液柱的负压和导管汁液的渗透势之和，由于导管汁液渗透势的绝对值很小，一般认为木质部导管负压的大小基本上等于枝叶的水势。当叶柄或枝条被切断时，木质部中的液流由于张力解除迅速缩回木质部。此时将叶子或带叶小枝切口朝外密封于压力室中，用高压气体给室内叶片逐渐加压，当导管中的液流恰好在切口处显露时，所施加的压力正好抵偿了完整植株导管中的原始负压，这一压力值称作平衡压，平衡压的负值就等于枝叶的水势。压力室测水势的方法操作方便、简单快速，而且还可测出植物材料的压力容积曲线，并根据曲线的性质推出植物水分状况的多种参数及细胞壁的弹性特点等。但压力室法对测量对象的外形、硬度有一定的要求，根或幼嫩枝条、叶片等软组织难以被测量，同时测量过程中水分散失过多，且测定结果也会因观察者的不同而有差异。

露点法是利用热电偶精确测定样品室内水汽的露点温度的原理来测定组织水势。将叶片密闭在体积很小的样品室内，经一定时间后，样品室内的空气和植物样品将达到温度和水势的平衡状态。此时，气体的水势与叶片的水势相等。因此，只要测出样品室内空气的蒸汽压，便可得知植物组织的水势。由于空气的蒸汽压与其露点温度具有严格的定量关系，露点水势仪便通过测定样品室内空气的露点温度而得知其蒸汽压。以美国 Wescor 公司生产的 HR-33T 型露点微伏压计为例，该仪器装有高分辨能力的热电偶，热电偶的一个结点便安装在样品室的上部。测量时，首先给热电偶施加反向电流，使样品室内的热电偶结点降温（Peltier 效应），当结点温度降至露点温度以下时，将有少量液态水凝结在结点表面，此时切断反向电流，并根据热电偶的输出电势记录结点温度变化。开始时，结点温度因热交换平衡而很快上升；随后，则因表面水分蒸发带走热量，而使其温度保持在露点温度，呈现短时间的稳衡状态；待结点表面水分蒸发完毕后，其温度将再次上升，直至恢复原来的温度平衡。记录下平衡状态的温度，便可将其换算成待测样品的水势。露点法广泛用于各种植物叶片水势的测定，所需样品量少、测量精度高，是近年来发展起来的一种较好的植物水势及其组分的测定技术。

4.2　植物个体的水分吸收与运输

植物体对水分的吸收、运输和排出主要是在三大营养器官即根、茎、叶中完成的。在漫长的适应与进化中各器官之间分工逐步完善，达到了形态和功能的高度统一。

4.2.1　根系对水分的吸收

4.2.1.1　吸水部位与吸水速率
根系是陆生高等植物吸水的主要器官，能从土壤中吸收大量水分，满足植物体的需要。叶子表面虽然有角质层，但当被雨水或露水湿润时也能吸收水分，不过数量很少，在水分供应上意义不大。

一般来说，根的吸水主要在根尖进行；而在根尖部位，又以根毛区的吸水能力为最大，根冠、分生区和伸长区较小。然而同时也有证据表明，根的较老部位也有吸收水分的功能，水分可以通过表皮或小的裂缝进入周皮，再进一步通过内皮层进入输导系统（Barrowclough 2000）。有些植物甚至在距根尖最远处仍然保持着较高的吸水速率。

只要植物根中的水势比它根际土壤溶液的水势更低，根的细胞就可以从土壤中吸水。根系的吸收表面越大，它从土壤中吸水就越多，吸水速率也就越快。这一过程可以描述为：

$$W_{root} = （\Psi_{soil} - \Psi_{root}）\cdot A / \Sigma_r$$

即根在单位时间内的吸收水量（W_{root}）与土壤和根之间的水势差（$\Psi_{soil} - \Psi_{root}$）以及根系的交换面积（$A$）成正比，而与土壤水向植物运动的阻力（$\Sigma_r$）成反比。根系通常可以产生十分之几兆帕以下的水势，这使它足以从土壤中吸取大部分毛管水。在一定范围内，有些植物能通过降低其根的水势来获取更多的水分：水生植物根的水势可降低到 –1 MPa，中生植物根的水势最低可降至 –4 MPa，而旱生植物根的水势最低达到 –6 MPa（Larcher 1997）。

4.2.1.2　水分在根中的运输途径及运输阻力

水分在根中的运输途径可分为径向途径和轴向途径两种。径向途径是指水分由根表面进入根木质部导管所经过的路径，轴向途径是指水分通过根木质部导管向上运动的路径。径向途径又可分为质外体途径（apoplastic pathway）、共质体途径（symplastic pathway）和穿细胞途径（transcellular pathway）。质外体途径包括细胞壁和细胞间隙，共质体途径是通过胞间连丝连接的细胞到细胞的运输途径，穿细胞途径是通过细胞膜和相邻细胞之间的细胞壁空间的从细胞到细胞运输途径。由于实验中很难把共质体运输和穿细胞运输区分开来，所以可将二者合称为细胞到细胞途径（cell-to-cell pathway）（Steudle et al. 2000）；或者对穿细胞途径和共质体途径不加区分，仍将它们看作共质体途径（图4–2）。

在潮湿的土壤中，水分从根外进入根中的主要阻力来自细胞膜（而在干燥的土壤中

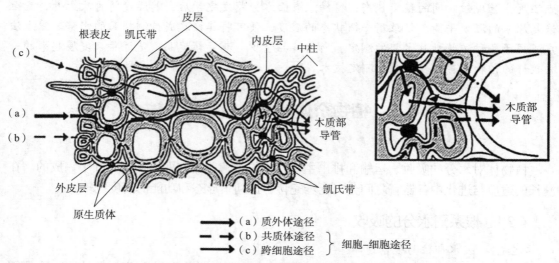

图4–2　植物根中的径向水分运输途径示意图（引自 Steudle et al. 2000）

水分进入根的最大阻力发生在根 – 土壤界面上）。无论是经过质外体途径还是经过共质体途径，水分最终必须通过内皮层（假如外皮层不存在）才能进入共质体（symplast）。内皮层细胞在径向壁上有一凯氏带（casparian band），而内皮层细胞的质膜在凯氏带处牢牢贴在细胞壁上，因此在这个部位水分既不能做径向移动也不能在壁和质膜之间移动，水分到达中柱的唯一通道是穿过质膜的原生质。这样，水分运输的质外体途径和共质体途径在内皮层合为一处。值得注意的是，在内皮层靠近木质部的地方常可以发现一种通道细胞（passage cell），它们虽然也有凯氏带存在，但缺少其他内皮层细胞所具有的木栓层和厚的纤维壁（或者这些结构只是在很晚时候才形成），水分流过这些细胞时遇到的阻力比较小（Peterson & Enstone 1996）。后来的证据表明，至少在植物幼根中凯氏带不是导水的主要阻力所在（刘晚苟等 2001）。Steudle *et al.*（1993）以及 Peterson *et al.*（1993）用根压力探针测量了内皮层穿刺前后玉米幼根的导水率和根压，惊奇地发现根的导水率没有变化而根压却迅速降低，说明玉米根的主要导水阻力并不是在内皮层上，但内皮层是溶质出入的屏障。内皮层使已吸入到中柱的溶质不能轻易倒流到根外，使根吸收的离子更有效地供给地上部。目前一般认为幼根的径向运输阻力平均分布在各组织中，但如果内皮层的细胞壁已经栓质化或木质化，则运输阻力主要集中在它上面（Steudle & Peterson 1998）。

4.2.1.3 水通道蛋白

在径向运输过程中，水分或迟或早要通过活细胞的质膜或 / 和液泡膜，才能最终到达木质部导管。长期以来人们认为水分跨膜运动时必须通过脂质双分子层，但是研究人员在研究植物种子萌发及花粉管伸长等问题的过程中，发现水分大量快速地进出细胞的现象。还有人发现生物膜的水通透系数远大于扩散水通透系数，这些现象是用水分自由扩散跨膜所不能解释的（于秋菊等 2002），因此人们猜测水分跨膜运动应不仅只有自由扩散这一种方式，可能还有其他类似水通道的结构存在。Denker *et al.*（1988）从血红细胞和肾小管中分离纯化了一种分子质量为 28 kDa 的亲水性蛋白，并根据分子质量大小将其命名为 CHIP28 蛋白，并由实验证明了 CHIP28 蛋白具有允许水分子进入的功能，CHIP28 蛋白也因此被重新命名为 1 号水通道蛋白。第一个植物水通道蛋白是由 Maurel *et al.* 从拟南芥中分离出来的，属于液胞膜内在蛋白（Maurel *et al.* 1993）。根据氨基酸序列同源性和亚细胞定位将水通道蛋白划分为 5 个家族：质膜内在蛋白（plasma membrane intrinsic protein，PIP）、液泡膜内在蛋白（tonoplast intrinsic protein，TIP）、类 NOD26 膜内在蛋白（NOD26-like intrinsic proteins，NIP）、小碱性膜内在蛋白（small basic intrinsic protein，SIP）和 X 膜内在蛋白（X intrinsic protein，XIP）（Johanson *et al.* 2001；Chaumont & Tyerman 2014）。

水通道蛋白（aquaporin）是一种小而高度疏水的跨膜蛋白。植物水通道蛋白是由 4 个对称排列的圆筒状亚基包绕形成的四聚体，每个水通道蛋白分子具有 5 个环（A、B、C、D 和 E）和 6 个跨膜区域，并且在膜上形成类似桶状的构象。5 个环中包含 2 个胞内环（B 和 D）和 3 个胞外环（A、C 和 E），该蛋白家族大部分成员的 B 环和 E 环都具有天冬酰胺 – 脯氨酸 – 丙氨酸（NPA）结构域，含 NPA 结构域的 B 环、E 两环折向膜内，在脂质双分子层中间形成一个可双向运输水的孔道，该四聚体的每个单体都是功能独立的水通道，其中 B 环和 E 环对水的选择通透性十分重要（Murata *et al.* 2000；Bienert *et al.* 2012）。

许多植物不同部位都分布有水通道蛋白，其时空表达特征取决于发育时期和环境条件，即有些是受激素、盐害、酸碱度等环境因子诱导表达的，还有一些水通道蛋白是植物组织器官特异表达的（Chaumont & Tyerman 2014），如黄瓜经过 24 h 聚乙二醇处理后其根部的 CsPIP2 的基因表达量降低了 33.4%，但是在受到 24 h 盐酸处理后其 CsPIP2 表达量却提高了 57.9%（Qian *et al.* 2015）；对水稻进行持续的氮缺乏与再供给处理，使得水稻根部的 CsPIP2 等多个水通道蛋白表达量随之降低与升高，同时也相应地影响了水稻根部的水分传导性（Ishikawa-Sakurai *et al.* 2014）。伴随着大量水通道蛋白的分离和鉴定，人们发现水通道蛋白不仅是水选择性通道蛋白，同时还具有许多其他生理生化功能，是一类多功能蛋白。植物水通道蛋白在除水以外的物质运输、细胞渗透调节、细胞的伸长与分化、气孔运动等生理过程中都扮演着重要角色（Yool *et al.* 2012；Gambetta *et al.* 2013；Bienert & Chaumont 2014）。

延伸阅读

水通道蛋白的发现

　　水通道蛋白，又名水孔蛋白，是一种位于细胞膜上的蛋白质（内在膜蛋白），在细胞膜上组成"孔道"，可控制水在细胞的进出，就像是"细胞的水泵"一样。

　　水通道是由约翰霍普金斯大学医学院的美国科学家彼得·阿格雷（Peter Agre）所发现，他与通过 X 射线晶体学技术确认钾离子通道结构的洛克菲勒大学霍华休斯医学研究中心的罗德里克·麦金农（Roderick MacKinnon）共同荣获了 2003 年诺贝尔化学奖。

　　阿格雷是美国生物化学家，1988 年在分离纯化红细胞膜上的 Rh 多肽时，发现了一个28 kD 的疏水性跨膜蛋白，称为形成通道的整合膜蛋白 28（channel-forming integral membrane protein，CHIP28），1991 年完成了 CHIP28 的 cDNA 序列测定。但当时并不知道该蛋白的功能，在进行功能鉴定时，将体外转录合成的 CHIP28 mDNA 注入非洲爪蟾的卵母细胞中，发现在低渗溶液中，卵母细胞迅速膨胀，并于 5 min 内破裂。为进一步确定其功能，又将其构于蛋白磷脂体内，通过活化能及渗透系数的测定及后来的抑制剂敏感性等研究，证实其为水通道蛋白。从此确定了细胞膜上存在转运水的特异性通道蛋白，并称 CHIP28为 Aquaporin-1（AQP1）。这一发现掀起了分离和鉴定水通道蛋白的高潮。此后短短几年内，人们从植物中也分离出了 4 种类型的水孔蛋白。

　　在这一奖项中的另一位美国科学家麦金农的主要贡献是绘制出世界上第一张离子通道（K$^+$ 通道蛋白）的三维结构图，并阐明了离子通道的结构和工作原理。离子通道是矿质离子快速进出细胞的专一性通道，在调节包括植物细胞在内的细胞生命活动过程中非常重要（邱念伟和王兴安 2007）。

4.2.1.4　根吸水功能对环境条件改变的适应

　　在低温条件下，根细胞的膜脂流动性变差且膜蛋白会发生一定程度的固化，于是质膜对水流的阻力增大。植物通过低温锻炼可以产生较多的不饱和脂肪酸而使低温下膜的流动性增加，从而缓解这种不利效应。在干旱条件下，根与土壤水膜接触变差，水流进入根的导性减小。植物可能将较多的同化产物用于新根的产生从而增加根的导性，而根毛的增加则有助于维持根与土壤的紧密接触。生长在干旱环境中植物的一个典型特征是具有较高的根量比（root mass ratio），即根生物量在整个植株生物量中所占比重大。通常适应旱生环

境的 C_4 植物比不能适应旱生环境的 C_3 植物有较高的根量比；虽然有关 C_3 植物与 C_4 植物相比较的研究还很少，但也已有一些资料表明 C_4 植物具有较高的根量比，并发现这一特征与 C_4 植物较高的水分利用效率相关联（Kalapos *et al.* 1996）。这种适应性反应（adaptive response）表现在自然植被中，即沿着干旱程度增加的梯度，地上生物量明显减少而根系生物量保持相对稳定，结果导致根量比的增加（Lambers *et al.*1998）。

4.2.1.5 根系提水现象与土壤水分再分配

土壤表面物理蒸发和植物的蒸腾作用常常导致土壤剖面上水分分布的不均衡。大量研究表明，处于土壤深层湿润区域的根系部分吸收水分后可将其运输到上面干燥区域的根系部分，再通过这部分根系将其中一部分水释放到根际周围的干土中去。文献中常以"水力提升"（hydraulic lift）来表述这种水分运动现象（鱼腾飞等 2015）。根系提水一般是自下而上的，然而根系也可将上层湿润土壤中的水分转移到下层干燥土壤中去（Smith *et al.* 1999），于是有些研究者建议将以上两种情况统称为"水分再分配"（hydraulic redistribution，HR）（Donovan & Sperry 2000；鱼腾飞等 2015）。根系对水分再分配的潜在生态学效应主要体现在以下几个方面（Neumann & Cardon 2012）：①提水植物（hydraulic lifter）将深层水分提升到干燥的、根系分布集中的浅层土壤中，从而增加了自身在干旱季节的光合和蒸腾速率；②提水植物将深层水分提升到浅层土壤中，使得相邻的非提水植物（non-lifting neighbor）获得水分；③根系提水使得干燥的、养分相对丰富的浅层土壤变得湿润，不仅增加了植物对养分的吸收，也有利于维持微生物群落的结构和功能；④延长了细根的周转时间，使得根系的吸收面积更大；⑤将浅层土壤接收的降水转移到深层土壤，从而减少了蒸发失水。

目前，水分再分配现象在全球不同生态系统超过 120 种植物中被证实，这些植物既有深根系的也有浅根系的，既有乔、灌、草也有农作物，既有 C_3 和 C_4 植物也有 CAM 植物，说明这一现象具有普遍性（鱼腾飞等 2015，Neumann & Cardon 2012）。关于 HR 的发生机制，目前流行的观点认为：HR 是在特定情况下（如蒸腾作用减弱、浅层土壤干燥），因局部根细胞与土壤水势差的存在而发生的一种生理现象。土壤–植被–大气连续体（SPAC）的任何水分运动都受到水势梯度驱动，但是植物的蒸腾作用和根系水分再分配发生的条件和过程存在明显的差异。对于蒸腾作用而言，一般来讲，当叶片水势远小于土壤水势时，水分从根系向叶片运输，并通过叶片气孔散逸到大气；相反，当土壤水势小于叶片水势时，即在土壤非常干燥条件下，植物根系水力再分配通常就会发生。例如在夜间，植物叶片的气孔部分或完全关闭，深根系吸收的水分在完成组织失水的再填充之后，会继续将深层湿润土壤中吸取的水分向浅层干燥土壤释放，以便浅层的吸收根有效地吸收水分进行次日的蒸腾。另外，由于根际区土壤水分空间异质性的存在，导致根际区产生土壤水势梯度，进而引起水分通过植物根在根际区土壤不同部位之间的流动。总的来说，HR 的发生有两个条件：①土壤水势小于叶片水势，且蒸腾引起的水分向上运动停止时；②根际区土壤水分存在明显的空间异质性。

HR 的普遍存在并不意味着它的作用是"无所不能"的（Burgess 2010），其影响水文、生物地球化学及生态过程的方式和程度取决于 HR 的大小（Neumann *et al.* 2014）。如果 HR 在满足蒸腾需求中占相当大的比例，那么在以蒸腾作用为主的生态系统水分平衡中的直接效应就很重要；反之，如果这一比例很小，那么它的直接和短期的生态作用就不甚明显。Neumann & Cardon（2012）对 16 种生态系统 29 篇文献综述结果显示：试验观测水力提升的大小变化，最大为新英格兰糖枫的 1.3 mm·d^{-1}，最小为巴西热带稀树草原的 0.04 mm·d^{-1}，平均为 0.30 mm·d^{-1}（图 4–3）；水力下传的大小在 0.2~1.7 mm·d^{-1} 变化，平均为 1.0 mm·d^{-1}（$n = 5$）。而这些生态系统的水力提升大小占蒸腾失水的比例在 2%~80%，平均为 15%（$n = 25$）；在亚利桑那半干旱草原生态系统水力下传占旱季蒸腾失水的比例为 11%~49%。

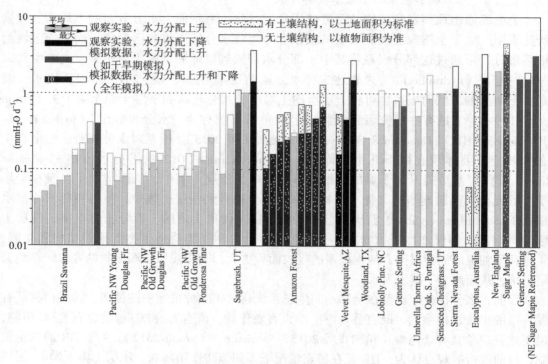

图 4–3　16 个不同生态系统中通过观察和模拟获得的水力再分配
的平均值和最大值（引自 Neumann & Cardon 2012）

4.2.2　水分在茎中的运输和贮藏

4.2.2.1　水分在茎木质部运输与输水阻力

木质部在植物体中形成一个连续的长距离水分运输系统，它从近根尖开始，向上通过茎进入叶子，在叶子中形成大量分支。木质部主要有四类细胞，即纤维、管胞、导管和薄壁组织细胞，除纤维只起机械支持作用外，其余几类都主要起运输作用。每一根导管都是由许多首尾相接的导管分子组成的，导管分子的端壁有许多穿孔，因此水分可以自由地从一个细胞运送到另一个细胞。水分从一个管胞到另一个管胞的移动必须通过纹孔，因为管胞的端壁没有穿孔。导管和管胞都是中空而无原生质体的长形死细胞，对水分运动的阻力很小，适于其长距离运输，可从数厘米到百米以上。而当水分由叶脉运输到气孔下腔时，经过的都是活细胞，虽然距离很短（通常只有几毫米），但因细胞内存在原生质体，加上以渗透方式运输，所以阻力很大。

在树木和作物的蒸腾过程中，茎部木质部的输水阻力（hydraulic resistance）占土壤

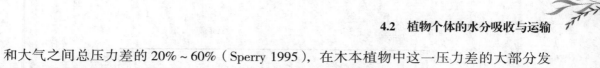

和大气之间总压力差的 20% ~ 60%（Sperry 1995），在木本植物中这一压力差的大部分发生在横截面较小的细小枝条中（Gartner 1995）。木质部导管的水流（J_v, mm·s^{-1}）可以由 Hagen-Poiseuille 方程（描述理想毛管中液体输导速率的方程）加以描述：

$$J_v = (\pi R^4 \Delta \Psi_p)/8\eta L$$

式中，R 为长度为 L 的单个导管分子的半径（mm），$\Delta \Psi_p$ 为静水压之差（MPa），η 为液体黏度常数（MPa·s·mm^{-2}）。

由此可以看出，在相同的木质部截面积下，导管数目少但直径较大的茎比那些导管数目很多但直径较小的茎具有高得多的水导（hydraulic conductance）（Lambers 1998）。细导管的缺点是对水的导性低，但由于导管壁在木质部中所占比例大，所以使木质部获得了较高的机械支持强度。对于管胞而言，相邻管胞之间次生加厚壁上有一些纹孔，它们对水分在木质部的流动也可能产生相当大的阻力（Nobel 1991）。

不同类群植物之间在木质部导管的长度和直径上变异很大（表 4-3）。树木的导管长度从不足 0.1 cm 到超过 10 cm 或者可以更长（可以与茎的高度一样）。导管的长短本身并不具有任何明显的优势，或许它们只是树木生长的随机结果（例如出于对纤维长度的力学需要），或许是由于短小的导管发生寒冷诱导下的空穴化作用（freeing-induced cavitation）的可能性更小一些（见本章第 3 节）。在落叶乔木中，生长季早期产生的导管比晚期导管要更长、更粗些。早期木和晚期木之间木质部导管直径的差异可以从环孔材的年轮上反映出来；而对于散孔材，粗导管和细导管在生长季中是随机产生的，因此很难从年轮上将它们区别开来（Zimmermann 1983）。

表 4-3 不同类型植物之间茎木质部导管的导水率、水分通过导管的
最大速度及导管直径（引自 Lambers et al. 1998）

植物类型	木质部空腔导水率 / (m^2·s^{-1}·MPa^{-1})	最大速度 / (mm·s^{-1})	导管直径 /μm
常绿针叶树	5 ~ 10	0.3 ~ 0.6	<30
地中海区硬叶树	2 ~ 10	0.1 ~ 0.4	5 ~ 70
落叶散孔材	5 ~ 50	0.2 ~ 1.7	5 ~ 60
落叶环孔材	50 ~ 300	1.1 ~ 12.1	5 ~ 150
草本植物	30 ~ 60	3 ~ 17	–
藤本植物	300 ~ 500	42	200 ~ 300

4.2.2.2 水分在茎中的贮藏

植物能够在茎中贮存一部分水分，以备蒸腾过程中临时用水之需。一个直接的证据是，在许多乔木树种中，根系的水分吸收与树冠的蒸腾失水存在大约 2 h 的时滞（图 4-4），蒸腾开始时提供给叶子的水来自茎中的薄壁细胞。白天茎中水的抽出使树干的直径不时地发生变化，一般是早晨最大而傍晚最小。茎干的收缩大多发生在木质部外围的活组织中，其细胞具弹性较强的细胞壁，因而当水分从中抽出时细胞体积就将减小。在乔木中大多数植株茎干中的水可以满足一天中蒸腾量的 10% ~ 20%，因此它可以被看作一个很小的水分缓冲器（Lambers et al. 1998）。

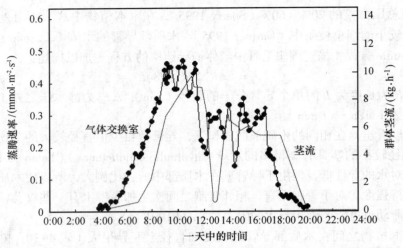

图 4-4　一种落叶松（*Larix* sp.）茎中水流与叶蒸腾水分损失的日进程，两条曲线之间的差值表明茎中贮藏有水分（引自 Lambers *et al.* 2008）

对于不同生活型的植物，茎中贮藏水的生理生态意义可能不同。在热带干性森林（tropical dry forest）中，干季里落叶乔木的叶脱落能防止由蒸腾引起的水分损失。茎干中的贮藏水可以为满足这些树木在干季开花和叶子再度绽出的水分需求做出重要贡献（Borchert 1994）。对于寒冷地区的森林，茎干中贮藏水的意义在于减少冬季脱水，如生长在树线之上的一种恩格曼云杉（*Picea engelmannii*）的针叶免于脱水可能采用了这样的机制：当土壤结冰但气温高于 −4 ℃时，植物就需要利用茎干中贮藏的水了（Sowell *et al.* 1996）。在草本植物和肉质植物中，茎中贮藏水显得更为重要。草本植物白天可以将这部分水用于蒸腾，而在夜间由于根压作用再将一部分水补充到木质部中来；肉质植物的贮藏水可以在土壤水分供应终止数周后继续维持其蒸腾作用（Lambers *et al.* 1998）。

4.2.3　叶片的导水特性与蒸腾作用

从茎部运输到叶子的水分只有很小的一部分是用于代谢的（1% ~ 5%），而其余绝大部分都将散逸到体外去。水从叶子散失到外界有两种方式：一是以液体形式流失，即我们所熟知的"吐水"现象；二是以气体形式散逸到体外，即蒸腾作用（transpiration）。

4.2.3.1　叶片的导水特性

叶片的水分传输是土壤–植物–大气连续体中水分迁移的一个重要环节。叶片导水占整个植物导水的 30% ~ 60%，同时叶片的导水能力和其导管结构对干旱的脆弱性是决定植物生产力和竞争力的关键因素（Nardini & Luglio 2014）。大量实验结果表明，不同植物物种间叶片导水能力存在很大差异（图 4-5），叶片导水率的最大值与最小值之间相差可高达 65 倍，如半月铁线蕨（*Adiantum lunulatum*）的最大导水率为 0.76 mmol · m^{-2} · s^{-1} · MPa^{-1}，而热带乔木血桐（*Macaranga triloba*）的最大导水率为 49 mmol · m^{-2} · s^{-1} · MPa^{-1}（Sack & Holbrook 2006）。通常农作物草本的导水率比被子植物的高，温带与热带木本被子植物的导水率高于针叶和蕨类植物（Brodribb & Holbrook 2003；Sack *et al.* 2003；Brodribb *et al.* 2010）。

尽管水分在叶片中的传输路径只占水分在整个植物体内流经路径长度的一小部分，

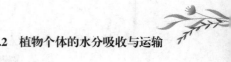

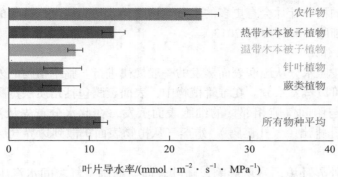

图 4–5　不同生活型植物的叶片导度比较（引自 Sack & Holbrook 2006）
蕨类植物，4 种；针叶植物，6 种；温带木本被子植物，38 种；
热带木本被子植物，49 种；种子草本植物，7 种

但是水分在叶片中遇到的导水阻力占整个植物的 30% ~ 80%（Nardini 2001；Sack *et al.* 2003b；龚容和高琼 2015）。已有研究表明，叶脉密度和叶脉直径的大小影响着叶片的导水能力（Sack & Holbrook 2006；Sack & Scoffoni 2013）。一般而言，次脉密度越高的植物，其最大导水能力也越强，原因主要在于次脉为导管与周围叶肉细胞的水分交换提供了更大的面积，并缩短了水分运输到蒸腾部位的距离（Roth–Nebelsick *et al.* 2001；Sack & Frole 2006）。主脉虽然决定了水分在叶片中的分布，但是主脉密度与植物的导水能力并不相关（Zwieniecki *et al.* 2002）。

叶片导水率对外界环境因子如温度（Sellin & Kupper 2007）、水分有效性（Gortan *et al.* 2009）、光照（Lo *et al.* 2005）等都比较敏感（图 4–6）。一般而言，阳生被子植物的叶片导水率比阴生植物高（Nardini *et al.* 2005），这可能与阳生植物比阴生植物具有更高的叶脉密度（Sack & Frole 2006）和更大的导管直径（Nardini *et al.* 2005）有关。在干旱条件下，叶片导水率会因木质部栓塞导致木质部水分运输能力的下降而降低（Nardini *et al.* 2003），

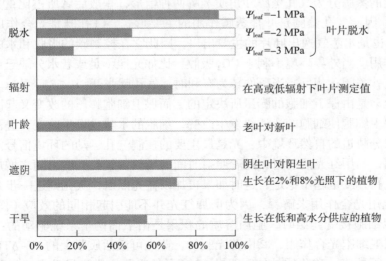

图 4–6　叶片导水率对外界环境因子的响应（引自 Sack & Holbrook 2006）

具较高叶脉密度的植物叶片会有更多的水分运输路径，从而绕过气蚀化的木质部把水分运输到蒸腾部位的细胞（Sack *et al.* 2013）。

4.2.3.2　蒸腾作用

植物的蒸腾按照水分从湿润表面蒸发的一般规律进行。整个植物的外表面以及与空气接触的内表面都可以蒸发水分。在维管植物中，表面蒸腾包括角质层蒸腾和周皮蒸腾；对于叶子，水分从与胞间气隙相邻接的细胞表面蒸发，在此水分首先从液相转变成气相，随后水汽通过气孔排出（气孔蒸腾）。水蒸气从植物表面扩散到边界气层并由此进入外部空间。

蒸腾作用受外界环境因素所影响，随叶表面与周围空气之间水汽压的梯度大小而改变（Larcher 1997）。有证据表明，蒸腾强度随空气干燥度的增加与相对湿度的升高而增强（图4-7）。强辐射引起叶表面变热也能产生一个比较陡的水汽压梯度，以至于尽管空气相对湿度很高甚至达到饱和，蒸腾作用也会发生。

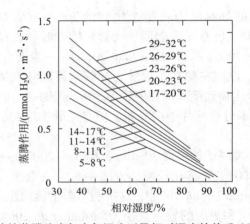

图4-7　芦苇叶片的蒸腾速率与空气温度以及相对湿度的关系（引自 Larcher 1997）

植物叶片的蒸腾分为气孔蒸腾和角质蒸腾两种情形，一般后者所占比重只占总蒸腾量的10%以下，因此气孔蒸腾是叶片蒸腾作用的主要形式。气孔既是光合作用吸收空气中CO_2的入口，也是水蒸气逸出叶片的主要出口，因此它在控制碳的吸收和水的损失的平衡中起着关键作用。当外界环境不利于CO_2吸收，比如光照不足或者水分缺乏可能导致叶片脱水时，气孔就关闭；相反，当条件转为有利时，气孔就张开。

气孔的运动是由保卫细胞的膨压所决定的，而保卫细胞膨压的改变又起因于离子和有机物质进出保卫细胞使细胞的渗透势发生改变，细胞的水势也发生改变，进而引起水进出细胞。在无水分胁迫的自然环境中，光是最主要的控制气孔运动的环境信号。双光实验的研究结果表明，当用红光照射时，随着照射时间的延长，气孔开度也随之增加，当红光达到饱和后，气孔开度也趋于稳定，这时如果再加以蓝光照射，气孔则进一步开张。蓝光的这一效应不能用光合作用来解释，因为增加红光并不能引起相同的效应（图4-8）。现已证实，当保卫细胞接受光照时，胞内溶质的积累是由下面两个系统驱动的：①由红光驱动，依赖于保卫细胞光合作用；②由蓝光驱动，蓝光可激活质膜上的H^+–ATPase，超极化质膜，引进质子外流、酸化质外体，驱动K^+离子的吸收，进而导致保卫细胞吸水和气孔

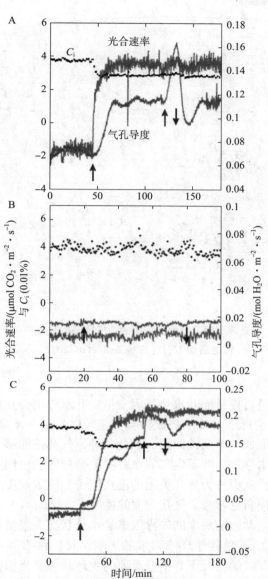

图 4-8 红光和蓝光照射对拟南芥（A 和 B) 和水稻（C）叶片气孔导度、光合速率和
细胞间隙 CO_2 浓度（C_i）的影响（引自 Shimazaki *et al.* 2007）
左侧箭头表示连续用强红光（600 μmol·s⁻¹·m⁻²）照射，向上和向下的箭头分别
代表微弱蓝光（5 μmol·m⁻²·s⁻¹）照射的起点和终点

进一步开展（图 4-9）。K⁺ 离子增加所带来的细胞内正电荷的增加需要被带负电荷的离子所平衡，对于大多数植物，K⁺ 离子增加的同时也伴随着苹果酸根离子的增加（Shimazaki *et al.* 2007），保卫细胞中的苹果酸根离子是在蓝光照射下由淀粉降解而成（Vavasseur & Raghavendra 2005），因此淀粉代谢在气孔运动中可能也具有重要作用。至于淀粉是如何代谢形成苹果酸的，目前还不清楚（Ding *et al.* 2014）。

4.2.3.3 影响气孔蒸腾的因素
单叶或整株植物暴露于干燥的空气中会导致蒸腾加强，反过来引起叶水势下降，这种

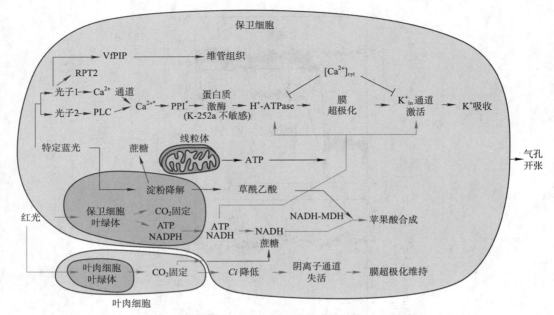

图 4-9　在光照下保卫细胞中发生的与气孔开放有关的离子运动和
代谢活动（引自 Shimazaki *et al.* 2007）

情形之下空气相对湿度是自变量而叶水势是因变量；叶水势也会直接影响气孔导度，进而改变蒸腾速率，在这种情形下，叶水势成为自变量（Comstock & Mencuccini 1998）。叶蒸腾与叶水分状况就这样形成一个反馈回路。除此之外，气孔还能够对空气相对湿度的变化做出直接反应。在细胞水平上，叶子内部的水势梯度会导致表皮细胞的膨压对空气相对湿度的改变做出敏感反应，从而成为气孔关闭的潜在因子。除了表皮细胞和保卫细胞之间的水力联系之外，细胞的代谢也参与了气孔开度的控制。

除光照外，对气孔运动影响最大的外界因素是水分状况，当植物受到干旱胁迫时，气孔始终处于关闭状态，而不受其他环境因素的影响。植物激素脱落酸（ABA）对气孔运动，特别是在发生水分亏缺的情况下有十分重要的生理功能。当植物受到干旱胁迫时，最先感受水分发生亏缺的器官是根。土壤的水分状况对气孔运动的影响并非仅仅是由于可利用水减少而使得气孔失水关闭。当土壤中水分逐渐发生亏缺而植物叶中尚未发生水分亏缺时，气孔首先会发生关闭。梁宗锁等（2000）将玉米根系分开置于两个容器中进行培养，其中一半放入 Hoagland 营养液中，另一半根系放在含有 PEG 的 Hoagland 营养液中，结果发现渗透胁迫处理后的植物，虽然其叶水势和光合均与对照相近，但叶片气孔导度明显下降。由此可以认为，植物的根系中有"感知"水分状态的系统，当发生水分亏缺时，可以通过信息传递调节地上部气孔的运动，以适应根系的水分吸收状况。进一步的研究发现，在上述的分根实验中，渗透胁迫处理的那部分根中的 ABA 含量增加。

现已证实，当土壤发生水分亏缺时，根中合成大量信号分子 ABA，并随蒸腾流向上运输，最终到达保卫细胞而对气孔运动进行调节（武维华 2008）。最初 McAinsh 等（1990）研究发现，ABA 可以引起胞液中游离钙离子浓度的迅速上升。与此同时发现，钙离子浓度的升高可以诱导气孔关闭（Gilroy *et al.* 1990；Allen *et al.* 2001）。然而，后来的一些的研究表明，ABA并不能普遍地引起胞内钙离子浓度的增加（Romano *et al.* 2000；Kwak *et al.* 2003；Levchenko *et al* 2005；Marten *et al* 2007），推测ABA诱导气孔关闭可能存在两种不同的信号途径：钙离子依赖性诱导和非钙离子依赖性诱导（Siegel *et al* 2009）。

延伸阅读

植物导水率的测定方法

测定植物导水率的方法较多，主要有压力室法、蒸发流通量法、压力探针法以及高压流速仪法（HPFM）等。用压力室法测定植物根系的导水率时，根系被密封在一个金属压力室中，仅露出部分根茎。压力室中的压力可通过一个与压力室相连的压力源进行调节。伸出压力室外的茎干与一段充满水的短管相连，短管上安装有压力和流量传感器。在内部压力作用下，水分会通过根系从茎干切口处渗出。水分的渗出速率可通过打开通往流量传感器的阀门测得。渗出速率也可通过在固定的时间间隔内测量渗出液的重量获得。根据压力和流量的线性关系可以得到根系导水率。该方法虽然已被广泛使用，但不能直接测定，而是通过间接计算获得植物导水率，加之测定过程耗时较长，工序较多导致误差较高。

蒸发流通量法是一种比较传统的方法，所得的导水率是根据植株蒸发流通量与土壤和叶水势差值的比率来计算的，当水流达稳定态时，用蒸发流通量除以植物各部位的水势与土壤水势之差来计算植物及各组成部分的导水率。该方法的测定精度主要取决于测定土-根界面土壤水势的精度（杨启良等2011）。

根部压力探针法不仅可以用来测量根系导水率和反射系数，而且可以测量根系对溶质的渗透性。测量时，一条离体单根靠近茎干的一端被密封在一个充满溶液的塑料容器内，另一端浸没在外部溶液中。容器内的液体压力通过压力传感器测量，该液体的压力调整通过一根密封在塑料容器上的金属棒的运动完成，也可通过改变外部溶液的浓度来实现。该方法在测量小根系时效果最好，但是也可测量较大的根系以及小树苗带侧根的根系。压力探针法测定范围广，但耗时较长，加之探针的插入影响植物体内的水分流动，导致精度不高。

高压流速仪法（HPFM）可以采用动态或稳态模式测量根系以及枝条的导水率。对根系而言，最好采用动态模式进行测量。用HPFM法测量根系时，植物的茎干部分自根、茎节点以上数厘米处被切掉，然后将根系与HPFM仪器通过一个带橡胶密封圈的接头相连。施加在根系上的压力和流入根系的流量被HPFM仪器自动测量并记录。在采用动态模式测量根系时，施加在根系上的压力的变化通过调节一个小型气压罐中压缩气体的压力来实现。小型气压罐被一个橡胶袋分成两个相互隔离的部分，橡胶袋里面是测量导水率用的水，外面是压缩空气。随着压力的增加，水流不断进入根系，并从根系表面流出。因此，测量过程的水流方向与蒸腾过程的水流方向是相反的。在典型的动态模式测量过程中，压缩气体以恒定的速率不断进入小型气压罐，从而引起压力随时间的线性变化。通常，压力从0增加到0.5 MPa。如果根系中没有空气，则流入根系的量与压力呈线性关系，直线的斜率就是根系导水率。HPFM法是一种较好的测定植物导水率的方法，测定简单、

速度较快、范围较广、精度较高，不仅可直接获得测定数据，而且在实验室和田间可进行原位测定。

水分再分配观测方法

如果根系发生水分再分配，必然引起根际区土壤含水量或水势的变化，因此可通过测定根际区土壤含水量或土壤水势的变化来推断水分再分配是否发生，即土壤水分法（鱼腾飞等 2015）。Richards 等（1987）首次在野外条件下观测到了三齿蒿（*Artemisia tridentata*）根际区（35～80 cm）土壤水势的昼夜波动，同时利用蒸腾抑制试验证明白天土壤水势的降低是根系吸水过程，而夜间土壤水势的增加是根系释水过程，即水力提升。之后，许多学者采用这一方法证明了植物水力提升的存在。目前，广泛用于测定土壤含水量的技术主要有土壤干湿计、时域反射仪（time domain reflectometry）、频域反射仪（frequency domain reflectometry），以及中子射线照相术（neutron radiography）等。

根流出的水分除被用于自身的蒸腾外，可能有一部分被相邻浅根系植物所吸收，同位素示踪法的基本原理是给深根系植物主根根尖部位喂以氢氧同位素（^{2}H，^{18}O），之后检测相邻浅根系植物体内被标记的同位素，从而判断水力提升作用的存在。Caldwell 等（1989）首次利用同位素示踪法证明三齿蒿根系吸收的重水（D_2O）出现在浅根系草本植物体内，并结合土壤水势观测的昼夜变化确定了三齿蒿水力提升的量为第二天蒸腾量的 25%～50%。

水分再分配存在的另一个特征是根系液流方向相对于白天发生逆转，因此任何适用于测定低速和双向液流的方法均可用于水分再分配的测定。

4.3　液流

4.3.1　根压、蒸腾拉力与液流

根系从土壤中吸收的水分和矿物质进入植物体后形成连续不断的液流。根系吸水有两种动力：根压（root pressure）和蒸腾拉力（transpirational pull）。根压是根系的生理活动使液流从根部上升的压力，由此产生的吸水现象是一种主动吸水。根部导管周围的活细胞进行代谢活动，不断向导管分泌无机盐和有机酸，引起导管溶液的水势下降，所以水分不断地流入导管；较外层细胞的水分向内移动，最后土壤水分沿着根毛、皮层流入导管，进一步向地上部运送。由蒸腾失水所产生的使液流向上移动的拉力称为蒸腾拉力。叶片蒸腾时，气孔下腔附近的叶肉细胞因蒸腾失水而引起水势下降，于是从旁边的细胞取得水分，旁边的细胞又从另一个细胞取水，如此传输就会从导管取水，最后导致根系从土壤中吸水。所以靠蒸腾拉力吸水是一种由叶、枝形成的吸水力传到根部而引起的被动吸水。在根压和蒸腾拉力两者之间，通常后者的作用更为重要，只是在春季植物叶片尚未展开、蒸腾效率很低时，根压才成为吸水的主要动力。

贯穿木质部的液流存在明显的种间差异和时空变化：①即使是在生境条件基本一致的情况下，相同生活型但不同种植物的茎干液流速率也可能有相当大的差异。严昌荣等（1999）采用热脉冲技术对北京东灵山夏绿阔叶林乔木层中的两个树种即辽东栎（*Quercus wutaishanica*）和核桃楸（*Juglans mandshurica*）的树干液流进行了比较研究，发现在晴朗天气状态下前者的最大液流速率只有后者的 1/3 左右，这同二者蒸腾速率的测定结果相一致。②茎干液流普遍呈现昼强夜弱的特点，晴天条件下可出现一至几个峰值，一般在午前或午后。日际变化的波动性相当大，并受到天气条件的强烈影响。③茎木质部的液流速率超过根木质部的液流速率（晴天条件下），但二者波形相似且同步。④木质部的液流速率在树干径向位点上存在由外向内的梯度变化；树干向阳面的液流速率超过背阴面的液流速率，特别是在中午太阳光直射时差异更为显著（龚道枝等 2001）。

4.3.2　内聚力学说与补偿压学说

几个世纪以前，人们就开始探究为什么水分能够从树的根部输送到顶部这样一个问题。19 世纪末至 20 世纪初，一些学者如 Dixon 等提出了植物体内液流上升的内聚力学说（cohesion theory），也称为蒸腾 – 内聚力 – 张力学说（transpiration-cohesion-tension theory）（Findlay 1919）。直到现在它依然是被学术界最为广泛接受的能够解释液流上升机制的理论。一个学说（理论）提出后经过一百多年，其核心内容未加修饰却仍占据主导地位，这种情形在科学史上并不多见。

内聚力学说认为：木质部液流中水分子之间相互吸引，可产生内聚力（cohesive force）；叶片蒸腾失水时从导管（或管胞）吸水形成向上的蒸腾拉力，而液流本身又受重力的作用具备向下运动的势能，这两种力相互作用就使得导管的水柱产生张力（tension）；由于水分子的内聚力大于水柱张力，所以保证了水柱的连续性而使水分沿导管（管胞）不断上升。内聚力学说把水分吸收与蒸腾作用很好地联系起来。从根到叶的连续水柱在整株植物的水分吸收与丧失之间形成一种负反馈，通过它调节蒸腾强度和吸水强度，达到植物体内水分的相对平衡。在早期，能够支持内聚力学说的为数不多的实验证据是通过一些间接方法得到的，到 20 世纪 60 年代发明了压力室（pressure chamber）技术之后，这一学说的主导地位得到确立。

过去几十年中，解释水分在植物体内长距离运输的理论不断地被提出，但都没有引起大的反响，其原因在于采用压力室技术获得的大量数据依然是支持内聚力学说的（Meinzer et al. 2001）。从 1990 年前后开始，对内聚力学说的挑战再度引发了一场热烈的争论。这场争论由于木质部压力探针（xylem pressure probe，XPP）的发明而变得更加激烈。利用 XPP 可以直接测得一个完整植株中某一根导管的压力或张力，其结果虽然证实了处于蒸腾过程中的植株的木质部内确有张力存在，但这种张力往往太小，不足以说明水分在木质部中的长距离运输完全是由张力所驱使的（Benkert 1995），并且测定结果通常比采用压力室技术测算出的张力值要小得多。采用 XPP 技术测得的结果以及早期一些与内聚力学说相抵触的观察结果促使有些研究者提出解释水分长距离运输机制的新学说，Canny 的"补偿压学说"（compensating pressure theory）就是其中的一个（Canny 1998）。该学说是指木质部张力通过补偿压维持在一个稳定的范围内，这种补偿压是由围绕木质部的膨胀的活组织所施加的。按照该学说，补偿压的存在有助于填充导管内出现的空泡，原因是补偿压可将组织内的水分挤入空泡中。补偿压学说发表不久就有人质疑，问题的焦点是木质部外围的组织压力是暂时性的，它能否持续地维持木质部的压力而使稳定的水分运输得以进行（Tyree 1999）。Zimmermann 等（2004）经过一系列的研究后认为，蒸腾作用只能在木质部中产生相当有限的负压，因为木质部汁液组成、木质部细胞壁的特性和木质部与其他组织的水力耦合阻止了超过 1 MPa 的稳定张力的形成，供应给高大树木的最高处叶片的水分是通过作用于木质部以及薄壁组织和液（气）界面的多相态之间的不同作用力之间的微妙的相互协调作用而获得的。因此，他们提出应用"多驱动力"来解释植物体内的水分运输，而不只是蒸腾拉力。

4.3.3 空穴化、栓塞化作用

研究指出，有两个因素会促使木质部中水分子的内聚力增加：①当水进入根的时候就已经过有效的过滤，这样就除去了一些微细的颗粒，而这些颗粒往往能成为形成气泡的核；②水流处于十分微细的导管或管胞之中。然而有充分的证据表明，气泡确能在导管或管胞中形成，这就是空穴化作用（cavitation）（亦称空化作用、空穴现象、成腔或气泡形成等）。在许多乔木中这种情形比较普遍地存在，甚至在草本植物中也可能发生。空穴化作用形成的气泡或空腔被水蒸气或空气所填充，形成栓塞（embolism），可能导致导管中水柱的中断，因而它会降低导管的输水能力，严重的时候还会影响到植株的生长。空穴化和栓塞化是紧密相关的两个概念，有关它们形成的机制，目前认为"空穴形成"有 4 种模式：①气泡由纹孔进入导管形成空穴；②液体流动过程中自然发生的微小气核膨胀形成空穴；③驻留在导管内疏水区域的小气泡膨胀形成空穴；④导管壁上微小气核与疏水区脱离形成空穴（Tyree & Zimmermann 2002）。气泡使得空穴化在两个相邻导管间扩散，从而阻滞水分的运输，最终导致栓塞（Tyree *et al.* 2003；Angeles *et al.* 2004）。

任何使木质部张力增加的因素都可能引起空穴化、栓塞化，目前了解较多的诱因包括水分胁迫、冬季木质部管道内树液结冰、植物维管病害等，具体为：①水分胁迫直接引起木质部水势下降、张力增加，当水势下降超过一定阈值后，水柱就会断裂，外来的微气泡就可能进入原本充水的管道，形成栓塞，阻滞水分的运输（图 4-10）。②木质部树液结

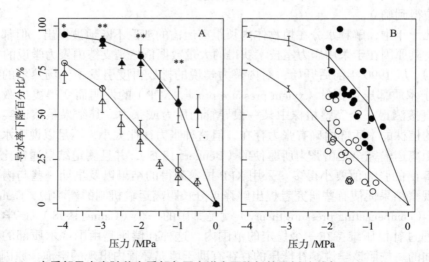

图 4-10 木质部导水率随着木质部负压力增大而降低的实例（引自 Anderegg *et al.* 2013）

木质部负压力是通过对植物茎做离心处理（图中以三角形符号表示）或者空气注射处理（图中以圆形符号表示）而得到。（A）健康枝条（空心）和严重干旱枝条（实心）的导水率下降百分比随木质部负压的变化情况，其中木质部负压力分别通过对植物茎做离心处理（三角形）或者空气注射处理（圆形）而得到；图中的线条表示中采用空气注射处理获得的脆弱曲线。（B）健康枝条（白色）和严重干旱枝条（黑色）的导水率下降百分比随木质部负压变化的原位测量结果。

冰引起木质部空穴和栓塞化可能涉及两种机制。其一，溶解在树液中的空气在树液结冰时会从溶液中逸出，由于张力增加气泡会扩大，进而栓塞化，此为冻融交替机制（freezing-thawing cycle）；其二，栓塞的形成起因于结冰木质部管道内冰的升华作用。③因维管病害引起的木质部栓塞有多种解释，如真菌侵染导致木质部导水率下降、病原体干扰根部吸水并使气泡扩散的临界压力降低等。此外，一些环境因子如水分、光照等会对植物空穴化作用的可能性产生影响。粗齿槭（*Acer grandidentatun*）生长在湿润生境中时其根部的木质部更容易发生空穴化（Alder *et al.* 1996）；水青冈暴露在阳光下的枝条比荫蔽条件下的枝条更容易发生空穴化（Cochard *et al.* 1999）。因为木质部导管只能在较长时间尺度上得到锻炼（驯化）以适应新的环境条件，所以当水青冈突然暴露于全光照之下（如林木间伐时）时，假如蒸腾速率不能被有效调节，木质部就可能发生空穴化或栓塞化现象。

不同植物之间对空穴化作用的敏感性差异很大。一般来说，较难发生空穴化的种类是相对耐脱水的。例如，杨树（*Populus fremontii*）的茎干在水势为 −1.6 MPa 时其导管的水柱就出现完全空穴化，而柳树（*Salix gooddingii*）、梣叶槭（*Acer negundo*）、高山冷杉（*Abies lasiocarpa*）和单子刺柏（*Juniperus monosperma*）发生空穴化的阈值分别是在 −1.4 MPa、−1.9 MPa、−3.1 MPa 和 −3.5 MPa 的水势下（Pockman *et al.* 1995）。不仅如此，在同一种植物同一基因型的不同表现型之间，对空穴化作用的敏感性变化也很大，其差别可能和种间差别一样显著（Lambers *et al.* 1998）。现已证实，木质部栓塞脆弱性与导管直径（Cai & Tyree 2010）、导管长度（Cai & Tyree 2014）、纹孔质量特征（Christman *et al.* 2009；Jansen *et al* 2009）、木质部密度（Cochard *et al* 2008）和纤维管胞的结构特征（Cai *et al* 2014）等均有关。

对于木质部栓塞的修复过程，最初认为是借助于根压（Tyree *et al.* 1986），根压导致正导管压力对草本植物空穴化的导管重新注水机制有很好的解释，然而却不能很好解释高大的木本植物空穴化的修复（Ewers *et al.* 1997）。比如月桂树（*Laurus nobilis*）的根就缺少根压（Salleo *et al.* 1996），其木质部导管重新注水是通过从韧皮部到木质部的通道进行的（Tyree *et al.* 1999），而根压是通过木质部到木质部的通道（Fisher *et al.* 1997）。在此基础上，Holbrook & Zwieniecki（1999）提出空穴化导管的原位修复，即在不影响其他导管内部张力和叶蒸腾的情况下，仅发生栓塞的导管或相邻数个导管的压力恢复并修复栓塞的过程。重新注水过程包括以下 3 个步骤：①水进入空穴化的导管；②孤立重新充水的导管以便维持正压来溶解气泡；③在存在张力的情况下稳定相邻的导管。原位修复的几个核心问题是足够的驱动力、水分来源与运输途径以及能够将栓塞导管与周围功能导管区隔开的导管壁物理特性。其后，Hacke & Sperry（2003）提出渗透修复假说，认为木质部薄壁细胞可以分泌分子量较大且不能穿过纹孔膜的溶质以提高栓塞导管内的渗透势，进而从周围导管中获得水分消除气泡。该假设的关键是栓塞导管仍能通过纹孔膜与周围导管保持水分联系并作为水分来源，但目前尚未有实验证据证实大溶质分子确实存在。Zwieniecki & Holbrook（2009）总结现有关于负压下木质部栓塞修复的报道和观点，并提出了一个概念性框架（图 4-11），对进一步研究木质部栓塞修复的途径和机制具有重要的指导意义。

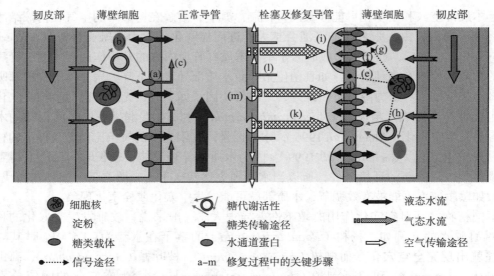

| 韧皮部 | 薄壁细胞 | 正常导管 | 栓塞及修复导管 | 薄壁细胞 | 韧皮部 |

细胞核　　　　　　糖代谢活性　　　　　　液态水流

淀粉　　　　　　　糖类传输途径　　　　　气态水流

糖类载体　　　　　水通道蛋白　　　　　　空气传输途径

信号途径　　　　　a–m 修复过程中的关键步骤

图 4-11　可能存在的木质部栓塞修复途径（引自 Zwieniecki & Holbrook 2009）

（a）与导管相连的活细胞分泌一定量的可溶性糖类，（b）可溶性糖类来源于木质部薄壁细胞中贮存的淀粉，（c）可溶性糖类能够被蒸腾流带走从而维持很低的浓度；（d）但当栓塞发生时，（e）质外体中糖类累积并触发可以导致栓塞修复的信号途径，（f）如糖类进一步释放、（g）水分跨膜运输以及（h）糖类代谢活性；（i）糖类累积后由于渗透作用使水分从薄壁细胞流向导管并在内壁形成小液滴；（j）部分未湿润的导管壁阻止来自功能导管的小液滴移动；（k）水蒸气凝结提供了第二个水分来源；（l）随着高渗液滴进入导管气泡溶入汁液或者通过导管壁上的微孔进入细胞间隙；（m）类似于水阀的具缘纹孔被打开直到栓塞导管完成修复

4.4　土壤–植物–大气连续体中的水分流动

在陆地生态系统中，植物凭借其发达的根系从土壤中吸取水分，水分进入根系后沿木质部输导系统向上运输，经过茎干达到叶子中的维管系统，最终通过气孔和角质层蒸腾到大气中去，于是就形成一个连续的水分运输体系，称为土壤–植物–大气连续体。水分通过这个体系的数量和速度大小，取决于以下几个因素：①土壤中水的可利用性；②根系吸收水分的能力；③水分通过导管/管胞的运输能力；④叶片导性/阻力大小；⑤空气的水汽压差。

4.4.1　土壤中水分的可利用性

土壤中水分的可利用性主要取决于土壤中水的贮量及土壤水势。颗粒小的土壤（如黏土）具有数目较多但尺度较小的土壤孔隙，它们可以产生绝对值较大的负压值。直径小于 0.2 μm 的孔隙可以把水分牢牢地把持在土壤颗粒的周围，以致排水率很低；直径大于 30 μm 的大孔隙保持水分的能力较弱，因此雨后土壤中水排出容易。这样，直径处于 0.2 ~ 30 μm 的孔隙，即中等大小的孔隙可使植物较容易地获取水分。

植物根系从土壤中吸收水分范围的大小与土壤的紧实度（compactness）密切相关。在松散的土壤中，根系可在较大范围的土体中获取水分，而在紧实的土壤中，根系表皮局限在较小的空间内其水分吸收受到限制。然而即使是在紧实度高的土壤中，仍然存在一些结构性缝隙和生物孔道（biopore）（即由土壤动物和植物根系形成的连续孔道），植物根系可以从中穿过。植物总是在中等密度的土壤中生长最好，因为这种土壤一方面足够松软允许根充分生长，而另一方面又足够紧实而使根与土壤保持紧密接触（Stirzaker & Passioura 1996）。

可以通过测定表征土壤水分状况的两个重要参数田间持水量（field capacity）和永久萎蔫系数（permanent wilting point）来获得土壤有效水分多少的信息，即土壤总有效水容量（total available water capacity），它是田间持水量和永久萎蔫系数的差值。黏土或有机质含量较高的土壤在达到田间持水量时通常具有较高的含水量，但其萎蔫系数通常也比较高；沙土的田间持水量较低但同时其萎蔫系数也较低。土壤有效水多少的比较只有通过有效水容量的计算才能做到，不过一般来说黏质土壤比沙质土壤有效水容量会高一些（表 4–4）。

表 4–4　不同类型的土壤中孔隙分布与土壤含水量（Lambers *et al.* 1998）

孔隙与含水量	土壤类型		
	沙土	壤土	黏土
孔隙所占空间（占总孔隙百分比）：			
>30 μm 土粒	75	18	7
0.2 ~ 30 μm 土粒	22	48	40
<0.2 μm 土粒	3	34	53
含水量（体积百分比）：			
田间持水量	10	20	40
永久萎蔫系数	5	10	20

植物根系在土壤剖面上的分布依赖于土壤水分的分布状态。如果土壤上层相对湿润，那么根系就倾向于从浅层土中吸取水分，结果是根系集中分布于这个层次。当土壤变干时，更多的水分需要从深层土壤中吸取。在地中海区的雨养农业条件下，小麦从土壤上层 45 cm 之内吸收的水分十分有限，而大部分水要从 45 ~ 135 cm 的土层中吸取；然而如果实施灌溉，45 ~ 90 cm 的土层又成为植物吸水的主要层次（van den Boogaard *et al.* 1996）。

植物根尖可能具有感知土壤湿度的能力，它能引导根系避开干燥缺水的斑块而向相对湿润一些的斑块伸展。因植物根部的向水性受到向重力性的显著影响，因此向水性机制的研究进展较慢（Cassab *et al.* 2013）。目前已知根冠既是向重力性的感受部位，也是水分感知区（Takahashi & Scott 1993），但在向重力性中起重要作用的生长素在根系的向水性方面贡献不大（Kaneyasu *et al.* 2007；Ponce *et al.* 2008），而在根的向水性方面起主要贡献的植物激素可能是 ABA（Ponce *et al.* 2008）和细胞分裂素（Saucedo *et al.* 2012）。

4.4.2　植物体内的输水通道

水分进入植物体内，沿着水势梯度发生运动，以细胞间扩散（短距离运输）和木质部输导（长距离运输）方式进行。在根中，水分经由皮层的薄壁组织而进入内皮层，而质外体（非共质体）运输受到内皮层细胞径向壁上的凯氏带的阻挡，不得不汇入共质体途径。在根的中柱中水分进入维管系统，开始了它的长距离运输。长距离运输有时也可以在细胞壁中发生，但以这种方式运输的水量是很有限的。水分到达叶的维管系统，进入许多细小的分枝中，最后通过扩散作用分配到叶肉细胞。

水分在植物体形成蒸腾流，其最大速度主要依赖于植物输导系统的解剖学特征，因而植株各部位（根、茎干、分枝）的流速不同。只要根对水分吸收不受阻碍，木质部的蒸腾流就随蒸腾强度的增大而提高。在形体较为高大的乔木中，水分移动开始于清晨树冠顶部分枝的前端，拉动起自根部到树干基部的水柱。此后液流开始迅速启动，与树冠的蒸腾速度相一致。傍晚液流变缓，但直到深夜水流还会缓缓进入树干，形成水分的储备。

如果植物与大气间水势梯度很低，木质部的水分移动也可以通过渗透力加以保持。春季当落叶树的叶子还未展开前贮藏于根部射线和薄壁组织中的淀粉的移动可以将可溶性糖类释放到输水导管中，产生渗透梯度，水分仍可沿此梯度向上流动。

4.4.3　蒸腾速率的气相控制

虽然水分在土壤、植物和大气之间形成一个连续的体系，但植物蒸腾的速率却只能在整个途径的气相部分被直接控制。如果在植物发生蒸腾作用的过程中把茎切断，水分供应就被终止，但此时叶子水分损失发生的速度起初并没有降低。后来叶水势下降，引起气孔关闭，这时叶的蒸腾速度才下降。土壤含水量或根对水的阻力发生变化，也只有通过气孔运动来间接影响蒸腾的速度。

延伸阅读

氧和氢稳定同位素可以用于检测植物吸收水分的来源

氢有2种稳定同位素：H（^{1}H）和 D（^{2}H），氧有3种稳定同位素：^{16}O、^{17}O 和 ^{18}O，H 和 O 以重同位素 ^{2}H 和 ^{18}O 形式出现的比例非常小，在自然界中所占的比例分别为 0.156‰ 和 1.2‰。不同氢氧同位素组合形成不同分子量的水，水分在蒸发、凝聚、降落、渗透和径流过程中，由于水分子的热力学性质与组成它的氢、氧原子的质量有关而产生同位素分馏。对于植物而言，除了一些海岸的盐生植物在吸收水分后会使同位素产生分馏外，绝大多数植物根系吸收的水分以及在植物体茎木质部传输中的水分的 δ^{18}O 和 δD 值一般不会发生变化，因此植物吸收各来源水的比例可以用对比植物茎木质水中的 δ^{18}O 和 δD 值、各个来源水中的 δ^{18}O 和 δD 值的方式得到。

例如，在犹他沙漠的灌木群落，大多数植物利用冬季积雪的融化水满足初春的生长。随着这种水源的耗竭，只有深根的多年生木本植物能继续吸收这种水源，很多浅根植物如一年生植物、多年生草本植物及多年生肉质植物要依赖夏季降雨（图Y4-1）。具有深层示踪标记的植物与浅层示踪标记水的植物相比，明显表现出水分胁迫程度轻、蒸腾速率大及水分利用效率低。

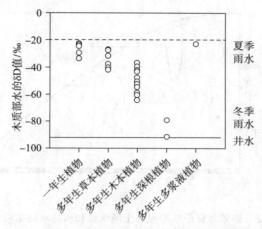

图 Y4-1　犹他沙漠灌木群落不同生长类型在夏季木质部
水分的氢同位素 δD 比率（引自 *Lambers et al.* 2008 ）
冬季降雨的平均 δD 为 –20‰，而夏季降雨的 δD 为 –22‰到 –88‰

4.5　植物个体的水分平衡

植物在生长发育过程中不断从土壤中吸收水分，又不断地把水分蒸腾出去，水分代谢就是在这个矛盾统一体中进行的。维持水分平衡是植物正常生命活动的关键。

4.5.1　水分平衡的含义

植物个体水分平衡包含的基本过程是水分吸收、水分输导和水分损失。在一定时间内植物吸收的水的数量与蒸腾损失的水的数量之间的差值即为水分平衡（water balance），其值的大小表示系统（植物体）偏离平衡点的方向和大小。当根系的水分吸收不能满足叶子的蒸腾需求时，水分平衡为负值，或称为负平衡；相反，当叶导度降低导致蒸腾作用减弱时，如果根系吸水没有变化，则水分平衡可能变为正值或称为正平衡。

植物的水分平衡是一种动态平衡，平衡值在正负之间连续变动，并且表现出明显的日变化和季节变化特征。白天大部分时间内由于植物的蒸腾作用超出植物水分吸收，故水分平衡常为负值；到傍晚或夜间才出现正平衡或者接近完全平衡，前提是土壤中贮存有足够的水。在干旱期间，植物的水分负平衡通常经过一整夜也不能完全恢复，因而水分亏缺逐渐积累起来，直到下次降水发生时才会得到缓解或恢复，呈现出周期性或不规则的季节性变化特点（图 4-12）。

4.5.2　水分平衡的维持

在湿润地区，植物避免出现水分负平衡的适应策略是减少气孔的开放度和开放时间。起初，蒸腾作用可能只是在白天部分时间内降低，随着水分亏缺加重，气孔在白天大部分时间关闭而只有在早晨和傍晚开放；最后，气孔蒸腾完全停止，蒸腾作用只有通过角质层途径完成。图 4-13 给出了这种情形的一个图解模型。

在干旱地区，植物通常具有广泛分布并到达地下水的根系，或者具有发达的贮水组织，所以它们可以不必通过减少蒸腾来避免水分负平衡的发生。这是它们对干旱环境适应

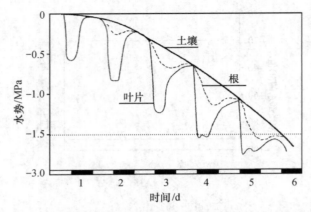

图 4-12　连续数日干旱期间，土壤水势和植物水势（根水势和
叶水势）的日变化进程（引自 Lambers *et al.* 1998）
黑色横杠表示夜间

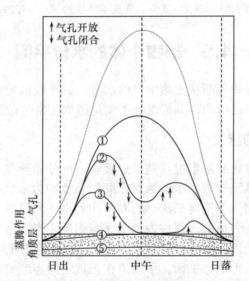

图 4-13　随着土壤水分的减少植物蒸腾作用的日变化图解（引自 Larcher 1997）
①蒸腾不受限制；②午间气孔导度下降蒸腾受到限制；③中午前后气孔完全关闭，气孔蒸腾停止；
④气孔长时间关闭，气孔蒸腾完全停止，仅角质层蒸腾继续进行；⑤角质层蒸腾降低至很低水平

的一种表现。然而当数周内无降水而且土壤贮存水被耗尽时，叶片气孔白天的开放度则大
为减少，开放时间越来越短，蒸腾作用也就越来越弱。

4.5.3　水分平衡状态的指标

　　理论上水分平衡可以从根系对水分的吸收和叶片水分的散失而加以定量测定，但在野
外条件下同时获得这两方面数据是有困难的。所以通常的做法是测定植物体的含水量或水
势，以此对个体水分平衡做出间接的估计。植物组织水势的降低和细胞膨压的减少总是与
含水量相关联的。

　　植物含水量的变化常被用作水分平衡的指标，可以通过直接测定茎或叶部位的含水量

获得水分亏缺的信息。为了克服天气条件带来的影响，通常使用相对含水量（relative wa-ter content）代替绝对含水量，它是相对于饱和含水量的百分比。水分亏缺（负平衡）的度量也可采用测定水分饱和亏缺（water-saturated deficit）来完成，它表示某组织含水量同处于完全饱和状态下的组织含水量相比而得到的数值。

组织水势的变化也可以反映出植物体的水分平衡状态。当水分平衡为负值时，组织渗透势 Ψ_π 就升高。渗透势 Ψ_π 不仅随含水量的变化而改变，而且随渗透调节过程而改变（液流中无机离子、糖、脯氨酸的累积）。然而比渗透势变化更敏感的指标是叶水势（图4-14）。水分亏缺的直接结果是与组织水势的显著下降相伴随的膨压的丧失，特别是在轻度水分亏缺范围内，水势的变化比渗透势更快。

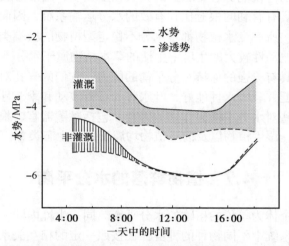

图4-14　在自然干旱和灌溉条件下，荒漠灌木扫帚石漠木（*Hammada scoparia*）叶的总水势和渗透势的日变化（引自 Larcher 1997）

4.6　植物的水分生态类型

在生物圈中水的分布是不平衡的，植物界不同类群的植物在生活史中对水的依赖性差异很大。人们可以从不同的角度或者依据不同的标准，划分出多种水分生态类型。

4.6.1　变水植物与恒水植物

陆生植物的含水量在不同类群之间变化很大，可以按照植物体含水量及其稳定程度区分出变水植物（poikilohydric plant）和恒水植物（homoehydric plant）两种基本类型（Larcher 1997）。变水植物的含水量与它们所在环境的相对湿度相一致，植物组织的细胞较小并且缺少中央液泡。当细胞缺水干燥时，它们就十分均匀地皱缩起来，原生质的超微结构不致被破坏，所以细胞仍保持有生活力。含水量降低的时候，植物的光合作用和呼吸作用受到抑制，然而当它们再次吸入足够的水分时，便可重新开始正常的代谢活动。藻类、地衣、苔藓、蕨类中的一些种类以及极少数被子植物属于变水植物。如地衣的叶状体只要组织水势不低于 –3 MPa，就能保持光合能力。种子植物的花粉粒和胚则可以被看作恒水植物的变水阶段。

恒水植物的一个共同特点是细胞内有一个中央大液泡，由于液泡内贮藏有水分而使植物组织的含水量能够在一定范围内保持稳定，因而原生质受外界环境条件变动的影响很小；不过大的液泡的存在也使细胞容易失去耐脱水的能力。陆生恒水植物的祖先分布在湿润的生境，后来随着角质层和气孔的进化使它们能够较好地控制水分平衡，才逐渐分布到干燥的生境中。大多数维管植物属于恒水植物。

4.6.2　水分稳定型和水分不稳定型植物

按照植物保持水分平衡的能力可以划分出水分不稳定型和水分稳定型两种生态类型。

水分不稳定型植物不仅能够忍受水势的较大幅度变动，还能忍受短时间大量失水而造成的萎蔫。它们通常具有有利的根冠比和有效的水分运输系统，因而从不利的水分状况下恢复也是比较迅速的。所有变水植物都是水分不稳定型植物的极端类型，群落演替早期的许多植物和水分状况波动性较大的生境中生活的草本植物属于水分不稳定型植物。

水分稳定型植物具有较强的保持水分平衡的能力，它们的气孔对水分亏缺保持较高的敏感性，根系分布广泛并且吸水性能好，叶水势的昼夜波动和季节性波动发生在较窄的范围内。此外，还有一些对水分平衡起作用的因素，包括贮藏器官、根部、茎干木质部的贮水组织等。水生植物、湿生植物以及肉质植物均属于此种生态类型。

4.7　植物群落的水分平衡

上述已讨论过以个体为单位的植物的水分平衡。同一生境内同一物种个体的集合构成种群，而在自然生态系统中不同物种的种群往往按照一定的相互关系组合在一起构成植物群落，因此仅考虑个体水平的水分平衡是远远不够的。又由于植物种群水平的水分平衡研究十分缺乏（除有一些零散的有关单独栽培的农作物种群或人工纯林的水分经济研究之外），以下集中分析植物群落的水分平衡。

4.7.1　群落水分平衡方程

植物群落的水分收支状况可以用一个简单的水分平衡方程来表示：假定大气降水（P）是群落唯一的水分输入，并且不存在侧向水分补给，观察时群落内植物有机体、枯枝落叶层以及土壤中贮存有一定的水分（ΔW），而群落的水分输出包括蒸散失水量（ET）、地表径流和地下渗漏（L）两项，那么水分平衡式就可以表述为：

$$P = \Delta W + ET + L$$

式中，各项均可以单位面积土地上降水当量的毫米数表示（$L\ H_2O \cdot m^{-2}$）。

一般来说，在草本植物群落中水分可占绿色植物生物量鲜重的 3/4 以上，木本植物群落中这一比例也在 1/2 以上。群落生物量中水分的含量存在日变化、季节变化和年变化。图 4-15 为温带夏绿阔叶林群落水分平衡状况的一个例子。

4.7.2　群落冠层对降水的截流

在缺少植物覆盖的裸地上，天然降水在一定尺度范围（数十米）内可以均匀地落至土壤表面；然而只要有植物群落存在，就会有一部分水被冠层截流而无法到达地表，蒸发后

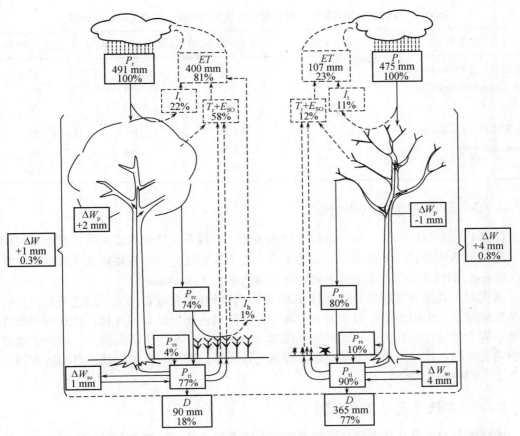

图 4-15 温带夏绿阔叶林群落在生长季和冬季落叶期间水分平衡状况（引自 Larcher 1997）

P_r：总降水量；P_{rc}：林冠降落水量；P_{rs}：茎流量；P_{ri}：下渗量；D：排水量；ET：蒸散量；
T_r：群落蒸腾量；E_{so}：土壤蒸发量；I_t：树冠截流量；I_h：草本层截流量；ΔW：群落总含水量；
ΔW_p：植物体含水量；W_{so}：土壤含水量

又返回大气中，这部分水被称为截流损失（interception loss）。这一现象在森林群落中比较突出。

截流损失的多少取决于群落的截流容量（interception storage capacity）、冠层水分蒸发所需能量以及空气湿度与流动速度。雨水以薄膜形式保持在茎叶表面、树皮裂缝中，风力引起的冠层机械运动可使大部分水降落地表。冠层水分的蒸发需要能量，这一过程的进行速度又与空气饱和差（空气的实际水汽压与相同温度下饱和水汽压的差值）有关。在夏季，由于有足够的蒸发能量和较大的空气饱和差，所以蒸发失水很多；但在冬季，由于蒸发能量小，空气饱和差小，蒸发失水量也就小得多。

群落截流损失的大小与冠层结构也有密切关系，而冠层结构又随着植物年龄和密度的变化而变化（表 4-5）。

表 4-5　林分年龄和林木密度对林冠截流损失的影响（引自 Kimmins 1987）

群落类型	年龄 / 年	密度 /（株 /ha）	截流损失 /cm	截流比例 /%
北美乔松（*Pinus strobus*）	10	—	30.5	15
林（Appalachians 山区）	35	—	38.1	19
	60	—	53.3	26
北美黄杉（*Pseudotsuga*	—	3 000	19.5	23
menziesii）林	—	1 370	20.4	24
	—	730	22.0	26

4.7.3　群落对水分的再分配

降水到达林冠层时，一部分保留在植物表面，直接蒸发造成截流损失，其余的以两种形式进入群落内部：①从群落冠层滴落下来，或者从冠层空隙处直接降落下来，形成穿透水（through fall）。②沿着茎干流下来到达土壤的茎流（stem flow）。

茎流对于森林群落特别是针叶林和未成熟的阔叶林具有重要意义。以茎流形式达到树干基部的降水，会沿着树干很快渗入土壤中。茎流所占比例较高的森林，其水分平衡特征可能不同于茎流比例低的森林。因为茎流水分下渗较深，减少了蒸发损失，增加了水分对植物的有效性。这一点对于干旱地区的群落更加重要，其中许多植物的形态构造有利于增加茎流（Kimmins 1987）。

4.7.4　地表径流与土壤渗漏

达到地表的水分并非全部为群落蒸腾蒸发所利用，其中一部分可能从地表流走，形成径流损失，而另一部分则可能渗入深层土壤汇入地下水，最终流出群落环境之外。在坡度较大的地方，可能有一半以上的降水以径流形式损失，特别是在降水集中而植被稀少的地段，以这种方式损失的水可高达降水量的 2/3～3/4。

水分在下渗进入土壤之前，首先要经过群落的地被层，这时如果地被物比较潮湿，水分的下渗速度往往相当快，因为地被物存在许多大孔隙和有机物质，其持水量较高。但在夏季地被物变得非常干热时，它可能产生疏水性，使得水分进入地被层的速率降低。当地被层吸持的水分超过它本身的最大持水量时，水分就下渗进入土壤。土壤的机械组成和结构影响水分的下渗速度：①直径较大的土粒比例越高、土壤孔隙越大，则水分下渗速度就越快。②土壤团粒结构的发育有利于水分的下渗。

水分在水力梯度、毛管作用力和重力作用下在土壤中运动。在降水季节，当有大量的水分输入土壤时，这三种力常常促成水分向下运动（但当土壤表面由于蒸发而出现水分净损失时，也会产生水分的向上运动）。水分向下运动时，可能会遇到透水性很低的土层或不透水层，形成一个上悬潜水面。但如果这个不透水层不存在，水分就会继续下渗，直到到达地下水位，在那里与地下水汇合做横向运动，最终流出生态系统之外。

4.7.5　群落的蒸发蒸腾作用

群落的蒸发蒸腾作用也可以称为蒸散作用（evapotranspiration），包括土壤表面和植物表面的物理蒸发与群落冠层的生理性蒸腾作用，其中土壤蒸发和冠层蒸腾占主导地位。

4.7.5.1 土壤表面蒸发

水分从土壤表面蒸发需要两个条件：一是太阳辐射能（蒸发 1 g 水需要 2 424 J 热量）；二是土壤中从下向上的水流（以保证表土层有水分用于蒸发）。在缺少植被覆盖的土壤上，起初蒸发速率很高，首先蒸发掉的是土壤大孔隙中的水分，当大孔隙中的水分被蒸发完后，再蒸发的水分则来自小孔隙。由于毛管水运动相当慢，当蒸发速率很快时，表土层与底土层的连续水柱就会中断，毛管水向上运动基本停止。质地较粗的土壤比质地较细的土壤更容易发生这种现象。因此，在质地粗到中等粗细的土壤上，夏季蒸发速率最初很快，但一旦表土层变干，蒸发速率就降至较低水平，此时表土以下的土壤却仍可能处于田间持水量水平；而在质地较细的土壤上，毛管水柱可长时间保持，因而底层土壤也会逐渐变干。在植被盖度较高的条件下，太阳辐射能只有小部分可以到达土壤表面引起蒸发。如果地表有机质积累较多，则土壤的蒸发还会进一步减少，因为从土壤到地被物表面之间缺乏连续的孔隙，自土壤中上升的水分会被无机 – 有机界面的水力不连续性阻断。由于胶体的保水性能好，分解完全的地被物可以减少水分的蒸发损失。即使是干燥的地被物也是一个水汽屏障，它能有效地防止土壤水分的散失（Kimmins 1987）。

4.7.5.2 植物群落蒸腾

同单叶和单株植物的蒸腾情形相类似，植物群落的蒸腾作用受太阳辐射、大气温度和相对湿度等生态因子周期性变化的影响，表现出显著的日进程和季节进程。在晴朗的天气条件下，植物群落的蒸腾速率和群体蒸腾耗水量通常是单峰曲线。不同群落蒸腾的日进程曲线可能在峰值出现位置和峰值高低等特征上存在较大差异，但在总的变化趋势上存在鲜明的共性，这与一天中光辐射强度、气温和相对湿度的周期性变化相一致。有些群落可能出现双峰形蒸腾曲线，如我国东北松嫩平原的两种碱茅——星星草（*Puccinellia tenuiflora*）和朝鲜碱茅（*P. chinamopensis*）群落（王仁忠等 1998），但峰值的高低是不对等的，可较容易地区分出主峰和次峰。在温带地区，与太阳辐射强度、气温、相对湿度的变化基本同步，植物群落水平的蒸腾速率呈现明显的季节性特点，尽管每日的变化具有很大的波动性和不确定性（受当日天气条件波动的影响）。

随着植物群落的发育其叶面积指数（leaf area index，LAI）会在一定范围内呈现先增加后稳定的趋势，这一时期群落的蒸腾速率也会出现增加 – 稳定的现象，但单位叶面积的蒸腾量会逐渐减少。这一点对于人工植物群落尤其如此（图 4–16），原因是随着群落郁闭度增加，群落内部形成风力小、相对湿度大的小气候，限制了单个叶片的蒸腾作用。群落因蒸腾而发生的水分消耗也随着群落积累的生物量的增加而增大。已有资料表明，二者之间存在线性关系（图 4–17）。

植物群落冠层的表面结构对群落特别是木本植物群落的蒸腾作用有重要影响。对于许多木本群落而言，冠层与其上方的空气是高度不耦合（highly decoupled）的，叶片与空气接触的边界层较厚，因此叶子与气体的交换较慢。由于叶子内部与叶表面空气的蒸汽压差的减小，叶的水分损失放慢。在这种情况下，气孔开度的变化对群落的水分平衡就不会发生多大的影响，冠层蒸腾主要取决于太阳辐射能输入而不是大气湿度。然而对于耦合度高的冠层，叶边界层较薄，因而水蒸气会迅速地从表面散失掉。在这种情形下，气孔开度的增加将加大水分从叶子的散失，从而加大整个冠层的水分损失量。因此群落冠层与大气的耦合度对于冠层对变化环境的反应有很大的影响（Hinckley & Braatne 1994）。

Jarvis & McNaughton（1986）提出用一个无量的系数 *Ω* 因子（*Ω* factor）来表征冠层或

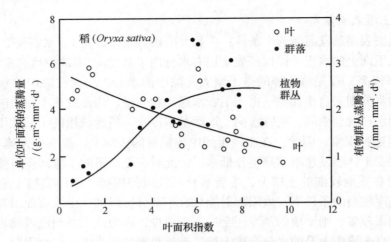

图 4-16　人工稻田群落中，随着叶面积指数增加单位叶面积蒸腾量
与群落蒸腾量的变化（引自 Larcher 1997）

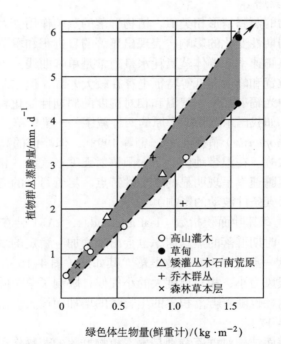

图 4-17　不同类型植物群落的日平均蒸腾耗水量随地上绿色部分生物量增加的变化
（引自 Larcher 1997）

叶片表面与自由气流之间相耦合的程度，其值的变化范围为 0～1，1 表示叶表面或冠层表面与空气完全不耦合，0 则表明二者之间是完全耦合的。温带森林与热带森林之间、园艺作物与农作物之间的 Ω 因子有显著不同（表 4-6）。

表 4–6　不同植被类型下植物种类的 Ω 因子值（Hinckley & Braatne 1994）

植被类型（植物种类）	Ω
温带森林	
北美云杉	0.1
欧洲赤松	0.1
欧洲水青冈	0.2
复叶槭（雄株）	0.28
复叶槭（雌株）	0.34
人工栽植杂交杨（潮湿）	0.8
热带森林	
腰果（干燥）	0.5
腰果（湿润）	0.7
云南石梓	0.9
柚木	0.9
果树	
苹果	0.3
樱桃	0.1
柑橘	0.3
农作物	
苜蓿	0.9
棉花	0.4
甘蔗	0.9
小麦	0.6

　　Hinckley & Braatne（1994）采用 Jarvis & McNaughton（1986）的公式对一种杨（*Populus trichocarpa*）的 Ω 因子进行了计算并得出 Ω=0.8（表明冠层与大气耦合度很差），由此推知杨树叶导度每改变 10% 只会引起冠层蒸腾量 2% 的改变（在稳定的蒸汽压亏缺条件下）。他们将此结果与一种常绿针叶树黄杉（*Pseudotsuga sinensis*）相比较，考察二者在林分蒸腾耗水方面的差异：杨树林由这种速生落叶硬乔木构成，分布于冲积土壤上并可直接接触地下水，黄杉林分布在干燥高地的沙砾质土壤上。杨树林的最大耗水量均为 4.50 mm·d^{-1}，与黄杉的最大耗水量相同。与杨树林相比，黄杉林具有稍低的叶面积指数（10 对 12），叶导度的最大值也低得多（ $\approx$60 mmol·m^{-2}·s^{-1}）。然而常绿针叶树与大气的耦合度比落叶乔木要好。其结果是，当比较整个林冠的水分损失时，两者之间在气孔形态和导度上的显著差异就不起什么作用了。

　　不同植被型下植物群落的蒸腾作用既与群落所在区域的气候、土壤及水文条件有密切关系，又受不同群落所积累的生物量多少的影响，因此不同植被型或植被型组之间的蒸腾耗水量的比较常能发现很大的差异（表 4–7）。在同一植被型或植被亚型之内进行不同群系之间群落蒸腾的比较，或者在同一群丛内部进行不同群落片段蒸腾的比较，对于研究水分平衡虽然是必要的，但由于两个群落之间的比较需要做出环境背景值相同或者至少十分相似的假设，而这种假设往往在野外实际工作中难于成立，比如由于大气降水和蒸发的不均衡性，群落所在生境的土壤含水量往往不能达到一致，就使得群落蒸腾的相互比较难于取得一般性规律。

表 4–7　不同植被类型群落的年蒸腾总量和日蒸腾量（引自 Larcher 1997）

植被类型		年蒸腾总量 /mm	日蒸腾量 /mm
木本植被	热带树木种植园	2 000 ~ 3 000	—
	热带雨林	1 500 ~ 2 000	—
	温带落叶林	500 ~ 800	4 ~ 5
	常绿针叶林	300 ~ 600	2.5 ~ 4.5
	硬叶木本群落	400 ~ 500	—
	干草原	200 ~ 400	—
	石楠型植被	100 ~ 200	2 ~ 5
草本植被	莎草与芦苇	1300 ~ 1600	6 ~ 12（20）
	高秆宽叶草本	800 ~ 1 500	—
	低湿草甸	1 100	8 ~ 15
	谷类农作物	400 ~ 500	—
	北美草原与稀树干草原	—	4 ~ 6
	草甸与放牧草地	300 ~ 400	3 ~ 6
	干草原	200 左右	0.5 ~ 2.5
极端环境植被	盐生植物群落		2 ~ 5
	山地岩屑稀疏植被	10 ~ 20	0.3 ~ 0.4
	地衣冻原	80 ~ 100	
	干旱荒漠	—	0.01 ~ 0.4

　　影响群落蒸腾的生态因子有许多种，对于不同地带、不同生态系统类型下分布的植物群落，主导因子可能有较大的不同。比如对于草本植物群落，影响因子一般包括太阳辐射强度、空气温度和相对湿度、大气降水量、土壤含水量、土壤紧实度、风速等（王仁忠等 1998；宋炳煜 1997）。各个因子的相对重要性随着群落所在环境的特点、演替阶段的改变而变化，但在多数情况下太阳辐射强度是影响群落蒸腾的主导因子。

　　4.7.5.3　群落蒸散、蒸腾 / 蒸散比与群落水分平衡

　　植物群落的水分平衡基本上决定其所在生态系统的水分平衡，进而成为景观乃至区域水分平衡的基础。由于各气候区 / 植被区降水多少、蒸散强弱不同，地球上陆生植物群落的水分平衡状况存在显著差异（表 4–8）。

表 4-8　不同植被类型群落的水分平衡（引自 Larcher 1997）

植被类型	地区	年降水量 /mm	蒸散占降水量 /%	径流和下渗占降水量 /%
热带雨林	北澳大利亚	3 900	38	62
	非洲、东南亚	2 000 ~ 3 600	50 ~ 70	30 ~ 50
热带落叶林	东南亚	2 500	70	30
竹林	肯尼亚	2500	43	57
低地落叶林	中欧	600	67	33
	亚洲东北部	700	72	28
低地针叶林	中欧	730	60	40
	东北欧	800	65	35
高山森林	南安第斯山	2 000	25	75
	阿尔卑斯山	1 640	52	48
	中欧	1 000	43	57
	北美	1 300	38	62
稀树干草原	热带	700 ~ 1 800	77 ~ 85	15 ~ 23
芦苇丛	中欧	800	>150	–
牧场	中欧	700	62	38
高山牧场	全年	1 000 ~ 1 700	12 ~ 20	80 ~ 90
	生长季	500 ~ 600	25 ~ 40	60 ~ 75
干草原	东欧	500	95	5
半荒漠	亚热带	200	95	5
干旱荒漠	亚热带	50	>100	0
冻原	北美	180	55	45
干旱山地草原	阿根廷北部	370	70 ~ 80	20 ~ 30

在水分平衡方程式中，与植物群落特征直接相关的输出项是蒸散量 ET，它是群落内土壤蒸发量（E）与群落本身蒸腾量（T）之和。二者之间的比例 T/E 或者蒸腾量和蒸散量的比例（T/ET）代表着重要的生态学意义：①不同植被类型的植物群落之间蒸散量差异的存在（表 4-8）与各群落所在生境的水热条件密切相关，但我们可以通过测定蒸腾、蒸发并计算蒸腾 / 蒸散比（T/ET）来了解群落本身的生物学过程（蒸腾作用）对水分散失的贡献。宋炳煜（1997）通过对内蒙古高原锡林河流域广泛分布的代表性草原群系羊草（*Leymus chinensis*）草原和大针茅（*Stipa grandis*）草原典型地段群落蒸发蒸腾研究，发现羊草群落的蒸散速率（4.7 mm·d⁻¹）明显高于大针茅群落的蒸散速率（3.7 mm·d⁻¹），羊草群落的蒸腾速率（3.2 mm·d⁻¹）也显著高于大针茅群落（1.9 mm·d⁻¹）；前者占群落蒸散的75%，后者仅占群落蒸散的50%。同时羊草群落的蒸发（1.6 mm·d⁻¹）则略低于大针茅群落（1.8 mm·d⁻¹）。进一步分析表明，羊草群落地上生物量大于大针茅群落，且羊草群落中优

势植物的叶片蒸腾速率多半高于大针茅群落中的优势植物，同时羊草群落盖度大于大针茅群落（导致前者的物理蒸发较小）。因此，羊草群落较高的蒸散主要来自群落蒸腾的贡献，而大针茅群落较低的蒸散则是土壤蒸发和群落蒸腾同等贡献的结果。②群落的蒸腾/蒸散比随着群落演替的进行而改变，也随着干扰强度的变化而改变，尽管群落的蒸散作用仍可能维持在同一个水平上。在中国科学院内蒙古生态系统定位研究站的退化草原实验样地上，宋炳煜等人通过对围栏内（恢复演替）外（退化演替）群落的蒸发蒸腾速率的连续测定，证明处在恢复和退化过程中的草原群落蒸散并无明显不同，但恢复群落具有较高的 T/ET 值而退化群落则相反（宋炳煜 1997）。在天然羊草草原以畜群点为中心向外围扩大的放牧强度递减序列上，孙铁军等（2000）的观测结果同样表明，放牧强度的减低导致群落 T/ET 值增加，但群落的蒸散量变化并不明显。

小结

　　陆生植物进行蒸腾作用的结果是水分不断散失到大气中，因此植物需要从环境中重新吸收水分。水分总是由水势高的区域向水势低的区域流动，植物细胞通过吸水和失水与外界环境达到水势平衡。尽管在水分的垂直、长距离运输中，重力作用很重要，但溶质浓度和压力势是影响水势的主要因素。植物调节自身细胞水势的主要机制是改变渗透势或者调节压力势，对于某一个物种而言，其适应水分胁迫的策略或是通过渗透调节，或是通过细胞壁弹性调节，但渗透调节和细胞壁弹性增加不可能同时出现。

　　陆生植物从土壤中吸收水分，在土壤–植物–大气连续体中的水流途径是：土壤水分向植物根系移动，由根表面穿过表皮、皮层进入根木质部，沿根茎木质部导管输送到叶片，在叶片胞间空隙汽化，水汽由气孔和角质层扩散到大气。水分在根中的径向运输途径包括质外体途径、共质体途径和穿细胞途径，但无论经过哪种运输途径，水分最终必须通过活细胞才能到达木质部导管，而水分的跨膜运输可通过扩散和水通道蛋白调节。值得一提的是，根系不仅从土壤中吸收水分，也可将从湿润土壤中吸收的水分向上（也可向下）转移到干燥土壤中去，从而实现土壤水分的"水分再分配"。水分再分配目前已在全球不同生态系统超过 120 种植物中被发现，其主要贡献在于将深层水分提升到干燥的、根系分布集中的浅层土壤中，这不仅有利于提水植物自身的生长，而且使得相邻的非提水植物获得水分，也有利于维持微生物群落的结构和功能。

　　从根、茎运输到叶片的水分只有很小一部分用于代谢，大部分的水分通过蒸腾作用散逸到大气中。植物叶片的蒸腾分为气孔蒸腾和角质蒸腾，其中气孔蒸腾是主要形式，气孔运动是由保卫细胞的膨压决定的，而保卫细胞膨压的改变又起因于离子和有机物质进出保卫细胞而引起的细胞水势的改变。在无水分胁迫的自然环境中，光（包括红光和蓝光）是最主要的控制气孔运动的环境信号。除光照外，对气孔运动影响最大的外界因素是水分，当植物受到干旱胁迫时，气孔始终处于关闭状态，而不受其他环境因素的影响。植物激素脱落酸（ABA）对水分亏缺情况下的气孔运动有十分重要的生理功能，当土壤发生水分亏缺时，根中合成大量信号分子 ABA，并随蒸腾流向上运输，最终到达保卫细胞而对气孔运动进行调节。ABA 诱导气孔关闭可能存在两种不同的信号途径：钙离子依赖性诱导和非钙离子依赖性诱导。

　　根系从土壤中吸收的水分和矿物质进入植物体后形成连续不断的液流，尽管用于解释液流上升的蒸腾－内聚力－张力学说的部分内容时常被质疑和争论，但绝大多数实验证据支持水在木质部中运输需要很大负压存在的观点。当蒸腾作用强烈时，巨大的负压可能引起木质部的水柱产生空穴现象，产生的栓塞可导致导管水柱的中断，并导致叶片缺水。不同植物对空穴化作用的敏感性差异很大，其与导管直径、导管长度、纹孔质量特征、木质部密度和纤维管胞的结构特征等均有关。一般来说，较难发生空穴化的种类是相对耐脱水的。

植物根系从土壤中吸收水分的难易程度与土壤紧实度密切相关。在松散的土壤中，根系可在较大范围的土体中获取水分，而在紧实的土壤中，根系的水分吸收受到限制，当然，植物根尖具有感知土壤湿度的能力，它能引导根系避开干燥缺水的斑块而向相对湿润一些的斑块伸展。田间持水量和永久萎蔫系数是表征土壤水分状况的两个重要参数，二者的差值即为土壤总有效水容量。黏土或有机质含量较高的土壤其田间持水量和萎蔫系数通常都比较高；沙土的田间持水量和萎蔫系数都较低。不过一般来说黏质土壤比沙质土壤有效水容量会高一些。

在一定时间内植物的吸水量与蒸腾失水量之间的差值即为水分平衡，其值的大小表示系统偏离平衡点的方向和大小。植物的水分平衡是一种动态平衡，平衡值在正负之间连续变动，并且表现出明显的日变化和季节变化特征。在湿润地区，植物避免出现水分负平衡的适应策略是减少气孔的开放度和开放时间；在干旱地区，植物通常具有发达的并到达地下水的根系，或者具有发达的贮水组织，所以它们可以不必通过减少蒸腾来避免水分负平衡的发生。植物含水量和组织水势均可作为水分平衡的指标，可以通过直接测定获得水分亏缺的信息。

陆生植物的含水量在不同类群间变化很大，按照植物体含水量及其稳定程度可分为变水植物和恒水植物两种类型。变水植物的含水量与它们所在环境的相对湿度相一致，植物组织的细胞较小并且缺少中央液泡，当细胞缺水干燥时，它们就十分均匀地皱缩起来，原生质的超微结构不致被破坏，所以细胞仍保持有生活力，藻类、地衣、苔藓、蕨类中的一些种类以及极少数被子植物属于变水植物。恒水植物的细胞内有中央大液泡，液泡内贮藏的水分使原生质体受环境条件的影响较小，植物组织含水量能够在一定范围内保持稳定，大多数维管植物属于恒水植物。

植物群落的水分收支状况可用一个简单的水分平衡方程来表示：降水＝土壤贮水＋蒸散＋地表径流和地下渗漏。降水到达林冠层时，一部分保留在植物表面，直接蒸发造成截流损失，其余的进入群落内部。到达地表的水分并非全部为群落蒸散所利用，其中一部分可能形成地表径流，而另一部分则可能渗漏汇入地下水，最终流出群落环境之外。群落的蒸散包括土壤和植物表面的物理蒸发以及群落蒸腾，其中土壤蒸发和群落蒸腾占主导地位，植物群落的蒸腾作用既与群落所在区域的气候、土壤及水文条件有密切关系，又受不同群落所积累的生物量多少的影响，因此不同植被型或植被型组之间的蒸腾耗水量具有很大的差异。

思考题

1. 水势有哪些组分？在植物水分关系研究中引入水势概念有何意义？
2. 水分是如何通过膜系统进出细胞的？

3. 简述植物根系吸收水分的方式和动力。

4. 茎中贮水有哪些生理生态学意义?

5. 水分从被植物吸收到蒸腾至体外,需要经过哪些途径,其动力如何?

6. 试述影响气孔运动的因素。

7. 蒸腾 – 内聚力 – 张力学说的主要内容是什么,这一理论存在哪些不足?

8. 试述植物栓塞形成的诱因及其可能的修复机制。

9. 在生产实践中我们如何做到合理灌溉?

10. 谈谈维持植物水分平衡的途径和措施。

第 5 章
植物的矿质营养

18 世纪以前，人们认为土壤只不过是岩石颗粒与有机质的混合物，认为植物的根能够吞食土壤颗粒的腐殖质，或者土壤颗粒可直接供给植物生长发育所需要的营养物质。英国人 Jethro Tull 认为植物根膨胀时产生的压力有助于土壤颗粒进入到根里去。1804 年，瑞士人 de Saussure 采用精细的化学分析技术，寻求光合作用和呼吸作用的基本元素。他指出植物在白天利用碳素，而在夜间放出 CO_2，植物的灰分是由土壤中取得的营养物质组成的。尽管有 de Saussure 这样卓越的实验工作，但许多人仍旧信奉腐殖质学说，认为植物的碳素来源是植物根吞食的腐殖质。直到 1840 年，李比希出版了《化学在农业及植物生理学上的应用》一书，人们才接受了矿物风化产物是植物根吸收离子态营养物质的来源观点（Liebig 1862）。

5.1　矿质元素的来源——土壤

5.1.1　地壳的化学成分和矿物组成

地壳中大约存在 92 种元素，其中 O、Si、Al、Fe、Ca、Na、K、Mg 8 种元素的含量占地壳总质量的 97.13%。含量最多的是 O，约占地壳总含量的 50%；其次是 Si，占 25%。大多数元素都和其他一种或几种元素化合成为化合物，称为矿物。矿物通常混合在一起形成地球的岩石。岩石是指地球上部（地壳和上地幔）由各种地质作用形成的具有稳定外形的固态集合体，通常由一种或几种矿物组成。其中，由一种矿物组成的岩石称作单矿岩，如大理岩由方解石组成，石英岩由石英组成等；由数种矿物组成的岩石称作复矿岩，如花岗岩由石英、长石和云母等矿物组成，辉长岩由基性斜长石和辉石组成等。土壤中的风化作用使得原有的矿物破坏和新的矿物合成，营养物质变得对植物有效，而且形成了黏土矿物。实际说来，地球上的全部生命是"锁在"矿物之中的，对生命所必需的营养物质是通过风化作用才变成有效状态的（Pera *et al.* 2001）。

5.1.2 风化作用与土壤的矿物组成

在地壳深层处于或接近平衡状态的矿物和岩石，到了地球表面，就必须适应其大为降低的压力和温度，这种调整或变化过程称为风化作用（Taylor & Shirtliff 2003）。这种变化是迫于较低的能量状态，并且大多数是自发的（放热反应）。减轻压力的反应表现为减负荷情况下的体积增大。减负荷表现为覆盖于其上的深厚的岩层，由于剥蚀作用或地壳上升而被移去，压力的减轻导致相应的岩石膨胀，使岩石产生裂隙和裂缝。温度变化的张力、水结冰的压力以及水、风和冰的剥蚀作用引起水化作用、氧化作用和碳酸化作用。岩石体积增加并导致岩石表面剥落等，产生层剥现象和球状风化。这就是通常所说的物理风化。因崩解作用所产生的这些较细微的颗粒，能够被风、水或冰带走，在其他地方沉积下来而成为黄土、冲积层或泥砾。在这些沉积物表面及其附近的那部分物质也可以被下渗的水分带到下层中去。生长在土壤中的植物能够阻止某些物质随渗漏水向下移动，因为植物根系能从土壤中吸收某些风化产物，并把它们转移到叶部和茎部中去，到后来这些茎叶落到地面上并进行分解，就把这些风化产物释放在下层土壤中。

矿物颗粒还会发生化学分解作用，这是通过水本身的溶解作用，以及通过溶解在或悬浮在水中的物质，如氧、二氧化碳、碱类和有机酸类等物质同矿物颗粒表面之间进行的化学反应来完成的，它们对于土壤形成至关重要。

生物风化作用是指受生物生长及活动影响而产生的风化作用，通常与物理风化作用或化学风化作用相伴发生。生物机械风化作用主要源于生物的活动，如植物根系的生长可使岩石裂缝扩大，引起岩石破裂；动物挖洞掘穴，可使岩石破碎，土粒变细。同时，动植物活动又使岩石或岩屑间的空隙扩大，让更多的水和空气进入，促进化学风化作用（Read *et al.* 2003）。生物化学风化作用，是通过生物和死后遗骸所析出的有机酸及其他溶液和通过微生物的分解作用，对岩石进行腐蚀，使岩石变成松软物质，如苔藓、地衣等植物，均可促进岩石化学分解（Barratt *et al.* 2003）。

岩石和矿物颗粒经过这些物理、化学和生物的作用之后，就逐渐形成了具有各种矿物的土壤（表 5-1）。

表 5-1 代表性矿物、土壤及其相应的风化阶段（引自 Jackson & Sherman 1993）

序号	风化阶段和代表性矿物	典型的土壤类型
	早期风化阶段	
1	石膏（包括岩盐、硝酸钠）	在细粉砂和黏粒级中以这些矿物为主的年轻土壤遍布世界各地，但主要为沙漠区
2	方解石（包括白云石、磷灰石）	土壤，该地区因水分限制而化学风化作用极为微弱
3	橄榄石 – 角闪石（包括辉石）	
4	黑云母（包括海绿石、蠹脱石）	
5	钠长石（包括钙长石、微斜长正长石）	

序号	风化阶段和代表性矿物	典型的土壤类型
	中期风化阶段：	
6	石英	在细粉砂和黏粒级中以这些矿物为主的
7	白云母（包括伊利石）	土壤主要发育在温带草原和森林下，
8	2∶1型层状硅酸盐（包括蛭石、膨胀的水化云母）	包括全球小麦、玉米带的主要土壤
9	微晶高岭石	
	晚期风化阶段：	
10	高岭石	许多赤道湿热地区高度风化土壤的黏粒
11	水铝矿	主要含这些矿物，并通常都以贫瘠为
12	赤铁矿（还有针铁矿、褐铁矿）	其特征
13	锐钛矿（还有金红石、锆英石）	

5.1.3 土壤中离子的吸附和离子交换

矿物风化后，所产生的一些碎片就是从晶体降解作用中释放出来的某些原子或原子集团，其中某些原子为植物所利用，某些则从土壤中淋洗出去，但还有许多原子则重新组合成新的矿物。当一些原子集合形成晶体的核心时，矿物的合成作用就开始了，晶体不断长大，矿粒体积就不断增加。这种合成作用或称形成作用，是由于黏粒同粉粒和砂粒相比，具有小的体积和大的比表面积的缘故。因此，土壤黏粒几乎都是由细小的、在土壤中形成的次生矿物，即所谓黏土矿物组成的。

黏粒和腐殖质在土壤中的作用极其重要。它们都是胶体状态，具有相对大量的表面积以吸附水分和离子。在风化过程中释放到溶液中的营养物质通常被吸附在腐殖质或黏粒的表面上，同时对它们的结合是可逆的。因而，土壤胶体起着离子交换器的作用。

5.1.3.1 阳离子交换作用和阳离子交换量

某一阳离子被胶体核或胶胞吸附，同时伴随着胶胞上吸附的一个或几个阳离子释放出来的过程，称为阳离子交换作用。例如，假设胶胞上有一半饱和着 Ca^{2+}，1/4 为 K^+，1/4 为 H^+，当用浓 KCl 溶液来处理这个胶体物质时，KCl 溶液中的 K^+ 最终会完全取代胶胞上的全部阳离子，形成一个完全由钾饱和的胶胞，吸附的 Ca^{2+} 和 H^+ 将成为氯化物存在于溶液中。

离子彼此代换的能力决定于如下因子：①离子的相对浓度或数量；②离子带电荷的数量；③不同离子的移动速度或活度。土壤中一些最常见的阳离子的代换顺序通常是：Fe^{3+} > Al^{3+} > H^+ > Ca^{2+} > Mg^{2+} > K^+ > NH_4^+ > Na^+。代换性 H^+ 很难放到这个系列里去，因为它的水化性质不固定，通常都把它看成是像其他一价离子那样，是很容易被代换的。

通常用阳离子交换量（CEC）来表示单位重量土壤上吸收阳离子的数量。它的定义是，土壤吸着的全部交换性阳离子的总和，用每 100 g 烘干土的毫克当量数来表示，一个当量重量为化学上与 1 g 氢相当的数量。土壤的总的阳离子交换量是有机和无机胶体上交换点的总和。

土壤中阳离子交换的种类和数量与植物的生长有着密切的关系（Lacey & Wilson

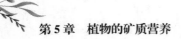

第 5 章　植物的矿质营养

2001）。例如，园艺家们曾经研究高灌木越橘（*Vaccinium vitisidaea*）的种植法以确定最适于越橘的土壤条件。在分析了土壤中主要交换性阳离子、阳离子交换量及 pH 后，发现与越橘生长呈稳定相关的唯一因子是交换性钙。越桔生长最好的条件是交换性钙少于 10% 的土壤，这与该植物要求极低的盐基饱和百分数和强酸性土壤条件一致。

5.1.3.2　土壤阴离子交换作用

虽然对土壤中的阳离子交换作用进行了大量的研究，而且对它在供给植物营养方面的重要性也有所认识，但是对胶体复合体上阴离子交换的现象注意较少。现已证实，尽管在许多土壤中，这种交换作用在规模上比阳离子交换作用要小得多，但是这种交换作用确实存在。阴离子吸附交换能力的强弱可以分成：①易被土壤吸收同时产生化学固定作用的阴离子，如 $H_2PO_4^-$、HPO_4^{2-}、PO_4^{3-}、SiO_3^{2-} 及其某些有机酸阴离子。②难被土壤吸收的阴离子，如 Cl^-、NO_3^-、NO_2^- 等。③介于上面两类之间的阴离子，如 SO_4^{2-}、CO_3^{2-} 及某些有机阴离子被土壤吸附的顺序为：$C_2O_4^{2-} > PO_4^{3-} > SO_4^{2-} > Cl^- > NO_3^-$。

5.1.4　土壤的 pH 及养分有效性

土壤胶体所带电荷使其具有一定的 pH，湿润地区的大多数土壤呈现弱酸性到中性，沼泽土壤为明显的强酸性（pH 约为 3），干旱地区的盐土和碱土则为碱性。土壤酸化是由下列途径引起的：淋溶作用除去盐基、从土壤溶液中析出代换性阳离子、土壤根系和微生物释放出有机酸以及碳酸的解离，而碳酸是在土壤中积累的根系与微生物呼吸和发酵过程的产物。土壤被缓冲到 pH 的范围，取决于母质和复合阳离子吸附饱和度。石灰质土壤主要是由 $CaCO_3/Ca(HCO_3)_2$ 系统来缓冲的，亦即由一强盐基和一弱酸构成的盐来缓冲，这种盐带弱碱性。土壤 pH 在年进程中变动着，特别是与降水量的分布相关联，同时也存在着地区差异，尤其在土壤的不同层次之间有所不同。因而为了表示一个生境的酸碱特征，需要测定其全年的 pH，并尽可能测定整个剖面深度的 pH，或至少是测定根群密布区域的 pH。

土壤 pH 还影响到土壤的结构、风化和腐殖化过程，特别是影响到养分的活化和离子交换。在酸性土壤中，过多的 Al^{3+} 被游离出来，而 Ca^{2+}、Mg^{2+}、K^+ 及 PO_4^{3-} 则被耗尽；反之，在碱性土壤中 Fe^{3+}、Mn^{2+}、PO_4^{3-} 和某些微量元素则被固定成不溶解的化合物，导致供给植物的这些养分减少（El-Fouly *et al.* 2001）。

土壤 pH 除了影响养分供应，还会直接影响到植物的生活力（Owen & Marrs 2001）。当 pH < 3 和 > 9 时，多数维管植物根细胞的原生质受到严重损害，而在强酸性土壤中 Al^{3+} 浓度的增加以及碱性土壤中硼酸盐浓度的增加均毒害根系。微生物能够大量繁殖的 pH 范围通常还要窄，如细菌对中等酸性的基质一般是敏感的。在酸性土壤里，微生物对有机物质的分解受到扰乱，腐解过程进行得缓慢，NH_4^+ 代替了 NO_3^- 而积累起来。真菌较耐酸性条件，在酸性土壤中它们生长良好。

大多数维管植物具有两侧耐性，在弱酸和弱碱之间有一较宽的最适范围，如果单独栽培它们时，在 pH 3.5 ~ 8.5 下都可以生存。但在天然分布区内，某些维管植物的 pH 范围却相当窄，因而它们的生态分布最适点与其生理发育最适点不相重合。在生理最适点范围内有些植物能成功地对抗竞争，其他的一些植物则相反，它们被排挤出去，被迫进入竞争压力较小的生境中，在此生境中可以充分发挥它们的耐性幅度。

5.2　植物对矿质元素与营养物质的吸收

5.2.1　必需元素

植物体内含有很多种类的元素，但这些元素并不一定都是植物所需要的。植物根据自身的生长发育特性来决定某种元素是否成为其所需，而与该元素在体内的含量的多少无关。人们把植物体内的元素分为两类：必需元素（essential element）和非必需元素（inessential element）。

1939年，美国植物生理学家 Dainel Amon 和 Perry Stout 提出了可以鉴定元素的必要性的三个标准：①这种元素是完成植物整个生长周期所不可缺少的。②这种元素在植物体内的功能是不可代替的，植物缺乏该元素时会表现专一症状，并且只有补充这种元素后症状才会消失。③这种元素对植物体内代谢所起的作用是直接的，而不是通过改变植物的生长条件或其他元素的有效性所产生的间接作用。这三条标准在目前看来仍然是基本正确的，因此普遍被人们接受。根据这三条标准，C、H、O、N、P、K、Ca、Mg、S、Fe、Mn、Zn、Cu、Mo、B、Cl 和 Ni 共 17 种元素被确定为植物的必需元素。这 17 种植物为所有高等植物所必需，但对一些低等植物则不尽然（表 5–2）。

表 5–2　植物的必需营养元素（Epstein 1972）

营养元素	高等植物	藻类	真菌	细菌
C, H, O, N, P, K, S, Mg, Fe, Mn, Zn, Cu	+	+	+	+
Ca	+	+	+	±
B	+	±	−	+
Cl	+	+	−	±
Mo	+	+	+	±
Ni	+	?	?	+

注：（+）必需；（±）部分必需；（−）非必需；（?）不确定。

植物所必需的营养元素种类当然不会只是上述 17 种，只是受目前科学技术水平的限制，人们还难以确认其他可能的必需营养元素。随着科技进步尤其是纯化及分析测定技术的改进，人们能够确认的植物的必需营养元素的种类还会增加。例如，20 世纪 80 年代以前，按照判别植物必需营养元素的三条标准，人们对镍是否为植物所必需还不能确定，这是因为当时试剂及培养介质的纯化还不很彻底，而植物对镍的需要量又极微，很容易由于试验误差而得出错误的结论。一些研究指出，镍是尿酶和许多氢化酶的组成成分，因而镍是豆科植物和许多细菌的必需元素，但镍在非豆科植物体内的作用却是经过科学家们长时间的探索才确定的。Brown et al.（1987）利用无镍营养液种植大麦，没有发现任何缺镍症状。他们将该试验收集的种子再次用无镍营养液栽培，仍无缺镍症状出现。当再次用无机镍营养液栽培第二代种子时终于发现了明显的缺镍症状，从而证明镍也是非豆科植物的必需营养元素。原来非豆科植物对镍的需求极低，种子中所含的镍已足够满足植物生长所需。只有经过连续 3 代无镍培养试验，才出现明显的缺镍症状，从而证明镍也是高等植物必需元素。此外，在严格控制的无硅栽培条件下的研究结果也表明，硅对高等植物（尤其是禾本科植物）不仅有明显的有益作用，而且是必需的（Epstein 1999），或许硅在不久以后也会被人们列为植物的必需营养元素。钠也被认为是柱状鱼腥藻（*Anabaena cylindrica*）（Allen & Arnon 1955）和滨藜属植物 *Atriplex vesicaria* 生长所必需的营养元素，然而，钠是否是植物必需的营养元素仍有待于进一步研究。

　　根据植物需要量的大小，一般可把必需营养元素分为大量营养元素（macroelement）和微量营养元素（microelement）。大量营养元素又称为常量营养元素，包括 C、H、O、N、P、K、Ca、Mg、S 9 种。微量元素则包括 Fe、Mn、Zn、Cu、Mo、B、Cl、Ni 8 种，它们在植物中的含量很低，一般只占植物体干重的百万分之几至千分之几。

　　植物每一种必需营养元素都有其特定的作用与功能，根据其主要生理生化功能可分为 4 种类型（表 5-3）。应该指出，每一种元素的功能有时是多方面的，不只限于某一种类别，而且一些元素在执行某一功能的同时又在执行另一些功能，在划分营养元素的生理功能时不应该绝对化。例如，磷在形成高能磷酸键时起贮存能量的作用，同时又是许多生理活性物质（如核酸、核蛋白等）的必要组成成分。

表 5-3　植物必需营养元素的主要功能概述（Mengel & Kirkby 1982）

营养元素类别		植物主要吸收形式	主要生理生化功能
第一类	C，H，O，N，S	CO_2，HCO_3^-，H_2O，O_2 NO_3^-，NH_4^+，N_2，SO_4^{2-}，SO_2	组成有机体的结构物质和生活物质；组成辅酶或辅基的基本元素
第二类	P，B	$H_2PO_4^-$，HPO_4^{2-}，$H_2BO_3^-$	与植物体内羟基产生酯化作用；作为磷酯键参与能量转移反应
第三类	K，Mg，Ca Mn，Cl	K^+，Mg^{2+}，Ca^{2+}， Mn^{2+}，Cl^-	产生渗透势，平衡阴离子，活化酶类；作为反应物的桥梁；控制膜的透性和电化学势
第四类	Fe，Cu，Zn Mo，Mn，Ni	Fe^{2+}，Cu^{2+}，Zn^{2+}，Mn^{2+}， MoO_4^{2-} 或络合形式	组成辅基；通过化合价变化，进行电子转移

5.2.2　生物膜

　　生物膜（biomembrane）是细胞膜与细胞内的内膜系统（由内质网、高尔基体、微体、质体和液泡等膜组成）的总称。所有生活的植物细胞都通过质膜使其原生质体与周围环境隔离开来，内质网、高尔基体以及其他膜包被的细胞器又进一步将真核细胞的原生质体分离。这些膜并不是不可通过的屏障，但跨膜运动的物质种类数量以及运动方向都受细胞代谢活动的严格调控。膜的这种调控能力依赖于膜的物理化学性质，同时也与跨膜运动的离子或分子的性质有关。

　　1972 年，S.J. Singer 和 G. Nicolson 提出生物膜的流动镶嵌模型（fluid mosaic model），得到人们的广泛认可：细胞膜一般由镶嵌着蛋白质的磷脂双分子层构成，磷脂分子具有极性的头部和非极性的尾部，在水相中可以自发地形成封闭的膜系统，以疏水性尾部相对，极性头部朝向水相构成脂质双分子层。磷脂双分子层是构成生物膜的基本结构成分。膜上的蛋白质则以多种形式镶嵌在磷脂分子当中，有些与膜的外表面相连，称为外在蛋白（extrinsic protein），亦称周围蛋白（peripheral protein）；有些镶嵌在磷脂之间，甚至穿透膜的内外表面，称为内在蛋白（intrinsic protein），亦称整合蛋白（integral protein）。因为磷脂分子的不饱和脂肪链部分有流动性，所以一部分内嵌蛋白质能在膜内移动。脂质碳链的长度和饱和程度均影响生物膜的流动性，碳链越短，饱和程度越低，膜的流动性越高（图 5-1）。

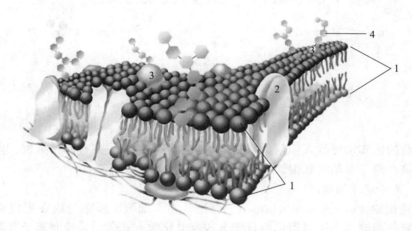

图 5-1 质膜的流动镶嵌模型
1. 磷脂双分子层；2. 内在蛋白；3. 外在蛋白；4. 糖脂

植物细胞膜的脂质双分子层主要由磷脂和类固醇组成，但它们在两层脂质双分子层中的浓度不同，而且跨膜蛋白在脂质双分子层中有严格的取向，暴露在双分子层表面的蛋白质部分在氨基酸组成和三级结构上都存在差异。在膜的内表面，有一些外周蛋白附着在跨膜蛋白的表面，暴露在双分子层外侧的蛋白质部分往往与一些短链糖类结合，这些糖类构成了某些真核细胞质膜的外被，在细胞间的粘连和分子识别过程中发挥着重要作用。

从整个膜结构来看，脂质双分子层是细胞膜的基本结构，使膜具备了不透性，而膜上的蛋白质则与细胞的生理功能有关。膜上蛋白质的数量和种类反映了膜的功能，例如线粒体内膜和叶绿体内膜的蛋白质含量达 75%，它们与能量转换有关；膜上的蛋白质可能是酶，催化膜相关的化学反应，但也可能是载体，负责特定分子或离子进出细胞或细胞器，还有一些蛋白质是受体分子，它们负责接收和转导来自细胞内外环境的化学信号，膜的选择透性主要与膜上的蛋白质有关。

5.2.3 细胞吸收溶质的方式

生物膜的结构允许一些疏水分子和小而不带电的极性分子以简单扩散的方式通过细胞膜，例如氧气和水。然而，细胞生命活动所需的大多数物质是极性的，不能通过简单扩散进出细胞，而必须借助转运蛋白（transport protein）才能跨过细胞膜。到目前为止，所有已知的转运蛋白都是跨膜蛋白，而且每一种转运蛋白都具有高度的选择性，它们为特定的溶质提供了跨膜运动的通道。转运蛋白大致可分为三类，即泵（pump）、载体（carrier）

和通道蛋白（channel protein）（图 5-2）。2014 年，清华大学医学院颜宁教授研究组在世界上首次解析了人源葡萄糖转运蛋白 GLUT1 的晶体结构，初步揭示了其工作机制及相关疾病的致病机制。

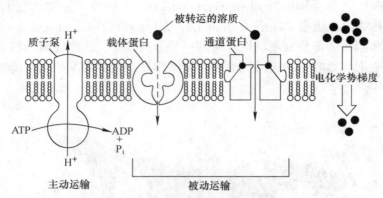

图 5-2　细胞膜上的三类运转蛋白

按照目前的认知水平，人们认为植物细胞吸收溶质的方式共有四种类型：离子通道运输、载体运输、离子泵运输和胞饮作用。

5.2.3.1　离子通道运输

离子通道运输（ion channel transport）理论认为，细胞质膜上与内在蛋白构成的圆形孔道，横跨膜的两侧，离子通道可由化学方式及电化学方式激活，控制离子顺着浓度梯度（concentration gradicent）和膜电势差，即电化学势梯度（electrochemical potential gradient），被动单方向地跨膜运输。质膜上的离子通道运输是一种简单扩散的方式，是一种被动运输（passive transport）。质膜上已知的离子通道有 K^+、Ca^{2+} 和 NO_3^- 通道。实验表明，一个开放式的离子通道每秒可运输 $10^7 \sim 10^8$ 个离子，比载体蛋白运输离子或分子的速度快 1000 倍。

5.2.3.2　载体运输

载体运输（carrier transport）学说认为，质膜上的蛋白质属于内在蛋白，它有选择地与质膜一侧的分子或离子结合，形成载体 - 物质复合物，通过载体构象蛋白的变化透过质膜，把分子或离子释放到质膜的一侧。载体蛋白有三种类型：单向运输载体（uniport carrier）、同向转运体（symporter）和反向转运体（antiporter）。

单向运输载体能催化分子或离子单方向地跨膜运输。质膜上已知的单向运输载体有 Fe^{2+}、Zn^{2+}、Mn^{2+}、Cu^{2+} 等载体。同向转运体在与 H^+ 结合的同时又与另一分子或离子（如 Cl^-、NO_3^-、NH_4^+、PO_4^{3-}、SO_4^{2-}、氨基酸、肽、蔗糖、己糖等）结合，沿着同一方向运输。反向转运体是在与 H^+ 结合后再与其他分子或离子（如 Na^+）结合，两者朝相反方向运输。载体运输既可以顺着电化学势梯度进行（被动运输），也可以逆着电化学势梯度进行（主动运输）。载体运输每秒可运输 $10^4 \sim 10^5$ 个离子。

5.2.3.3　离子泵运输

离子泵运输（ion pump transport）理论认为，质膜上存在着 ATP 酶，它催化 ATP 水解释放能量，驱动离子的转运。植物细胞质膜上的离子泵（ion pump）主要有质子泵和钙泵。

质子泵运输学说认为，植物细胞离子的吸收和运输是由膜上的生电子泵推动的。生电子泵（electrogenic proton pump）又称为 H^+ 泵或 H^+-ATP 酶。ATP 驱动质膜上的 H^+-ATP 酶

将细胞内侧的 H^+ 向细胞外侧泵出，细胞外膜的 H^+ 浓度增加，结果使质膜两侧产生了质子浓度梯度（proton concentration gradient）和膜电位梯度（membrane potential gradient），两者合称为电化学势梯度（electrochemical potential gradient）。细胞外侧的阳离子利用这种跨膜的电化学势梯度，经过膜上的通道蛋白（channel protein）进入细胞内；同时，由于质膜外侧的 H^+ 要顺着浓度梯度扩散到质膜内侧，所以质膜外侧的阴离子就与 H^+ 一道，经过膜上的载体蛋白，同向运输（symport）到细胞内。

上述生电子泵工作的过程，是一种利用能量差逆电化学势梯度转运 H^+ 的过程，所以它是主动运输（active transport）的过程，亦称为初级主动运输（primary active transport）。由它所建立的跨膜电化学势梯度，又促进了细胞对矿质元素的吸收，矿质元素以这种方式进入细胞的过程便是一种直接利用能量的方式，称为次级主动运输（secondary active transport）。

钙泵（calcium pump）也称为 Ca^{2+}-ATP 酶，它催化质膜内侧的 ATP 水解，释放出能量，驱动细胞内的钙离子泵出细胞。由于其活性依赖于 ATP 与 Mg^{2+} 的结合，所以又称为（Ca^{2+}-Mg^{2+}）-ATP 酶。

5.2.3.4　胞饮作用

与离子和极性分子跨膜转运相关的转运蛋白不能转运多糖和蛋白质等大分子物质，但有些植物细胞能够通过胞饮作用（pinocytosis），吸附摄取或分泌这些大分子。物质吸附在质膜上，然后通过膜的内褶而转移到细胞内的攫取物质及液体的过程，称为胞饮作用。胞饮作用是植物细胞吸收水分、矿质元素和其他物质的方式之一，是非选择性吸收，它在吸收水分的同时把水分中的物质一起吸收进来，如各种盐分和大分子物质甚至病毒。胞饮作用的简要过程如下：当物质吸附在质膜时，质膜内陷，液体和物质便进入，然后质膜内褶，逐渐包围着液体和物质，形成小囊泡，并向细胞内部移动。囊泡把物质转移给细胞的方式有两种：①囊泡在移动过程中其本身在细胞内溶解消失，把物质留在细胞质内；②囊泡一直向内移动，到液泡膜后将物质交给液泡。

5.2.4　根部对矿质营养的吸收

根部可以从土壤溶液中吸收矿质营养，也可以吸收被土粒吸附着的矿质营养。根部吸收矿质营养的部位主要是根尖，其中根毛区吸收离子最活跃，根毛的存在使根部与土壤环境的接触面积大大增加。

根部吸收溶液中的矿质营养主要经过以下两个步骤：①离子吸附在根部细胞表面，在吸收离子的过程中，同时进行着离子的吸附与解吸附。这时，总有一部分离子被其他离子所置换。由于细胞吸附离子具有交换性质，故称为交换吸附（exchange adsorption）。根部之所以能进行交换吸附，是由于根部细胞的质膜表层有阴阳离子，其中主要是 H^+ 和 HCO_3^-，这些离子主要是由呼吸放出的 CO_2 和 H_2O 生成的 H_2CO_3 解离出来的。H^+ 和 HCO_3^- 迅速地分别与周围溶液的阳离子和阴离子进行交换吸附，盐类离子即被吸附在细胞表面。这种交换不需要能量，吸附速度很快（只需要几分之一秒）。②离子进入根部内部，吸附在质膜表面的离子经过主动吸收、被动吸收或胞饮作用等方式到达质膜内侧。离子从根部表面进入根部内部也和水分进入根部一样，既可以通过质外体途径，也可以通过共质体途径。

根也可以利用土壤胶体颗粒表面的吸附态离子。根对吸附态离子的利用方式有两种：

一种是通过土壤溶液进行离子交换，另一种是与土壤胶体颗粒表面的吸附态离子直接交换或接触交换。具体过程如图 5-3 所示。

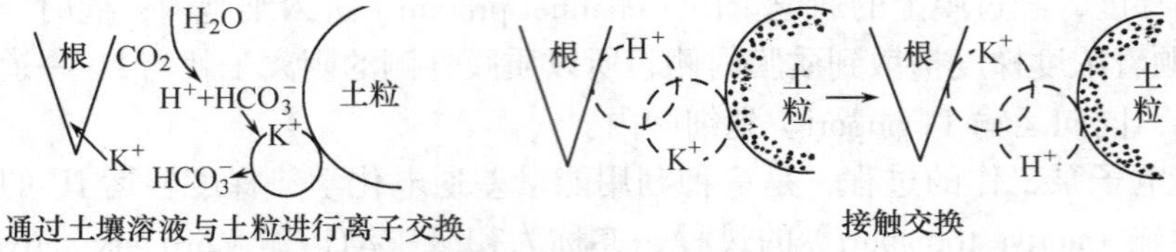

通过土壤溶液与土粒进行离子交换　　　　　接触交换

图 5-3　植物根部吸收离子的方式

5.2.5　植物吸收矿质元素的特点

植物对矿质元素的吸收是一个复杂的生理过程，它一方面与吸水有关，另一方面又具有独立性，同时对不同离子的吸收还具有选择性。

5.2.5.1　对盐分与水分的相对吸收

植物对盐分和水分的吸收是相对的。一方面，盐分一定要溶解在水分中才能被根部吸收，同时随水流一起进入根部的自由空间；另一方面两者的吸收机制并不相同，根部吸水主要是因蒸腾而引起的被动过程，吸盐则是以消耗能量的主动代谢为主，有载体运输，也有通道运输和离子泵运输，具有饱和效应，吸收离子数量因外界溶液浓度而异，其吸盐速度不可能与吸水速度完全一致。总之，植物吸盐量与吸水量之间不存在直接的依赖关系。

5.2.5.2　离子的选择吸收

离子的选择吸收（selective absorption）是指植物对同一溶液中不同离子或同一盐的阳离子和阴离子吸收比例不同的现象。例如供给 $NaNO_3$，植物 NO_3^- 的吸收大于 Na^+，由于植物体细胞内总的正负电荷数必须保持平衡，因此就必须有 OH^- 或 HCO_3^- 排出细胞。植物在选择性吸收 NO_3^- 时，环境中会积累 Na^+，同时也积累了 OH^- 或 HCO_3^-，从而使介质 pH 升高，所以称这种盐为生理碱性盐（physiologically alkaline salt）。同理，在供给 $(NH_4)_2SO_4$ 时，植物对 NH_4^+ 的吸收多于 SO_4^{2-}，根细胞向外释放 H^+，环境中在积累 SO_4^{2-} 的同时也积累 H^+，使介质 pH 下降，称这种盐为生理酸性盐（physiologically acid salt）。而当供给 NH_4NO_3 时，植物对 NH_4^+ 和 NO_3^- 的吸收量接近，基本不改变介质的 pH，则称这种盐为生理中性盐（physiologically neutral salt）。生理酸性盐和生理碱性盐的概念是根据植物的选择吸收引起外界溶液是变酸还是变碱定义的。

根部对离子吸收之所以具有选择性，与相关载体和通道的数量有关。某种载体或通道多，吸收该元素就多，否则就少。

5.2.5.3　单盐毒害和离子拮抗

当溶液中只含有一种盐分（即使这种盐分是无害甚至是有利的，例如 KCl）时，即使浓度较低，金属离子（K^+）会迅速被吸收，当达到毒害水平时，植株就会死亡。这种溶液中只有一种金属离子时对植物起有害作用的现象称为单盐毒害（toxicity of single salt）。

向发生单盐毒害的溶液中再加入少量其他金属离子，即能减弱或消除这种单盐毒害，离子之间的这种作用称为离子拮抗（ion antagonism）。金属离子之间的拮抗作用因离子而异，例如，K^+ 不能拮抗 Na^+，Ba^{2+} 不能拮抗 Ca^{2+}，而 Na^+ 和 K^+ 能拮抗 Ba^{2+} 和 Ca^{2+}。

矿质营养元素吸收研究过程中的诺贝尔奖

（1）1991年，德国科学家厄温·内尔（Erwin Neher，1944—）和伯特·萨克曼（Bert Sakmann，1942—）因发现细胞中单离子通道的功能而获得诺贝尔生理学或医学奖。

1902年，J.伯恩斯坦在他的膜学说中提出神经细胞膜对钾离子有选择通透性。1939年A.L.霍奇金与A.F.赫胥黎用微电极插入枪乌贼巨神经纤维中，直接测量到膜内外电势差。1949年A.L.霍奇金和B.卡茨在一系列工作基础上提出膜电势离子假说，认为细胞膜动作电势的发生是膜对钠离子通透性快速而特异性地增加，称为"钠学说"。尤其重要的是，1952年霍奇金和赫胥黎用电压钳技术在枪乌贼巨神经轴突上对细胞膜的离子电流和电导进行了细致地定量研究，结果表明Na^+和K^+的电流和电导是膜电势和时间的函数，并首次提出了离子通道的概念。他们的模型（H–H模型）认为，细胞膜的K^+通道受膜上4个带电粒子的控制，当4个粒子在膜电场作用下同时移到某一位置时，K^+才能穿过膜。另一方面，1955年卡斯特罗和卡茨对神经–肌肉接头突触传递过程的研究发现：突触后膜终板电势的发生，是由于神经递质乙酰胆碱（Ach）作用于终板膜上受体的结果，从而确认了受化学递质调控的通道。20世纪60年代，用各种生物材料对不同离子通透性的研究表明，各种离子在膜上各自有专一性的运输机构，曾经提出运输机构是载体、洞孔和离子交换等模型。1973年和1974年，C.M.阿姆斯特朗、F.贝萨尼利亚及R.D.凯恩斯、E.罗贾斯两组分别在神经轴突上测量到与离子通道开放相关的膜内电荷的运动，称为门控电流，确认了离子通道的开放与膜中带电成分运动的依从性。1976年内尔和萨克曼合作发明了应用膜片钳技术，创立了离子单通道电流记录技术，发现了细胞膜存在离子通道，在神经科学及细胞生物学界产生了革命性的影响。近年来，用这种技术发现了一些新型离子通道，为深入研究通道的结构和功能提供了有力的工具。20世纪80年代初，学者们先后从细胞膜上分离和纯化了一些运输离子的功能性蛋白质，并在人工膜上成功地重建了通道功能，从而肯定了离子通道实体就是膜上一些特殊蛋白质分子或其复合物。近年，科学家应用基因重组技术研究离子通道的结构，1982和1984年，纽莫及合作者先后测定了N型Ach受体和Na^+通道蛋白的氨基酸序列。

（2）2013年，诺贝尔生理学或医学奖授予美国科学家詹姆斯·罗思曼（James E. Rothman，1950—）、兰迪·谢克曼（Randy W. Schekman，1948—）以及德国科学家托马斯·祖德霍夫（Thomas C. Südhof，1955—），以表彰他们发现细胞的囊泡运输调控机制。

诺贝尔奖评选委员会在声明中说，这三位科学家的研究成果解答了细胞如何组织其内部最重要的运输系统之一——囊泡传输系统的奥秘。谢克曼发现了能控制细胞传输系统不同方面的三类基因，从基因层面上为了解细胞中囊泡运输的严格管理机制提供了新线索；罗思曼20世纪90年代发现了一种蛋白质复合物，可令囊泡基座与其目标细胞膜融合；基于前两位美国科学家的研究，祖德霍夫发现并解释了囊泡如何在指令下精确地释放出内部物质。细胞生命活动依赖于细胞内的运输系统。所谓囊泡运输调控机制，是指某些分子与物质不能直接穿过细胞膜，而是依赖围绕在细胞膜周围的囊泡进行传递运输。囊泡通过与目标细胞膜融合，在神经细胞指令下可精确控制激素、生物酶、神经递质等分子传递的恰

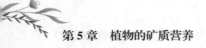

当时间与位置。若囊泡运输系统发生病变，细胞运输机制随即不能正常运转。诺贝尔奖评选委员会在声明中说，"没有囊泡运输的精确组织，细胞将陷入混乱状态"。三位获奖者的研究成果揭示了细胞如何在准确的时间将其内部物质传输至准确的位置，揭示出细胞生理学的一个基本过程。

5.2.6　根部吸收矿质元素的影响因素

根部吸收矿质元素的过程有主动吸收和交换吸附两方面，因此凡是影响这两方面中任何一方面的外界条件，都影响根部对矿质元素的吸收。

（1）温度

在一定范围内，根部吸收矿质元素随土壤温度的增高而加快，这是因为温度影响了根部的呼吸速度，即影响了根的主动吸收。但温度过高（超过40℃），一般作物吸收矿质元素的速度即下降，可能是高温使酶钝化，影响根部代谢；高温使细胞透性增大，矿质元素被动外流，所以根部纯吸收矿质元素量减少。温度过低时，吸收矿质元素也减少，因为低温时代谢弱，主动吸收慢；细胞质黏稠性增大，离子进入困难。

（2）通气状况

根部吸收矿质元素与呼吸作用密切相关，因此，土壤通气状况能直接影响根部吸收矿质元素。试验证明，在一定范围内，随氧气供应状况的改善，根系吸收矿质元素也逐渐增多。土壤通气良好除了增加氧气外，还有减少二氧化碳的作用。二氧化碳过多，必然抑制呼吸，影响盐类吸收和其他生理过程。

（3）光

虽然光照对根部溶质吸收无直接影响，但一般情况下，在较高光强下生长的植物比在弱光下生长的植物吸收离子要快一些。这可能因为光合作用所供给的光合产物转移到根中，通过呼吸作用产生能量，并用于离子吸收。

（4）溶液浓度

在外界溶液浓度较低的情况下，随着溶液浓度增高，根部吸收离子数量也增多，两者成正比。但是，外界溶液浓度较高时，离子吸收速率与溶液浓度无紧密关系，通常认为是离子载体或通道数量所限。所以，在农业生产上一次性施用过多化学肥料，不仅可以导致作物灼伤，还会造成根外离子过剩，从而使肥料浪费。

（5）pH

外界溶液的 pH 对矿质元素吸收有影响。由于组成细胞质的蛋白质是两性电解质，在弱酸性环境中，氨基酸带正电荷，易于吸附外界溶液中的阳离子；在弱碱性环境中，氨基酸带负电荷，易于吸附外界溶液中的阳离子。

土壤溶液 pH 对植物矿质元素的间接影响比上述的直接影响还要大。首先，土壤溶液反应的改变，可引起溶液中养分溶解或沉淀。例如，在碱性反应加强时，Fe^{3+}、PO_4^{3-}、K^+、Ca^{2+}、Mg^{2+}、Cu^{2+}、Zn^{2+} 等逐渐形成不溶解状态，能被植物利用的量便减少；在酸性环境中，PO_4^{3-}、K^+、Ca^{2+}、Mg^{2+} 等溶解，但植物来不及吸收，易为雨水冲掉，因此酸性土壤中往往缺乏这四种元素。其次，土壤溶液反应也影响土壤微生物的活动。在酸性反应中根瘤菌会死亡，固氮菌失去固氮能力；在碱性反应中，对农业有害的细菌如反硝化细菌发育良好，这些变化都不利于氮素营养。

（6）离子间的相互作用

溶液中某一离子的存在会影响另一离子的吸收。例如，溴和碘的存在会使氯的吸收减少，但硝酸和磷酸的存在则对氯的吸收无影响甚至有促进作用，这与各种离子在离子载体上的结合位置有关，在同一结合位置则竞争，不在同一结合位置则无竞争。此外，相同两种离子的相互作用又具有两重性，如钙既能抑制又能促进钾吸收，具体以钾浓度而定，低浓度时促进，高浓度时则抑制，其抑制作用是由于两者在同一结合位置，促进则可能是因为钙有利于钾离子载体复合无法释放钾离子。另外，离子之间的相互作用也与代谢有关，在缺磷酸时，玉米则停止吸收硝酸，因为磷酸和含氮化合物的合成有密切关系。

延伸阅读

（1）植物的固氮作用

生物固氮是指由固氮酶催化将分子态氮转化为氨的生物过程，由固氮酶催化进行，它是将大气中的氮气引入生态系统氮素循环的第一步。自然界中，氮气含量约占78%，氮气本身在空气中较为稳定，氮气活化的反应如下：

$$N_2 + 2.5O_2 + H_2O = 2NO_2 + 2H^+ \qquad \Delta G = -65 \text{ kJ/mol}$$

在少量沉积物中，氮气反应生成铵根离子，方程式如下：

$$N_2 + 1.5 CH_2O + 3H_2O + 0.5H^+ = 2NH_4^+ + 1.5HCO_3^- \qquad \Delta G = -78 \text{ kJ/mol}$$

植物的固氮作用主要有三种，共生固氮作用、松散的联合固氮和自生固氮。

共生固氮作用又分为三种，最为常见的是豆科－根瘤菌（rhizobium）的固氮作用，如菜豆根瘤菌（*Rhizobium etli*）、苜蓿中华根瘤菌（*Sinorhizobium meliloti*）、大豆根瘤菌（*Bradyrhizobium japonicum*）和豌豆根瘤菌（*Rhizobum leguminosarum*）。

固氮是在固氮酶的作用下进行的，化学式如图 Y5-1 所示：

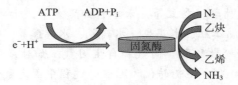

$$N_2 + 8e^- + 16ATP \longrightarrow 2NH_3 + H_2 + 16ADP + 16P_i$$

图 Y5-1 生物固氮化学式

由于固氮反应是还原过程，固氮酶对氧气十分敏感，根瘤是氧气的物理屏障。在豆科植物根瘤中，豆血红蛋白起着降低氧浓度以保护固氮酶的作用。

共生固氮消耗植物体的糖类，有一定的碳成本。三叶草完全依赖固氮，每天光合固定的碳的25%，供给固氮菌；非共生固氮植物吸收养分，氮素养分充足时4%～13%、养分限制时25%供给固氮微生物。所以，提高氮的供应会抑制结瘤与固氮活性。

这主要有四个原因：①与固氮有关的基因表达受低氮刺激；②固氮酶与硝酸还原酶竞争糖类；③ NO_2^- 与豆血红蛋白结合，抑制固氮酶活性。豆血红蛋白（leghemoglobin）是氧气的运输载体，呼吸活跃需要大量能量时可以保证氧气的供应，固氮作用是严格厌氧的反应，如果血红蛋白大量与 NO_2^- 结合，就不能保证固氮酶严格厌氧的环境，抑制固氮

第 5 章　植物的矿质营养

作用；④韧皮部的含氮化合物反馈抑制根瘤的代谢。根瘤菌与豆科植物的识别（recognition）主要是通过根分泌物中的类黄酮种类进行识别。根瘤形成如图 Y5-2 所示。

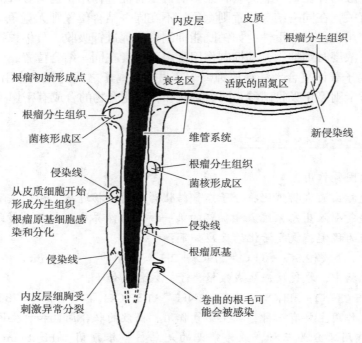

图 Y5-2　根瘤形成模式图（改自 Sprent & Sprent 1990）

　　植物的固氮作用在农业上应用最广的是种植固氮植物做绿肥。绿肥作物很多，主要包括豆科、禾本科、十字花科和其他作物。豆科如紫云英、羽扇豆、小冠花、山黧豆、红豆草、豌豆、紫花苜蓿、三叶草、蚕豆等，禾本科如黑麦草，十字花科如油菜、肥田萝卜，其他还有肿柄菊、芝麻、满江红、水花生、水葫芦、水浮莲等。

　　除共生固氮外，还有松散的联合固氮和自生固氮，如甘蔗－固氮醋酸杆菌，在甘蔗的质外体中，糖的浓度达 10%，把糖转化为醋酸的过程中固定氮素（Sevilla et al.1997）。

　　植物对氮的利用不只局限于固定无机氮，还有有机氮矿化、胺化、氨化等多种形式。有机氮胺化是指蛋白质水解成多肽，再水解成氨基酸或酰胺。生物质氮有 93% 是蛋白质，7% 是核酸，还有少量氨基糖，可通过有机氮胺化分解生物质氮参与物质循环。有机氮氨化可将有机氮直接转化为 NH_3。在某些情况下矿化过程会释放 NH_4^+，如微生物碳饥饿，需要利用氨基酸中的酮基产生能量；环境相对湿度和温度波动导致生物死亡和分解，微生物利用低 C/N 的死亡有机体；微生物被捕食后，释放多余的 NH_4^+。

　　在根际和根范围内，根际微生物是潜在的有效氮库，根尖碳充足，可以固定氮素，成熟区碳饥饿，释放氮。根际总矿化速率比土体高 10 倍（细茎野燕麦），主要是因为根际微环境和根系关系密切，受根的信号调控。

　　（2）植物对磷的吸收

　　无机磷移动性差，易固定，有效磷占土壤中磷的比例较低（图 Y5-3）。

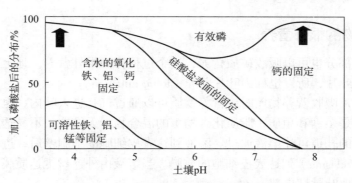

图 Y5-3 不同 pH 下土壤中磷的价态分布图

植物对低磷的反应主要有以下特征：①物质分配方面，根系比例提高；②局部根系大量生长形成养分斑块；③根毛生长增多；④形成排根；⑤分泌质子活化土壤中被固定的磷；⑥分泌特异性有机物；⑦分泌磷酸酶；⑧诱导转运蛋白；⑨菌根侵染增加。

有机磷生物矿化作用主要在生物体外部进行，磷酸酶和植素酶对有机磷的释放有重要作用。酶的来源主要是植物和微生物的分泌、细胞的水解以及动物排泄物等。磷酸酶中有酸性、中性和碱性磷酸酶，能够水解磷酸酯键并释放出无机磷，其最适 pH 分别为 4～6、7 和 8～10。酸性磷酸酶主要来源于植物，碱性磷酸酶主要来源于微生物。

植物对磷的吸收主要有内生菌根和外生菌根两大类。内生菌根有三种：泡囊丛枝菌根（*Vesicular arbuscular mycorrhiza*）、欧石楠菌根（*Ericoid mycorrhiza*）、兰科植物菌根（*Orchid mychorrhiza*）。外生菌根扩大了吸收表面积和可利用的土壤体积，分泌有机酸和水解酶，促进植物对磷的吸收（图 Y5-4）。

内生菌根主要由根、菌丝在细胞内形成菌根共生体，外生菌根由根外的菌丝鞘（fungal sheath）和根皮层内的哈代网（hartig net）组成。菌根侵染植物的过程分为识别、延伸两步。侵染是指植物与真菌间的相互感知，包括附着胞的识别和通道细胞（passage cell）的延伸。菌根侵染不会引起真菌病害症状，但是会诱导植物防御反应从而控制菌丝的分布。菌根真菌侵染的控制由严格的基因表达控制。

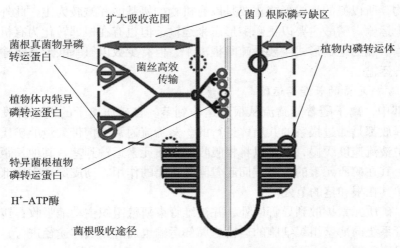

图 Y5-4 植物对磷的吸收途径

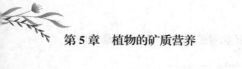

5.2.7　植物的根外营养

植物的地上部分也可以吸收矿质营养，这个过程称为根外营养。地上部分吸收矿质营养的器官主要是叶片，所以也称为叶片营养（foliar nutrition）。

植物通过叶片吸收营养物质时，营养物质可以通过气孔进入叶内，也可以从角质层进入叶内。角质层是多糖和角质（脂质化合物）的混合物，无结构，不易透水，但是角质层有裂缝，呈细微的孔道可让溶液通过。溶液到达表皮细胞的细胞壁后，进一步经过细胞壁中的外连丝（ectodesma）到达表皮细胞的质膜。当溶液由外连丝抵达质膜后，就转运到细胞内部，最后到达叶脉韧皮部。

5.3　植物体内矿质元素的运输、利用与分配

5.3.1　植物体内矿质元素的运输

5.3.1.1　矿质元素的根系运输

土壤溶液的矿质离子首先随着流动的水分，靠近根系皮层薄壁组织的细胞壁，在细胞间隙的互连系统中进行运输，这个过程称为质外体运输。由于细胞壁表面和原生质体质膜上具有电荷，在这些部位的离子与细胞壁表面和原生质体质膜上的电荷发生交换而被吸附。这是一个纯粹的被动吸收过程，依据土壤溶液和根内部之间的浓度差梯度和电荷梯度进行。根系质外体的吸收能力成为"表观自由空间"。细胞质对矿质离子的吸收主要发生在根皮层。进入液泡的矿质离子会一直保持在液泡中，直到主动地回到胞质中为止（Läuchli 1976）。

离子的胞间运输回避了液泡，继续沿着原生质体的连续体进行。相邻原生质体之间通过胞间连丝直接联系，这个原生质体连续区称为共质体。与质外体的运输相反，质外体运输会受到凯氏带的阻拦，而共质体则一直通往中柱。此外，离子可沿着浓度梯度被动地流向导管和管胞，或者通过薄壁组织细胞主动地将离子排泄到导管中去。

矿质离子的运输是以不同的形式进行的。根系吸收的无机氮化物，大部分在根内转变为有机氮化物，所以氮的运输形式主要是以有机物如氨基酸和酰胺为主，此外还有少量以硝酸形式向上运输。磷酸主要以正磷酸形态来运输，但也有在根部转化为有机磷化物，然后再向上运输。硫的运输形式主要是硫酸根离子，但有少数以氨基酸形态运输。金属离子则以离子状态运输。

5.3.1.2　矿质元素的长距离运输

在木质部中，离子随着蒸腾流从根部运输到茎。在矿质离子的慢速阶段，离子的吸收、传导和释放都是通过根系的共质体进行的。蒸腾流通常能携带大量的矿质元素，所以即使木质部中液流速度缓慢，也足以将根吸收的矿质元素运输到茎。其他长距离运输系统是在韧皮部，其在矿质元素的分布方面起着同等重要的作用。韧皮部和木质部系统在很多部位相连，尤其在根和茎的节处。

在茎中，矿质元素扩散到导管以外，并被维管束薄壁组织主动地吸收；转移细胞也促进离子从导管系统向薄壁组织细胞的运输。局部运输也通过共质体途径进行，而且部分矿质元素离子保留在液泡中。

韧皮部运输的主要功能是将已经转运到植株内的矿质营养再转移。这些矿质营养的再次转运有很大差异（Jeschke *et al.* 1985）。结合有机化合物中的矿质元素，如 N、P 和 S 易于移动，正如同碱性离子特别是 K$^+$ 容易移动一样。这些较活跃的元素在幼叶中被高度浓缩，并随着叶片衰老逐渐转移到其他部位。较不易转移的是重金属和碱土离子，特别是钙离子，由此它稳定地积累在木质部转运流程终端的叶内。这就导致随着叶龄增加 Ca：K 的比率升高。矿质营养的再分配是全年过程中正常发生的事件。在草本植物中，它主要发生于老叶向正在生长的茎尖和繁殖器官的再分配；而在木本植物中，它于春季直接转运到芽中，在夏季和秋季则移向贮藏组织。

5.3.2 植物体内矿质元素的利用

在地壳中出现的每种化学元素都可在植物灰分中发现。元素 N、K、Ca 以及某些植物中的 Si 都以相当大的量存在（10 ~ 50 g kg^{-1} 干物质）。Mg、P 和 S 的量在每千克干物质中含几克到 10 g，微量元素（如 Fe）的含量为每千克干物质含 0.12 g 到几毫克。

各种生物元素的比例是某些植物种和科，以及特殊器官和发育阶段的显著特征，许多草本植物含 K 多于 N，而在适氮植物中则相反。尽管在芸薹属（*Brassica*）中存在着 S 远多于 P 的现象，但大多数植物所含的 P 略多于 S。Ca：K 的比率尤其具有特征性：在石竹科（Caryophyllaceae）、报春花科（Primulaceae）和茄科（Solanaceae）中，K 占优势；在景天科（Carssulaceae）和十字花科（Brassicaceae）中，Ca 较多。盐生植物，如藜科、十字花科和伞形科（Apiaceae）积累大量的 Na$^+$，它是一种通常列于表格底部的元素，微量元素之前。禾草、苔草、棕榈和木贼吸收 Si 很多，可占灰分总量的 3/4。硅藻的骨架由硅酸盐组成，Si 可占灰分总量的 90% 以上。

在植株内，叶和皮层组织含灰分最多，而木质器官最少。优先结合到叶中的元素包括 N、P、Ca、Mg、S 以及禾草和棕榈中的 Si。花和果实中主要贮存 K、P 和 S；树干的树皮含有相对大量的 Ca 和 Mn；而某些木本（尤其热带木本）植物的种子则贮存 Si 和 Al。

从灰分的含量和组成可以推断出关于植物生长部位的矿质营养供应和土壤成分的某些信息。生长在养分特别低的土壤上，尤其是酸性土壤上植物，其灰分含量像附生植物一样低（干物质的 1% ~ 3%）。相反，生长在盐土上的植物通常有较高的灰分含量（高达干物质的 55%），并且灰分中的 Na、Mg、Cl 和 S 的含量要高于平均量（Lieth & Market 1988）。

植物能够优先吸收某些元素，但不能阻止它们之中任何一种元素的吸收，所以灰分的组成反映了它们所生长的土壤的地球化学特性（表 5–5）。在泛滥平原林区、草甸和牧场的富氮土壤和野生杂草生境上生长的植物，氮浓度明显较高；在石灰性土壤中生长的植物和在干旱亚热带地区的植被都积累钙；在酸性土壤的植物中，Al、Fe、Mn 含量高；在热带雨林和萨瓦纳群落中的植物 Si 含量高；在盐土的典型盐生植物中，Cl$^-$ 和 SO$_4^{2-}$ 含量高；在近矿砂沉积区生长的植物中，重金属含量高。灰分分析以测定随生境而异的矿质元素积累，能够帮助发现营养缺乏的存在和农作物的不恰当施肥。此外，对野生植物矿质元素含量的了解，可以使这些植物成为养分有效性和矿砂存在的指示植物（Rodin & Bazilevich 1967）。

根据矿质元素渗入到植物中的程度，可分为三种基本营养状态：缺乏、适当供应和过量。遭受营养缺乏的植物，生长都是矮小的，它们的发育不能正常进行。如果在主要生长期间，矿质元素的吸收与干物质生产不能保持同步，那么矿质元素的浓度就会降低。因为

表 5–5　不同植被类型的矿质元素含量特征（Rodin 和 Bazilevich 1967）

类型	灰分特征	矿质元素含量	死被物分解	植被
硝化—北方	N >（K、Mn）	低	慢	冻原
	N > Ca	低	慢	北方真叶林
	N > Ca（Si、Mg）	中等	慢	北方桦林
硝化—干旱	N > Ca（Na、Cl）	中等	很快	灌木荒漠
硝化—亚热带	N > Ca（Si、Al、Fe）	中等	快	落叶林
钙化—温带	Ca > N	中等	延迟	栎 – 山毛榉林
钙化—亚热带	Ca > Si（Al、Fe）	中等	很快	亚热带荒漠植被
硅化—半干旱	Si > N	中等	很快	旱地草原
硅化—干旱	Si > N（Na、Cl）	中等	很快	荒漠一年生植物
硅化—热带	Si > N（Al、Fe）	中等	很快	萨王那群落
	Si > N（Al、Fe、Mn、S）	中等	很快	赤道雨林
盐化	Cl > Na	高	很快	盐生植被

组织中养分浓度（而不是数量）对于代谢作用是重要的，所以营养缺乏病症状常随着过快生长而发展。然而，不充足的矿质元素供应不一定导致组织中矿质元素浓度的大幅度降低。如果生长受到其他因素（矮小基因型、缺水、寒冷）的限制，有机物质的生产量会减少，这样矿质元素的浓度也会达到矿质营养供应良好具较高产量时的相同浓度。因此，作为亏缺胁迫策略的矮化生长，是植物在贫瘠营养供应生境中植物组织浓缩矿质营养的一种手段（Grime 1979）。如果缺乏单种元素，或植物种对某一元素的需要量特别大，就会出现特殊的缺乏症状。在栽培植物和森林树木中，这些症状已为人们所熟知。

当矿质营养适当供应时，植物可利用养分的实际数量，可在相当宽的幅度内变动，而对产量没有明显的影响。一旦植物的需要得到满足，过量的矿质营养对植物生长并无更大益处。

在过量浓度的范围内，无机营养可能是有害甚至是有毒的，特别是只有一种元素出现过量的情况下。过量施用氮肥会导致茎生长过快，支持组织发育不充分，根系发育不良，生殖生长发育延迟，对气候胁迫的抗性较差，对寄生真菌和害虫具有较大的易感性。过量浓度的强碱离子和碱土离子可导致不平衡或其他抑制作用。过量的重金属大部分是有害的。

5.3.3　植物体内矿质元素的分配

矿质元素进入根部导管后，便随着蒸腾流上升到地上部分。矿质元素在地上部分各处的分布，以离子在植物体内是否参与循环而异。

某些元素（K）进入地上部分后仍呈离子状态；有些元素（N、P、Mg）形成不稳定的化合物，不断分解，释放出的离子又转移到其他需要的器官中。这些元素便是参与循环的元素。另外有一些元素（S、Ca、Fe、Mn、B）在细胞中呈难溶解的稳定化合物，特别是 Ca、Fe、Mn，所以它们是不能参与循环的元素。从同一物质在体内是否反复利用的角度来看，有些元素在体内能够多次被利用，有些只能利用一次。参与循环的元素都能再利用，不参与循环的元素不能再利用。可再利用的元素中以 P、N 最典型，不可再利用的元素中以 Ca 最典型。

参与循环的元素能从代谢较弱的部位运到代谢较强的部位。据实验，当把菜豆苗培养于含有 ^{32}P 的培养液中 1 h 后，转移至正常培养液（无放射性元素）中，结果表明，短时（1 h）后植株各处都有 ^{32}P，其中以最下层叶子（未完全长成）含 ^{32}P 最多，上层叶子较少，芽更少。6 h 后，顶芽含 ^{32}P 最多，未张开的嫩叶也多，下层叶子很少。数天后，嫩叶的 ^{32}P 量最高（潘瑞炽和董愚得 1994）。因此，参与循环的元素在植物体内，大多数分布于生长点和嫩叶等代谢较旺的部分。同样道理，代谢较旺的果实和地下贮藏器官，也含有较多的矿质元素。不参与循环的元素却相反，这些元素被植物地上部分吸收后，即被固定而不能移动，所以器官越老含量越高，例如嫩叶中的钙少于老叶。植物缺乏某些必需元素，最早发现病症的部位（老叶或嫩叶）不同，原因也在于此。凡是缺乏能再利用元素的生理病症，都是发生于老叶；而缺乏不能再利用元素的生理病症，都是出现在嫩叶。

参与循环的元素的重新分布，也表现于植株开花结实时和落叶植物落叶之前。例如，玉米形成籽粒时所得到的 N，大部分来自营养体，其中尤以叶子最多；在完全营养液中培养的番茄开花时，如移到缺 P 的营养液中，果实形成所需的 P 可由叶和茎供给，故果实照样形成，但产量减少。又如，落叶植物在叶子脱落之前，叶中的 N、P 等元素运至茎干或根部，而 Ca、B、Mn 等则不能运出或只有少量运出。牧草和绿肥作物结实后，营养体的氮化合物含量显著降低。

5.4　植物体内矿质元素的排出

矿质元素不只在植物体内从这一部分运到另一部分，同时还可排出体外。植物的矿质营养流失和吸收在决定多年生植物营养预算时是同等重要的。然而，在矿质营养流失方面的研究却很少（Lambers *et al.* 1998）。

大多数矿质营养一旦被吸收到植物组织中就存留在组织内，它们在植物体内有的可以进行转移和再利用，有的则不能。过多的矿质元素被排到液泡里储存起来或形成结晶体（如草酸钙），因此它们并不妨碍其他代谢活动的进行。矿质元素也能随蒸腾流携带到细胞壁，当水蒸发掉，它们就以残留物形式进行积累。这些矿质元素在相应的植株部分死去并掉落地面以前不会被排出。因而，多年生植物的落叶可以被认为是一个必要而有规律的矿质元素排出过程（Larcher 2003）。

Frey-Wyssling（1949）认为少量矿质元素以分泌（secretion）、排泄（excretion）和泌盐作用（salt secretion）形式排出体外（图 5-4）。分泌是指植物释放出同化产物，包括通过根而渗出的氨基酸，以及花蜜等。排泄是指从植物体内排出一些中间代谢产物或分解代谢的最终产物。矿质元素（主要是 N 和 S）可以这样的有机化合物形式排出。但是，分泌物和排泄物在生物间的他感作用方面更为重要。

植物根系是具备分泌功能的重要器官，它可以向土壤中排出矿质元素和有机化合物，统称根系分泌物。近年来的研究表明，根系分泌物是维持根际微生态环境活力的重要因素。当根系处于逆境生态胁迫下的时候，可以分泌专一性物质来抑制胁迫作用（陈龙池等 2002）。如缺磷条件下许多植物的根系都能分泌有机酸，溶解土壤中难溶磷酸盐，增加对磷元素的吸收（Neumann *et al.* 1999）。

　　盐生植物的泌盐作用也是植物体排出矿质元素的一种情况。这些盐分不参与代谢过程，且仍以无机态从植物体内排出。此过程发生于植物的整个表面，泌出的盐分被雨水冲洗掉，从而减轻了盐碱胁迫。该过程是通过分布在植物体表面的各种类型的泌盐腺体完成的。有关植物泌盐的详细内容请参阅本书第 7 章第 7 节。

　　地上部分通过排水器吐水（guttation）也可将矿质元素和其他物质排出体外，如虎耳草植物通过排水孔排出钙。

　　地上部叶片在雨水等的淋洗（leaching）下也会损失矿质元素和其他养分，尤其是质外体中的物质。同时淋洗也可以解除植物体内的一些毒素、污染物以及叶片中盐分和元素富集而产生的毒害作用（Tukey 1970）。植株被雨水淋洗出的物质主要有 K、N，还

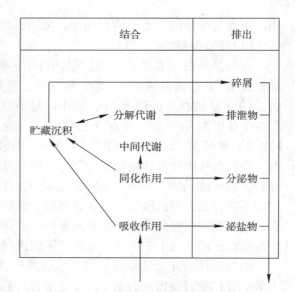

图 5-4　植物体内无机物质的周转模式图（部分参照 Frey–Wyssling 1949）

包括糖、有机酸、植物激素等。在一年生植物的生长末期，K 的损失可以达到最高含量的 1/3，Ca 达 1/5，Mg 达 1/10。热带雨林地区生长的籼稻在生长后期，由于雨水而损失其所吸收 N 的 30%，可见阴雨连绵会破坏植物体内的元素平衡。

　　以淋洗方式从植物地上部分返还到土壤中的氮元素占总返还 N 元素的 15%，P 元素 15%，K 元素 50%（Chapin 1991）。使用"小伞法"防止雨水接触叶面的实验说明淋洗掉的元素量应该占更大比例。当叶胞间隙中的可溶养分较多时，利于淋洗发生。当雨水刚接触叶表面时淋洗率最高，随着继续接触淋洗率下降。因此在决定淋洗损失时，降水的频率比降水的强度更重要。由于落叶植物的组织内养分聚集较多，它们比常绿植物有更高的淋洗损失。但是，这种情况又因常绿植物有更长的时间可能被淋洗而弥补（Thomas & Grigal 1976）。所以，常绿和落叶森林的淋洗损失元素量在总植物地上元素损失中所占比例是相当的（Lambers et al. 1998）。

　　淋洗损失的元素量按 K > Ca > N > P 的顺序递减。这是单价阳离子比二价阳离子更具移动性的反映，也表明构成无机物的元素比组成有机物的元素更易流失。较早研究认为硬叶具有较厚角质层的作用之一是避免营养元素被淋洗，然而实验证明这种关系并不存在。这种叶特征主要为了抵御非生长季的不利环境、食植动物以及病原体。

　　酸雨增强了阳离子，特别是钙离子的淋溶。这是因为氢离子和角质层界面上的阳离子可以发生交换；另外酸性改变了角质层的化学环境，使得更多的营养物质易于大量流失到叶表面。一些被淋洗或排出到土壤中的物质又可被植株重新吸收，这种循环在生态系统中有一定意义。

5.5　生物地球化学循环

　　地球上的物质在各种物理和化学作用的过程中周而复始地循环着，使这些物质含量

在某一生态系统中保持着动态平衡。如大气中的 CO_2 溶解在雨水中形成 H_2CO_3，使暴露在地面上的岩石发生风化作用形成 $CaCO_3$，溶解的 $CaCO_3$ 等物被河流带入海洋中并沉积在海底，在不断的沉积过程中潜入较低的地壳中。在较深的地层中，沉积物发生变性，Ca 和 Si 元素等被还原成最初的矿物——硅酸岩。当海底发生火山喷发时，又使碳以 CO_2 的形式返回到大气中。地壳的这种循环周期为 1 亿～2 亿年（Li 1972）。生物圈也在不停地对地球化学循环做出响应。夏季，北半球的光合总生产量超过土壤呼吸，使碳暂时储存在植物组织中，大气中 CO_2 出现了季节性下降。冬季，许多植物叶片脱落或进入休眠期，但分解作用仍在继续，大气中 CO_2 的浓度又回到较高的水平，完成一年的循环。在较长时间上，生物圈的碳库也在发生相应的变化（Faure 1990）。在石炭纪储存了大量的有机碳，现今大部分有开采价值的煤炭资源是在那一时期形成的，因此石炭纪可能是可再现的长期循环的一部分。另外，人类的活动也加速了这些物质在全球范围内的循环。对化石燃料和金属矿物的开采，加速了地壳的自然风化速率（Worsley & Davies 1979）。例如，铅在工业中的使用，使世界范围内河流中铅的传输增加了 10 倍左右（Martin & Meybeck 1979）。近年来，海岸沉积物中铅含量的变化与含铅汽油有着直接关系（Trefry *et al.* 1985）。一些金属元素被排放在大气中，而后在遥远的地方沉积下来。例如，格陵兰岛冰冠中 Hg 含量显著高于 100 年前沉积冰层中的 Hg 含量（Weiss *et al.* 1971）。

生物地球化学循环指物质在自然环境中的传输和转化过程，即物质从环境—生物—环境的运转过程。C、N、P、S、水分和其他一些有机物质的循环在所有循环物质中最为重要。这些元素正常循环的打破，导致当今人类必须面临一系列的环境问题。CO_2、CH_4、N_2O 等温室气体在大气圈中的增加直接和间接地引起了全球气候的变化，含 P 有机物质的增加导致大面积水体表面的富营养化，而硫氧化物和氮氧化物的增加则又直接导致酸雨的形成。这些物质被生物体从环境中吸收，在生物体内转化、组合后又以不同的形式排放到环境中的过程便是生物地球化学循环研究的主要内容。这里将重点介绍 C、N、S、P 四个重要元素的循环过程。

5.5.1 碳素的生物地球化学循环

碳在岩石圈中滞留的时间平均为 10^8 年（Broecker 1973），岩石圈中的碳可通过侵蚀循环进入海洋中，沉积在海底约需要 10^5 年。在生命出现之前，碳素主要以地质化学循环过程为主，其循环规模为 10^{10}～10^{11} kg·a^{-1}（Schlesinger 1997），陆地生物圈与大气之间的碳素流量规模数以 10^{12}～10^{14} kg·a^{-1} 为基本单位。在生命出现之前，海洋—大气—生物圈系统中碳的数量由地质过程维持在一定水平；而地球上生命出现后，生物过程的作用主要是影响碳素在不同库之间的重新分布，意味着地球碳素动态由简单的地质化学进入到生物地球化学阶段，促进了碳素地质化学循环的反应速度。自养植物及自养细菌通过光合作用和化能合成把大气中的 CO_2 同化为糖，再由此合成脂质和蛋白质等其他有机物。据估计，全世界绿色植物（包括浮游植物）每年的光合作用将 750 亿吨的碳转化为糖类。动物则直接或间接从植物取得碳。动物的生长过程已将大量的碳转化成它们身体的细胞和它们身体内储藏的食物（如脂质）。当动植物死亡后，尸体被细菌和真菌等（分解者）分解而放出 CO_2，这些 CO_2 进入大气中才使大气中 CO_2 的支出得到有效的补偿（图 5-5）。大气中的 CO_2 经植物吸收后被贮藏的另一种形式是以煤、石油、天然气等存在，这是由于植物死后长期压在地下，而未被细菌或真菌全部分解，经过一系列的化学变化而形成。这通常是以有机碳的形式积累，这种碳的大量积累始于 25 亿年前，到 5.4 亿年前时的库量已达到 1.56×10^{16} t（Des Marais *et al.* 1992）。现在不断地开采地下资源及大量使用，把以前储存的 CO_2 过多过快地释放到大气，加上森林的减少，大气中 CO_2 含量已在上升，造成温室效应，从而导致目前的地球碳循环中，植物光合作用过程每年从大气中固定的 CO_2 量和由植物有机质分解向大气归还的 CO_2 的量比地质化学循环阶段的 CO_2 循环量扩大了约 1 000 倍。

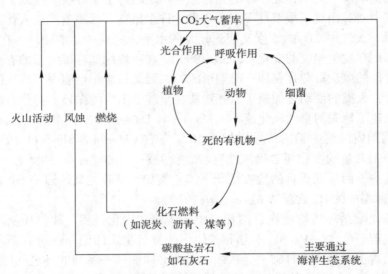

图 5–5　生态系统中的碳素循环（引自李博 2000）

5.5.2　氮素的生物地球化学循环

　　氮素的最大贮库是大气圈，氮素在大气圈、生物圈、水圈和土壤圈之间的输入和输出组成氮素的生物地球化学循环。陆地生物圈周围的 N 对大多数生命体来说是不可直接利用的，它们通过游离生存细菌或共生细菌而生成可利用的氮氧化物才能被植物吸收，合成氨基酸和蛋白质。动物则以植物为食物，摄取植物的蛋白质，经消化改造成为动物的蛋白质。在动物的新陈代谢中，一部分蛋白质分解成为含氮的废物排到土壤或水中；另一部分尸体受到腐生细菌的作用，蛋白质、核酸等含氮化合物也分解成氮、CO_2 和 H_2O，这些氮化合物也排到土壤中（图 5–6）。陆地上总的生物固氮量估计变化在（44~200）× 10^9 kg·a^{-1}，其中值大约在 140×10^9 kg·a^{-1}。如果按已估算的陆地净初级生产力 $60\,000 \times 10^9$ kg·a^{-1} 为准，净初级生产产物中的平均 C/N 比为 50 来计算，陆生植物对 N 的需求即为 $1\,200 \times 10^9$ kg·a^{-1}。这样，N 的固定每年提供了为植物所利用的 N 约 12%，其余部分则由生态系统内部循环和土壤中死亡的有机物质分解所获得。氮的另一种固定形式是工业固氮方法，即人工合成氮肥。人工合成氮肥对特殊生态系统如农田的氮素影响较大。据统计，每年有 240×10^9 kg 净增加到陆地生态系统，40% 来自自然固 N，60% 是来自人为固 N。长期来看，陆地上氮素总是保持在一定的水平内，这些增加的氮素主要通过湿地、土壤的反硝化作用和森林火烧等途径来输出到陆地生态系统之外。输出的氮一部分以气体的形式进入大气，另一部分则由河流运输进入海洋生态系统，这部分氮素占到海洋中每年输入 N 总量的 1/3。大气中的氮素主要以 N_2 的形式存在，另外 N_2O 也是大气中氮

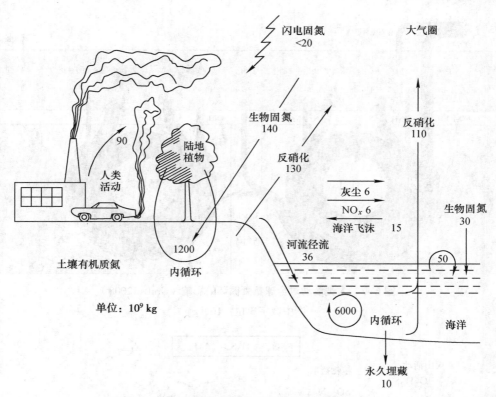

闪电固氮 <20　　大气圈

生物固氮 140

反硝化 130

陆地植物

人类活动 90

土壤有机质氮

内循环 1200

单位：10^9 kg

灰尘 6
NO_x 6
海洋飞沫 15

河流径流 36

反硝化 110

生物固氮 30

50

内循环 6000

海洋

永久埋藏 10

图 5-6　全球氮素循环（转引自韩兴国 1999）

素的主要存在形式之一，其他如 NH_3 和 NO_x 活性较强，其存量则很少。因此，在生物地球化学循环中，生物圈最大的氮输入是通过生物固氮的途径，而氮素损失的主要途径是反硝化作用。其中，人类活动对全球氮素循环的影响也不容忽视（图 5-7）。

5.5.3　硫素的生物地球化学循环

在自然界中，硫素存在的主要形式有：单质硫、亚硫酸盐和硫酸盐。通常情况下，单质硫是被束缚在有机和无机的沉积物中，只有通过风化和分解作用才能被释放出来，并以盐溶液的形式进入陆地和水生生态系统。大多数生物都是从无机的硫酸盐（SO_4^{2-}）中获得它们所需的硫，只有少数生物可以从氨基酸（有机硫）中获得它们所需的硫。经生物合成的各种含硫化合物，在分解过程中，大部分都能被真菌和细菌所矿化。当动物死亡经微生物分解以后，被动物和植物固定的硫，一部分以气体形式释放到大气中，另一部分又以硫酸盐的形式进行土壤和水体中。进入海洋中的硫，或者形成不溶解的硫酸盐沉积在海底，或者以硫的某种形态通过蒸发作用进入大气。进入大气中的 S 可以在全球范围内进行流动，是酸雨形成的重要物质来源。大气中的氧化硫、二氧化硫和元素硫可被进一步氧化形成三氧化硫（SO_3），它与水结合便形成了硫酸（H_2SO_4），雨水中含有硫酸就会形成酸雨。因此硫的循环既属于沉积型，也属于气体型（图 5-8）。

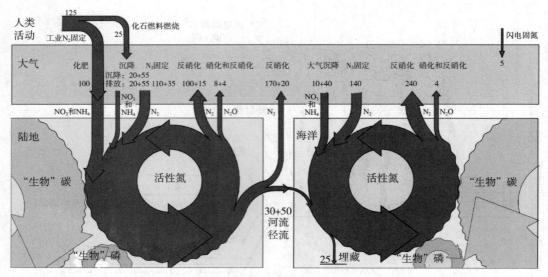

图 5-7　人类活动对全球氮素循环的影响（Gruber 2008）

图中数字单位：10^9 kg

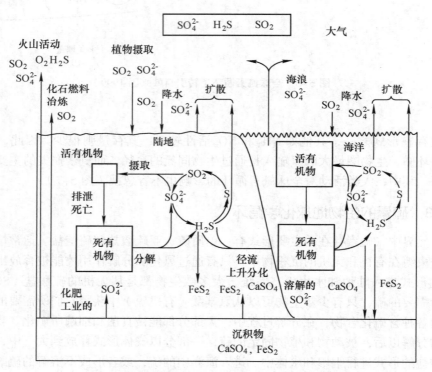

图 5-8　硫的全球循环（引自 Ehrlich *et al.* 1973）

5.5.4　磷素的生物地球化学循环

磷是地球上非常重要的元素之一，它参与或控制了生物圈中生物地球化学循环的许多过程。例如，磷是有机体不可缺少的重要元素，光合作用产生糖，必须经磷酸化才可将光合产物固定。地球上大部分的磷是以岩石态存在，没有生物活性。磷循环都是起始于岩石的风化，终于水中的沉积。在土壤库中储藏的磷只有表层 60 cm 以上的才可被植物吸收利用；植物通过死亡有机体的分解归还磷重新回到土壤中。对植物来说，主要靠吸收土壤或水中的磷酸盐离子（PO_4^{3-}），合成自身原生质，然后通过植食动物、肉食动物在生态系统中循环。陆地生态系统中，磷的有机化合物被细菌分解为磷酸盐，回归到土壤中重新被植物利用；有些在循环中被分解利用，还有一部分随水流进入湖泊和海洋。在水体中，无机磷很快被浮游植物吸收，而浮游植物又被浮游动物和食腐屑动物所取食。而沉入水底的磷大部分以钙盐的形式长期沉积下来，这一部分磷很难返回到陆地，从而离开了循环。因此磷素是不完全的循环（图 5-9）。深海中的磷重新回到陆地上有三种方式：①海水上涌携带含磷矿物到上层水体，又被冲到陆地上；②海陆变迁，被海淹没的地方经过地质变迁成为陆地；③海产品的捕捞可以使一部分磷重新返回到陆地。

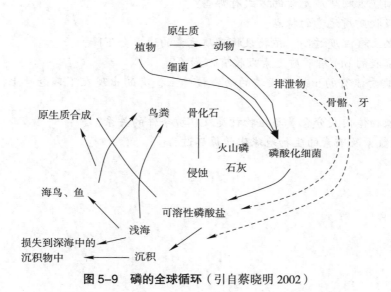

图 5-9　磷的全球循环（引自蔡晓明 2002）

小结

　　岩石和矿物颗粒通过物理风化、化学分解及生物活动形成各种无机盐土壤。土壤胶体是土壤中离子吸附与交换的媒介。

　　植物对元素的吸收、转运、利用和分配是植物矿质营养的基本过程。目前已知的必需元素有 17 种，且根据其需求量的多少分为大量元素和微量元素。植物对矿质元素吸收主要包括子通道运输、载体运输、离子泵运输和胞饮作用四种类型。植物吸收矿质元素又具有离子选择吸收、单盐毒害和离子拮抗等特点。根部矿质营养吸收主要通过与土壤溶液离子交换或者与土壤胶体颗粒接触交换，其吸收效率受温度、光、pH 等因素影响。矿质元素在根部通过共质体与质外体途径进入导管，并在蒸腾拉力下经木质部或韧皮部运输到代谢活跃部位。矿质元素在地上部分各处的分布，以离子在植物体内是否参与循环而异。参与循环的元素都能再利用，不参与循环的元素不能再利用。再利用的元素中以 P、N 最典型，在不再利用的元素中以 Ca 最典型。矿质元素还可以通过地下部分泌、排泄和泌盐作用，地上部排水器吐水、淋洗等形式排出体外。

生物地球化学循环是矿质元素从环境到生物再到环境的过程，以氮素、磷素、碳素及硫素的生物地球化学循环最为重要，这些循环既相对独立又相互影响，同时兼具开放性与不可逆性。

思考题

1. 简述无机盐土壤的形成过程。
2. 简述植物必需矿质元素在植物体内的生理作用。
3. 简要总结生物膜与矿质元素转运相适应的结构模型。
4. 植物细胞吸收矿质元素的方式有哪些？
5. 简述吸收矿质元素的特点。
6. 为什么土壤温度过高，植物吸收矿质元素的速率会下降？
7. 外界溶液的 pH 对矿质元素吸收有何影响？
8. 植物缺素症有的出现在顶端的幼嫩枝叶上，有的出现在下部老叶上，为什么？列举说明。
9. 简述植物体内灰分含量与植物种类及环境条件的关系？
10. 简述氮素及磷素的生物地球化学循环过程。

第6章

植物生长发育的生理生态

生长（growth）是指由于原生质的增加而引起的植物体或某些部分的体积、干重或细胞数目增长的过程。在许多情况下，体积、干重和细胞数目的增长是同时并行的，但增长速度并不完全一致。有时三者之中只有一项或两项增长，其余则停滞不动，甚至减少。例如，植物的干重（生物量）大部分是光合作用形成的有机物，一般只能在白天积累。但是白天由于水分的蒸腾损失大，植物体积的增长却不及夜间快，甚至不增长。植物茎或根尖的不同部分，生长活动的方式也颇不同。靠近顶端部分，细胞分裂旺盛，细胞数增加很快，体积增加却不多；向后的区域细胞分裂次数减少，细胞数增加不多，而体积却大幅度增加。至于种子萌发时的胚，则在生长发育过程中总体干重不增加，反而略有减少。生物圈中巨大植物生物量的产生与保持是地球植物连续生长的结果。

发育（development）是用于描述植物及其各部分在个体内（个体发育）和世代演替中（系统发育）的发生、生长、成熟和衰老过程中，在其结构和功能方面发生变化的术语。植物个体发育是指个体生命周期中植物体的构造和机能从简单到复杂的质变过程，主要表现为各种细胞、组织和器官的分化。例如在植物个体发育过程中，分生组织通过细胞分裂不断产生新的细胞，以后每一个细胞在一定条件下生长、分化，从而形成不同的组织和器官。与此同时，个体也随着时间的延续，从营养生长逐步过渡到生殖生长，最终完成整个生活周期；在此过程中，个体要受到一系列内部和外部因素的调节和控制。

生长和发育是紧密联系的，有时是交叉和重叠出现的。在多数情况下，在发育的同时，生长也在进行。例如，植物苗端在花芽分化以后，不断分化出花器官，同时整个苗端的体积也增大。还有一些发育过程表现为器官的加速生长，也有些情况下生长很快，而没有什么新器官发生，形态上也很少有质的变化。如竹子出笋后的一段时期和小麦拔节期株高变化极大，但并不增加新的器官。还有一些情况，在发育时某些器官缩小或消失，即生长量为负。

生物的生长和发育受内源因子调节和外源因子的影响。内源因子主要通过激素的作用在整个有机体内起协调作用，向生物固有的模式发展。激素与外界因子一起启动生长和分化过程，并使植物的发育与环境的季节变化同步。另外，它们还调节生长的强度和方向、代谢活性以及营养物质的运输、贮存和活化等。

6.1 植物的生长和发育过程

6.1.1 植物生长的一般过程

植物体生长的强弱体现在有机体的重量、长度、面积或体积等方面，甚至原生质中经常保持恒定比例的某些成分（如氮和蛋白质的含量）。

6.1.1.1 生长过程

植物个体在不同时期的生长速度是不均匀的，表现出慢—快—慢的基本规律。即开始时生长缓慢，有一个相对较长的准备期；以后逐渐加快并达到最高点，呈现出指数式的增长；然后生长速度又减缓直至停止。通常把植物生长的这 3 个阶段总合起来称为生长大周期（grand period of growth），整个生长过程表现为 S 型曲线（图 6-1）。事实上这种慢—快—慢的生长特点是各层次生命系统的生长过程，也是自然界生长过程的基本特点。

对于多年生植物特别是树木，其生长的变化相对比较复杂，但究其生长模式仍基本上为 S 型曲线，只是在冬季和干旱季节生长曲线呈水平状态。对于木本植物直径生长来说，在其高速生长停止后直径生长仍以较低速率增加。由于夏天产生的木质部细胞小于春天的木质部细胞，故形成春材和夏材交替的年轮。对于根生长来说，如果有充足的水分和矿质营养，温度又足够高时，根能一直持续生长。

个体的生长速度可以用绝对生长速率（absolute growth rate）和相对生长速率（relative growth rate）两个参数来衡量，前者是指单位时间内个体生物量的增长量。例如，两株植物在试验条件下都生长一周，开始时一株为 1 g，另一株为 10 g，在一周结束时两株都增加了 1 g，表现出同样的绝对生长速度。

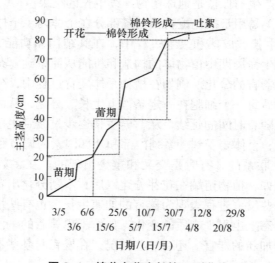

图 6-1 棉花主茎生长的 S 型曲线

$$G = \frac{\mathrm{d}W}{\mathrm{d}t}$$

式中，G 为绝对生长速率 $\mathrm{d}W$ 为生物量增长量，$\mathrm{d}t$ 为时间差。

但却表现出不同的相对生长速度，按 Blackman（1919）公式计算，起始重量为 1 g 的植物其相对生长速度是 0.69 $\mathrm{g \cdot g^{-1} \cdot d^{-1}}$，起始重量为 10 g 的植物其相对生长速度则是 0.1 $\mathrm{g \cdot g^{-1} \cdot d^{-1}}$。

$$R = \frac{1}{W}\frac{\mathrm{d}W}{\mathrm{d}t} = \frac{\ln W_2 - \ln W_1}{t_2 - t_1}$$

式中，R 为相对生长速率；W 为起始重量；$\mathrm{d}W$ 为生物量增长量；$\mathrm{d}t$ 为时间差；W_2 生长后期生物量；W_1 生长初期生物量；t_1 生长初期时间；t_2；生长后期时间。

很明显，后者的相对生长速率较低，如果以这样的生长速度继续生长，两株植物经 4 周生长以后，都将达到 14 g 左右。从此种意义上看，相对生长速度可成为植物体之间相对生长性能的有效定量指标。

6.1.1.2 相关生长与异速生长

植物体是各个部分的统一整体，因此植物各部分间的生长互相有着极密切的关系。植物各部分间的相互制约与协调的现象，称为相关性（correlation）。植物体生长时，常常由于各部分或各方向之间相对生长速度的差异，而发生有规律的形态变化（图 6-2）。各部分和各方向之间，在生长速率上存在着一定关系的现象，称为相关生长（correlative growth）；各部分或各方向按不同速率生长的现象，称为异速生长（allometry）。最明显的异速生长现象是顶端优势（apical dominance），

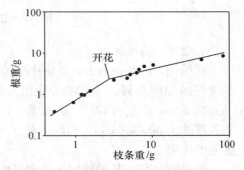

图 6-2　多花黑麦草（*Lolium multiflorum*）不同生育期的异速生长

当胚形成后，顶端部位就开始影响旁侧部位的生长，这种顶端在生长上占有优势的现象称为顶端优势；主茎的顶芽完全或部分抑制侧芽生长的现象，就是顶端优势现象。

异速生长现象在生物界中广泛存在。植物异速生长的定量关系大多数都可以用幂函数较好地表达：

$$Y = cX^k$$

式中，Y 为一个参数量值（如体重）；X 为另一参数量值（如身高）；c 为系数；k 为异速生长系数。

这表明，两种器官或两个方向的相对生长速率之间呈简单的比例关系。然而这种现象的生理机制却并不容易了解，例如一个器官中的细胞在分裂和排列的方向上，往往是随机的。不同方向上的相对生长速率之间的比例，建立在什么基础之上，还有待研究。

6.1.2 植物体发育阶段

植物的一生是由许多不同的发育阶段组成的，这些发育阶段有规律、顺序的发生过程就组成了植物的生活周期（life cycle）。任何生物都是从生殖开始的，随后是营养体发育，包括生长和器官的形成，依次是导致下一世代的生殖过程，于是生活史完成。植物生活周

期某一阶段，都有自己特定的外在形式和功能特征；所有这些发育的时期都按照遗传学上设定的标准进行，并受激素调控和环境因子的诱导和修饰，每个时期都占有植物一生的某一部分（图 6-3）。

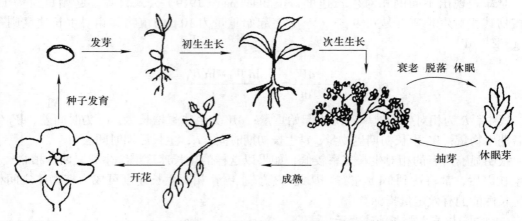

图 6-3　显花植物的生活周期示意图

6.1.2.1　胚胎期

胚胎期（embryo period）是从受精开始到种子成熟之间的时期。在胚和胚乳中，进行着强烈的细胞分裂、器官的分化以及糖类、脂质和矿质营养的贮存。植物激素吲哚乙酸（indole acetic acid，IAA）、赤霉素（gibberellic acid，GA）、细胞分裂素（cytokinin，CK）和脱落酸（abscisic acid，ABA）对上述过程进行调节，尤其对生长种子中物质的转移起着重要的作用。

母株的状况在某种程度上决定了后代的命运。弱株、衰老株和受环境胁迫的植株所产生的胚珠或者发育不充分，或者不能发育成正常种子。例如，受环境胁迫的云杉的球花，可能含有反常的少量的胚囊；对于冷敏感型的水稻品种，夏季低温能阻止处于四分体期的花粉发育。

在受精发生以后，合子的遗传信息决定了胚的发育。尽管如此，胚的发育仍受到母株影响。胚的周围是三倍体胚乳（其染色体组织只有 1/3 来自花粉）、珠被和果皮，它们都是母体组织。在胚发生期间，果皮决定着种子中植物色素系统吸收的红光/远红光的比率。母株还向种子提供发芽抑制剂。

6.1.2.2　种子萌发与幼苗期

一旦种子解除休眠，并处于适宜的环境条件下，种子的胚就会转入活动状态，开始生长，这一过程称为种子的萌发（seed germination）。在植物生活周期中，萌发与幼苗期是植物生活史中最关键的时期，因为在这个时期植物个体的死亡率较高。

当萌发所需的条件得到满足时，具备发芽力的种子即可萌发。种子萌发从种子吸水开始。在种子吸胀后，水分这个非专一性的外界因子开始启动基因组中某些新基因的表达或原有基因的活化，从而导致酶活性的急剧增加。在各种酶系统的催化作用下，种子中贮藏的淀粉、蛋白质、脂肪发生代谢转化与转移，在生长部位重新合成蛋白质及其他新的细胞成分。在这样的代谢基础上，进行细胞的分裂、分化和伸长，促使胚根与胚芽的生长。

有些植物的种子具备快速发芽的能力，如许多草本植物、旱柳（*Salix matsudana*）、山杨（*Populus davidiana*）和其他先锋木本种。这种策略有利于种子快速利用发芽条件。相反，有许多物种的发芽是缓慢的。有一些植物种，如银莲花（*Anemone exiqua*）、驴蹄草（*Caltha palustris*）、龙胆（*Gentiana scabra*），在种子成熟时，胚的发育是不完全的，需要继续发育。有许多植物种子，发芽受到硬的外壳或受到抑制物质的阻碍，时常还受到外界因子诸如远红光影响，处于休眠状态。这些植物的种子发芽很不整齐，在不同的时间出苗，这样可以使部分后代避开任何不利天气和病虫害的严重侵袭。

不同植物种子萌发的过程和方式不完全相同，有些植物属于子叶出土萌发（epigeous germination），而另一些植物则是子叶留土萌发（hypogeous germination）。前者的特点是种子萌发时，胚根首先突出种皮，伸入土中，形成主根，然后下胚轴迅速生长，将子叶和胚芽推出土面，因此幼苗形成时，子叶是出土的；后者种子萌发时下胚轴不伸长，主要是上胚轴伸长，所以子叶不随胚芽伸出土面，而是留在土壤中。

种子萌发是一种异养过程，胚生长发育所需要的营养物质主要来自胚乳或子叶。通常，胚乳或子叶中含有大量的糖类、脂肪、蛋白质以及胚生长发育所需的其他物质如磷、植物激素等。种子萌发时，胚乳或子叶中的贮藏物质被分解成单糖、脂肪酸和氨基酸，并运送到胚中，被用于合成细胞生长发育所需要的结构物质或用作呼吸的底物，以满足胚生长发育的物质和能量需求。当营养不再依靠贮存物质，而是自养的时候，发芽过程就完成了。这时，根已牢固保持在土壤中，在地下萌发情况下的子叶或者初生叶已经展开，并且幼苗已达到独立。

幼苗期是一个特别敏感的时期。在这个阶段里，幼苗不仅要求丰富的养料，以补偿生物合成所需要的能量和代谢物数量的增长，而且还要求充足的水分，维持快速伸长生长和胞壁分化期间的膨压。通常幼苗不仅对干旱、极端温度和生物胁迫因素特别敏感，而且对其他威胁也是很敏感的。因此，在该生活阶段，植物个体的损失是最高的。幼苗期是单株存活和种群扩展的决定性生活时期。

6.1.2.3 发育期

从幼苗到幼树或无性生长的阶段只是人为地与早期幼苗阶段划分开。在生殖期以前的发育时期中，幼株快速生长，随着体积增加，它们逐渐呈现出典型形态并获得一个稳定的地上部/地下部比率。如果根际与大气环境条件不存在显著变化，地上部和地下部质量之间的对数线性相关就可保持"比速生长"。

外界因子主要是通过调节芽原基中有丝分裂的活性，即生叶原基的原始体形成之间的时间间隔（叶间期）以及细胞增大的进程和分化的速度等来影响叶、花和果实的分化。外界因子的影响或是直接的（如光，促进细胞壁的伸展性）或是间接的。在叶中，细胞的数量取决于细胞分裂的频率和叶原基的大小。在叶原基中起始细胞的大小增加到 $10 \sim 50$ 倍以后，叶伸长就完成了。由于低温、不适宜的营养或连续阻遏（如放牧、风蚀、盆栽处理），在生长期间叶子不能达到应有的大小（图6-4）。植物发育期的长短更多地受环境的影响。比如，开花植物的光照竞争往往推迟繁殖，以便将这些能量分配到茎叶组织之中。

6.1.2.4 开花和结实期

（1）花的形成

通常植物经过一定时期的营养生长后，其营养分生组织便处于"感受态"，进入开花诱导期，即感受态的植物能够感受一系列内、外因子的变化，使营养分生组织的属性发生不可逆转的变化，逐渐由营养分生组织转化为有性分生组织。茎的顶端分生组织从营养生

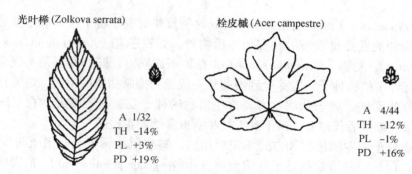

图 6–4　盆栽植物叶与同种正常叶的比较（Larcher 1997）
A：叶面积（盆栽植物叶片/大田植物叶片）；TH：叶片厚度（占正常叶片的百分比）；
PL：栅栏细胞的长度；PD：栅栏细胞的直径

长转变到生殖生长阶段，它在大小、形态和生长的速率等方面都有相当大的改变。一般来说，当植物体生长、发育到一定阶段，才能进入花熟状态（即达到能对环境起反应而开花的生理状态）。例如，在类似常青藤（*Cissus sicyoid*）那样的一些植物中，成熟枝条在叶子形状上很容易与幼年枝条区别开来。进入花熟状态的茎顶端分生组织一旦遇到适宜的环境条件就开始花的诱导。例如，有些植物经过一定时期的低温处理后就完成花的诱导，而在某些植物中，它要求昼夜长度的变化。通常对春季开花的植物，日照必须达到足够长（黑暗足够短）；对秋季开花植物，日照必须足够短（黑暗足够长）。经过花诱导，茎顶端分生组织就可以从营养生长锥转变为生殖生长锥，从而进行花芽分化。除了光周期、低温和有关激素外，利用拟南芥突变体进行开花研究的结果还显示，植物从营养分生组织向有性分生组织的过渡还涉及一系列基因的表达调控，虽然目前已经发现一些影响开花的基因，但它们表达调控的机制还很不清楚。

　　当营养分生组织转化为花序分生组织后，花序分生组织的分裂方式便决定了花序的最终形态。根据花序的增殖潜力可将花序分为有限花序和无限花序，有限花序分生组织一般只形成两个侧分生组织后就形成顶花（即转化成花分生组织），侧分生组织同样分别产生两个次极侧分生组织后形成顶花，依次类推，就形成了类似番茄的聚伞花序；无限花序分生组织分割成两个功能区，中心区分裂缓慢，是产生新的分生组织的源泉，而外周区形成花器官原基，第一朵花在最基部形成，其余的花由基向顶发育。如果核心区的花序分生组织只停留短暂时间就转化为花分生组织，那么就只形成一朵顶花。

　　（2）花器官的发育模型

　　从花的组成和结构看，最基本的两性花由四轮器官组成，由外往里，第一轮为萼片，第二轮为花瓣，第三轮为雄蕊，第四轮为心皮。

　　有关花器官发育的全新认识来自近年来以金鱼草（*Antirrhinum majus*）和拟南芥为模型的突变体研究。目前发现拟南芥和金鱼草的花器官发生突变时，总是相邻的两轮花器官同时发生同源异型转换，因此突变体表型主要有三种类型：第一类是影响最外两轮的突变体，即第一轮的萼片由心皮取代，第二轮的花瓣由雄蕊取代；第二类是影响第二轮和第三轮的突变体，即第二轮的花瓣由萼片取代，第三轮的雄蕊由心皮取代；第三类是影响最内两层的突变体，即第三轮的雄蕊由花瓣取代，第四轮的心皮由萼片及类花瓣等取代。通过对这些同源异型突变体的表现型进行分析，花器官发育过程中可能存在着三种类型的基因活性，称之为 A、B、C 功能基因活性。花器官发育 ABC 模型如下。

ABC 模型和假定：正常花器官的发育涉及 A、B、C 三类功能基因，A 功能基因在第一、第二轮花器官中表达，B 功能基因在第二、第三轮花器官中表达，而 C 功能基因则在第三、第四轮花器官中表达。在三类功能基因中，A 和 B、B 和 C 可以相互重叠，但 A 和 C 相互拮抗，即 A 抑制 C 在第一、第二轮花器官中表达，C 抑制 A 在第三、第四轮花器官中表达。

延伸阅读

ABC 模型简介

ABC 模型描述了在花的不同部位，不同的转录因子对花器官形成的作用。

被子植物花发育的 ABC 模型由 E. Coen 和 E. Meyerowitz 在 1991 年提出。该模型以对花器官发育有缺陷的突变体的观察为基础。ABC 模型概括了在花的不同部位中，不同类型的转录因子是怎样起作用或不起作用，从而控制花部器官的发育。

两个关键发现导致了 ABC 模型的提出。第一，同源异型突变使在正常情况下应发育某种器官的部位发育出了另一种器官。比如野生蔷薇只有 5 枚花瓣和众多的雄蕊，然而，园艺蔷薇却具有一个同源异型基因，使一些本应发育成雄蕊的组织发育成了花瓣。第二，每一个能影响花部器官的决定的基因都可以同时影响两种花部器官，或者影响花瓣和萼片，或者影响花瓣和雄蕊。

花部器官决定基因可以根据它们所影响的器官而分成三类。A 类基因的突变影响萼片和花瓣，B 类基因的突变影响花瓣和雄蕊，C 类基因的突变则影响雄蕊和心皮。所有这三类基因都是可转录成蛋白质的同源异型基因。由这些基因编码的蛋白质都含有一个 MADS 盒区，使蛋白质可以和 DNA 相结合，从而在 DNA 转录时起到调控子的作用。这些基因都是调控其他控制器官发育的基因的主控基因。

ABC 模型认为：A 功能基因在第一、二轮花器官中表达，B 功能基因在第二、三轮花器官中表达，而 C 功能基因则在第三、四轮表达。其中 A 和 B、B 和 C 可以相互重叠，但 A 和 C 相互拮抗，即 A 抑制 C 在第一、二轮花器官中表达，C 抑制 A 在第三、四轮花器官中表达。萼片的发育是由 A 类基因单独决定的，花瓣的发育则是 A 类基因和 B 类基因共同决定的，心皮的发育是因 C 类基因单独决定的，而 C 类基因和 B 类基因一起决定了雄蕊的发育。B 类基因这种双重的效能，是通过其突变体的特征获知的。一个有缺陷的 B 类基因可导致花瓣和雄蕊的缺失，在其位置上将发育出多余的萼片和心皮。当其他类型的基因发生突变时，也会发生类似的器官置换。

（3）结实及与同化物积累

植物开花之后，经过花粉在柱头上萌发，花粉管进入胚囊和配子融合等一系列过程才完成受精作用（fertilization），植物便进入了结实期。在结实期，子房生长素含量迅速增加，吸引营养体中的养料运向生殖器官。一年生植物为了它们的生殖需求，主要从它们当时的干物质生产中（一年生谷类作物，来自绿色颖片和最上层叶片的光合产物高达 65%）吸收糖类，含氮化合物和磷需要量的 50%～90% 是由营养器官吸取的。因为在许多一年生植物中，当种子发育开始时营养生长即将终结，在生殖期占优势之前不久和在生殖期间，种子的数量和质量就受到环境因子的影响。当取决于株型的养分或水分供应不良时，花原基根本不能形成原始体，或营养体优先发育，而生殖器官则供应不足，从而造成未成熟果实脱落（图 6-5）。

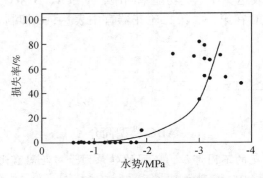

图 6-5　荠（*Capdella bursa-pastoris*）成熟长角果的损失随干旱期的叶水势而变化（Pyke 1989）

在二年生草本植物中，第一年形成莲座叶丛和地下贮藏器官，以确保第二年发育的快速开始。开花与果实形成所需要的能量和物质主要来自植物营养体的储备。越冬莲座叶丛和贮藏器官的大小与花和果实的数目明显相关。多年生草本植物在生长季节中如果受到环境的胁迫，同化产物向生殖结构的投资就降低，形成的花也就越少（图 6-6）。许多极地和高山的多年生植物，花形成进行得很慢，开花之前需要一年甚至两年的时间。

在木本植物中，花的形成、开花频率、果实和种子成熟的数量受营养因子的组合、同化物的分配以及内源控制机制所调节。因此，大量的果实形成与支持组织的生长相竞争，如果光合产物贫乏，则下一年只有营养芽而无花芽形成。

生殖作用对同化物的消耗（生殖力）相当大。在松树（*Pinus* sp.）中，消耗总计为总干物质生产量的 5%～15%，水青冈为 20%，苹果树为 35%，柑橘（*Citrus reticulata*）则高达 50%。在雌雄异株植物中，两种类型的生殖过程所需要的光合产物数量有很大差异。如常绿灌木加州希蒙得木（*Simmondsia chinensis*）的雌性个体，植株的光合产物 30%～40% 被转移到花和果实，而雄性个体开花仅需要光合产物的 10%～15%。

如果同化产物供应良好，热带和亚热带的木本植物诸如咖啡（*Coffea arabica*）、可可（*Theobroma cacao*）、椰子（*Cocos nucifera*）以及柠檬树（*Citrus leiocarpa*）全年均可产生果实。在具有季节性气候的地区，有些树种如山杨、旱柳、鹅耳枥（*Carpinus turczaninowii*）、紫椴（*Tilia amurensis*）、元宝槭（*Acer truncatum*）每年都产生大量花并结果。有些温带树木只能相隔几年才能产生大量的果实（隔年结果）。分布越接近极地界限和高山，结实盛期的间隔时间就变得越长（Larcher 1997）。

6.1.2.5　衰老和死亡

（1）衰老过程

衰老（senescence）是植物体生命周期的最后阶段，主要指性成熟后所发生的与时间有关的各种改变，包括结构的衰退和功能的下降。衰老是每个植物体全部生命过程中所必然发生的变化，可以认为是发育的继续，很难截然划分何时发育终止而何时衰老开始。衰老的终点是死亡（death），是生物有机体生命活动的不可逆的终止。

根据植物生长习性，开花植物有两类不同的衰老方式：一类是一生中只开花一次的植

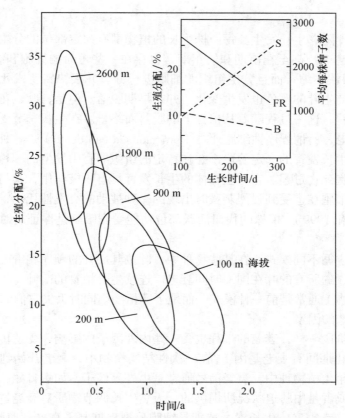

图6-6 不同海拔的百合科（Liliaceae）植物东方日百合

（*Helionopsis orientalis*）的生殖分配（仿 Kawano & Masuda 1980）

插图中，种子数和分配到花与果实中的百分数和生长季的长度成比例

物，在开花结实后整株衰老并死亡，这类植物称为单稔植物；另一类是一生中能多次开花的植物，如多年生木本植物及草本植物，这类植物具有营养生长和生殖生长交替的生活周期，虽然叶片甚至茎秆会衰老死亡，但地下部分或根系仍然活着。然而即使在常绿或旺盛生长的植株中，也不断有旧器官的衰老死亡和新器官的发生。叶片的衰老和死亡是自然界非常普遍的现象，有些植物的叶子是按照它们的发育顺序相继发黄、衰老和死亡的，也有些植物在某一段时间内形成的所有叶子在同一时间里全部衰老死亡。

衰老过程可表现在分子、细胞、器官、个体等不同水平上。以叶片细胞衰老来说，在衰老过程的早期，叶绿体中基质蛋白（RuBP 羧化酶）和叶绿素分解，并且大的质体小球出现于老质体中。胞质特别是内膜系统萎缩，生物膜对离子、可溶性糖类和氨基酸的透性增加；水解酶、过氧化物酶、多酚氧化酶和蛋白酶的活性增加（Pastori 1994）。

上述结果导致蛋白质代谢的不均衡性。由于蛋白质分解超过它的合成，可溶性氨基化合物累积并被分配到称之为吸引中心的地方（种子、枝条的较幼嫩部分）。叶蛋白质的60％以上可被再利用而撤退，有价值的生物元素如 N、P 和 S 可被重新利用（Schaufele & Schnyder 2001）。叶蛋白质的这种逐步分解对植物的存留部分是有利的，它先于生活周期的完成并在外界条件变得不利之前（干旱、冬季）进行，这对于植物的矿质元素平衡具有重大意义。

　　衰老和衰变伴随着生长发生。每一株生长的植物都有一定部位的分生组织成为充分分化的组织，然后衰老。甚至在苗期和幼年期，也存在一些短命的细胞和组织（诸如根毛、表皮层），它们很快萎缩，而且分生组织的细胞进行分裂并很快转变成死的输导单元或支持单元。子叶和初生叶的颜色也发生变化，并在早期脱落。但是，叶、花和果实也经历一个快速衰老的过程，这一过程随着从植株上的脱落而终止。在生长季节受限制的地区，依靠程序控制式衰老，所谓程序性细胞死亡（programmed cell death）是一种生理性的细胞死亡，是生物体在生长发育的一定阶段，并在特定的组织器官中发生的一种主动的、按照一定程序进行的细胞死亡过程。它对生物体的生长发育具有积极作用，其与细胞坏死完全不同，细胞坏死是细胞在遭受到强烈刺激时出现的一种被动的突发性死亡，对生物体的生长发育不利（翟中和 1999）。植株的代谢活跃部位功能受到限制是保证适时过渡到休眠期的一种经济手段。

　　叶的衰老可遵循不同模式。在某些物种中，叶按其展开的顺序相继变黄；在其他物种中，一个时期形成的所有的叶在同一时间衰老。连续生长植物的落叶（许多草本植物、某些热带高位芽植物）通常是前一种模式，而地下芽植物则同时丢失它们的叶。

　　（2）影响衰老的因素

　　同其他发育阶段一样，衰老的过程也受一些内外因子的影响，受遗传程序的调节（如在厚壁细胞的分化期间有衰老基因）。在一次性结实植物中，衰老开始到来的信号来自成熟的种子。在多年生植物种中，衰老信号通常是由外界因子，如短日照、一定极限温度的出现所提供的，或者是由胁迫状况所提供的。天然生长调节物质对衰老过程有重要的调节作用。一般说来，赤霉素、生长素，特别是细胞分裂素抑制了衰老，而脱落酸、茉莉酸，特别是乙烯对衰老有促进作用（Leshem 1986）。衰老不仅受某一种内源激素的调节，而且激素之间的平衡起着重要的作用。例如，生长素类激素在低浓度时可延缓衰老，但浓度升高到一定程度时可诱导乙烯合成，从而促进衰老（Engvild 1989）。

　　植物叶片在光下比在暗中要衰老得慢。光的影响可能与气孔开闭有关，如果叶子保持在一个低渗溶液中，引起气孔的关闭，则叶子衰老的速度在光下与暗中相同。使用引起气孔关闭的脱落酸则促进衰老；使用引起气孔开放的细胞分裂素则抑制衰老。红光对衰老有延缓作用，而远红光可消除这种延缓效果，这表明光敏色素可能介入到衰老调节中（Cuello 1984）。短日照或营养亏缺也会促进衰老。各种不良环境条件如热害、低温、干旱、大气污染都不同程度地促进叶片衰老（Kutik 1993）。

　　（3）植物衰老的原因

　　植物或器官发生衰老的原因是错综复杂的，以下介绍两种主要的理论。

　　① 营养亏缺理论。在自然条件下，一年生、二年生和多年生依次开花的植物，一旦开花结实后，全株就衰老死亡。许多试验证实生殖器官是一个很大的"库"，垄断了植株营养的分配，聚集了营养器官的养料，引起植物营养体的衰老。但是，这个理论不能说明下列问题：即使供给已开花结实植株充分养料，也无法使植株免于衰老；雌雄异株的大麻（Cannabis sativa）和菠菜（Spinocia oleracea），在雄株开雄花后，不能结实，谈不上积集营养体养分，但雄株仍然衰老死亡。

　　② 植物激素调控理论。植物激素调控理论认为，单稔植物的衰老是由一种或多种激素综合控制。植物营养生长时，根系合成的细胞分裂素运到叶片，促使叶片蛋白质合成，

推迟植株衰老。但是植株开花、结实时，一方面根系合成的细胞分裂素数量减少，叶片得不到足够的细胞分裂素，另一方面花和果实内细胞分裂素含量增大，成为植株代谢旺盛的生长中心，促使叶片的养料运向果实，这就是叶片缺乏细胞分裂素导致叶片衰老的原因。

另外尚有人认为衰老是由于花或种子中形成促进衰老的激素（脱落酸和乙烯）运到植株营养器官所致。例如，取有两个分枝的大豆植株，一枝作去荚处理，一枝的荚正常发育。结果表明，前者枝条保持绿色，后者衰老。由此看来，衰老来源于籽粒本身，而不是由根部造成。

6.1.3 植物生活史的不同模式

6.1.3.1 连续生长的植物

在条件有利于植物全年生长的地区，诸如在永久潮湿热带和暖温带的温和冬季地区，有一些多年生植物，它们连续生长、十分高大，如梭椤（*Aphanamixis polystachya*）、苏铁（*Cycas revoluta*）、棕榈（*Trachycarpus fortunei*），以及某些草本高位芽植物如芭蕉属（*Musa*）的某些种类及木本双子叶植物。在一次结实植物中，茎生长没有任何明显的间断（因而无年轮），直到花形成耗尽营养体的顶芽。一旦果实成熟，整株即死亡，如龙舌兰属（*Agave*）的植物；虽然在某些情况下植物茎叶部分的残余能够存活并产生新的植株。

6.1.3.2 间断性生长的植物

有许多植物具有在"活动"和"休眠"之间交替的倾向。在这类植物中，茎的伸长和加粗快速发生，老叶被活性更强的新叶所取代，贮藏器官充实并周期性地衰退。间断性生长的典型例子出现于山毛榉科（Fagaceae）（图6-7）和针叶树如油松、云杉（*Picea asperata*）和冷杉（*Abies fabri*）。在这些功能型植物中，春季生长的第一阶段完成以后，新枝条的伸长被中断，在第2次突发后又继续生长；在盛夏，枝条可再次产生出来（继生枝）。杨属（*Populus*）、桦属（*Betula*）、椴属（*Tilia*）和洋槐属（*Robinia*）的一些种在生长季中

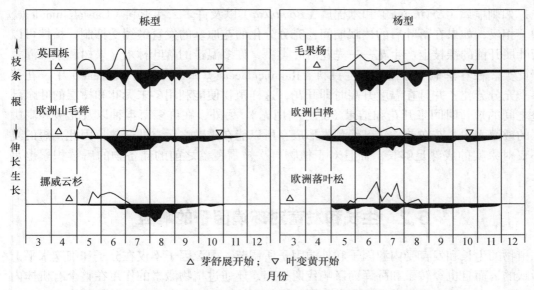

△ 芽舒展开始；　▽ 叶变黄开始
月份

图6-7　在1年中，中欧的几个树种枝条的间断式生长（仿Hoffmann 1972）

完成它们的生长而无中断。在具有季节性气候的地区，发育的定时突发受植物光敏色素系统和植物激素所调节，以致在一些特定地区大多数植物同时生长。根生长通常开始于茎生长之前，并一直继续到晚秋，在很大程度上受土壤温度、水分的有效性和营养的分配所调节。在热带和亚热带气候中，木本植物甚至对很小的温度波动和降雨都发生反应，具有一个突发生长或其他发育过程。在永久性潮湿热带地区，所有的常绿树中仅有20%全年稳定性地生长，其余的呈间断性生长。尽管热带森林全年常绿，但个体树木周期性地用新叶取代老叶，甚至可能暂时变成光秃的枝干。通常，树木或单个分枝在几天内形成新叶，并在此期间也伴随着枝条的伸长。在永久性潮湿热带地区，这种生长的突发并不罕见，每年可发生几次，也可在一种树木群体内发生，甚至在不同时间的单独个体的树冠内发生。新生枝产生的生态意义在于：在全年有利于再生产的气候条件下可使因食草动物和寄生虫剥食茎叶所造成的危害降低。

6.1.3.3　短命植物

在具有明显季节性气候（如夏季和冬季、湿润季节和干旱季节）的地区，有些植物是短命的，如温带的夏季一年生植物、冬雨夏旱（地中海型气候）地区的冬季一年生植物以及荒漠中的短命植物等。这些植物生活周期中是连续生长的，各阶段以不间断的次序相伴随：萌发后立即出现初生苗，然后出现几片叶，其后是第1朵花即将开放；茎连续生长，与此同时营养器官和生殖器官交替发育。在有限生长的种中，只有当茎的强烈生长完成以后，花才能形成，甚至当果实正在成熟时，衰老信号便出现于植株的茎叶部分，最后整株死亡，仅留下了种子。种子保持休眠状态，直到被有利于萌发的条件所激活。

6.1.3.4　生殖循环

植物体交替或同步进行的营养生长和生殖发育构成了生殖循环（procreation cycle）。在一年生植物和具有连续生长的许多热带植物中，两个过程同时进行。大部分营养生长与开花和果实形成的交替是中纬度和高纬度的多年生植物和干旱地区植物所特有的，但这种交替也可能发生在热带地区，尤其显著的是二年生辐射叶植物和地下芽植物的营养期与生殖期之间的交替。在热带和亚热带的干旱区域，有些乔木和灌木只能在落叶后的裸枝上产生花，如刺桐属（Erythrina）和木棉属（Bombaxa）以及许多云实亚科（Caesalpinioideae）的种。相反，如果在落叶后的休眠期间，充分分化的花原基的发育继续受抑制，植株可以在新叶展开前的裸枝上产生花——先花后叶类型，许多温带的落叶林木、果树和浆果灌木属于此类。在春季地下芽植物如毛茛科（Ranunculaceae）和百合科（Liliaceae）中，花芽在冬季充分分化，并且在温度升高时即开花，这样植物便能利用冬末无叶和树层的叶全部卷叠之间的短暂时间来开花和结果（充分利用光）。另外，在许多草本种以及北极和高山地区的矮灌木中，花在前一年已经预先形成，所以能在雪融之后立即开放。因此，短的夏季不仅对果实的成熟足够长，而且对于植物再次被雪覆盖之前的储备物的后续积累也足够长。

6.2　生长和发育对环境因子的响应

植物的生长和发育受内源因子和外源因子所调节。内源因子不仅在分子和细胞水平上是活跃的，而且也经转录和翻译而影响代谢过程，还通过植物激素的作用在整个有机体内起协调作用。植物激素与外界因子一起启动生长和分化的过程，并且使植物的发育与环境的季节性变化同步。外界因子诸如光照度、持续时间和光谱分布，温度、水分，还有各种各样的化学因素，均以不同的方式影响植物的生长和发育。如光通过诱导、启动或终止发育过程而实现对生长和发育的暂时调节，影响植物生长的速度和范围。以下重点讨论光、温度、水分和矿质营养等对植物体生长和发育的影响。

6.2.1　光对植物生长和发育的影响

6.2.1.1　植物体内的光受体

光作为植物整个生命周期中许多生长发育过程的调节信号，对植物的生长发育进行调控。高等植物具有极精细的光接受系统和信号传导系统。高等植物除含有大量色素外，还含有一些微量色素，这些微量色素能感受光的信息，如光的方向、光照持续时间、光照度、光谱等，从而把信号放大，使植物体能随外界光环境的变化而作相应的反应。光对生长发育的控制效应是通过蓝光到紫外辐射和红光到近红外辐射而发挥出来的。目前已知高等植物中至少有 3 类光受体（photoreceptor 或 photosensor）参与了光调节反应，分别是光敏色素（phytochrome）、隐花色素或蓝光 / 紫外光 –A 受体（cryptochrome 或 blue/UB–A）和紫外光 –B 受体（UV–B receptor）。

（1）光敏色素的发现

光敏色素的发现是 20 世纪植物科学中的一大成就。1952 年，美国农业部马里州贝尔茨维尔（Bektsrille）农业研究中心 Borthwick 和 Hendricks 以大型光谱仪将白光分离成单色光，处理莴苣种子，发现红光促进种子发芽，而远红光逆转此过程。1959 年 Butler 等研制出双波长分光光度计，成功地检测到黄化芜菁（*Brassica rapa*）子叶和黄化玉米幼苗体内吸收红光或远红光而互相转化的一种色素，即光敏色素。光敏色素是水溶性光转换性二聚体色素蛋白，两个单体中的每个单体均由生色团和脱辅基蛋白组成。其生色团是一个开链的、与藻胆素紧密相连的四吡咯。光敏色素以两种可转换的形式（吸收红光的 Pr 形式和吸收远红光的 Pfr 形式）出现。吸收红光形式的 Pr 通过吸收 620 ~ 680 nm 的光谱区转换为生化上活跃的远红光吸收形式 Pfr；在远红光（700 ~ 800 nm）下，不稳定的 Pfr 转换成 Pr（图 6–8）。光敏色素两种形式的比率取决于辐射中红光对远红光的比例。

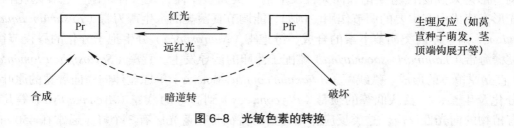

图 6–8　光敏色素的转换

（2）光敏色素的反应类型

光敏色素是光敏受体中研究得最多的一种，它参与调节的植物反应主要有下述几种：①低辐照度反应（low fluence response，LFR），反应被短时间红光诱导，还可以被红光之后立刻照射的短时间远红光所充分逆转，反应所需红光能量为 $1 ~ 1\,000\ \mu mol \cdot m^{-2} \cdot s^{-1}$，辐照度和照光时间遵守互惠定律。这就是经典的光敏色素的诱导 – 可逆反应。②极低辐照度反应（very low fluence response，VLFR），是由光敏色素钝化态 Pr 吸收 $10^{-4} ~ 10^{-1}\ \mu mol \cdot m^{-2} \cdot s^{-1}$

红光或远红光诱发的，估计只有 0.01％的 Pr 向活化态 Pfr 转化。③高辐照度反应（high irradiance response，HIR），光照越强或光照时间越长则反应越大。对黄化苗最有效的光是 720 nm 周围的远红光和 400～500 nm 的蓝紫光，红光对绿色组织也同样有效。这种反应没有光可逆现象，也不遵守光照和时间的互惠定律。④感受红光：远红光反应，即光敏色素感受入射光中的红光和远红光的光量子流的比例引发的反应。绿叶总是吸去红光，透过或反射远红光，这种光环境的变化会通过光敏色素引发灵敏的避阴反应（shade avoidance response）。

延伸阅读

光敏色素的发现和作用机制

美国马里兰州贝尔茨维尔（Beltsville）农业研究中心的 Borthwick 和 Hendricks（1952）以大型光谱仪将白光分离成单色光，处理莴苣种子，发现红光（650～680 nm）促进种子发芽，而远红光（710～740 nm）逆转这个过程。1959 年 Butler 等研制出双波长分光光度计，测定黄化玉米幼苗的吸收光谱。他们发现，经红光处理后，幼苗的吸收光谱中的红光区域减少，而远红光区域增多；如果用远红光处理，则红光区域增多，远红光区域消失。红光和远红光轮流照射后，这种吸收光谱可多次地可逆变化。上述结果说明这种红光－远红光可逆反应的受体可能是具两种形式的单一色素。他们以后成功地分离出这种吸收红光－远红光可逆转换的光受体（色素蛋白质），称之为光敏色素。

光敏色素的作用机制：①膜假说→快反应。光敏色素的活性形成直接参与膜发生物理作用：通过改变膜的一种或多种特征而参与光形态建成。②基因调节假说→慢反应。光敏色素通过调节基因表达而参与光形态建成，即光信号通过传递放大激活转录因子，活化或抑制某些特定基因，转录出单股 mRNA，从而调控酶的合成，进而表现出形态建成。

（3）隐花色素

隐花色素（cryprochrome）是吸收蓝紫光（400～500 nm）和近紫外光（320～400 nm）而调节形态及新陈代谢变化和向光性反应的一类光敏受体，是一种黄酮。它在隐花植物的光形态建成中有重要的调节作用。例如它能调节真菌类的水生镰刀霉（*Fusarium aquae-ductuum*）菌丝体内类胡萝卜素的合成、链孢霉（*Neurospora*）分生孢子分化的昼夜节律、藻类糖海带（*Laminaria saccharina*）雌配子体卵的诱导发生、萱藻（*Scytosiphon lomentar-ia*）直立原植体的形成、铁线蕨（*Adiantum copillus-veneris*）等原丝体向横向展宽的原叶体的分化及生长，以及从低等的须霉（*Phycomyces*）到高等的燕麦（*Avena sativa*）等几乎所有植物的向光性反应。这类反应作用光谱的特征是在蓝光区有 3 个峰（通常在 450 nm、420 nm 和 480 nm），在近紫外光区有 1 个峰（通常在 370～380 nm 之间），大于 500 nm 波长的光是无效的，这也是判断隐花色素介导的蓝光－近紫外光反应的实验性标准。不具有上述典型作用光谱的蓝光反应，例如青霉（*Penicillium isariiforme*）的孢子形成和链格孢（*Alternaria*）的分生孢子分化，可能受另外的蓝光受体的调控（Senger *et al*. 1994）。

（4）紫外光–B 受体

紫外光–B（UV-B）受体是细胞内吸收 280～320 nm 波长紫外光引起光形态建成反应的物质。在维管植物中，受体器官可以是芽、花器、果皮和种子，但主要受体器官是叶。

目前对其化学本质还不了解。它的吸收光谱处在紫外光区。它可以诱导玉米黄化苗的胚芽鞘和高粱第一节间形成花青苷，其作用光谱在 290～300 nm 之间有一峰。UV–B 还能诱导欧芹（*Petroselinum hortense*）悬浮培养细胞大量积累黄酮类物质。研究表明，黄酮生物合成关键酶之一的苯丙氨酸氨解酶（PAL）的活性受紫外光的调节，并且同时受光敏色素协同作用的调节。UV–B 对植物细胞已有一定程度的伤害作用，所以 UV–B 辐射能降低黄瓜、向日葵、大豆和火炬松（*Pinus taeda*）的株高、叶面积和光合能力。在表皮细胞中由紫外光诱导形成的花青苷和黄酮类物质能吸收 UV–B，这样实际上诱导出光保护作用（Beggs *et al.* 1994）。

6.2.1.2　光与种子萌发

在温度、水分和氧气条件适宜的情况下，大多数植物种子在光下或黑暗中都能萌发。但有些植物种子萌发除了温度、水分和氧气以外，还需要一定的光照条件。有的在光下受抑制，在黑暗中易萌发，如西瓜、番茄、苋菜（*Amaranthus tricolor*）、黄瓜的种子；有的需要光的刺激才能萌发，如烟草、莴苣等。

需光种子的萌发受红光促进，被远红光抑制。莴苣种子在黑暗中吸水后，只需短时间暴露在光照下，就可以萌发。如果红光照射后，再用远红光照射，红光的促进作用被消除；如再以红光处理，种子又可萌发。如此反复多次，种子萌发状况决定于最后使用的是什么波长的光（表 6–1）。莴苣种子发芽受红光、远红光控制，表明种子萌发和成花的光周期调节一样，都有光敏色素参与。像莴苣种子一样，对于休眠的解除需要光的种子来说，一般均要在种子或种子特定部位处于吸胀状态时才能进行。在种子成熟后的干种子状态，其中含有光敏色素的 Pr 或 Pfr 往往是稳定的。当这样的种子落到适宜萌发的环境中，在光的照射下，Pr 发生水合并转换成 Pfr 形式，从而导致发芽。有实验表明，感受光的部位仅限于胚根和胚轴细胞。有的种子需要较长时间的光照刺激，如用短时间红光照射大车前（*Plantago major*）种子，仅使 35% 种子萌发，红光照射 48 h 或每天 5 min，连续若干天，可使 95% 种子发芽。

表 6–1　红光（R）和远红光（FR）对莴苣种子萌发的控制

光处理	种子萌发率 /%
R	70
R+FR	6
R+FR+R	74
R+FR+R+FR	6
R+FR+R+FR+R	76
R+FR+R+FR+R+FR	7
R+FR+R+FR+R+FR+R	81
R+FR+R+FR+R+FR+R+FR	7

有些需光的野生植物种子，如鬼针草（*Bidens bipinnata*）、毛地黄（*Digitalis purpurea*）等，从母体脱落到土壤表面，在光照和其他条件适宜的情况下即可萌发；埋在土中，则不

能萌发，但可长期保持生活力，为繁衍提供了一个种子库，当它们被翻到土表时即可萌发。土壤上层几厘米土层中埋有种子，它们大都处于休眠状态，其发芽率与掩埋深度密切相关（图 6-9）。这类萌发的喜光习性是在长期进化过程中形成的，具有适应意义。对不耐阴植物也是一种适应。如果这类种子处于远红光相对较强的条件下，则暗示其处于隐蔽下，或处于隐蔽状态、或处于暗处，就不能萌发，通过这种机制调整萌发时间，有利于种族繁衍（杨世杰 2000）。

一般说来，大粒种子具有足够贮藏物质以维持幼苗较长时间生长在地下黑暗环境中，它的发芽一般不需要光。而小粒种子特别是一些草本植物种子，当它们处于光不能透过的土层中时保持休眠状态；当它处在土表时，可以依赖少量贮藏物质进行发芽，从而及时伸出土表迅速进行自养生长。

有许多植物种，尤其是开阔生境和森林皆伐地的种，它们的种子只有暴露于红光占优势的光下时才能萌发（光促发芽）。在野外，自然光中红光 / 远红光（R/FR，660 nm / 730 nm）的比率是 1∶2 ~ 1∶3，而在郁闭林冠下面，红光、蓝光和一部分绿光被阻留，透射光中以远红光占绝对优势，远红光量可为红光的 2 ~ 10 倍。因此，要求较多红光的种子不能萌发（光休眠）。一旦林木被砍伐或烧毁，林地中处于光休眠的种子便能迅速萌发。对于大田作物来说，由于作物叶层的滤光效应，使许多叶层下的需光种子不能发芽，一旦作物生长不良或不能及时封垄，则杂草很快生长，严重影响产量。具光休眠特性的种子巧妙地利用光质来调节种子休眠的机制对于种的延续是一个十分可靠的途径，而光敏色素对不同光质的反应则成为关键的信号。

6.2.1.3 光与营养生长

在种子萌发以后，开始幼苗期的生长，然后进一步营养生长。单子叶植物如谷类作物，幼苗期开始时，胚芽鞘迅速伸长，胚芽鞘出土后的伸长受光抑制，而光却促进了叶子的生长，并使其由卷曲状态转为展开状态以利于光合作用，在这一系列过程中都是与光敏色素的调节有关。在双子叶植物幼苗阶段，胚轴破土伸出地表后，茎尖会形成钩状，当给予红光照射时钩展开。当幼苗生长进行光合作用进而营养生长时，把双子叶植物置于红光下（光敏色素起调节作用）或蓝光下（隐花色素起调节作用），往往抑制茎的伸长。如果把植物移到阴影下，由于阴影下辐射的光线主要是远红光，从而使光敏色素的 Pfr 形式转为 Pr 形式，茎的伸长被大大促进（Begna *et al.* 2002）。森林中处于林冠下生长的松柏科植物也呈现出同样的现象，其茎的伸长也被林冠下的远红光所促进，它的分枝生长受阻抑，

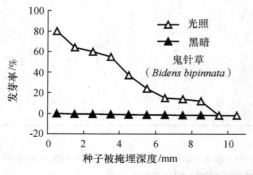
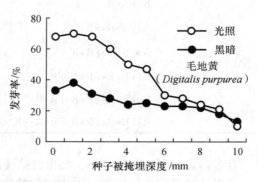

图 6-9　掩埋对鬼针草和毛地黄种子萌发的影响

而把较多的能量提供给茎尖，使它伸向林冠顶层，以获得更多的光照。林业生产上适宜增加林木种植密度以获得少分枝、少结节的通直优质木材就是利用此原理。必须注意，有一些林冠下生长的阴影植物，由于长期适应了林冠下的照光条件，它们的茎生长并不为远红光所促进。在一些草本植物的茎基部会产生分枝，分枝的多少一定程度上也与 R/FR 有关，受光敏色素的调节。比如，在营养生长阶段，在较高的 R/FR（1.1～1.3）下，草本植物（如 *Eragrostis curvula*）的分蘖率高于较低的 R/FR（0.59～0.70）（Wan & Soesbee 1998）。

　　蓝紫光有抑制生长的作用，而紫外光的抑制作用更显著（Xiong & Thomas 2001）。高山大气稀薄，紫外光容易透过，因此高山植物就长得特别矮小。由于光对植物生长产生明显的作用，掌握这种影响规律，对指导生产具有实践意义。在农业生产上，低温下用塑料薄膜覆盖育秧，利用浅蓝色塑料薄膜比无色的好，因其可大量透过 400～500 nm 波长的蓝紫光，抑制秧苗生长，使苗矮壮（Suh *et al.* 2000）。也有实验证明，不同的日照时间对植株的形态也有影响。比如，二年生植物秋英（*Cosmos atrosanguineus*）在每天日照 17 h 情况下比每天日照 8 h 的个体增大 70%（Kanellos & Pearson 2000）。

　　植物的根系虽未直接受光线照射，但对不同光质也有不同反应。燕麦中，蓝光和紫光照射的植株虽然较矮，其根系却比对照组发达，发根数分别是对照组的 111% 和 117%（Feldman 1984）。春小麦分蘖期不同光质照射处理，其根系脱氢酶活性有较大差异。蓝光处理平均比对照高 12%，蓝紫光处理高 13%，红光处理高 6%。而且根活力强弱也有不同程度的反应，短波光下培养的麦苗，其根活力均略高于对照，其中蓝紫光比对照平均高 4%，蓝光高 5%，红光与对照之间无明显差异。实验表明，稻苗根系伸长生长随光量的减弱而促进；蓝光下培育的稻苗根系，其伸长生长比红光或无色光更有明显的促进作用。无色光（白光）会抑制稻苗根细胞的伸长，蓝光则有促进细胞伸长的作用。同时，水稻实验表明，稻苗的发根能力在强光下为强，弱光下为弱，根系生长量在强光下较大，在弱光下较小；蓝光培育的稻苗根系发根数多，根系粗壮，根干大，发根能力强。另外，强光或蓝光均能提高根系和小麦幼苗根系对 NH_4^+ 或 NO_3^- 的吸收速率（倪文等 1983）。

6.2.1.4　光与开花诱导

（1）光周期及其反应类型

　　在一天之中，白天和黑夜的相对长度，称为光周期（photoperiod）。光周期对植物开花有重要作用。依据植物对光周期的反应，植物可以分为许多类型（图 6-10）。两类主要的光周期反应植物是短日植物（short-day plant，SDP）和长日植物（long-day plant，LDP）。短日植物是指只在短日下开花的植物（质的短日植物）或在连续光照下也开花，开花被短日促进的植物（量的短日植物），如烟草、大豆、苍耳（*Xanthium sibiyicum*）、紫苏（*Perilla frutescens*）和牵牛（*Pharbitis indica*）等。菊花中的夏菊和 8 月开花菊品种属于量的短日植物。长日植物是指只在长日下开花的植物（质的长日植物）或在连续光照下也开花，但开花被长日促进的植物（量的长日植物），如菠菜、萝卜、冬小麦等。在 24 h 周期中，当日长短于（或夜长超过）一个临界日长时，短日植物开花。反之，在 24 h 周期中，当日长超过（或夜长短于）一个临界日长时，长日植物开花。不同植物的临界日长是不同的。

　　少数植物有特殊的日长要求。中日性植物（intermediate-day plant）只有在十分狭窄的日长范围内开花，长于或短于这个日长范围均不能开花，例如一个甘蔗品种只在 12～14 h

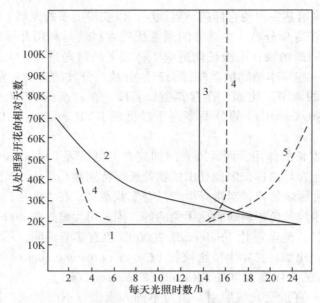

图 6-10　植物对不同日长的几种开花反应

1. 日中性植物；2. 相对长日植物；3. 绝对长日植物；4. 绝对短日植物；5. 相对短日植物。

（在纵坐标上数字后面的 K 字表示这些数字是任意的）

之间的日长时开花。另一类特殊的植物是长短两侧性植物（ambiphotoperiodic），它与中日性植物相反，只在长于或短于某个日长范围时开花，而不在中等日长时开花。除此以外，还有许多植物其开花不为日长所控制，只要它的生活周期达到开花成熟状态即可开花，这类植物称为日中性植物（day-neutral plant），如黄瓜、菜豆（Phaseolus vulgaris）等。还有些植物，在长日条件后，接着有一个短日条件时才开花，如在夏末长日后，紧接着要求一个秋季的短日，这类植物称为长短日植物（long-short-day plant）。反之亦然，在春天短日后，紧接着在夏天长日下才开花的植物为短长日植物（short-long-day plant）。

　　光周期诱导的多种复杂的形式以及隐花植物的孢子囊和配子囊的原始体形成都是通过生殖阶段的精细调节而影响的。开花时间必须与有利于授粉的气候条件同步，才能与授粉器的活力相一致。在长日植物和短日植物间的种、变种和生态型的临界日长是不同的，具有 20 多种质量上和数量上不同的花发育类型。如此之多的多样性不仅促进了一个种群内的分化，还有利于植物和它们的授粉器的选择性互进化（Larcher 1997）。

　　（2）光敏色素与诱导开花

　　光周期影响植物开花与光敏色素有关。光敏色素在高等植物中至少有两种库：库 I 在黄化苗中含量高，为红光吸收形式 Pr，它们在光下迅速降解为不稳定的 Pfr 形式，被称为黄化组织光敏色素（etiolated tissue phytochrome）或光不稳定光敏色素（light-labile phytochrome），也称为 I 型光敏色素（Phy I）。在燕麦中 Phy I 分子质量为 124 kDa。库 II 在绿色组织中为主，光下逆转为 Pfr 后相对稳定，不论光质条件如何，均被称为绿色组织光敏色素（green tissue phytochrome）或光稳定光敏色素（light-stable phytochrome），又称 II 型光敏色素（Phy II），燕麦中 Phy II 的分子质量为 118 kDa（Furuya 1993）。Phy I 对红光反应，在黑暗中被 FR 逆转，最大吸收峰在 660 nm 和 730 nm，相应为 Pr 和 Pfr。Phy II 在高辐照反应（high illuminate reaction）中，在延长的光期内以 Pfr 形式存在。

光敏色素对成花的作用与 Pr 型和 Pfr 型之间的相互转变有关。短日植物开花刺激物的形成要求 Pfr/Pr 比值低。在光照期，光敏色素绝大部分是 Pfr 型，Pfr/Pr 比值高；当转入暗期后，由于 Pfr 发生暗逆转，变为 Pr，使 Pfr/Pr 比值降低。当暗期达到一定长度，使 Pfr/Pr 比值降低到一定水平时，就导致短日植物体内开花刺激物形成而促进开花；如果在暗期中给以红光闪光，使 Pfr/Pr 比值提高，短日植物就不能开花（图 6-11）。

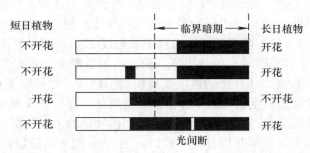

图 6-11　暗期长短和光间断、暗间断对短日植物和长日植物的开花效应

长日植物形成开花刺激物需要较高的 Pfr/Pr 比值。光期结束时，光敏色素绝大部分为 Pfr 型，在长日照条件下，即可满足开花的要求。如黑夜过长，Pfr 转变为 Pr 或 Pfr 衰败，开花刺激物形成受阻，不能开花；如果用红光闪光使黑夜间断，Pr 立即转变为 Pfr，提高 Pfr/Pr 比值，也可开花。若在长光期中插入一短暂的暗期，对开花反应没有什么影响，仍等于短夜反应。相反用闪光间断暗期则可消除长暗期的作用。这些实验证明光周期中暗期比光期更重要。

光周期不仅能调节开花，而且能控制性别表达。一般短日植物在短日照条件下促进雌性发育，在长日照下促进雄性发育；长日植物则相反（曹宗巽等 1980）。近年我国发现的光周期敏感核不育水稻在幼穗二次枝梗原基分化期到花粉母细胞形成期受到 LD 处理会产生雄性不育，继续受 SD 处理则花粉发育正常（Wang *et al.* 1991）。

6.2.1.5　光与衰老

光能延缓多种植物叶的衰老。Petranka（2001）等认为，光延缓叶衰老是通过环式光合磷酸化而供给 ATP，用于聚合物的再合成，或降低蛋白质、叶绿素和 RNA 的降解。光的影响还表现在光质上，如蓝光显著地延缓绿豆幼苗叶绿素和蛋白质的减少，延缓叶片衰老。红光对叶片衰老有延缓作用，而远红光可消除这种延缓效果，这表明光敏色素可能介入到衰老调节中。大田作物种植过密时，植株下部光照过弱，叶片会早落。光照过弱，不仅使光合速率降低，形成的光合产物少，而且会阻碍光合产物运送到叶片和花果，导致脱落。

6.2.2　温度对植物生长和发育的影响

充足的热量对生命来说是一个基本的先决条件。每一生命过程都被调节在一定的温度范围内，而最佳生长只能在代谢和发育的各种过程都是相互协调的情况下才能获得。因此，温度对生长和发育的进程具有间接影响（由于它对基础代谢的能量供应和生物合成的定量效应）和直接影响，诸如热诱导、温周期现象和温形态现象。

6.2.2.1 温度对发芽的影响

温度对种子萌发的影响有三基点,即最低温度、最适温度和最高温度。最低和最高温度是种子萌发的极限温度,低于最低温度或超过最高温度种子都不能萌发。最适温度是指种子发芽率最高、发芽时间又最短的温度。不同植物之间种子萌发的温度要求变化极大。例如,一年生翠雀花(*Delphinium grandiflorum*)的最适温度为15℃,而甜瓜则30~40℃为最好。各种种子所要求的适宜的萌发温度,一般与原产地的生态条件有密切关系。原产于北方的作物(如小麦等)要求温度较低,而原产于南方的作物,如水稻、玉米等,则要求温度较高。即使是同一种类,由于种源不同也有变化。例如,加拿大北部的铁杉(*Tsuga chinensis*)种子,7~12℃萌发最好,最高萌发温度27℃;而采自南部的种子萌发最适温度是17~22℃,在27℃时萌发仍然很好。萌发的最适温度尽管是生长最快的温度,但由于种子消耗的底物较多,往往使幼苗生长得快而不健壮,经不起不良环境侵袭。所以,生产上常采用比萌发最适温度稍低的生长协调最适温度,即生长快而又健壮的温度。掌握萌发的最低温度和最高温度,在生产上是决定不同播种期的主要依据。适宜的播种期一般以稍高于最低温度为宜,如棉花播种期一般以表土5 cm的土温稳定在12℃为宜。为了提早播种,早稻可进行薄膜育秧,其他植物可利用温室、大棚、温床等设施育苗。此外,变温比恒温更有利于种子萌发,尤其是难萌发的种子,如经过层积处理的水曲柳(*Fraxinus mandahurica*)种子,在8℃或25℃的恒温下都不易萌发,但每天给予8℃ 20 h和25℃ 4 h的变温条件则大大促进萌发。在广泛分布的并在其生境中能适应温度大幅度波动的种中,其发芽起始的温度范围是比较宽的(表6-2)。

表6-2 种子和孢子萌发的最低、最适和最高温度　　　　　单位:℃

植物种群	最低	最适	最高
真菌孢子			
植物病原菌	0~5	15~30	30~40
大多数土壤真菌	约5	约25	约35
喜温土壤真菌	约25	45~55	约60
禾本科植物			
草甸禾草	3~4	约20	约30
温带禾谷类	2~5	20~25	30~37
稻	10~12	30~37	40~42
热带与亚热带的 C₄ 禾本科植物	10~20	32~40	45~50
草本双子叶植物			
冻原和高山植物	5~10	约20	
草甸草本植物	2~5	15~20	35~45
温带栽培植物	1~3	15~25	30~40
热带和亚热带栽培植物	10~20	约30	45~50
荒漠植物			

植物种群	最低	最适	最高
夏季发芽	10	20 ~ 30	
冬季发芽	0	10 ~ 20	约 30
仙人掌类	10 ~ 20	20 ~ 30	30 ~ 40
温带树木			
针叶树	4 ~ 10	15 ~ 25	35 ~ 40
阔叶树	低于 10	20 ~ 30	

发芽速度和气候条件之间往往存在着某种生态联系。夏季萌发种在低温条件下发芽过程极其缓慢，只有种床升温大于 10℃ 以后才加快其进程，从而同最适于植物幼苗发育的季节达到同步。在一些植物中，具有在不利时节阻止发芽的复杂的温度调节机制。许多蔷薇科（Rosaceae）、报春花科和一些森林树木的种子，如果埋在低温或轻度霜冻状态下几周到数月的时间（在 0 ~ 8℃ 冷层积处理），它们的发芽会更加迅速。

6.2.2.2 温度对营养生长的影响

植物可在 0℃ 甚至 0℃ 以下生存，如松柏类植物可在 -25℃ 下生活，有些细菌和蓝藻（Cyanophyta）在 80℃ 温泉中还能生活。这种温度是维持生命的最低温度与最高温度，并不是生长最适宜的温度。植物生长的温度范围是比较窄的。在生长的最低温度与维持生命的最低温度之间，以及生长最高温度和维持生命最高温度之间，新陈代谢活动仍能进行，但生长已完全停止了。

不同植物生长的温度范围与原产地的气候条件有关。在温度达到 10℃ 以前，温带植物的地上器官就开始了活跃的细胞分裂和扩展。北极的植物、高山植物和春季开花植物，在 0℃ 时就表现出生长的迹象；大部分原产温带的植物，在 5℃ 或 10℃ 不会有明显的生长，最适温度在 25 ~ 35℃，最高生长温度为 35 ~ 40℃；大多数热带和亚热带植物生长的最适温度为 30 ~ 35℃，最高生长温度为 45℃，低于 12 ~ 15℃ 则不能开始生长。植物不同生育期对温度的要求也不同。一年生植物从种子萌发到开花结实各个时期所要求的温度，一般正好和自然界从春季到秋季的气温变化相吻合。然而，由于细胞分裂最旺盛生长需要大量的热量，最适于细胞分裂的温度（在此温度时细胞周期的持续期最短）约为 30℃，因此这也是接近于生长的最高温度。对热带和亚热带植物，茎伸长过程最快的温度为 30 ~ 40℃，其他植物则为 15 ~ 30℃。

一般植物的根系在土温 2 ~ 4℃ 时开始有微弱的生长，在 10℃ 以上根系的生长比较活跃，超过 30 ~ 35℃ 时根系生长受到阻碍。大多数研究认为，冬小麦和春小麦根系在 12 ~ 16℃ 时生长最好，即使土温只比 26℃ 高 1℃ 或低 1℃ 也会显著地降低玉米幼株根系和幼苗的生长速度。不管植株老幼，最多的根量是在 24℃ 左右。在 10 ~ 26℃ 之间，玉米幼苗根的延伸速度与温度呈直线关系（Aitken 1998）。水稻根系生长的最适温度是 25 ~ 30℃，小于 15℃ 根系停止生长或生长减弱。土温大于 37℃ 时对稻根的生长产生抑制作用（梁光商等 1981）。土温不仅影响根系的生长速率、生长量，而且对根系的解剖学特征、形态学特征也有影响。土温过高，使根系组织加速成熟，根尖木栓化，降低根系的吸收表面效率，不仅地下部受害，地上部也会有不同程度的损害。土温过低，使植物根系产生冻害。

在温带木本植物中，根生长的最低温度是相当低的，在 2～5℃之间。因此，在抽芽之前根就开始生长并且直至晚秋仍继续生长。较温暖地区的植物要求较高的温度，如柑橘属植物根系只能在 10℃以上时生长。阻止热带和亚热带物种向寒冷地区发展的一个主要因素可能是根生长缺乏足够的热量。植物不同器官生长的温度范围也有区别，温带木本植物根生长的最低温度为 2～5℃，较枝条生长所要求的温度低。春季枝条从芽中抽出以前，根已开始生长，晚秋地上部分停止生长后，根仍可继续生长。

生长要求最适温度还包含另一个重要因素——昼夜温差。如 25℃虽然是番茄生长的最适温度，但番茄在昼夜恒温 25℃条件下生长反而不好，在日温 23～26℃、夜温 8～15℃时，生长最快，产量最高。试验证明，日温和夜温不同组合对火炬松幼苗的生长有明显影响（表 6-3）。这是因为白天温度高，有利于光合作用；夜间不进行光合作用，只进行呼吸作用。如夜温高，呼吸强度高，有机物消耗多；夜温降低，减少有机物消耗，有利于干物质积累，生长良好，产量提高。另外，较低的夜温有利于根系合成细胞分裂素。

表 6-3　日温和夜温不同组合对火炬松幼苗生长的影响

日温 / 夜温（℃）	平均高度（cm）
30/17	33.2
30/23	19.9
23/11	30.2
23/17	14.9
23/23	15.8
17/11	16.8
17/17	10.9

6.2.2.3　温度对花形成的影响

温度是植物生长发育的必要条件，也是植物成花的重要调节因素，对植物开花的影响尤以低温的春化作用最为重要。冬性一年生植物如冬性谷类作物冬小麦，大多数二年生植物如胡萝卜（*Pedicularis daucifolia*）、甜菜、天仙子（*Hyoscyamus niger*），以及某些木本植物的芽例如桃（*Prunus persica*），为了来年正常开花而要求一定的低温时期。春化的温度因植物种类和品种而异，如夏菊在 16℃以上的温度就能满足春化的要求（孙兆法等 1998），但对大多数植物而言最有效的春化温度是 1～2℃。时间的要求也因植物种类和品种而异，如冬小麦在 0～3℃需 40～50 天才能完成春化，而春小麦在 8～15℃经历 5～8 天即可完成春化（表 6-4）。如果寒冷时期极短，并在不适当的时间到来，或者为 15℃以上的温度所中断，则不呈现诱导效应。在干草原鳞茎植物，以及它们的栽培类型中，诸如园艺栽培的郁金香（*Tulipa gesneriana*）和风信子（*Hyacinthus orientalis*），叶原基和花原基在 20℃以上时形成，但低的土壤温度（约为 10℃）更有利于鳞茎茎尖的最终分化。当花序轴开始长出鳞茎时，重新需要较高的温度。一种植物的不同发育阶段对最适温度的需求也不同。

表 6–4　不同习性小麦春化的温度和时间（引自潘瑞炽 2001）

类型	春化温度 /℃	春化时间 / 天
冬性	0 ~ 3	40 ~ 45
半冬性	3 ~ 6	10 ~ 15
春性	8 ~ 15	5 ~ 8

对于春化的实际作用有不同见解：一种认为春化作用可使植物在光周期条件下产生开花素；另一种认为春化改变了茎端对开花刺激物的敏感性。春化作用的本质至今不十分清楚。拟南芥一些生态型早花和迟花突变体需要经春化才能开花，当种子萌发时加入去甲基化试剂 5–N– 胞苷便不需低温就可通过春化，表明甲基化对春化过程有重要作用。赤霉素合成酶、异贝壳杉烯酸羟基化酶可作为春化枢纽（block），该酶经低温诱导，不同刺激（冷、光强、赤霉素）在促进开花中经该酶的作用而相互代替（Clarke *et al.* 1992）。降低温度可影响钙流，低温可诱导专一性 Ca^{2+} 基因，Ca^{2+} 又是低温和一些外源刺激信号转导的第二信使，钙调素可调节某些生理生化变化，如酶的活性（Moses *et al.* 1995）。

6.2.2.4　温度对果实和种子形成的影响

果实和种子的成熟通常比植物茎叶部分的生长要求更多的热量。昼夜温差大有利于果实的发育和品质的提高。如番茄果实生长在夜温 13℃ 下比生长在 26℃ 夜温下的产量增加 2 倍，而且随着番茄株高的增加，最适夜温也下降（Lafta & Lorenzen 1995）。昼夜温差大有利于果实糖分的积累和坐果。

6.2.3　水分对植物生长和发育的影响

6.2.3.1　水分对种子萌发的影响

吸水是种子萌发的第一步。种子吸收足够的水分以后，其他生理作用才能逐渐开始。这是因为水可使种皮膨胀软化，氧气容易透过种皮增加胚的呼吸，也使胚易于突破种皮；水分可使凝胶状态的细胞质转变为溶胶状态（Huang 1998），使代谢加强，并在一系列酶的作用下，使胚乳的贮藏物质逐渐转化为可溶性物质，供幼小器官生长之用；水分可促进可溶性物质运输到正在生长的幼芽、幼根，供呼吸需要或形成新细胞结构的有机物。因此，充足的水分是种子萌发的必要条件（Ter Heerdt *et al.* 1999）。

6.2.3.2　水分对营养器官生长的影响

细胞分裂和伸长都必须在水分充足的情况下才能进行，其中细胞的伸长较细胞分裂更受水分亏缺的影响。生产上，控制小麦、水稻茎部过度伸长的根本措施还是控制第二、第三节间伸长期间的水分供应。作物生长过程中某生育阶段缺水，不仅影响本生育阶段，还会对以后阶段的生长发育和干物质积累产生后遗性影响，有人称之为水分环境对作物生长的滞后效应（陈亚新和于健 1998），曾经遭受过干旱胁迫的植物，以后再遇到干旱时，对水分亏缺的敏感性降低（Cutler & Rains 1977）。

土壤水分过少时，根生长慢，同时使根木栓化，降低吸水能力（Michel 2001）。土壤水分过多时，通气不良，根短且侧根数增多（Theodore & Liu 2000）。土壤淹水情况下，形成缺氧条件，根尖的细胞分裂明显被抑制。此外，无氧条件下也可使土壤进行还原反应，积累还原物质如 NO_2^-、Mn^{2+}、Fe^{2+}、H_2S 等，对根生长有害（Regine *et al.* 1998）。水稻之所以能在淹水情况下生长，一方面是植株有通气组织，氧气通过叶茎供应到根部，另一方面，水稻根内的微体进行乙醇酸代谢，产生过氧化氢，释放氧气氧化还原物质。根在通气不良状况下，还会形成通气组织以适应环境，玉米和小麦就是这样。少量的氧气可以促使乙烯产生，诱发通气组织的形成，但在通氮气状况下，不产生乙烯，通气组织也就无法形成。

充足的水分促进叶片的生长，叶片大而薄。相反，水分不足时，光合作用受到抑制，植物生长受阻，叶小而厚（Salvador *et al.* 1998）

6.2.3.3　水分对花器官发育的影响

水分对花的形成过程是十分必要的，雌、雄蕊分化期和花粉母细胞及大孢子母细胞减数分裂期，对水分特别敏感。如果土壤水分不足，会使幼穗形成延迟，并引起颖花退化。玉米开花时若遇阴雨天气，雨水洗去柱头的分泌物，花粉吸水过多膨胀破裂，花柱得不到花粉，将继续伸长。由于花柱向侧下垂，以致雌穗下侧面的花柱被遮盖，不宜得到花粉，造成下侧面种子整行不结实（Andrade 2002）。在相对湿度低于 30% 或有旱风的情况下，如温度超过 32~35℃，花粉在 1~2 h 内就会失去生活力，雌穗花柱也会很快干枯不能接受花粉。情况较轻的也使雌蕊吐丝与雄蕊开花相距的时间拉长，造成授粉困难或完全不能授粉。水稻开花的最适相对湿度是 70%~80%，否则也影响授粉。小麦、水稻的抽穗期，主要是穗下节间的伸长，此期严重缺水，穗子就可能抽不出来或不能全部抽出，包藏在叶鞘内的谷粒结实不良，使产量受到影响。但也有研究表明，水分亏缺虽然能引起大豆花粉受到损坏，但这并不是花败育的原因（Kokubun *et al.* 2001）；藏红花（*Carthamus tinctorius*）生长在水分过多的土壤中会引起藏红花球茎腐烂。植物水分的供应状况也影响到药用植物的代谢，如金鸡纳树（*Cinchona ledgeriana*）在雨季并不形成奎宁，羽扇豆（*Lupinus micranthus*）种子和植株其他器官中生物碱的含量，在湿润年份较干旱年份少。

6.2.3.4　水分对器官衰老和脱落的影响

通常季节性的干旱会使树木落叶。树木在干旱时落叶，以减少水分的蒸腾损失，否则会萎蔫死亡。所以叶片脱落是植物对水分胁迫的重要保护反应。干旱时，吲哚乙酸氧化酶活性增强，可扩散的生长素相应减少，细胞分裂素含量下降，乙烯和脱落酸增多，所有这些变化都促进器官的脱落（Emmanuelle *et al.* 2002）。

6.2.4　矿质营养对植物生长和发育的影响

矿质营养也像光、温度、水等生态因子一样对植物产生深刻的影响。这里仅就氮、磷、钾 3 种大量元素作一讨论。

氮不仅是植物体内蛋白质、核酸以及叶绿素的重要组成部分，而且也是植物体内多种酶的组成部分（Magalhase 1991）。同时，植物体内的一些维生素和生物碱中都含有氮。在蛋白质中，氮的平均含量是 16%~18%，而蛋白质是构成原生质的基本物质。一切有生命的有机体都是处于蛋白质的不断合成与分解之中，如果没有氮素，就不会有蛋白质，也就没有生命。氮也是植物体内叶绿素的组成部分，氮素的丰缺与叶片中叶绿素的含量高低有着密切的关系，如果绿色植物缺少氮素，会影响叶绿素的形成，光合作用就不能顺利进行（Evans 1989）。氮素供应充足，植物可以合成较多的叶绿素。一般作物缺乏氮时的症状是：从下部叶开始黄化，并逐渐向上部扩展，作物的根系比正常生长的根系色白而细长，但根量减少。氮肥能使出叶期提早、叶片增大和叶片寿命相对延长，所以氮肥也称为叶肥。对稻田采取中期晒田，就是减少对氮肥的吸收，积累糖类，叶厚且硬直，改善田间小气候。氮肥虽可延长叶片寿命，但施用过量，叶大而薄，容易干枯，寿命反而缩短。氮肥同样显著促进茎的生长，氮肥过多，会引起徒长倒伏（Walker *et al.* 2001）。另外，养分对花的形成也有重要作用，在氮肥不足的情况下，花分化缓慢而花少，但氮肥过多而贪青徒长时，花发育也不良（这和碳氮比有关）。一般说来，氮肥多、水分充足的土壤促进雌花的分化，但如氮肥少、土壤干燥则促进雄花分化。器官的衰老和死亡与营养条件供应不足显著相关，花、果只有得到足够营养才能形成较多的光合产物，供花果发育的需要（Sundberg *et al.* 2001）。

磷以多种方式参与植物体内的生理、生化过程，对植物的生长发育和新陈代谢都有重要作用。如果供磷不足，能使细胞分裂受阻，生长停滞；根系发育不良，叶片狭窄，叶色暗绿，严重时变为紫红色。大量事实表明，充足的磷营养能提高植物的抗旱、抗寒、抗病、抗倒伏和耐酸碱的能力，能促进植物的生长发育（Saneoka *et al.* 1990），促进花芽分化和缩短花芽分化的时间，因而能促使作物提早开花、成熟（Rodriguze *et al.* 1995）。缺磷时，蛋白质合成受阻，新的细胞质和细胞核形成较少，影响细胞分裂，生长缓慢，叶小，分枝或分蘖减少，植株矮小。叶色暗绿，可能是细胞生长慢，叶绿素含量相对升高的原放。某些植物（如油菜）叶子有时呈红色或紫色，因为缺磷阻碍了糖分运输，叶片积累大量糖分，有利于花色素苷的形成。缺磷时，开花期和成熟期都延迟，产量降低，抗性减弱。

钾对植物的生长发育也有着重要的作用，但它不像氮、磷一样直接参与构成生物大分子。它的主要作用是，在适量的钾存在时，植物的酶才能充分发挥它的作用。钾还能够促进光合作用，有资料表明含钾高的叶片比含钾低的叶片多转化光能50%～70%。因而在光照不好的条件下，钾肥的效果就更显著。此外，钾还能够促进糖类和氮素的代谢（Peuke 2002），提高植物对干旱、低温、盐害等不良环境的忍受能力。由于钾能够促进纤维素和木质素的合成，因而使植物茎秆粗壮，抗倒伏能力加强（Zhu *et al.* 2000）。此外，由于合成过程加强，使淀粉、蛋白质含量增加，而降低单糖、游离氨基酸等的含量，减少了病原生物的养分。因此，钾充足时，植物的抗病能力大为增强。例如，钾充足时，能减轻水稻纹枯病、白叶枯病、稻瘟病、赤枯病及玉米茎腐病、大小斑病的危害。钾不足时，植株茎秆柔弱易倒伏，抗旱性和抗寒性均差；叶片细胞失水，蛋白质解体，叶绿素破坏，所以叶色变黄，逐渐坏死；也有叶缘枯焦，生长较慢，而叶中部生长较快，整片叶子形成杯状弯卷或皱缩起来。

6.2.5　植物生长与气候节律的同步性

植物营养体活动的时间进程与当地有利于生长条件的持续期相适应。在干旱热带和亚热带地区一旦干旱期开始，生长季节便受到水分严重亏缺的限制；在温带和寒冷气候带，植物的活动性按照光、温周期现象与季节相同步。通常，日长的变化是引导转变的起动器，其转变通过变温而加强。

白天和夜晚间的温度交替几乎总是有利于生长和发育的；植物生长发育的温周期现象是植物对生境中每日温度交替幅度的一种明显的适应。在24 h内温度变幅很大的大陆地区生长的植物，当夜间温度比白天低10～15℃时发育最好；对仙人掌（*Dpuntia dillenii*）类和其他荒漠植物来说，20℃的幅度是有利的。对大多数温带植物而言，每日温周期

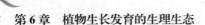

的最适幅度是 5～10℃。热带植物与赤道区稳定的温度状况相一致，适应于低幅度波动（约 3℃）。

在纬度 40° 以上，整个生长季节内的白天长于夜间，50° 以上的地区昼长夜短差异相当显著。起源中心在高纬度和中纬度的分类单位适应于这种周期现象。就其新枝、叶和花的产生而言，它们中的大多数表现为长日植物；就它们的营养生长的周期性而言，则表现为短日植物。在某些植物种类中，生态型差异已被视察到。在亚北极起源的云杉中，当白天变得比 20 h 的临界长度短时，顶芽的形成得以诱导，并因此导致一个季节的伸长生长终止，这与起源于中欧的 14 h 云杉相反。在北美的胶皮糖香树（*Liquidambar styraciflua*）的北方光周期生态型比相应的南方生态型适应于更短的生长季节。在栽培的草莓（*Fragaia ananassa*）中，从无性生殖阶段（通过匍匐茎）向有性生殖阶段（花）的转换是由温度和日长来控制的。栽培于北方地区的南方品种，在相当长的时间内通过匍匐茎繁殖，仅在季节的后期产生少量的花；而在低纬度的北方品种则开花极早，并且仅产生少量的匍匐茎。

某植物种、变种或生态型，如果生长季节利用得充分，当临近不利季节而没有受到伤害的危险，就是对气候适应得很好。在木本植物中，可由发育过程中获得的抗寒性水平所保证。适应能力差的植物萌芽太晚继之发育又太慢，并且可能要受冬季的初霜所危害；相反如果它们在年内过早地开始生长（受晚霜危害），为了充分利用有利的生长季而过快地停止发育，这些状况同样是不利的。植物活动周期和气候节律之间的不良的同步性，限制了种的传播，这样的不良适应能够通过进化过程中生态型的分化而加以克服。

6.3　植物生长发育中的生态对策

6.3.1　植物物质和能量代谢的策略

植物的机体组成水平和生活型决定着其对光合产物利用的模式，从而控制着植物的生产、生长、竞争力以及对特殊生境胁迫的反应和适应。这实际上是不同的生态策略。

6.3.1.1　群体生长的生产——扩展型

光能自养单细胞生物就碳而论是自身供养的，而不必供应其他细胞。在细胞内部，在光合产物的生产区隔和消费区隔之间有一个适宜的比率：例如在小球藻中，色素体约占原生质体积的一半。产生这种优越性是不足为奇的，即只有充足的养分和光供应时，藻细胞就能积累大量光合产物的余量，能够迅速地达到最大体积并进行分裂。由此，光能自养单细胞生物使用它的碳来增加个体数量，即繁殖。强大的正碳平衡导致群体密度的快速增长。由于光合速率和每日分裂数之间有直接相互关系，浮游植物的生长速度便可以群体密度的增加或单位时间内分裂的数目来有效地表示。

6.3.1.2　快速碳增加——投入型

植物投入的特征是高光合能力和在其总量中具有高比例的光合活性组织（至少为 50%）。在生长期间，植物的碳收入主要用于产生叶，叶又用于增加植物的碳量。在开花期和开花后，光合产物的分配转向繁殖器官，而对植物其他部位的供应量降低到仅够用于维持目的的需要量，老叶甚至枯萎而死亡。因此，在生活周期的进程中，植物的叶、茎轴结构、根系和繁殖器官增加有相当的在变化。

一年生植物是植物投入型的最好例证。这些植物必须充分地利用短期的时间，这个时期的条件对生长、开花和坐果是有利的。它们必须以一种在尽可能短的时间内形成大量组织的方式来利用它们的光合产物，这一阶段植物具有高的净光合速率。一年生植物在生长期的相当长的时期内也是如此，夏季谷物、向日葵和其他一年生作物由此而获得相当高的产量。在有利的环境条件下，同化产物的这种转化的方式，既保证了繁茂的生长，又保证了丰硕的果实。反之，当局部条件不利时，特别是当水分供应短缺，或当土壤养分贫瘠时，迫使植物建立起一个庞大的根系。

6.3.1.3 安全贮存——保守收支型

二年生和多年生产的草本植物，它们的光合产物的收支采用此种方法，获得的净碳收入较低，所以它们的生长要比投入型的植物慢得多，一般净光合速率较低。另一方面，它们能够在干旱或寒冷的生境或土壤养分贫瘠的不利条件下得以生存。它们的发育类似一年生植物，然而当它们的营养体结构形成之后，在花形成之前它们才积累贮藏供应物。在接近第一个生长季结束时，光合产物分配到地下部分，该部分可发育成块状贮藏器官。只有当植物已经积累了足够的"资本"以后，花才开始形成。

第一年贮存的光合产物在次年首先用于扩展地上茎轴系统，由于地下贮藏物主要用于地上部的维持和为植物生长提供物质基础。其结果是光合速率和生长速度都较低。

在与草本植物种的竞争中，木本植物的长期优越性可被其较慢生长速率和光合产物分配的复杂形式等不利因素所抵消，有时这种不利因素甚至胜过其优越性。由于树木不易调节并适应周围环境的变化，所以它们受环境约束的影响比草本植物要严重得多。这就是为什么沿着某环境梯度，木本植物比草本植物消失较早的原因。极地、高山和荒漠地区由于不利的碳平衡的逐渐加剧，它们的生产力、生长和繁殖能力在较早的生长期内就开始下降。

6.3.1.4 木本植物光合产物——季节性分配型

在落叶树叶片开始展开不久，贮存的糖类将逐步被消耗，同化物首先被运向芽，然后又运向新梢。大约有 1/3 的贮藏物质用于叶的展开。展开的叶很快就开始进行光合作用，并为新生叶和枝条的进一步形成提供所需的营养。在以后的生长过程中，光合产物优先供应花和正在发育的果实，其次是形成层，最后才是新形成的芽并在根部和树皮中贮藏淀粉。花芽分化不仅受外源和内源信号的控制，而且也受贮藏的糖类的控制。在生长末期，剩余的光合产物被运输到分枝、树干和根的木质组织以及树皮中并贮存起来。在热带和干旱地区，树木的这种生长与储藏过程反复几次，如对无花果树来说为 4 次。

在有利的生长时间不够长的情况下，植物不能为营养生长以及花和果实的发育提供充足的同化产物。还有些植物因为开花很早，新长出的叶光合生产所提供的营养物质供不应求，在这些情况下，多年生植物就具有优越性。例如，春季地下芽植物，它们之中有许多是在叶展开之前便已开花了。高山植物和北极植物必须在短的夏季完成开花和种子的成熟过程，它们光合产物的增加受到许多不确定因素的影响。这种情况也适用于草原植物，它们利用冬季寒冷和夏季干旱之间的时间来完成其生活周期。所有这些植物都需要具备贮藏器官，诸如根茎、块茎、块根或鳞茎。此外，这些植物经常发展成一个庞大的根系。对于高山植物，它们以减少茎叶和花的生长为代价来发育根系，虽然叶量与总植物量的比率几乎保持不变。

6.3.1.5　通过寿命增加生物量——寿命增加型

树木以其高度的形态分化和增加的寿命来支配其碳供应量。木本植物花费大量的光合产物用于支持组织和运输组织的生产。支持组织的高投入是构建树木生长所必需的。在年同化时期足够长的地区，它们比草本植物具有明显的竞争优势。在这种情况下，草本植物逐渐被比它们高的木本植物所遮盖，而被迫生长在乔木和灌木形成的林下阴暗环境下。

在生命形成的第一年，树木的叶重量可以占到整个树总干物重的 1/2，但随着成长的延长，叶重与茎重的比率发生变化。叶重量仅有较少增长，而树干和树枝却稳定地加粗。热带的常绿木本植物在冬眠期过后并不立即产生新梢，因为它们仍有上一年的叶。如果天气合适，这些叶会在晚秋、冬季和早春继续吸收 CO_2（虽然数量较少）。当芽开始展开时，这些老器官吸收的碳，在春天可满足大部分的需要，其余的来自茎和根中的贮藏物质。由于常绿木本植物延长了它们的同化期，因此无论是在漫长的冬季还是干旱的夏季，或在生长季受限制的地方（如在北方森林带以及干旱地区），常绿木本植物通常具有超越落叶种的优势。仅在不利季节尤其是生态环境特别恶劣的地区（亚北极、东西伯利亚、荒漠），落叶树和灌木才成为超优势种。

6.3.2　植物的生殖策略

如果自然选择是作用于个体生殖能力，那么对所有物种来说，进化必然要反映在能够更有效地进行生殖的适应上。种群在这方面有两种可以选择的对策：一种对策是产生少量的后代，但具有较高的存活率；另一种对策是适应于最大限度地进行繁殖，但存活率较低。MacArthur & Wilson（1967），在 Lack（1954）的工作基础上，按栖息环境和进化对策把生物分成 r 对策者和 K 对策者两大类。一类是高生育力、高死亡率的类型，属于 r 对策；另一类是低生育力、低死亡率类型，属 K 对策。应当说，这两种对策都是有效的，一个物种采取哪一种对策将取决于该物种的具体情况。

K 对策的植物，通常出生率低、寿命长、个体大，一般扩散能力较弱，但竞争能力较强，即把有限能量资源多投入于提高竞争能力上。因其种群密度通常处于 Logistic 模型的饱和密度 k 值附近，所以称为 K 对策者。K 对策者种群密度稳定而少变，属于自稳定种群。r 对策者正相反，通常出生率高、寿命短、个体小，竞争力弱，但具很强的扩散能力，一有机会就入侵新的栖息生境，并通过高增长率而迅速增殖。因其以高 r 值（增长率）为特征，所以称为 r 对策者。r 对策者是机会主义物种，通常栖息于气候不稳定，多难以预测天灾的地方，或在生态系统营养级的下层，受其他物种捕食抑制，其种群密度变动较大，经常有低落、增大、扩展等交替出现，属于非自稳定种群。

不同类型的植物也常常采取不同的生殖对策。有些植物把较多的能量用于营养结构的生长，而分配给花和种子的能量较少，因此这些植物的生殖数量就较低，或者一些植物的种子较大但数量较少，这些均属于 K 对策者；相反，另一些植物则把更多的能量用于生殖，以便产生大量的种子，或者有些植物的种子很小但数量很多，这些属于 r 对策者。植物的能量在有性生殖和无性生殖之间的分配，不同植物也存在着很大差异，营无性生殖为主的基本属于 K 对策，相比之下，营有性生殖者偏向于 r 对策。在群落演替系列后期占主要地位的多年生木本植物常常是属于 K 对策者，它们的生境比较稳定，因此对这些植物来说，把较多的能量用于树干和树根的生长可以使它们在拥挤和资源有限的环境中增强竞争能力。r 对策植物所占有的生境往往是不太稳定的，或者是处于演替系列早期阶段的群落中。

McNaughton（1975）对香蒲属（*Typha*）植物的研究表明：在一个特定的生境内，香蒲种群的增长主要是靠根状茎的生长。在三种生长在不同气候区域的香蒲中，香蒲（*Typha tiflora*）适应范围最广，从北极圈到赤道都能见到它们，窄叶香蒲（*Typha angustifolia*）只生长在北美洲北部，而第三种香蒲（*Typha domingensis*）只生长在北美洲的南部。这三种香蒲对气候梯度的不同适应在生殖的能量分配上都能得到反映：窄叶香蒲和普通香蒲的北方种群根茎数量较多，而第三种香蒲和普通香蒲的南方种群根茎数量较少但体积较大，这是因为生长在南方的香蒲面临着更为激烈的种内和种间竞争，因此迫使它们把更多的能量用于营养体的生长，使叶长得更多、更高大以增强竞争能力。一般说来，在竞争不太激烈的生境中，香蒲会把更多的能量用于发展根茎。

植物种子的大小和数量变化也很大。椰子、棕榈的种子重量可达 2 700 g，它们主要靠水传播；而某些兰科植物和腐生植物的种子可以小到只有 2 μg 重，这些种子很容易被风吹送到各处的小生境内萌发生长。其他植物种子的大小则介于这两个极端之间。对植物来说，种子的大小应当最有利于种子的传播、定居和减少动物的取食。如果植物占有的生境很分散、很贫瘠，生物之间的竞争又不很激烈，植物便常常产生大量的小型种子，种子内贮存的营养物质也很少，这些植物种群的生殖对策是靠牺牲大量的种子来保证少量种子的存活；如果植物所占有的生境很稳定、很肥沃，生物之间的竞争很激烈，植物种群便常常产生少量的种子，但种子内贮存的营养物质较多，这些植物种群的生殖对策是靠提高种子质量来增强种子和实生苗的竞争和定居能力。这两种生殖对策不仅会出现在不同种类的植物中，而且如果这些种群的生活环境很不相同的话，也会被同一种植物的不同种群所采用。

水苦荬（*Veronica undulata*）的两个种群，它们都生长在临时性池塘中，因池塘中央的环境条件稳定，温度适宜，植物生长茂密，竞争激烈，因此该种群只产生少数种子，但种子个体较大，这些种子可以很快萌发。池塘边缘的环境条件易变，温度不足，植株生长稀疏，也存在种间竞争，因此生长在那里的水苦荬种群死亡率较高，产生的种子数量很多，但比较小。种子小，有利于种子的传播，而种子数量多则可增加种子存活的概率。如果把两个种群移植到温室中培养，它们仍然会表现出生殖对策的差异，这说明水苦荬已形成了遗传多态现象。还有一些植物，不同种群之间存在的生殖对策差异是不遗传的，一旦把它们移植到条件相同的温室中培养，这种差异就会消失，如蒲公英和毛果一枝黄花（*Solidago virgaurea*）等。

K 和 r 两类对策在进化过程中各有其优缺点。K 对策的种群密度较稳定，一般保持在 k 值附近，所以导致生境退化的可能性较小；具有个体大和竞争能力强等特征，保证它们在生存竞争中取得胜利。但是一旦受到危害而种群下降，由于其低 r 值而恢复困难。相反，r 对策者虽然于死亡率甚高，但高 r 值能使种群迅速恢复，高扩散能力又可使它们迅速离开恶化的生境，在别的地方建立起新的种群。r 对策者的高死亡率、高运动性和不断面临新局面，可能使其成为物种形成的丰富源泉。在生态上，这类物种一旦失去调控因素就可能造成爆发事件，破坏生态平衡，如凤眼莲（*Eichhornia crassipes*）。

小结

植物的生长和发育是同时进行的，发育是植物生长和分化的总和。种子萌发是从种胚细胞分裂、伸长和分化开始的。充足的水分、适宜的温度和足够的氧气是所有种子正常萌发的外部条件。种子休眠时间长短因作物种类和品种的不同差异很大。根、茎、叶、种子、花、果实等器官以及整株植物体的生长速率都表现出生长大周期和昼夜周期性以及季节周期性。植物的生长是相互依赖相互制约的，表现出一定的相关性。

思考题

1. 植物的生长为何表现出生长大周期的特性？
2. 为何植物有顶端优势？如何利用顶端优势指导生产实践？
3. 蓝光和紫外光对植物生长有何影响？
4. 影响植物花器官形成的条件有哪些？
5. 植物衰老时发生哪些生理生态变化，衰老的机制如何？
6. 种子休眠的原因有哪些？如何破除休眠？
7. 为什么说暗期长度对短日植物成花比日照长度更为重要？
8. 为什么说光敏色素参与了植物的成花诱导过程，其与植物成花之间有何关系？
9. 植物物质和能量代谢的生态策略有哪些？
10. 温度和光照对植物生长发育的影响表现在哪些方面？
11. 植物的生殖策略有哪些主要类型？

第 **7** 章
自然环境胁迫与植物的适应

| 关键词 |

自然环境胁迫　强光胁迫　光合有效辐射　光抑制　光能过剩　热耗散　QB
蛋白　光呼吸　Mehler 反应　活性氧代谢　太阳辐射　荧光分析　屏蔽作用　修复
作用　光复合　活性氧清除系统　高温胁迫　热胁迫　冷害　霜害　冻害　霜冻干
化　硫氢假说　膜伤害　生态适应　旱生植物　盐生植物　涝渍化环境　盐分胁迫

　　自然条件下，生态因子的质量以及自身的量值大小随时间和空间的变化而变化，但并非量值越大质量越好。植物的生长、发育对生态因子的需求也有一定的适度范围，植物只在一定的环境范围内才有最大的光合生长。在一定的范围内，植物的光合速率和生长速率随生态因子的增强而增加，当环境因子超过一定的量时则表现在对生长发育的抑制。自然界中，这种生态因子自身量或质上的变化，对于植物而言，构成了一种自然环境胁迫。植物必须适应这种胁迫环境，才能够得以生存和繁衍。

7.1　强光胁迫

7.1.1　强光胁迫的概念

　　当光合有效辐射（photosynthetic active radiation，PAR）超过植物的光合作用光补偿点（light compensatory point，I_c）以后，光合速率随着光照强度的增加而增加，在光饱和点（light saturated point，I_{sat}）以前，是光合速率上升的阶段，超过 I_{sat} 以后，光合速率不随光强增加甚至降低。人们把超出光饱和点的光强定义为强光（high radiation 或 high light），而把强光对植物可能产生的危害定义为强光胁迫（high radiation stress 或 light stress）。不同地区、不同植物甚至同种植物的不同发育期等，强光有着不同的标准。阳生植物在饱和光强下光合速率较阴生植物高得多，而且光补偿点也高。强光对植物的胁迫主要体现在：影响光合速率造成光合"午休"、增加光呼吸、影响植物生长发育和繁殖进程甚至改变其成分等；而强光是否会形成胁迫还与其他环境因子（包括自然环境和生物环境）有关，如空气的温度、相对湿度、CO_2 浓度、植株营养水平，特别是植物本身的生物学特性以及它生长的地理位置等。

197

7.1.2　强光对植物的影响

生长在开阔地带如高山、荒漠、海岸、休闲地和农田中的植物，适应强光，并能忍耐高强度的辐射，它们一般是光稳定的。然而，如果卡尔文循环的电子转移被阻断或延迟，即使强阳生植物也能发生光抑制和光损伤。如果植物受到光胁迫，或其他环境胁迫发生，特别是热、冷、干旱、盐碱、矿质营养（尤其是氮和微量元素）供应不足，或受有害生物侵染及受毒性物质胁迫，这类情况也会发生。

7.1.2.1　强光对光合特性的影响

在自然环境条件下，植物光合作用日变化曲线一般有两种类型：一种是"单峰型"，即中午以前光合速率最高；另一种是"双峰型"（图 7-1），即上、下午各有一高峰。双峰型中午的低谷就是所谓的"午休"（midday depression），一般上午的峰值高于下午的峰值。光合作用日变化曲线的双峰型多发生在日照强烈的晴天，单峰型则发生在多云而日照较弱的天气条件下。

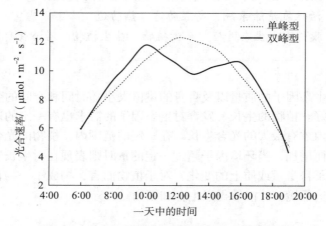

图 7-1　光合作用日变化的单峰型和双峰型曲线

青藏高原地区的太阳辐射很强，中午前后的光合有效辐射高达 $2\,500 \sim 3\,010\ \mu mol \cdot m^{-2} \cdot s^{-1}$，是地球上除南北极之外太阳辐射最强烈的地区。研究发现，在自然条件下，青藏高原小麦、矮生嵩草、柔软紫菀（*Aster flaccidus*）、粗糙鹅冠草（*Roegneria scabridula*）、垂穗披碱草（*Elymus nutans*）等植物晴天的光合作用日变化多呈单峰曲线，没有或者仅有轻微的中午降低现象。而在东部低海拔地区如上海平原地区，同一植物或者不同植物晴天的净光合速率（net photosynthetic rate, P_n）日变化，则多呈双峰曲线，且有明显的中午降低现象。

高原冬小麦对强烈的太阳辐射具有很强的适应性。在光合光子通量密度（PPFD）高于 $2\,000\ \mu mol \cdot m^{-2} \cdot s^{-1}$ 甚至接近 $2\,500\ \mu mol \cdot m^{-2} \cdot s^{-1}$ 时仍维持较高的净光合速率。高原 C_4 作物玉米对强烈的太阳辐射具有更突出的适应性，在 PPFD 高于 $2\,400\ \mu mol \cdot m^{-2} \cdot s^{-1}$ 甚至接近 $2\,700\ \mu mol \cdot m^{-2} \cdot s^{-1}$ 时仍维持较高的净光合速率，在 $30\ \mu mol \cdot m^{-2} \cdot s^{-1}$ 以上。高原环境对作物光合过程的影响是生态因子综合作用的结果。青藏高原冬小麦旗叶净光合速率达到 $20\ \mu mol \cdot m^{-2} \cdot s^{-1}$ 以上的有利环境因子组合是：PPFD 在 $2\,000\ \mu mol \cdot m^{-2} \cdot s^{-1}$ 以

上，气温为 25~29℃，近地层大气中 CO_2 密度 0.41 mg·dm^{-3} 以上，地面温度 18~23℃。一般情况下，强光在青藏高原不会引起光合速率下降。

将青海和上海同一品种小麦（高原 338 与沪麦 5 号）叶片的 F_v/F_m 日变化进行比较，发现下午和中午与早晨相比只是略有下降，一日中随时间的变化下降的幅度较小。而上海同一小麦叶片 F_v/F_m 日变化，尽管中午比早晨低，但下午却略有回升，一日中有明显的中午降低现象。就高原 338 和沪麦 5 号同一小麦叶片 F_v/F_m 日变化而言，在西宁下降的幅度较上海小得多；同一品种的小麦在西宁受到的光胁迫程度较上海也轻微得多。

7.1.2.2 强光对呼吸作用的影响

强光对呼吸作用的影响主要表现为：强光可以减缓呼吸作用，甚至会降低呼吸速率。根据对青藏高原冬小麦旗叶呼吸强度进行的不定期测定，青藏高原冬小麦光呼吸值为 1.12~4.36 μmol·m^{-2}·s^{-1}，占同期净光合速率的 12%~26%（相当于占总光合作用的 11%~21%）。白天测得暗呼吸速率为 0.4~3.7 μmol·m^{-2}·s^{-1}；夜间暗呼吸测定值为 0.13~2.1 μmol·m^{-2}·s^{-1}。一般文献认为 C_3 作物的暗呼吸占总光合作用的 20%~30%，甚至 40%~50%。平原小麦光呼吸为 3~5 μmol·m^{-2}·s^{-1}，占总光合的 25%~35%，暗呼吸为 0.9~3 μmol·m^{-2}·s^{-1}。西藏的观测结果表明，无论是绝对值还是占总光合作用的百分比，高原都明显低于文献报道的上限值，这表明在高原上尽管出现明显的强光环境，由于植物内部具有抵抗强光胁迫的机制，植物并不以消耗固定的糖类为代价，而依然保持较高的光合作用和较低的光合产物消耗。

7.1.2.3 强光对生物量的影响

青藏高原小麦最高单产记录曾达 16 t·hm^{-2}（张谊光 1992），而内地的小麦产量一般在 6~8 t·hm^{-2}。干物质积累在产量形成中具有极为重要的作用。由于青藏高原的太阳辐射强，光合有效辐射及有利于光合作用的蓝紫光和黄橙光波段的光量子通量密度比平原地区高，在多年栽培过程中，小麦形成了适应高原强辐射的群体结构：高原上小麦叶片直立性好，利于叶片上下均匀受光，从而使群体能容纳更大的叶面积指数（LAI）。高原小麦最大的 LAI 为平原的 1.6 倍（程大志等 1979），有利于光能的利用。各种实验表明，西藏真正有利于小麦生育及干物质积累的气候条件是日照时数多、辐射强度大、温度相对较低。

7.1.2.4 强光对植物形态和内部结构的影响

强光对植物形态和各器官在整个植株中的比例有一定影响。如甘薯在强光影响下，其薯蔓的生长虽受到抑制，但却有利于薯块的形成，因而甘薯生长过程中受到一定时期的强光照射，有利于增加产量。棉花在其生育期内，尤其是开花—吐絮期间持续强光天气，对于其产量和品质的提高十分有利。苎麻（*Boehmeria canescens*）叶片有一定的趋光性，在强光较多的条件下生长旺盛，分枝多，麻皮厚，纤维产量高。

强光导致的色素分子结构及蛋白质微环境改变，并进一步引起光破坏。当植物叶片用强光（2 500 μmol·m^{-2}·s^{-1}）连续照射 150 s 以后，β-胡萝卜素分子的表面增强拉曼散射（surface enhanced Raman scattering）的强度开始明显减弱，散射峰的线宽也有增加，其信噪比也大大降低了。强光照射后，β-胡萝卜素分子原来的多烯链平面扭曲构象发生了变化，表明 β-胡萝卜素分子可能已与蛋白质分子脱离，或者蛋白质分子与 β-胡萝卜素分子结合区的构象发生了变化。因此，强光照射不但改变了 β-胡萝卜素分子的构象，而且也改变了其微环境，使 β-胡萝卜素分子的散射强度明显减弱，说明 β-胡萝卜素分子振动状态随光照发生了变化。

7.1.3 植物对强光胁迫的适应

植物对强光有一定的适应范围，这种适应具有季节性、地区性，并因物种而异。在强光、高温、低 CO_2 浓度的逆境下，C_4 植物比 C_3 植物有更高的生产能力，C_4 途径的植物有更大的优势。C_4 植物甚至能把最强的光用于光合作用，它们的 CO_2 吸收量是随光强变化而变化；C_3 植物则很容易达到光饱和，因而不仅不能充分利用太阳辐射，甚至会由于强光而产生光合速率的"午休"。阳生植物能利用强光，而阴生植物在强光下却往往遭受光胁迫而产生危害。植物对于强光的适应能力表现在以下几个方面：

（1）改变光合特性以适应强光环境

在自然光照下，同种植物处于不同的生境中光饱和点是不相同的。在林下生境中，升麻（*Cimicifuga foetida*）的光合作用 – 光响应曲线在 80 $\mu mol \cdot m^{-2} \cdot s^{-1}$ 就已经变得相当平滑了，呈现出饱和的趋势；而对林窗生境来说，曲线在 198 $\mu mol \cdot m^{-2} \cdot s^{-1}$ 时远没有达到饱和状态，林缘中在 600 $\mu mol \cdot m^{-2} \cdot s^{-1}$ 时也远未见饱和。这说明光合有效辐射的差异能导致光合特性的变化，植株通过改变光合特性来适应相应的环境条件，以捕获更多的光能，提高光能的利用效率。

（2）不同部位叶片的适应

同种植物的相同个体上，不同部位叶对强光胁迫的耐受能力也有差异。阴生叶与一般阳生叶及全阳生叶对光的响应趋势虽然基本一致，但阴生叶光饱和点不到 500 $\mu mol \cdot m^{-2} \cdot s^{-1}$，远低于阳生叶。树冠上层的全阳生叶可获得比一般阳生叶较高的光照强度，它们在高光下的光合速率也大于一般阳生叶，这说明不同类型叶片已经对各自的生境产生了不同的适应性。研究结果还表明：青冈（*Cgclobalanopsis glauca*）和石栎（*Lithocarpus glaber*）阳生叶的光补偿点为夏季大于秋季，而光饱和点则为秋季大于夏季，说明光能利用能力为秋季大于夏季。两树种的光补偿点均为阳生叶大于阴生叶，而阳生叶的光饱和点可高达阴生叶的 10 倍之多，说明同一植株上叶片对于光强已产生了适应和分化。

在强光环境下驯化的植物叶片表现出来在叶面积、叶厚度、气孔密度、叶绿体数量、RuBP 羧化酶活性、光合特性诸多方面的优势。总之，这些适应机制总是使植物叶片尽量避免强光造成的损伤，或者像青藏高原的那些植物一样，能够利用强光。关于阳生叶和阴生叶生理生态与形态学的差异，可参考 Larcher（1997）在许多学者研究基础上总结的表（表 7–1）。

表 7–1 欧洲山毛榉（*Fagus sylvatic*）和洋常春藤（*Hedera helix*）阳生叶和
阴生叶片生理生态与形态特征的比较（转引自 Larcher 1997）

特征	欧洲山毛榉			洋常春藤		
	阳生叶	阴生叶	阳生叶 / 阴生叶	阳生叶	阴生叶	阳生叶 / 阴生叶
叶面积（cm^2）	28.8	48.9	0.6			
叶厚度（μm）	185	93	2	409	221	1.85
比叶面积（$dm^2 \cdot g^{-1}$）				0.97	2.6	0.37
气孔密度（个 /mm^2）	214	144	1.5			

特征	欧洲山毛榉			洋常春藤		
	阳生叶	阴生叶	阳生叶/阴生叶	阳生叶	阴生叶	阳生叶/阴生叶
气孔导度（mol·m^{-2}·s^{-1}）				0.65	0.33	2
叶绿体数						
以叶面积计（10^9 个/dm^2）				5.09	2.45	2.4
以体积计（10^9 个/cm^3）				1.24	1.11	1.1
叶绿素浓度（a+b）						
以单叶计（mg/叶）	1.6	1.9	1.2			
以面积计（mg·dm^{-2}）				8.7	5.5	1.6
叶绿素（a/b）	3.9	3.9	1.0	3.3	2.8	1.2
RuBP 羧化酶活性（μmol CO$_2$·dm^{-2}·h^{-1}）				398	202	2
最大净光合能力（μmol·m^{-2}·s^{-1}）	2.2	0.82	2.7	14.1	5.9	2.4
暗呼吸速率（μmol·m^{-2}·s^{-1}）	0.31	0.10	3.1			
光补偿点（μmol·m^{-2}·s^{-1}）	30	12	2.5			
光饱和点（μmol·m^{-2}·s^{-1}）	1 020	528	1.9			

（3）增加叶绿素含量

强光胁迫对植物光合速率是否产生影响以及影响到何种程度，与植物叶片的叶绿素含量有密切关系。同一生境中的羊草有灰绿型与黄绿型，对光辐射强度的响应有不同程度的变化。灰绿型羊草与黄绿型羊草的光饱和点与补偿点不同。灰绿型羊草对光强度响应相对迅速，有较高的饱和光合速率，但它的光补偿点、饱和点低于黄绿型羊草。一般说来，较高光辐射条件下植物的叶色较深，叶片叶绿素含量也相对较高。

（4）不同植物对强光的适应

对于喜光植物，强光不仅不易形成胁迫，反而有利于其生长。据研究，花生（*Arachis hypogaea*）单叶光饱和点为 1 500～1 800 μmol·m^{-2}·s^{-1}，群体在 2 000 μmol·m^{-2}·s^{-1} 以上，因而它对强光有较强的适应性。油菜在辐射强日照时数长的条件下，开花早产量高，品质好。向日葵幼叶及花盘都有趋光性，光饱和点高达 2 000 μmol·m^{-2}·s^{-1}，强光条件有利于其籽粒形成。甘蔗光饱和点不低于 2 200 μmol·m^{-2}·s^{-1}，由于在自然条件下一般不能达到光饱和点，因而能充分利用夏季强光，光能利用率高，产量也高。在其分蘖期，光照强弱是影响分蘖的重要因素。在强光下，再伴随高温高湿，其产生的脱落酸较多，起到对抗生长素的作用，抑制主茎生长，从而促进主茎加粗和分蘖。而在茎伸长期，光强越强，制造和积累有机物质越多，茎生长快且健壮，含糖量高。甜菜在生育中后期，有强光照射，块根产量和含糖量高。经济树种桑树（*Morus alba*）接受到强光照射有利于叶色浓绿、叶肉厚，营养丰富、产量高。蔬菜和瓜类中要求强光的有西瓜、甜瓜、南瓜（*Cucurbita moschata*）、番茄、茄子（*Solanum melonggena*）等。

　　而对于喜阴植物则极易受到光胁迫影响。如饲用植物中耐阴的白三叶（*Trifolium repens*）等，遇强光则引起生长不良。半阴生植物咖啡，强光会抑制植株生长，造成枝干密布，植株矮化，易早衰，幼龄咖啡发育不良，导致盛产期产量明显降低。容易在强光下产生光胁迫的蔬菜主要是绿叶类菜如菠菜、莴苣等，最易遭受光胁迫的蔬菜当数姜（*Zingiber officinale*）。烟草属于喜光植物，从其整个植株形成来看，需要强光作为主导生态因子才能生长旺盛，叶厚茎粗，繁殖能力强；但就其品质而言，强光照射会形成粗枝暴叶品质差，因而综合考虑，强光对烟草还是弊大于利。

7.2　植物光合作用的光抑制

　　Kok（1956）发现，当叶片接受的光能超过它所能利用的量时，光可以引起光合活性的降低，这就是光合作用的光抑制现象（photoinhibition）。它的最明显特征是光合效率的降低。在没有其他环境因素胁迫的情况下，晴天中午许多植物冠层表面的叶片和静止的水体表层的藻类经常发生光抑制。由于发生光抑制的前提是光能过剩，所以任何妨碍光合作用正常进行而引起光能过剩的因素如低温、干旱等，都会使植物易于发生光抑制。早期研究中考虑较多的是光抑制的破坏作用，而近年来不少人已把它看成是一个可调控的、保护性的耗散过剩能量的过程。光抑制造成光合速率下降的幅度在 10% 以上（Farage & Long 1991）。由于植物光合作用的光抑制在理论和实践上的重要性，近年来受到人们极大的关注。

7.2.1　光抑制现象

7.2.1.1　光抑制的基本特征

　　从叶片气体交换的角度看，强光下 CO_2 同化（或 O_2 释放）量子效率和光饱和光合速率的下降是光抑制最显著的特征（图 7-2）。然而，当量子效率的下降只是由于某种形式的过量激发能的耗散，而不是由于光合机构的破坏时，光饱和时的光合速率可能不发生变化。另外，由于光饱和光合速率受叶龄和叶片发育期间环境条件的影响，即使在非胁迫条

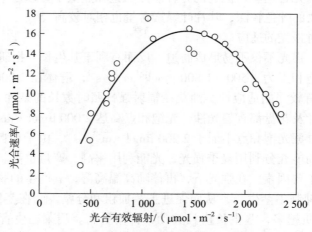

图 7-2　高温干旱条件下浑善达克沙地榆树叶片的
光合速率 – 光合响应曲线（李永庚提供）

件下，其数值也不恒定，即没有可靠的"对照"值，因而很难用它去定量地估计叶片遭受光抑制的程度。

而量子效率则不同，它在非胁迫条件下相当恒定。据测定，植物在 CO_2 饱和条件下的量子效率均为 0.106 ± 0.004，并不受叶片类型和生长条件的影响。因此，量子效率是用来定量地估计抑制程度的较好指标。虽然光系统 II（PS II）电子传递活性降低也是光抑制的一个特征，但它远不如量子效率那样便于观测（特别是连续观测）和准确地反映活体中的情况。

7.2.1.2 植物对光抑制的敏感性

植物对光抑制条件的敏感性受遗传因素和多种环境因素的影响。一般地说，阴生植物比阳生植物敏感，阴生条件下生长的阳生植物比阳生条件下生长的同一种植物敏感。在没有光以外的其他环境胁迫时，中午强光下 C_3 植物较 C_4 植物容易发生光抑制（许大全和张玉忠 1992）。在夏季，干旱地区高温、缺水常与强光同时发生，高等植物光合作用过程中的光抑制现象较为普遍，多数 C_3 植物在强光下都会发生光抑制，强光下光合作用不能利用的多余能量使净光合速率（P_n）、表观量子效率（AQY）和 F_v/F_m 下降，严重时会对叶片的光合机构造成不同程度的伤害。冬季，不少地区低温以至冰冻往往与强光并存，越冬植物菠菜、欧洲油菜（*Brassica napus*）和冬小麦以及洋常春藤（*Hedera helix*）等发生明显的光抑制。在光抑制的过程中，强光是引起光抑制的主要因子；但温度、水分、营养缺乏、盐分等逆境胁迫时，即使光照度不太强的情况下，也会产生光抑制现象（Demmig-Adams 1996）。这是由于各种环境胁迫因素都不利于光合作用的进行，以致光合机构对光能的利用减少，光能过剩的程度增加，而且还都不利于光胁迫破坏的修复。这些研究不仅表明了自然条件下光抑制的普遍性，而且也意味着光抑制研究在农业、林业科学和生产上具有重要意义。

7.2.2 光抑制机制

由于光以外其他多种环境胁迫因素本身都对光合作用有抑制甚至破坏作用，所以当它们与强光同时存在时问题就更复杂化，从而妨碍人们对光抑制机制的正确认识。在光抑制条件下，光饱和解联的电子传递活性受抑制，而光合磷酸化不直接受强光的影响。光合作用的光抑制可以导致一些光合碳代谢酶活性的下降。在无 CO_2 的条件下菠菜叶绿体经强光处理后，卡尔文循环中间产物 RuBP 减少，而 1,6- 二磷酸果糖（fructose-1, 6-bisphosphate，FBP）增加，表明 RuBP 再生受到限制。同时，RuBP 羧氧化酶和 FBP 酯酸活性下降，这可能与叶绿体基质的酸化有关。无 CO_2 条件下，强光处理使玉米的苹果酸脱氢酶和丙酮酸磷酸双激酶以及小麦的 RuBP 羧化酶失活（Powles 1984）。光合碳代谢酶以及一些代谢物库的变化可能是光抑制过程中的次发事件。人们观测到的光抑制，主要源于光合机构破坏和热耗散的增加两个方面。

7.2.2.1 光合机构的破坏

光抑制发生后，荧光发射峰降低幅度总是 PS II（F_{695}）比 PS I（F_{735}，高等植物）的大，PS II 的电子传递活性（$H_2O \rightarrow$ 铁氰化钾）降低的幅度大于 PS I 活性（还原的二氯酚靛酚→甲基紫精）。因此，普遍认为光抑制破坏的原初部位在 PS II。PS II 是一个催化 H_2O 氧化、产生 O_2 和还原型质体醌的多酶复合体。在 PS II 反应中心复合体中，光抑制破坏的原初部位到底是在反应中心（进行原初电荷分离的部位），还是在与次级电子受体 Q_B 结

合的 Q_B 蛋白, 是一个有争论的问题 (Krause 1988)。一种观点认为, 光抑制的初始部位在 Q_B 蛋白, 然后很快发生反应中心自身的破坏。另一种观点认为, 光抑制破坏的原初部位是在反应中心本身 (P_{680}–Phco), 而 Q_B 蛋白的降解只是它的一个结果。这已被近年来越来越多的研究所证明 (Zer & Ohad 1995)。也有观点认为, 光抑制的不良作用不能归因于独一无二的靶位或单一的机制, 它可以依实验条件 (例如光强 PS II 复合体的功能状况) 而变 (Gadjieva *et al.* 2000)。

在光抑制过程中氧的作用是复杂的。氧参与的梅勒 (Mehler) 反应的光呼吸可能有防御光抑制破坏的作用。但是, 如果形成的活性氧不及时清除, 则对光合机构有害。在有氧条件下光抑制处理会引起多种膜蛋白及膜脂的破坏 (陶宗娅和邹琦 2001)。

7.2.2.2　热耗散的增加

这是一种不发生光合机构破坏的光抑制机制。有证据表明, 植物体内光合作用的光抑制是由天线或反应中心激发态叶绿素热耗散 (thermal dissipation) 的增加引起的, 反应中心复合体组分并不受到破坏。在这种情况下, 叶绿素的可变荧光和弱光下的光化学效率也降低 (Schmidt & Neubauer 1990)。

7.2.3　光抑制后光合功能的恢复

光抑制不严重时, 回到非胁迫条件下几分钟或几小时后光合功能便可以恢复。但当光抑制严重时, 回到合适条件下即使几天后光合功能也不能完全恢复。

7.2.3.1　破坏部分的修复

修复并不是对破坏部分的简单修补, 而需要从膜上去掉已经破坏的部分, 并用新的取而代之。修复需要 Q_B 蛋白的从头合成。Q_B 蛋白由叶绿体基因编码在叶绿体中合成。叶绿体蛋白质合成的专一抑制剂氯霉素 (chloramphenicol) 可以加剧光抑制并完全抑制恢复, 而细胞质蛋白质合成抑制剂环己亚胺 (cycloheximide) 则没有这种作用。质体转录抑制剂利福平 (rifampicin) 既不加剧光抑制, 也不妨碍恢复, 表明 Q_B 蛋白的快速合成是以稳定的 mRNA 库的存在为基础的。恢复过程的调节可能是在翻译和翻译后水平上的 (许大全和张玉忠 1992)。

7.2.3.2　恢复的条件

在光合功能恢复过程是否需要光的问题上尚有分歧。有研究表明, 暗中恢复机制仍在运转, 但完全恢复则需要光。使 PS I 激发的光似乎更有效。光的作用是调节, 而不是直接的能源。弱光对恢复的促进作用在 $10 \sim 20~\mu\mathrm{mol} \cdot \mathrm{m}^{-2} \cdot \mathrm{s}^{-1}$ 下便达到饱和。弱光最适于恢复, 中等光强抑制恢复 (Somersalo & Krause 1989)。温度对恢复也有很大影响, 图 7–3 显示, 玉米恢复的最适温度在 25℃ 左右, 而在 6℃ 下很慢 (Haldimann *et al.* 1996); O_2 和 CO_2 浓度也会影响光抑制的恢复。

实际上, 光能过剩条件下观测到的光合功能的降低很可能是耗散、破坏和修复过程的净结果。如果发生光抑制时不伴随 PS II 复合体有关组分或其他组分的破坏, 恢复也就不一定与有关组分的合成更新相联系; 发生光抑制破坏时, 受破坏的也许不只是 Q_B 蛋白。因此, 恢复也就不只是 Q_B 蛋白合成的问题。

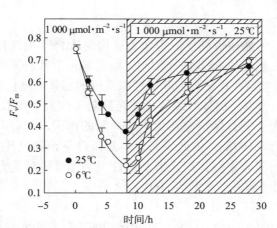

图 7-3 温度和光照对玉米叶片光抑制的影响（引自 Haldimann *et al.* 1996）

7.2.4 光抑制破坏的防御

有多种方法防御光抑制，减轻或避免强光对光合机构的破坏。

（1）减少光吸收、增加光能利用能力

适应强光环境的植物叶片通常以特有的形态学特征和生理功能来减少光吸收，同时增加光能利用能力。如叶片变小，变厚，减少天线色素的量，提高电子传递和碳同化能力等。另外，植物体也可以通过叶运动（改变与入射光之间的角度）或叶绿体运动等快速响应以减少对光的吸收，从而避免光抑制（Powles 1984）。

（2）通过状态转换向 PS I 分配较多的光能　色素蛋白复合体的磷酸化可以增加分配给 PS I 的光能，避免 PS II 反应中心的过度激发（Oquist *et al.* 1992）。

（3）增加热耗散

当叶绿体的类囊体膜内外质子梯度高时，光抑制大大减轻，而加入消除质子剃度的解偶联剂时，这种保护作用即被消除。据此，Krause & Behrend（1986）提出当依赖能量的叶绿素荧光猝灭增加时，通过增加激发能的热耗散可以部分避免光抑制的假说。依赖能量的叶绿素荧光猝灭与光合作用的量子效率呈负相关，表明了一种调节机制，即降低光饱和条件下的 PS II 的光化学效率，可以避免光抑制破坏的发生（Steffen *et al.* 2001）。激发能的另一种热耗散形式与叶黄素循环（xanthophyll cycle）有关。在强光下非光辐射能量耗散增加的同时，玉米黄素含量增加，荧光参数 F_v、F_o 和 F_v/F_m 均降低，玉米黄素与激发态的叶绿素作用，从而耗散其激发能，保护光合机构免受过量光能破坏（Demmig-Adams 1996）。叶黄素循环在保护光合机构避免强光破坏中起重要作用，它在防御光抑制破坏中的作用受到越来越多的注意（董高峰等 2000）。

（4）光呼吸

光呼吸是指绿色植物在光照条件下吸收 O_2 放出 CO_2 的过程，其与一般呼吸作用（暗呼吸）不同之处在于光呼吸只消耗有机物而不产生能量（ATP）。光呼吸在植物中普遍存在，其中以 C_3 植物较高，C_4 植物较低。C_3 植物的光呼吸有很高的能量需求。光呼吸可以防止强光和 CO_2 亏缺条件下发生光抑制。在无 CO_2 和低 O_2 分压条件下进行光照时，C_3 植物发生光抑制；增加氧分压时，光呼吸途径正常运转，不会发生光抑制（Noctor *et al.* 2002）。

（5）梅勒反应

在植物体内，氧有可能在梅勒反应中作为氧化剂从 PS I 的还原侧接受电子。无氧条件加剧离体叶绿体和完整叶片 PS II 的光抑制，而低氧可以减轻光抑制，表明氧有保护作用。但是，梅勒反应的有益作用需要清除活性氧系统的超氧物歧化酶和过氧化氢酶等的协同运转。这类清除系统可以使离体叶绿体免受光抑制（许大全和张玉忠 1992）。可是，在无 CO_2 的空气中，强光下氧有保护植物免受光抑制的作用，而有 CO_2 存在时则看不到这种保护作用（Wiese *et al.* 1998）。由此看来，自然条件下梅勒反应的保护作用也许很小，甚至不存在。对大豆的实验表明，在光抑制条件下，光呼吸对光合机构的保护作用大于 Mehler 反应的保护作用（陶宗娅和邹琦 2001）。

（6）活性氧代谢

杨树（*Populus euramericana*）根系受渗透胁迫时，叶片净光合速率（P_n）和表观量子效率（AQY）降低，出现光合作用的光抑制。O_2^- 产生加快，超氧化物歧化酶（SOD）活性升高，H_2O_2 生成增加；过氧化氢酶（CAT）和抗坏血酸过氧化物酶（POD）活性降低，H_2O_2 清除减少，活性氧代谢平衡受到破坏，膜脂过氧化产物丙二醛（MDA）含量增加。此时用 O_2^- 诱导剂百草枯（PQ）或 SOD 抑制剂二乙基二硫代氨基甲酸铜盐（DDTC）处理叶片中活性氧和 MDA 含量升高，光抑制加剧；以抗氧化剂抗坏血酸（AsA）处理叶片，清除活性氧有关的酶活性升高。H_2O_2 和 O_2^- 的浓度降低，MDA 含量降低，光抑制得到缓解。这说明光抑制的发生与活性氧的积累有一定关系。

7.2.5　光抑制研究的主要生理生态方法

7.2.5.1　气体交换

这是叶片抑制早期研究常用的方法。应用 CO_2 红外气体分析仪或叶圆片氧电极测定 CO_2 同化或氧释放的量子产率（或表观量子产率）和光饱和的光合速率。根据叶片光合作用的光响应曲线，可以区分 PS II 反应中心破坏引起的光抑制与热耗散增加引起的光抑制（Oquist *et al.*1992）。小麦叶片经 1 700 $\mu mol \cdot m^{-2} \cdot s^{-1}$ 光的处理 2～4 h 后，量子产率明显降低，但光饱和时的光合速率却没发生明显变化，这可能意味着，在田间条件下，光合机构的破坏，并非晴天经常观测到小麦叶片光合作用受光抑制的主要原因（许大全和张玉忠 1992）。

7.2.5.2　荧光分析

早期研究大多是在实验室中用离体的叶绿体或类囊体于无 CO_2 或低氧等自然界难以遇到的极端条件下进行。近年来研制成功的野外便携式荧光仪，克服了用传统的荧光测定方法在温室条件下进行荧光测定的种种限制（如不能准确测定 F_o 和 F_m 等）。这种方法简便、快速、灵敏而又可以不伤害被测试的植物材料。近年来在自然条件下用完整叶片进行的研究日益增多，荧光分析技术在光抑制研究中的应用日益广泛，特别是用于鉴定光抑制破坏方面（Miszalski *et al.* 2001）。荧光分析涉及多种参数，相关的问题读者可参考本书附录的内容。以下是几个常用的参数：

F_o：初始荧光，PS II 反应中心全部开放时的荧光。F_o 的减少表明天线的热耗散增加；F_o 增加表明 PS II 反应中心不易逆转的破坏。

F_m：最大荧光，PS II 反应中心全部关闭时的荧光。F_m 降低是光抑制的一个特征。

F_v：可变荧光，是 F_m 与 F_o 之差。它的产生反映 Q_A 的还原。光抑制条件下 F_v 的降低

主要是由于 F_m 的降低，极少或根本不是 F_o 增加的结果。

F_v/F_m：PS Ⅱ 光化学效率的一个指标。非环境胁迫条件下叶片的此种荧光参数极少变化，不受物种和生长条件的影响。F_v/F_m 比值为 0.80 左右；遭受光抑制后，叶片的 F_v/F_m 明显降低（van Kooten & Snel 1990）。因此，F_v/F_m 成为研究光抑制度的良好指标和探针。

7.3 太阳紫外线–B辐射对陆生高等植物的影响

太阳辐射为地球生物圈中的绿色植物提供了唯一能量来源，它包括从短波射线（约 10^{-14} m）到长波无线电（约 10^5 m）的所有电磁波谱，其中到达地面的太阳辐射约有 98% 集中于 300 ~ 3 000 nm 的波段内。紫外线（ultraviolet，UV）辐射位于 100 ~ 400 nm 之间，是一段比可见光的紫光波长还短的光谱，约占太阳总辐射的 6%。依据 UV 辐射在地球大气层中的传导性质和对地球上生命有机体的生物学作用效果，通常将其分为 UV–A（315 ~ 400 nm）、UV–B（280 ~ 315 nm）和 UV–C（100 ~ 280 nm）三部分。UV–A 波段的单个光量子所具有的能量相对较低，不足以引起光化学反应，也不能同臭氧（O_3）分子反应。UV–B 辐射（ultraviolet–B radiation）为太阳 UV 辐射波段中波长在 280 ~ 315 nm 范围内的电磁波谱，UV–B 光量子具有较高的能量，足以能打断 O_3 分子中氧原子间的化学键，因此可被 O_3 所吸收，消耗并减弱到达地球表面的 UV–B 辐射强度。对 UV–C 而言，鉴于其光量子的能量足够强，能极有效地被大气层中的氧（O_2）和臭氧（O_3）吸收。因此，在全球变化中，平流层臭氧（stratospheric ozone）的任何耗损意味着将会降低对 UV–B 辐射的吸收能力，从而导致到达近地球表面 UV–B 辐射强度的明显增强。

UV 辐射（主要为 UV–B 和 UV–A）对人类和动物的健康具有积极的影响，主要缘于它能促进内啡肽（endorphin）的产生，刺激皮肤中维生素 D 的合成。然而，它对健康的有害影响远远超过了有益的方面，最明显的效应是引起灼伤，即红斑（erythema），严重时可增加皮肤癌的发生概率和伤害眼睛的角膜及晶状体，引发白内障。不幸的是，所有这些症状可能会潜伏多年，所以往往会被人们所忽略。

全球变化中近地表面 UV–B 辐射的增强，直接起因于大气层上部平流层中臭氧层（ozone layer）的耗损。O_3 是一种含三个氧原子的高活性氧分子，为氧的三原子的同素异形体。平流层 O_3 分子主要集聚在地表上方大约 25.50 km 的高空，形成一臭氧层。O_3 分子能有效地吸收来自外层空间的具有潜在危害的 UV 辐射（表 7–2）。因此，臭氧层被认为是地球上生物尤其是陆地生物的保护层，它为地球上植物的进化提供了外部 UV 屏障（external UV screen）。

表 7–2 平流层臭氧分子的形成和分解过程

平流层中臭氧分子吸收紫外线辐射形成氧分子
$O_3 + UV–B \Rightarrow O_2 + O$
$O + O_3 \Rightarrow O_2 + O_2$
平流层上层氧分子吸收紫外线辐射形成臭氧分子
$O_2 + UV–B \Rightarrow O + O$
$O + O_2 \Rightarrow O_3$

英国科学家首次观测到南极上空的臭氧空洞（Farman *et al.* 1985），后来从卫星提供的总臭氧图谱和其他一些仪器的测定资料都得到了证实。不仅南极上空存在着 O_3 的降低，在全球范围，平流层 O_3 也存在着降低的趋势。据估计，即使《蒙特利尔议定书》在全球范围内得到严格执行，臭氧层耗损和近地表面 UV–B 辐射增强所造成的影响仍然会持续将近 50 年（Madronich *et al.* 1995）。

植物，尤其是陆生高等植物，是地球生物圈的一个重要组成部分。自然界即使不存在平流层 O_3 的耗损，一些 UV–B 辐射也能够到达地表，特别在赤道附近和太阳正午时（sun noon）左右。植物营固着生活且需要阳光进行光合作用，不得不承受相伴的 UV–B 辐射的伤害。UV–B 首先被认为是一种环境胁迫因子，研究的焦点集中在 UV–B 辐射对细胞核 DNA、质膜、生理过程、生长、产量和初级生产力的影响等方面（Caldwell *et al.* 1989）。然而许多野外实验，特别是自然生态系统水平的研究，有关 UV–B 辐射作为一种调节因子的作用已越来越引起研究者的注意（Rozema *et al.* 1997）。

延伸阅读

1995 年诺贝尔化学奖

1995 年 10 月 11 日，瑞典皇家科学院将 1995 年度诺贝尔化学奖授予了致力于研究臭氧层破坏问题的三位环境化学家，以表彰他们在平流层臭氧化学研究领域所做出的贡献，特别是提出了平流层臭氧受人类活动的影响问题，并进行了深入研究。

美国科学家 Sherwood Rowland 和 Marrio Molina 对人类活动加剧后平流层 O_3 分子的耗损过程进行了深入细致研究，并于 1974 年在《自然》杂志发表文章认为，氯氟烃化物（chlorofluorocarbon，CFC）能够破坏平流层中的 O_3 分子。

CFC 是 20 世纪 30 年代初发明并且开始使用的一种含有氯、氟元素的人造碳氢化学物质，被广泛应用于航空助推剂、冰箱冷冻机的制冷剂和塑料泡沫材料的发泡剂；另外电视机、计算机等电器产品的印刷线路板的清洗也离不开它们。有资料显示：从 20 世纪 30 年代初到 90 年代的五六十年中，人类总共生产了 1 500 万吨 CFC。由于 CFC 具有非常稳定的化学性质而又无毒，人们普遍认为将它们排放入大气中是极为理想的。

CFC 在地球表面很稳定，其生命期可长达 40～150 年，因此会在大气圈中积累，并通过扩散到达近 30 km 的高空。当 CFC 分子扩散到平流层以后，在低温条件下被平流层冰晶云的表面吸附，从而激发它的活性，在紫外线的作用下发生光分解产生具有催化作用的氯原子（Cl⋆），高活性的 Cl⋆ 与 O_3 分子反应生产 ClO⋆ 基并形成普通 O_2 分子，从而引起了平流层 O_3 的耗损：

$$Cl⋆ + O_3 \longrightarrow ClO⋆ + O_2$$

形成的 ClO⋆ 可与氧原子反应并释放出自由态 Cl⋆，释放的 Cl⋆ 可再一次完成 ClO⋆ 催化链的循环：

$$ClO⋆ + O \longrightarrow Cl⋆ + O_2$$

通常，每一个释放进入臭氧层的高活性 Cl⋆，在几个月中可消耗成千上万个 O_3 分子。这样，臭氧层中的 O_3 分子被消耗得越来越多，臭氧层将会变得越来越薄，局部区域例如南极上空甚至出现臭氧层空洞。高活性 Cl⋆ 具有长久的破坏作用，而本身不受损害。平流层 Cl* 最后可形成 HCl 返回对流层。

1970 年德国科学家 Paul Crutzen 发现氮的两种氧化物 NO 和 NO_2 也可以催化平流层中的 O_3 分解为 O_2：

$$NO + O_3 \longrightarrow NO_2 + O_2$$
$$NO_2 + O \longrightarrow NO + O_2$$

一般认为这是自然条件下 O_3 降解的主要方式。除了来自工业生产、汽车尾气等以外，这两种气体主要由土壤微生物释放的 N_2O 产生。Paul Crutzen 证实的土壤中微生物与臭氧层厚度间的联系，是推动近年来全球性生化循环研究快速发展的动力之一。

Paul Crutzen 把平流层的研究引导上正确的道路，"第一次把臭氧问题摆在人们的面前"，指出人类活动释放的少量物质能够损害全球范围的臭氧。Sherwood Rowland 和 Marrio Molina 得出了少量 CFC 类物质能够在平流层以催化的方式耗损大量臭氧分子的卓越预测。随后经过 20 多年不断深入的研究，越来越多的事实证实了他们的理论。Sherwood Rowland 和 Marrio Molina 以及 Paul Crutzen 三位科学家的工作证明人类活动中产生的某些工业废气会在大气层滞留较长时间，并很容易通过扩散进入平流层引起 O_3 分子的降解。他们的研究对解决一个会带来灾难性后果的全球性环境问题起到了关键作用，唤起了世界各国政府对臭氧层的关注，促使国际上对保护臭氧层问题及时采取了一致的行动，从而使人类和地球上的生物有可能避免由臭氧层耗损带来的巨大灾难。因此，他们共同分享了 1995 年诺贝尔化学奖。这是诺贝尔化学奖第一次进入环境化学领域。

7.3.1 UV–B 辐射对遗传物质 DNA 的伤害

细胞核 DNA 通常只有很少的复制数目，具有以自身为模板进行合成的特性，是细胞中高活性的生物大分子之一，对一系列外界物理和化学方面的干扰非常敏感。在 UV–B 光谱波段，DNA 也是细胞中的主要吸收物质，它的吸收峰决定于核苷酸的组成，一般在 260 nm 左右。UV–B 辐射引起的 DNA 损伤能通过改变 DNA 的结构，进而导致转录、复制和重组等方面的极端变化。

UV–B 辐射引起的 DNA 损伤主要表现为形成 DNA 光产物（DNA photoproduct），这些 DNA 光产物可分成两类：二聚体光产物和单聚体光产物。

二聚体光产物是 UV–B 辐射的主要伤害类型，包括环丁烷嘧啶二聚体（cyclobutane pyrimidine dimer，CPD）和嘧啶 – 嘧啶酮光产物（pyrimidine–pyrimidinone photoproduct）或称（6,4）光产物［(6,4) photoproduct］。在微生物和哺乳动物中，这两种光产物的生物学效应已很清楚，都表现为突变性和毒害性伤害。在植物体叶组织中，它们也是 UV–B 辐射后的主要伤害类型（Taylor *et al.* 1996）。两种光产物中，CPD 产生在 DNA 分子的相同链上，相邻嘧啶间通过共价键形成四元环结构，具有抗极端 pH 和温度的稳定构型；（6,4）光产物是相邻嘧啶通过 6 位碳和 4 位碳之间键合形成，具有碱不稳定性。尽管嘧啶二聚体并不能直接引起突变，但它的形成妨碍了与其他核苷酸的有效配对，能限制 DNA 聚合酶的移动，阻止 DNA 的复制。

生物体中，UV–B 辐射诱导产生的单聚体光产物相对很少，主要有胸腺嘧啶乙二醇（thymine glycol）、嘧啶水化物（pyrimidine hydrate）和 8– 羟鸟嘌呤（8–hydroxyguanine）。UV–B 辐射能引起的其他伤害还包括：单股和双股链的断裂、DNA 蛋白质缠绕以及大尺度的遗传改变，如染色体断裂、姊妹染色单体互换和染色单体变态等（Taylor *et al.* 1997）。

7.3.2 UV-B 辐射对光合作用的影响和光抑制

应用叶绿体、细胞悬浮液及完整叶片等进行的一系列研究表明，UV-B 辐射能抑制光合作用过程。UV-B 辐射对植物光合机构的伤害表现在多方面，如影响 PSⅡ 电子传递、干扰类囊体膜的功能、影响叶片气孔行为等。

植物叶片吸收 UV-B 波段的光量子后能够在许多方面扰乱光合作用过程，一般分为直接作用和间接作用两种形式。UV-B 辐射可以通过直接影响光合机构来扰乱光合作用过程。另外通过光合色素的光降解、气孔功能或发育的改变，或者通过改变叶解剖结构和树体形态而改变叶中光合有效辐射的传播方式等，都可能间接地调节 UV-B 辐射对植物的影响。

7.3.2.1 直接影响

UV-B 辐射对光合作用的直接影响涉及光反应和暗反应两个阶段，主要包括叶绿体微结构的伤害、天线色素间激发态转移的改变和 Calvin 循环酶活性的降低等。

UV-B 辐射能够改变光合机构类囊体膜上 PSⅠ 和 PSⅡ 反应中心的完整性，其中 PSⅡ 反应中心最敏感，一般认为 PSⅡ 反应中心是 UV-B 辐射引起光合限制的一个关键部位。PSⅡ 反应中心的光失活（photoinactivation）也称光抑制（photoinhibition），是一种光合机构所截获的光能超过光合作用的利用量而引起光合效率下降的现象。光失活有两种独立机制：PSⅡ 反应中心供体侧光抑制和受体侧光抑制，它们都能引起 PSⅡ 反应中心电子传递的受阻并可能导致 D1 蛋白的降解。PSⅡ 受体侧光抑制发生在高光照度条件下，此时质体醌库完全处于还原态。光抑制发生时激发的 P680 引起电荷对的重组，形成三联体状态（$^3P680$），$^3P680$ 与 O_2 分子反应后形成单线态氧（$^1O_2$），$^1O_2$ 对蛋白质和光合色素具有潜在的伤害作用，能与 D1 蛋白反应，并引起 D1 蛋白的降解。PSⅡ 供体侧光抑制发生在水氧化受阻和高活性 $P680^+$ 和 Tyr_z^+ 形成时，此时供体侧发生强氧化势的积累。$P680^+$ 能氧化与之相邻的辅助叶绿素和 β-胡萝卜素，也可能引起 D1 蛋白的降解。

尽管增强 UV-B 辐射能够引起 PSⅡ 反应中心的光失活，但进一步对一系列光合作用参数变化历程的分析表明，光抑制仅发生在 CO_2 同化受阻以后（Baker *et al.* 1997），似乎 PSⅡ 反应中心的光抑制并不是 UV-B 辐射影响植物叶片光合作用的主要因素。最新的研究认为，增强 UV-B 辐射时，Rubisco 的最大 RuBP 羧化速率（$V_{c, max}$）和最大非循环电子传递速率（J_{max}）同时降低，可能源于一系列关键性叶绿体酶的破坏。Rubisco 活性或含量的降低会引起羧化效率的降低并将导致 $V_{c, max}$ 的降低；同时，其他 Calvin 循环酶活性的降低也将引起 RuBP 再生速率的降低并导致 J_{max} 的降低（Baker *et al.* 1997）。C_4 植物中，PEP 羧化能力在非常高的 UV-B 辐射强度下也有降低趋势（Vu *et al.* 1982）。

增强 UV-B 辐射引起 Rubisco 活性降低的同时，伴随着 Rubisco 大小亚基（rbcL 和 rbcS）mRNA 转录水平的降低，其中 rbcS 的急剧降低能够被强 PAR 改善，说明 UV-B 辐射对 mRNA 转录水平的影响是可逆的。另外，UV-B 辐射对叶绿体 D1 蛋白的编码基因的表达也有影响。

7.3.2.2 间接影响

Sharma *et al.*（1998）观察到，经过几天的 UV-B 辐射，光合速率和气孔导度具有平行降低的趋势；UV-B 辐射能直接影响气孔的开关速率，从而降低叶片蒸腾速率（Middleton & Teramura 1993），气孔限制的结果可能会导致植物体水分利用效率的提高。

光合色素的光降解（photodegradation）也能限制光合作用。伴随低 PAR 的强 UV–B 辐射更易导致光合色素的光降解，明显降低植物的叶绿素含量。考虑到叶绿素的效率，UV–B 辐射增强可能降低了叶片的光合能力。

植物光形态建成对 UV–B 辐射的响应也可以影响植株和冠层水平的光合作用。即使不存在光合速率的降低，叶片面积的减小也能够降低植株水平的光合作用。Ryel *et al.*（1990）发现冠层形态的改变能够影响小麦和野生燕麦混合群体的植株光截获能力，从而影响这两个种的光竞争关系。相反，Sullivan & Termura（1992）发现，火炬松分枝的增加能够引起植株叶片数目的增加，即使单个针叶表现光合面积降低，也不存在整个植株光合作用的下降。植物体形态结构的改变在评价 UV–B 辐射的生态学意义时也很重要。在 UV–B 辐射下不同植物间形态和叶片结构的改变是不同的，这也可能会改变植物种群间对阳光等的竞争平衡。

7.3.3 UV–B 辐射信号的感受和传导

如上所述，DNA 和其他生物大分子对 UV–B 辐射具有吸收作用，由于 UV–B 波段光量子的能量足以引起光化学反应，所以 UV–B 辐射对这些生物大分子具有直接的伤害作用。很明显，这种伤害过程并不需要特殊的光接受体和信号传导成分。

然而，并不是所有的 UV–B 辐射效应都表现为生物大分子的伤害。植物体对 UV–B 辐射有很宽的响应范围，如促进吸收 UV–B 光量子的 UV–B 吸收物质的合成，其能保护植物细胞避免 UV–B 辐射的伤害。在此种情况下，可能包括特殊的 UV–B 光受体和信号转导（signal transduction）过程，并引起特殊基因的表达和复制调节。

高等植物感受 UV–B 辐射和原初生理反应的机制，特别是对基因表达的调节过程还并不完全清楚。Jenkins *et al.*（1997）提出了几种可能的假说：①细胞核 DNA 直接吸收 UV–B 辐射，引起一些信号物质的产生，刺激特殊基因的转录速率。②植物体细胞通过产生活性氧来探测 UV–B 辐射。在这种情况下，UV–B 辐射后观察到的基因转录的增加，很可能是一种氧化胁迫反应而不是对 UV–B 辐射的响应。③通过高等植物中类似其他光接受系统的一种光接受体分子感受 UV–B 辐射，这可能是一种特殊的能吸收 UV–B 辐射的 UV/蓝光受体和生色团。可以肯定，上述 3 种假说并不相互排斥，有可能 UV–B 辐射通过平行的途径来调节基因表达（Björn 1997）。光生理学、生物化学和遗传学的研究也进一步表明，植物体可能存在不同的光受体类型（Jenkins *et al.* 1997）。

在拟南芥中，UV–B 和 UV–A/ 蓝光对查耳酮合成酶（CHS）的诱导需要 Ca^{2+}，很可能包括可逆的蛋白磷酸化，两者的唯一区别是 UV–B 途径包括一种钙调蛋白（Christie & Jenkins 1996）。UV–B 辐射诱导 CHS 表达的信号传导途径并不独立于其他信号传导途径。不同于光敏色素的传导，UV–A 和蓝光能协同促进对 UV–B 辐射的响应，然而 UV–A 和蓝光的协同作用仅在有 UV–B 时才能观察到，可能蓝光产生相对稳定的信号能够促进对 UV–B 辐射的响应（Fuglevand *et al.* 1996）。协同的相互作用能促进类黄酮物质的大量和快速产生，活跃在不同发育阶段的不同光接受体共同作用，从而保护植物避免 UV–B 波段光量子的伤害，因此可能有适应意义。

UV–B 信号转导和 DNA 复制相偶联。刺激 CHS 和其他基因的转录是 UV–B 信号转导的最终结果，CHS、苯丙氨酸解氨酶（PAL）和其他 UV 调节基因已经在几种植物中进行了研究，并且获得了 DNA 序列中涉及 UV–B 控制的基因的启动子资料。用皱叶欧芹（*Petroselinum crispum*）细胞培养和植物体的研究表明（图 7-4），UV-B 和蓝光是调节 CHS 转录的主要光谱。UV-B 信号的传导终止于连接在光调节单位（LRU）区域的转录因子的作用，UV-B 能够调节相关转录因子的生物发生（biogensis）和活性。

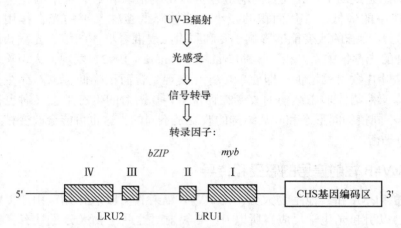

图 7-4　皱叶欧芹 CHS 基因启动段中与 UV-B 诱导相关的
涉及转录因子的 DNA 片段（引自 Jenkins *et al.* 1997）

LRU1 和 LRU2 为两个光调节单位；Ⅰ、Ⅱ、Ⅲ、Ⅳ分别为 LRU1 和 LRU2 的转录因子

7.3.4　植物的保护机制

平流层 O_3 的形成为地球上生物的生存和进化提供了防护 UV 伤害的外界屏蔽；与此同时，在从水体向陆地进化的过程中，植物体本身也发展了多种越来越复杂的内部防护机制（Rozema *et al.* 1999），从而使得今天高等植物成为陆地植物的主要类群。植物体的各种防护机制可归纳为两类：屏蔽作用和修复作用。

7.3.4.1　屏蔽作用

植物体能够屏蔽 UV-B 辐射引起的伤害，其机制包括产生 UV-B 吸收物质（UV-B absorbing compound）和叶表皮附属物质（如角质层、蜡质层）等。在大多数植物中，叶表面的反射相对较低（小于 10%），因此通过 UV-B 吸收物质的耗散可能是滤除有害 UV-B 辐射的主要途径（Caldwell *et al.* 1989）。

植物暴露在太阳 UV-B 辐射下，会刺激植物体 UV-B 吸收物质的积累，这些保护性物质主要分布在表皮层细胞中，能阻止大部分 UV-B 光量子进入叶肉细胞，而对 PAR 波段的光量子几乎没有影响。UV-B 吸收物质的增加可降低植物叶片对 UV-B 辐射的穿透性，减少其进入叶肉组织的量，从而避免对 DNA 等生物大分子的伤害。UV-B 吸收物质属于植物的次生代谢产物，主要包括羟基肉桂酸酯、类黄酮（黄酮醇、黄酮）和相关分子。类黄酮在 270 nm 和 345 nm 有最大吸收峰，羟基肉桂酸酯在 320 nm 左右，因此它们都能有效地吸收 UV-B 辐射。尽管花色素苷的吸收峰位于 530 nm 附近，但与肉桂酸酯化后也能提供抵御 UV-B 辐射的保护。

除了许多相关证据外，近期的遗传学研究直接证实了它们的屏蔽作用。采用不能合成 UV-B 吸收物质的突变体（如拟南芥 *tt4* 和 *tt5*）进行的大量研究表明，缺乏 UV-B 吸收物质与对 UV–B 辐射的敏感性密切相关。Stapleton & Walbot（1994）用类黄酮和花色素苷缺乏的玉米进行了研究，发现它们也能增加 UV–B 引起的 DNA 伤害。

次生代谢是植物在长期进化过程中对环境适应的结果。植物的次生代谢物质除了吸收 UV–B 辐射外，还具有其他功能：植物和微生物相互作用的信号分子、植物激素的调节、微生物和食草动物的化学防御、维持组织结构的完整性等。

7.3.4.2　DNA 伤害的修复途径

由于叶表皮层中的 UV–B 吸收物质以及其他保护机制并不能 100% 地耗散有害的 UV–B 辐射，所以毫无疑问植物体还需要修复系统来维持整组基因的完整性。通常，生物体组织中负责剔除损伤的修复系统包括：光复活（photoreactivation）、切除修复、重组修复和复制后修复（Britt *et al*. 1996）。

光复活作用普遍存在于植物体中，通过 DNA 光裂合酶（DNA photolyase）专一性修复损伤的 DNA 分子。此酶具光依赖性，经蓝光或 UV–A 的激活后，通过光诱导的电子传递直接将嘧啶二聚体修复成它们原来的单碱基。事实上，UV–B 辐射引起的损伤能很快被这种依赖光的酶所修复（Sancar 1994）。许多研究表明，这种光复活作用在低可见光条件下并不有效。因此，早期的生长室或温室实验，由于相伴的 PAR 辐射较低，或 UV–B/PAR 的比率太高，往往过高地估计了植物对 UV–B 辐射的敏感性。切除修复通常认为是暗修复过程，包括核苷酸切除修复和碱基切除修复两种。尽管切除修复在高等植物中也普遍存在，但目前对该修复途径的了解相对较少。

以上两种修复途径的相对贡献依赖于 DNA 的初始伤害程度。苜蓿幼苗在高强度 UV–B 伤害下，两种类型的修复途径都对去除 CPD 有明显贡献。但在较低伤害水平下，仅仅可以探测到光复活作用（Quaite *et al*. 1994）。因此，尽管植物确实具有切除紫外线光产物的能力，但在最终去除 CPD 方面，光复活仍然是适宜的修复途径。

重组修复是 DNA 修复机制，即双链 DNA 中的一条链发生损伤，在 DNA 进行修复时，由于该损伤部位不能成为模板，不能合成互补的 DNA 链，所以产生缺口，而从原来 DNA 的对应部位切出相应的部分将缺口填满，从而产生完整无损的子代 DNA 的修复现象。

复制后修复是指 DNA 复制后，对 DNA 损伤进行修复，如错配修复。相对来讲，切除修复属于复制前修复。

7.3.4.3　活性氧清除系统

许多研究结果表明，UV–B 辐射引起的进一步伤害作用可能间接源于活性氧（active oxygen species）的产生。活性氧是植物体的一种警报信号，主要包括：超氧化物阴离子自由基（·O_2^-）、羟自由基（·OH^-）、单线态氧（$^1O_2$）和 H_2O_2。在正常生理条件下，植物代谢过程也会产生一些活性氧分子，属于电子传递系统不可避免的结果。

尽管其机制尚不明确，增强 UV–B 辐射可以引起叶片产生过量活性氧分子（Takeuchi *et al*. 1996）。活性氧能与许多细胞组分发生反应，进而引起酶失活、光合色素降解和脂质过氧化等。有研究认为，强光下发生光抑制时，D1 蛋白的降解可能主要缘于活性氧分子的积累。活性氧积累也能影响碳代谢中固定 CO_2 的酶，如 1, 6- 二磷酸果糖酶、3- 磷酸甘油酸脱氢酶、5- 磷酸核酮糖激酶等，这些酶都含有巯基，活性氧能导致二硫键的形成，引起酶失活。活性氧导致的一系列关键性叶绿素酶的失活可能是 UV–B 辐射引起光合作用下降的主要原因。

植物体具有一个高效的活性氧清除系统，由抗氧化酶和抗氧化物质构成。强 UV–B 辐

射可以诱导叶内抗氧化防御能力的提高，包括低分子量抗氧化物质（如抗坏血酸、谷胱甘肽等）含量的提高，抗氧化酶（如 SOD、POD、CAT、GR 等）活性的增强，这些都能有效地防御活性氧引起的伤害。此外，亲脂性维生素 E 和类胡萝卜素，以及酚类化合物和类黄酮化合物也能清除部分活性氧分子。

7.3.5　植株和群落水平的响应

近年来，鉴于室内实验往往难以反映自然界的实际状况，越来越多的 UV–B 实验开始关注自然生长下的植物，以求研究结果更加符合全球变化中臭氧层耗损所导致的 UV–B 辐射的增加状况，进而能更加客观地评价 UV–B 辐射的生物学和生态学效应。

7.3.5.1　增强 UV–B 辐射对植物体的直接和间接影响

从整株植物和自然生态系统水平的植物来考虑，UV–B 辐射对生长、生物量积累和植物体的生存等的影响可大致分为两类：直接影响和间接影响（表 7–3）。UV–B 辐射的直接影响包括 DNA 的伤害、光合作用的影响和细胞膜功能的扰乱。在 UV–B 辐射的直接作用中，DNA 伤害可能比光合作用和细胞膜功能的伤害更加重要（Björn 1997）。通常认为，与强 PAR 对光合作用的光抑制相似，UV–B 辐射也能导致 PSⅡ反应中心的光失活，引起光合作用降低。然而最近的研究表明，PSⅡ可能不是光饱和条件下 UV–B 直接抑制的关键部位，很可能增强 UV–B 辐射通过影响类囊体膜功能，或影响卡尔文循环的酶而影响光合作用（Baker et al. 1997）。

表 7–3　强 UV–B 辐射对植物体的直接和间接影响

影响类型	影响结果
直接影响	1. DNA 伤害：环丁烷嘧啶二聚体、(6,4) 光产物 2. 光合作用：PSⅡ反应中心、卡尔文循环酶、类囊体膜、气孔功能 3. 膜功能：不饱和脂肪酸的过氧化、膜蛋白的伤害
间接影响	1. 植物形态构成：叶片厚度、叶片角度、植物体构型、生物量分配 2. 植物物候：萌发、衰老、开花、繁殖 3. 植物体化学组成：单宁、木质素、类黄酮

与早期的室内研究结论相反，在自然生态系统中，越来越多的证据表明，增加 UV–B 辐射对植物生长和初级生产并没有明显的直接影响。而增强 UV–B 辐射的间接影响，如叶片角度的改变等，可能对植株地上直立部分响应 UV–B 辐射具有重要的意义，叶片厚度的增加可能会减轻 UV–B 辐射对叶细胞的伤害（Johanson et al. 1995）；同样，叶片厚度的变化会引起 PAR 在叶肉细胞中的传输，进而影响叶片的光合作用。因此，有研究认为，相对于增强 UV–B 辐射的直接影响，间接影响更有可能会引起农业生态系统和自然生态系统的结构和功能的改变（Rozema et al. 1997）。

增强 UV–B 辐射能够影响植物的物候进程，它不仅能改变植物的开花数目而且还能影响花期。可以预料，在自然生态系统中，如果授粉者的生命周期不能以相同的速率改变，物候的改变将会影响植物和特定授粉者的繁殖。因此，物候的改变不仅对植物本身，而且对植物与特定动物的相互关系都很重要。

UV–B吸收物质能有效地防御UV–B辐射引起的伤害，是植物在长期进化过程中对太阳UV–B辐射的一种适应方式。增强UV–B辐射可以影响植物的次生代谢，改变次生化合物的成分。UV–B吸收物质和其他次生代谢产物在抑制昆虫和食草动物的进犯方面也很重要，此外还能影响病菌侵害。

7.3.5.2　植物功能型对增强UV–B辐射的响应

　　植物对UV–B辐射的敏感性在不同物种和品种间存在着差异。在自然生态系统中，那些有较强适应性的物种有可能得到更多的资源（如光照、水分和养分等），在生长竞争中处于优势，从而会引起生态系统中群落结构的改变和物种多样性的变化。由于不可能对所有植物和品种进行筛选，因此有一些研究者参照其他环境因子的研究方法，采用植物功能型（plant function type）来划分UV–B辐射的响应（Gwynn-Jones *et al.* 1999）。

　　依照功能群可以有几种不同的划分途径，包括从简单的植物群（如苔藓、灌丛、树木等）到基于生理适应的复杂类群划分（如抗旱性、抗冷性等）。

　　（1）依照植物生长响应分类

　　植物基础的生活型分类表明，苔藓植物属于UV–B辐射的敏感类群，这与它们大多占据高等植物群落的遮阴底部位置有关。杂草类、灌丛、禾草和树木对UV–B辐射的敏感性依次降低，与Day *et al.*（1992）测定的UV–B穿透叶片的能力密切相关。UV–B辐射的穿透能力在双子叶草本中最高，木本双子叶植物和禾草次之，松科针叶植物最低。

　　（2）依照UV–B吸收物质分类

　　UV–B吸收物质的生产能力越高，植物对UV–B辐射的敏感性越低。尽管野外条件下关于UV–B吸收物质的研究相对较少，限制了植物敏感性的分类，但生长室内的研究结果表明，室内能表现增加UV–B吸收物质的类群中，植物种的百分比和自然条件下表现负响应的种类的百分比之间存在非常强的相关性（R^2=0.988，P=0.0015）。而且，这种分类与依照生长响应进行的分类结果很相似。显然，不同植物生活型对UV–B辐射的敏感性差异主要决定于叶表皮层中UV–B吸收物质的含量。

　　（3）依照植物生理功能型分类

　　植物的生理功能型包括阴生、阳生、抗旱、抗冷和抗冻等。通常，阳生植物和具有抗旱、抗冷和抗冻特性的植物有较强的适应UV–B辐射的能力。由于这些用来划分生理类型的特性也能够确定UV–B的敏感性，因此依照这种分类予以区别有一定的可行性。

7.3.5.3　太阳UV–B辐射的时空变化及植物适应性

　　决定某一地区、某一时间段太阳UV–B辐射强度的因素有很多，最主要的是依赖纬度和时间变化的太阳高度角（solar zenith angle）。太阳偏斜时太阳高度角越大，太阳辐射经过大气层的路径越长；当太阳高挂于天空（正午）时，太阳辐射经过大气层的路径最短。尽管这对所有的太阳辐射波段都成立，但对UV–B波段的辐射特别重要，因为大部分UV–B辐射集中在当地正午前后的4 h内。因此，从赤道到极地，到达地球表面的太阳UV–B辐射相对于太阳总辐射具有较大的变化程度。太阳辐射随季节的变化也决定于太阳高度角。在中高纬度地区的冬季，太阳在天空中位置很低，因此UV–B辐射强度比夏季小。当然，季节性O_3差异也会影响UV–B的变化。最大UV–B辐射通常发生在6月中旬而不是太阳高度角最小的夏至。另一个影响地球表面太阳UV–B辐射强度的因素是云层。云对UV–B辐射和PAR的降低程度不同，原因是PAR主要为直接辐射，而UV辐射具有高比例的散射辐射。此外，气溶胶、烟雾和对流层O_3也会吸收UV–B辐射，从而降低近地表面的辐射强度。

　　植物生活型丰富度和物种多样性随海拔和纬度的增加而减少，沿这两个梯度存在着 UV-B 辐射强度的变化。UV-B 辐射随海拔升高而增强，一般情况下也随纬度增加而降低。因此，有人推测高海拔地区的植物种类对增加的 UV-B 辐射不敏感，而随纬度增加会有敏感性的增加。然而，这些海拔和纬度梯度与功能型划分的联系是非常勉强的，因为植物的功能型也依赖于其他因素（如景观和冠层结构）。实际上，Hubner & Ziegler（1998）对 3 种不同海拔高山植物的研究表明，高山植物具有很少的 UV-B 辐射前适应性（pre-adaptation）。鉴于此，一般很少采用海拔和纬度 UV-B 梯度研究植物对 UV-B 辐射的适应性。

延伸阅读

地球生物和人类生存的共同保护伞——臭氧层

　　环绕地球的大气中含有少量的臭氧分子（O_3），主要存在于海拔 15～50 km 的大气层中，在距离地表 25～30 km 的大气平流层中相对富集，形成臭氧层。若将大气中所有的 O_3 分子压缩到相当于地球表面的大气压力，则只有 3 mm 厚。虽然 O_3 的存在量很小，但它对地球上生命的生存与繁衍具有至关重要的作用，它能吸收 99% 以上对人类有害的太阳紫外线辐射（主要为 UV-C 和 UV-B），保护地球上的生命免遭来自太阳的短波紫外线辐射的伤害。所以，平流层臭氧层被誉为地球上生物生存繁衍的保护伞。

　　臭氧层作为地球的大气防护层，可有效吸收太阳辐射光谱中短波长的紫外线辐射组分。研究表明，若大气中的臭氧每减少 1%，照射到地面的紫外线就会增加 2%，人的皮肤癌患病率将增加 3%，还易引发人类和动物的白内障、免疫系统缺陷和发育停滞等疾病。

　　调查发现，居住在距南极洲较近的智利南端海伦娜岬角的居民早已感受到了近地表面强紫外线的威胁。那里的居民只要从事户外活动，就要在衣服难以遮挡的肤面涂上防晒油，并戴上太阳眼镜，否则皮肤很快就会晒成鲜艳的粉红色，并伴有痒痛的感觉。

　　曾经参加青藏高原野生动物资源调查的科研人员也介绍说，青藏高原腹地捕获到的野生动物很多都患有白内障；而曾在一个滩地发现了大量野兔，但眼睛几乎都是失明的。这些都是近地表面强太阳紫外线辐射照射下，引起眼球晶状体代谢紊乱，导致晶状体蛋白质变性而发生混浊，形成白内障的结果。

国际臭氧层保护日

　　随着人类活动的加剧，地球表面的臭氧层出现了严重的耗损，成为当前全球性主要环境问题之一。保护臭氧层就是保护蓝天，就是保护地球生命。自 1976 年起，联合国环境规划署就陆续召开了各种国际会议，通过了一系列保护臭氧层的决议。尤其在 1985 年发现了南极周围臭氧层明显变薄，即呈现"南极臭氧洞"问题之后，国际上保护臭氧层的呼声愈加高涨。为了唤起公众的环境保护意识，1995 年 1 月 23 日联合国大会通过决议，确定从 1995 年开始，将每年的 9 月 16 日定为"国际保护臭氧层日"（International Day for the Preservation of the Ozone Layer），旨在纪念 1987 年 9 月 16 日签署的《关于消耗臭氧层物质的蒙特利尔议定书》。

《保护臭氧层维也纳公约》《蒙特利尔议定书》和《保护臭氧层赫尔辛基宣言》

面对日趋严峻的臭氧层被破坏形势，1976 年 4 月，联合国环境署理事会决定召开一次旨在评价地球臭氧层的国际会议。随后，1977 年 3 月在美国华盛顿召开了有 32 个国家参加的专家会议，会议通过了第一个《关于臭氧层行动的世界计划》。这个计划包括监测臭氧和太阳辐射，评价臭氧耗损对人类健康、生态系统和气候的影响，以及发展用于评价控制措施的费用及益处的方法等，并要求联合国环境规划署建立一个臭氧层问题协调委员会。1980 年，协调委员会提出了臭氧耗损严重威胁着人类和地球生态系统的评价结论。1981 年，联合国环境规划署理事会建立了一个工作小组，其任务是筹备保护臭氧层的全球性公约。经过 4 年的努力，1985 年 3 月在奥地利首都维也纳通过了关于保护臭氧层的第一个国际公约——《保护臭氧层维也纳公约》，该公约从 1988 年 9 月起生效。《保护臭氧层维也纳公约》的签订促进了各国政府就保护臭氧层这一问题的合作研究和情报交流。但公约只规定了交换有关臭氧层信息和数据的条款，对如何控制消耗臭氧层物质的条款却没有形成约束力。

为了能进一步对 CFC 类物质实施控制，在审查世界各国 CFC 生产、使用、贸易的统计情况的基础上，通过多次国际会议的协商和讨论，1987 年 9 月 16 日在加拿大的蒙特利尔会议上，通过并签署了具有深刻意义的环境保护公约——《关于消耗臭氧层物质的蒙特利尔议定书》，又称《蒙特利尔议定书》。该议定书规定了禁止或淘汰使用损耗臭氧层的化学品目录，并于 1989 年 1 月 1 日起生效。

根据《蒙特利尔议定书》的规定，各签约国将分阶段停止生产和使用 CFC 类制冷剂，发达国家为 1996 年 1 月 1 日前，而其他所有国家都在 2010 年 1 月 1 日前，到时现有设备和新设备都要改用无 CFC 制冷剂。

《蒙特利尔议定书》实施后的调查表明，议定书规定的控制进程并不理想。鉴于此，1989 年 3—5 月，联合国环境规划署连续召开了保护臭氧层的伦敦会议和《保护臭氧层维也纳公约》和《蒙特利尔议定书》缔约国第一次会议——赫尔辛基会议，进一步强调保护臭氧层的紧迫性，并于 1989 年 5 月 2 日通过了《保护臭氧层赫尔辛基宣言》，宣言鼓励所有尚未参加《保护臭氧层维也纳公约》及《关于消耗臭氧层物质的蒙特利尔议定书》的国家能尽早签约。宣言同意适当考虑发展中国家的特殊情况，尽可能在不迟于 2000 年取消 CFC 类物质的生产和使用；尽可能早地控制和削减其他消耗臭氧的物质，并加速替代产品和技术的研究与开发；促进发展中国家获得有关科学情报、研究成果和培训项目，并寻求发展适当资金机制促进以最低价格向发展中国家转让技术和替换设备。

1990 年 6 月 20 日至 29 日，联合国环境规划署在伦敦召开了《蒙特利尔议定书》缔约国第二次会议。57 个缔约国中有 53 个国家的环境部长或高级官员及欧共体代表参加了会议。此外，还有 40 个非缔约国的代表也参加了本次会议。这次大会又通过了若干补充条款，修正和扩大了损害臭氧层物质的控制范围，受控物质由原来的 2 类 8 种扩大到 7 类上百种。

然而，科学家的模拟计算依然表明，即使按照 1987 年《蒙特利尔议定书》及其在伦敦（1990）和哥本哈根（1992）的修正案，对人为排放的 CFC 等进行限制，平流层中的 O_3 浓度仍然会有 2%~10% 的降低趋势。因此保护天空、保护臭氧层必将是一个持续的环境议题，需要各国政府和科学家在多领域的广泛合作和不懈努力，需要全体地球公民环保意识的深度唤醒。

中国政府十分重视臭氧层的保护，从 1978 年开始，我国正式加入世界气象组织大气臭氧监测网。1989 年加入了《保护臭氧层维也纳公约》，1991 年加入了《蒙特利尔议定书》，成为缔约国。为加强对保护臭氧层工作的领导，中国政府成立了由国家环保局等 18 个部委组成的国家保护臭氧层领导小组。在领导小组的组织协调下，编制了《中国消耗臭氧层物质逐步淘汰国家方案》，并于 1993 年得到国务院的批准，成为我国开展保护臭氧层工作的指导性文件。2003 年 4 月，中国政府正式签署了《蒙特利尔议定书》哥本哈根修正案。

国际保护臭氧层大会的《北京宣言》

1999 年 12 月 3 日深夜，历时 5 天的第五次《保护臭氧层维也纳公约》缔约方大会暨第十一次《蒙特利尔议定书》缔约方大会在中国首都北京落下帷幕。共有 212 个国家和地区的近千名代表参加了本次会议。各国代表经过认真磋商，求同存异，最终通过了《北京宣言》。该宣言指出，目前的臭氧层耗损已达到了创纪录的水平，而臭氧层（空洞形成后）复原需要很长的时间。尽管近十年来臭氧层保护事业已经取得了可喜的进展，臭氧层损耗物质的释放也受到国际公约的限制并在持续减少，但是各国应承担的义务仍相当艰巨。《北京宣言》呼吁各国应该采取更有效的行动，特别是发达国家应该向发展中国家继续提供足够的资金支持、加快技术转让，帮助发展中国家履行保护臭氧层的义务。大会还决定多边基金今后三年增资 4.7 亿美元，用于帮助发展中国家淘汰消耗臭氧层的物质。

中国政府对本次大会的召开给予了高度重视，时任国家主席江泽民出席会议并发表了重要讲话。会议期间中国代表团本着务实、合作、推进的指导方针，积极加强与各国的沟通和协调，争取到了预期的结果，促进了会议的顺利进行。

地球臭氧层正在恢复，喜中有忧，距痊愈仍遥远

2014 年 9 月 10 日，联合国环境规划署和世界气象组织宣布，2000 年至 2013 年，中北纬度地区 50 km 高度的臭氧水平已回升 4%，目前地球臭氧层状态处于未来数十年能自我修复的良性发展轨道，作为地球上生物生存繁衍保护伞的臭氧层在历经多年消耗之后已开始趋于恢复。此外，南极洲上空每年一次的臭氧洞也在停止扩大，但臭氧浓度水平仍比 1980 年低 6%。这意味着 1987 年签署的《蒙特利尔议定书》有了成效，在经历多年的严重破坏后，能吸收太阳紫外线的臭氧层首次出现了自我修复的迹象；同时说明只要各国政府共同努力，采取全球行动，人类仍可以抵制或者延缓地球面临的生态危机。

然而，科学家们同时发现，人们用以替代臭氧层破坏物的一些替代品虽然不会损耗或仅较低损耗臭氧，但会引起温室效应，加快全球气候变化。此外，全球范围内臭氧层虽然在恢复，但距离痊愈还很遥远。较乐观的预测认为，21 世纪中期前，中纬度和北极地区的臭氧层大概可以修复到 20 世纪 80 年代的水平，南极臭氧洞可望在 2065 年前完全消失。

7.4　温度胁迫与植物的适应

冷和热是热力学状态，分别以分子的低或高动力能为特征。热加速分子运动，大分子内的键是疏松的，生物膜的脂层变得更加流动。相对而言，冷使生物膜变得更加坚硬，因而激活生物化学过程所需的能量增加。根据冷和热强度和持续期，损伤植物代谢活动、生

长和生活力，由此确定了某物种的分布界限。在活性界限水平，生命过程被可逆地降到最低速度。休眠阶段，如干孢子和变水植物处于干燥状态而不敏感，以致在极端温度下仍能存活而不被损伤。在致死临界水平，不仅同一种，而且不同器官和组织也会出现永久损伤特征。当超过临界温度阈值时，说明结构和细胞功能突然损伤，以致原生质立即死亡。在其他情况下，损伤渐渐发展，随着一个或多个过程失去平衡和受害，直到生命的重要功能停止和机体死亡。以下就温度过高和过低对植物的影响以及植物的适应做简要介绍。

7.4.1 高温胁迫

7.4.1.1 自然界中的高温环境及其伤害作用

在自然条件下，环境的热量来自太阳辐射和气流的热量输入。地球上的高温环境包括赤道附近的热带荒漠、热带萨瓦纳群落、热带雨林等。热带空气温度特别高，南美、印度、墨西哥和美国加利福尼亚州的空气温度绝对最高纪录为 57~58℃。热带土壤表面温度可达 60~70℃，在荒漠有高达 80℃ 的记录。温带草原与沙漠地区，中午因强烈阳光的作用，也产生高温环境，气温达到 50℃ 以上，叶面温度可以达到 45℃ 以上（Jiang & Zhu 2001）。地球上约有 23% 的陆地面积年平均气温在 40℃ 以上（Hoffmann 1963）。水和土壤高温的产生可能与火山爆发有关，火山和火山口范围内，土壤可被地下岩浆加热到 40~70℃。而地球上生物栖息环境最热的地方是间歇喷泉和热池，其中水的表面温度可达 92~95℃。温泉是特殊的高温环境，有些细菌在 70℃ 高温下仍然能够分布。对于高等植物来讲，最高的致死温度是 93℃，但是比较合理的温度上限是 50℃（Sapper 1935）。

当温度超过最适温度范围后，再继续上升，就会对植物产生伤害作用，使植物生长发育受阻，特别是在开花结实期最易遭受高温的伤害。例如，水稻开花期遇高温，开花时间提早，但每天开花总量减少，花药开裂率减少，闭花率增加，最终造成产量下降。高温对授粉过程也有严重伤害作用，因为高温能伤害雄性器官，而使花粉不能在柱头上发育。据报道，日平均温度 30℃ 持续 5 天就会使空粒率增加 20% 以上；在恒温 38℃ 的条件下，几乎不能获得实粒，产量有极明显的降低（表 7-4）。高温还通过影响籽粒灌浆速度而影响千粒重。据实验，早稻开花期在不同温度条件下，千粒重有明显的差别。

表 7-4　不同高温对水稻开花率、结籽率与千粒重的影响

温度	30℃	32℃	35℃	38℃
日开花高峰时间	11：00	9：00—11：00	9：00	7：00
最大开花高峰的开花率 /%	20	6	4	2
总开花率 /%	75	37	20	21
花药开裂率 /%	89	84	83	42
夜开花率 /%	2	8	8	8
闭花率 /%	4	30	64	71
实粒率 /%	52	33	19	0
秕粒率 /%	2	2	4	12

续表

温度	30℃	32℃	35℃	38℃
空粒率 /%	46	65	77	89
千粒重 /g	20.9	20.7	20.5	0

注：本表根据中国科学院上海植物生理研究所（1976）数据整理。

7.4.1.2　高温对植物的伤害机制

（1）高温引起生物膜物理化学状态和蛋白质分子构型的可逆变化。因为类囊体膜对热特别敏感，光合作用失调是热胁迫的初始指标。最初，PSⅡ受到抑制，此后碳代谢逐渐失去平衡。叶绿体损伤的结果是光合作用不能正常进行，最后导致细胞的死亡。因 PSⅡ也受光抑制影响，热和辐射的结合有更明显的抑制效应。在热带草本豆科植物紫黑大绒豆（*Macroptilium atropurpureum*）、具爪豇豆（*Vigna unguiculata*）叶片中，热依赖型光抑制在42℃开始，而在黑暗下它们仅在48℃以上遭受损害。在其他胁迫因子（如干旱）存在下，30℃以上就有早期光合作用受抑制的迹象。

（2）高温破坏了植物的光合作用和呼吸作用的平衡，使呼吸作用超过光合作用，植物因长期饥饿而死亡。例如，马铃薯当空气温度达到40℃时，同化作用就等于零，而呼吸作用的强度随温度上升而继续增强（直到50℃以上），植物若长期处于这种状态下，就会死亡。

（3）高温还能促进蒸腾作用的加强，破坏水分平衡，使植物萎蔫干枯。另外，由于高温能加速植物的生长发育，缩短植物的整个生育期，而使生长量相应减少。同时，高温能促使叶过早衰老，减少了有效光合叶面积。

（4）过高的温度（50℃左右）还能使蛋白质凝固和导致有害代谢产物的积累（如蛋白质分解时氨的积累），而使植物中毒。

（5）对于木本植物，突然高温还会使树皮灼伤甚至开裂，导致病虫害入侵，加速了高温对植物的破坏作用。

7.4.1.3　植物对高温的生态适应途径

（1）进化与地理因素

植物对高温的生态适应与该植物的原产地有很大关系。如有的蓝绿藻能生长在70℃以上高温的温泉水中，但高等植物却不能生长在这种高温的环境里。在高等植物中，热带旱生植物要比中生植物抗高温，如热带沙漠里生长的许多仙人掌科（Cactaceae）植物，在50～60℃的高温环境中，也不受害。

（2）生长发育因素

同一种植物的不同发育阶段，抗高温的能力也不同。植物休眠期最能抗高温，生长期抗性很弱，随着植物的生长，抗性逐渐增强。这是出于植物生长过程中，随着根系的生长和输导系统的发展，使叶片能得到充分的水分，以保证通过蒸腾而降低植物体温。但在开花受精期（禾谷类孕穗开花受精阶段）对高温最敏感，是高温的临界期。种子果实成熟期抗高温的能力增强，很少受到高温的伤害。

（3）形态与生态因素

植物抗高温的能力主要是来自植物的生态适应性，即从形态和生态两方面对高温的适应。植物形态适应主要指有些植物体具有密生的绒毛、鳞片，有些植物体呈白色、银白色，叶片革质发亮等特征。这些绒毛和鳞片能过滤一部分阳光，白色或银白色的植物体和发亮的叶片能反射大部分光线，使植物体温不会增加得太高太快。有些植物叶片垂直排列，叶缘向光；有些植物如苏木科（Caesalpiniaceae）的一些种，在气温高于35℃时，叶片折叠，从而减少光的吸收面积和避免热害。有些植物树干、根茎附近具有很厚的木栓层，起到了隔绝高温、保护植物体的作用。

（4）生理因素

对高温的生理适应有下列几个方面：①在细胞内增加糖或盐的浓度，同时降低含水量，使细胞内原生质浓度增加，增强了原生质抗凝结的能力；细胞使水分减少，使植物代谢减慢，同样增强了抗高温的能力。②生长在高温强光下的植物大多具有旺盛的蒸腾作用，由于蒸腾而使体温比气温低，避免高温对植物的伤害。但当气温升到40℃以上时，气孔关闭，则植物失去蒸腾散热的能力，这时最易受害。③某些植物具有反射红外线的能力。红外线是一种热线，照射到植物体上能使植物体温上升。植物在夏季反射的红外线比冬季多。

在热胁迫反应中热驯化很快产生，数小时内就会完成较高限温度的转移。热天气中，早晨热抗性弱而下午热抗性强。冷天气中解除锻炼或热抗性损失发生较慢，需几天才能完成。为产生抗性，温度要足够高以引发原生质的胁迫反应，通常大多数陆生植物需超过35℃，而草本植物要超过38~40℃，肉质植物在高温下抗性最佳。

7.4.2 低温胁迫

7.4.2.1 自然界中的低温环境

强大的冷气团由北向南移动，引起温度突然大幅度下降，这就是寒流（寒潮）。它发源于高纬度西伯利亚北部北冰洋及其附近。强大的寒流以及夜间辐射降温引起的低温，能严重影响植物的生长发育，甚至能导致植物的死亡。侵入我国的寒流大致有三条主要路线：①由西伯利亚西北部开始，向南由我国新疆或蒙古国侵入河西走廊进入我国内地，贯穿中国大陆。②由西伯利亚东部向南经过我国东北、内蒙古到达华北平原，遇泰山阻拦后可分成两支：一支由山东半岛北部入渤海。另一支在大陆南进时受到大别山和桐柏山的阻碍，再分成两小支：其中一小支向东南进入到长江三角洲，再向南被东南沿海丘陵地所阻碍后转入东海，经台湾两岸走向低纬地带；另一小支向南进入汉水流域，经洞庭湖后到达广东广西。③由西伯利亚东部海岸出发，经日本再向西南偏南的方向进入我国东部和南海一带。

在全球范围内，对植物造成低温胁迫的环境主要分布在南北极、高纬度的寒带、寒温带地区，一些高山环境也容易产生低温胁迫。北半球植物为适应极度低温环境，每数十年出现一次休眠，使植物遭受冻害。栽培植物在其生存极限地种植，如葡萄、橙子（*Citrus ichangensis*）等时常遭受相当严重的霜害。短时冷天气周期间，零星霜冻可出现。温带春季发生晚霜或秋季发生早霜。高纬度地区或山地的夏霜，通常最低温度不低于 -5℃。此类霜冻对没有硬化锻炼并对霜敏感的本地植物构成危害。在赤道高原和高山，-12~-10℃的夜霜在一年内的所有时间都可能发生，但仅持续几小时，对本地植物种不构成危害。

寒流主要发生在冬季，但春秋两季也经常发生，甚至夏季也偶有寒流侵袭。春、夏、秋季寒流频度、强度虽不及冬季，但对植物的伤害远比冬季大。

　　凡低于某温度，植物便受害，这种温度称为"临界温度"或"生物学零度"。超过临界温度，温度下降得越低，植物受害越严重。临界温度或低于临界温度的温度值使植物受害的最短时间为"临界时间"，超过此时间低温的时间越长，植物受冻害越重。例如，大部分热带雨林植物、温带水果和蔬菜在 0～5℃即受到低温胁迫而死亡或腐烂（Pentzer & Heinze 1954）。此外，低温发生的季节，降温（升温）速度都能对植物产生极严重的影响。植物受低温伤害的程度还决定于植物种及其不同发育阶段的抗低温能力，这是植物抗低温伤害的内在因素。

　　自然界中按照对植物影响方式的不同，低温度环境有下列几种类型：

　　（1）冷害环境

　　温度虽然处在 0℃以上但较低，虽无结冰现象，但能引起喜温植物（如热带植物）的生理障碍，使植物受伤甚至死亡，这种现象称为冷害（chilling injury）。形成冷害的温度环境称为冷害环境。原产于热带或亚热带的植物，在生长过程中遇到零上低温，则发生冷害，损失巨大。例如，全国各地培育水稻秧苗如遇到春季寒潮，就可能烂秧；水稻开花前遭受冷空气侵袭，就产生较多空秕粒。又如，在华南生长的三叶橡胶树冬季遇上不定期寒流侵袭，枝条干枯甚至全株受害，影响橡胶树安全越冬和向北扩大栽培面积。起源于热带、亚热带的植物果实，如荔枝（*Litchi chinensis*）的果实及贮藏器官、甘薯的块根，在过低的温度中贮藏也会引起冷害，表现在生理异常，不能安全贮藏。

　　（2）霜害环境

　　气温或地表温度下降到零度，空气中过饱和的水汽凝结成白色的冰晶，称为霜，又称白霜（white frost）。由于霜的出现而使植物受害称为霜害（frost injury），对植物造成霜害的环境称为霜环境。Larcher（1997）称易受霜害的植物称霜冻敏感植物，这类植物比冷敏感植物较能忍受低温，但是一旦组织内部形成冰晶就开始受害。温度下降到 0℃或 0℃以下时，如果空气干燥，在降温过程中水汽仍达不到饱和，就不会形成霜，但这时的低温仍能使植物受害，这种无霜仍能使植物受害的天气称之为黑霜（black frost）。所以黑霜实际上就是冻害天气。黑霜对植物的危害比白霜更大，因形成白霜的夜晚空气中水汽的含量比较丰富，水汽有大气逆辐射效应，能阻挡地面的有效辐射，减少地面散热；同时水汽凝结时要放出凝结热，能缓和气温的继续下降；黑霜出现的夜晚，空气干燥，地面辐射强烈，降温强度大，植物受害更重。所以霜害实际上不是霜本身对植物的伤害，而是伴随霜而来的低温冻害。

　　（3）冻害环境

　　冻害环境是指植物体冷却降温至冰点以下，使细胞间隙结冰所引起的伤害。当温度下降到 0℃以下，植物体内发生冰冻，因而受伤甚至死亡，这种现象称为冻害（freezing injury），能抗细胞间隙结冰和脱水的植物称为耐冻冰植物。我国北方晚秋及早春时寒潮入侵，气温骤然下降，使果木和冬季作物形成严重的冻害；华南地区的霜冻虽不严重，时间也较短，但此时生长的植物有许多是不耐寒的，特别是热带和亚热带植物受害更为严重。

　　（4）冻土环境

　　如果土壤结冰（冻土），即使蒸发损失小，植物也不能再吸收足够的水分以供应自身需要。对植物而言，结冰土地意味着干旱地。冬季条件下，施加于水分平衡的限制可能因干化对植物造成损伤，这被称作霜冻干化或冬季干化。北极冻原和高山的植物及北方森林的树木能在近 0℃甚至能从部分冻土中吸收水分，而较温暖地区的植物在 10℃以下就难以吸收水分，实际上在未冻土上冬季干化的症状已被观察到。

（5）冰或雪长期覆盖下的环境

在雪线以上，积雪形成了特殊的冻土环境，使土壤的温度有所提高。例如，喜马拉雅山北坡 5 000 ~ 5 200 m 海拔处的覆雪厚度可达 20 ~ 30 m，6 月份南坡雪下 20 cm 处的土壤温度为 2.5℃（Mani 1978）。雪盖为植物提供了防止低温、风和冬季干化的保护，但雪下植物必须支持雪的重量，而且得不到光照。根据覆盖的密度，仅 1% ~ 15% 的光线能够穿过 20 cm 深雪的覆盖层。一种特别的危险产生自"薄冰层"，该层的 CO_2 和 O_2 的渗透性很低，其结果是被封闭的植物气体交换受到很大的阻碍。植物和微生物呼吸释放的 CO_2 达到最高值，同时氧气浓度降低到不正常水平。这种条件与淹水引发的缺氧相似，毒性物质通过不正常的代谢途径积累。特别有害的是乙醇和高浓度 CO_2 的结合。从细胞学角度，这种异常状态以内质膜的增生和生物膜同心束的形成表达有关。这种衰弱的植物对霜抵抗力很小并易被嗜冷真菌所侵袭。

7.4.2.2 低温对植物的危害机制

（1）冻害的机制

低温对植物的影响主要是由于结冰而引起。由于冷却情况不同，结冰不一样，伤害就不同。结冰伤害的类型有两种：①细胞间结冰伤害。通常温度慢慢下降的时候，细胞间隙中的细胞壁附近的水分结成冰，即所谓胞间结冰。细胞间隙水分结冰会减少细胞间隙的蒸汽压，周围细胞的水蒸气便向细胞间隙的冰晶体凝聚，逐渐加大冰晶体的体积。此失水的细胞又从它周围的细胞内吸取水分，这样不仅邻近间隙的细胞失水，而且离冰晶体较远的细胞也都失水。细胞间结冰伤害的主要原因是原生质过度脱水，破坏蛋白质分子，原生质凝固变性。②细胞内结冰伤害。当温度迅速下降时，除了在细胞间隙结冰以外，细胞内的水分也结冰，一般是先在原生质内结冰，后在液泡内结冰，这就是细胞内结冰。细胞内的冰晶体数目众多，体积一般比胞间结冰的小。细胞内结冰伤害的原因主要是机械损害。原生质内形成的冰晶体体积比蛋白质等分子体积大得多，冰晶体就会破坏生物膜、细胞器和衬质的结构。

细胞间结冰造成细胞间隙形成的冰晶体过量时，对原生质发生机械损害；温度回升，冰晶体迅速融化，细胞壁易恢复原状，而原生质却来不及吸水膨胀，原生质有可能被撕破（Lindow 1983）。一般来说，植物细胞被损害的程度与胞间冰晶体的大小有密切的关系。然而，胞间结冰并不一定使植物死亡。大多数经过抗寒锻炼的植物是能忍受胞间结冰的。某些抗寒性较强的植物如大白菜（*Brassica pekinensis*）、大葱（*Allium fistulosum*）、雪莲等，虽然被冻得像玻璃一样透明，但在解冻后仍然不死。原生质体是具有高度结构的，在这里一切生命活动都是有秩序地进行的。细胞内冰晶体破坏原生质结构，就使细胞亚结构破坏、组织分离、酶活动无秩序、影响代谢。据观察，结冰和解冻后，蛋白质降解为亚基，细胞质的黏性降低、分子量减少、DNA 降解、分散度剧烈增加。以小球藻为材料的试验表明，结冰和解冻能影响它的光合放氧，如反复多次结冰和解冻，小球藻就完全不放氧，叶绿体的类囊体膜被破坏。胞内结冰对细胞伤害较严重，一般在显微镜下看到胞内结冰的细胞，大多数是受伤甚至是死亡的。

（2）硫氢假说

无论是胞间结冰或胞内结冰，都与原生质过度脱水，损伤蛋白质结构有直接关系。解释脱水损伤蛋白质的假说有多种，以"硫氢假说"比较流行。该假说认为，植物对结冰的忍受程度与细胞的巯基（—SH）含量有关。凡是植株匀浆的巯基含量高的，其植株的结冰忍受程度（抗性）就大，两者成正相关。如果结冰伤害细胞时，细胞内蛋白质的二硫键（—S—S—）伴随增加；如不伤害细胞，则二硫键不增加（Levitt 1972）。

结冰破坏蛋白质而使细胞受伤的主要步骤为：①原生质逐渐结冰脱水，蛋白质分子逐渐相互接近。②蛋白质分子接近时，邻近蛋白质分子的 S 原子之间就发生变化：可以通过相邻肽链外部的—SH 彼此接近，两个—SH 经氧化而形成—S—S—；也可以通过一个分子外部的—SH 与另一个分子内部的—SH 作用，形成分子间的—S—S—。③经过前述变化，蛋白质分子凝聚。当解冻再度吸水时，肽链松散，氢键处断裂，双硫键还保存，肽链的空间位置发生变化，蛋白质分子的空间构型就改变。我们知道，组成蛋白质的肽键是卷曲折叠或盘绕成为非常严密的空间构型，蛋白质表现的生理功能与其空间构型有密切联系。所以结冰破坏蛋白质分子的空间构型，就会引起伤害和死亡。

（3）膜伤害

结冰伤害固然可以损害细胞的其他成分，但是主要伤害的部位是膜。近来许多试验证实，细胞结冰伤害后，就丧失半透性，说明质膜已被破坏了。生物膜比其他成分对结冰伤害更为敏感，液泡膜比质膜又较敏感，叶绿体在结冰时受伤，主要是伤害膜。多种多样的生理活动是在膜上进行的，膜被破坏，代谢就大受影响，最后导致细胞死亡。

膜是怎样受伤害的呢？膜主要是蛋白质和脂质所组成的，有一定结构。动物或微生物的实验证明，膜蛋白在结冰脱水时，其分子间的二硫键很易形成，使蛋白质很易凝聚。这是一个方面。另一方面，结冰时脂质层破裂，产生"裂缝"（图 7-5）。为什么会出现"裂缝"？因为细胞外结冰时，细胞收缩，表面有张力，严重时原生质表面破裂。其破裂位置往往在双分子的脂质层，因为脂质的非极性程度高，内聚力（即分子间吸引力）小于附近的更多极性的膜蛋白。以冰冻蚀刻法直接观察到，结冰后膜的脂质层破裂。脂质层破坏后，细胞丧失半透膜的特性，细胞内各种物质就大量外渗，伤亡致死。

从表 7-5 可知，不同抗寒性的喜温植物的线粒体的饱和脂肪酸与不饱和脂肪酸含量有

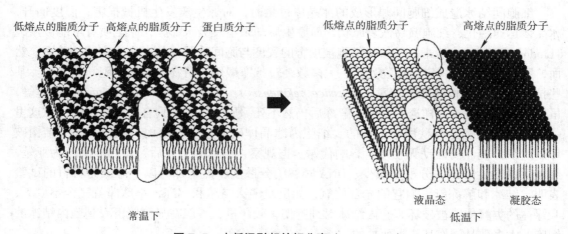

图 7-5　由低温引起的相分离（Levitt 1980）

随着温度的下降，高熔点的脂质分子从流动性高的液晶态移动到凝胶态，
液晶相和凝胶相间出现了裂缝

差异。抗寒性强的花椰菜（*Brassica oleacea*）芽和芜菁（*Brassica napobrassica*）根等线粒体的不饱和脂肪酸含量，大于抗寒性弱的甘薯根和番茄果实等的含量；饱和脂肪酸含量则相反，因此不饱和脂肪酸和饱和脂肪酸的比率不同，双键指数也不同。

为什么膜的不饱和脂肪酸含量与抗寒性有关呢？线粒体膜的亚麻酸等不饱和脂肪酸含量增多，其膜的液化程度也相应增大，线粒体就容易膨胀收缩，在低温条件下膜就不易破裂损坏。实验证明，不同抗寒性植物的线粒体在不同浓度溶液中的体积变化幅度不同。例如，以抗寒性强的豌豆幼苗上胚轴的线粒体体积变化幅度为100，花椰菜芽则为70，而抗寒性弱的番茄果实为28，甘薯根只为20。线粒体伸缩性大的抗寒性强，反之则弱（Lyons *et al.* 1964）。总的来说，零上低温对组织的伤害大致分为两个步骤：第一步是膜相的改变；第二步是由于膜损坏而引起代谢紊乱，导致死亡。抗寒性弱的植物，由于生物膜的不饱和脂肪酸含量少，膜的液化程度较差，伸缩性小。在低温来临的时候，膜从液晶态转变为凝胶态，膜收缩，出现裂缝或通道。因此，一方面使透性剧增，另一方面使结合在膜上的酶系统受到破坏，酶活性下降，氧化磷酸化解偶联。与此同时，在膜上结合的酶系统与在膜外游离酶系统之间固有的平衡丧失，破坏原有的协调进程，于是积累一些有毒的中间产物（如乙醛、乙醇等）。这些有害物质积累的时间过长，植物就会产生中毒症状。氧化磷酸化解偶联后，能量主要以热能形式放出，很少贮存于高能磷酸键中，有机体的内能低微，这就引起正常的、一切需能的生物合成和生理过程受到阻碍。首当其冲的是原生质结构被破坏；其次是引起水分平衡失调，离子吸收能力衰退，光合作用渐弱等；最后导致受伤死亡。由于膜相的转变在一定程度上是可逆的，只要膜不被严重伤害，在短期伤害后温度立即转暖，膜仍能恢复到正常的状态，正常的代谢也就会再建立起来。

表 7–5　**不同植物线粒体的脂肪酸组成**（引自潘瑞炽和董愚得 1979）

脂肪酸[1]	占总脂肪酸含量的重量百分比 /%			
	花椰菜芽	芜菁花芽	番茄青果	甘薯根
12：0	—	—	—	8.4
16：0	21.3	19.0	22.5	24.9
16：0	0.8	1.3	0.6	0.3
16：1	—	—	—	—
17：0	—	0.4	0.6	—
18：0	1.9	1.1	2.5	2.6
	0.8	—	—	—
18：1	0.7	12.2	2.2	0.6
18：2	16.1	20.6	44.9	50.8
18：3	49.4	44.9	21.5	10.0
22：0	—	—	—	—

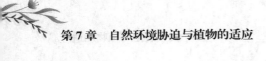

续表

脂肪酸[1]	占总脂肪酸含量的重量百分比 /%			
	花椰菜芽	芜菁花芽	番茄青果	甘薯根
C_{16}、C_{18} 不饱和酸占总量（%）	73.3	79.0	69.2	62.3
C_{12}、C_{16}、C_{18} 饱和酸占总量（%）	23.2	20.1	25.0	35.7
不饱和酸 / 饱和酸	3.2	3.9	2.8	1.7
双键指数[2]	1.88 ± 0.21	1.89 ± 0.00	1.56 ± 0.12	1.34 ± 0.09

注：[1] 分子中碳原子数目和双键数目比率；[2] 各种脂肪酸的重量百分比 × 每分子的双键数目 /100。

（4）生理生化特征的变化

①原生质流动减慢或停止。实验证明，对冷害敏感的植物原生质流动完全停止，而对冷害不敏感的植物，如甘蓝（*Brassica oleracea* var. *capitata*）、甜菜、马铃薯等，在 0℃ 仍有原生质流动。关于原生质流动的确切机制还不太清楚，但这个过程需要 ATP 供给能量。受冷害植物的氧化磷酸化解偶联，ATP 含量明显下降，因此影响原生质流动，正常代谢就紊乱。②水分平衡失调。植株经过零上低温危害后，吸水能力和蒸腾速度都比对照显著下降。从水分平衡角度来看，对照植株的吸水大于蒸腾，体内水分积存较多，生长正常；而受冷害的植株蒸腾速度大于吸水能力。因此，寒潮过后，植株受害的症状往往是叶尖、叶片甚至枝条干枯。抗寒性强的品种失水较少；抗寒性弱的品种失水则多。③光合速率减弱。低温影响叶绿素的生物合成和光合进程，如果加上光照不足（寒潮来临时往往带来阴雨），影响更严重。实验证明，随着低温天数的增加，秧苗叶绿素含量逐渐减少，不耐寒品种更是明显。叶绿素被破坏，低温又影响酶的活性，因之光合速度下降。冷害天数越多，光合下降得越厉害。耐寒品种比较好一些。

（5）细胞功能的变化

低温的第一个可测定结果是胞质流动停止，这是直接依赖呼吸过程产生的能量供应和 ATP 有效性的生命现象。低温胁迫时光合作用立即被削弱，这些早期信号可用气体交换和用体外叶绿素荧光探测，此两种均被认为是早期预警方法。当温度升高时，仅有很少植物能从冷胁迫状态立即恢复。寒潮期间或紧接寒潮之后，强辐射促进叶绿体损伤，延迟甚至阻止恢复；在冷敏感的植物中，则存在光氧化毁坏叶绿素的危险。在一些情况下，代谢活性的温度系数在临界温度范围内偏离正常值。冷胁迫后，有时出现呼吸的暂时增加。低温可直接引起植物细胞损伤，冷敏感植物在冰点以上几摄氏度的温度下即遭受致死损伤。与热胁迫一样，冷胁迫致死是生物膜损伤和细胞能量失调的结果。

7.4.2.3　植物对低温胁迫的生理生态适应

当低温胁迫来临之前，植物在生理生态方面表现出来的适应方式主要表现在以下几个方面。

（1）生态适应

在地球上，不论气候如何寒冷，也能找到适应低温的植物。植物在长期进化过程中，对冬季的低温在生长习性和生理生化方面都具有种种特殊适应方式。例如，一年生植物主要以干燥种子形式越冬；大多数多年生草本植物越冬时地上部死亡，而以埋藏于土壤中的延存器官（如鳞茎、块茎等）渡过冬天；大多数木本植物或冬季作物除了在形态上形成或加强保护组织（如芽鳞片、木栓层等）和落叶外，主要是在生理生化上有所适应，增强抗寒能力。在一年中，植物对低温冷冻的抗性也是逐步形成的。在冬季来临之前，随着气温的逐渐降低，体内发生一系列适应低温的形态和生理生化变化，其抗寒力才能得到提高，即所谓的抗寒锻炼。如冬小麦在夏天 20℃时，抗寒能力很弱，只能抗 –3℃的低温；秋天在 15℃时，开始能抗 –10℃的低温；冬天 0℃以下时，可增强到抗 –20℃低温；春天温度上升变暖后，抗寒能力又下降。经过逐渐的降温，植物在形态结构上会有较大的变化。如秋末温度逐渐降低，抗寒性强的小麦质膜可发生内陷弯曲现象（图 7–6）。这样，质膜与液泡相接近，可缩短水分从液泡排向胞外的距离，排除水分在细胞内结冰的危险。但应指出，即使是抗寒性很强的植物，在未进行过抗寒锻炼之前，对寒冷的抵抗能力还是很弱的。例如，针叶树的抗寒性很强，在冬季可以忍耐 –30～–40℃的严寒，而在夏季若处于人为的 –8℃下便会冻死。我国北方晚秋或早春季节，植物容易受冻害，就是因为晚秋时，植物内部的抗寒锻炼还未完成，抗寒力差；在早春，温度已回升，体内的抗寒力逐渐下降。因此，晚秋或早春寒潮突然袭击，植物就易受害。

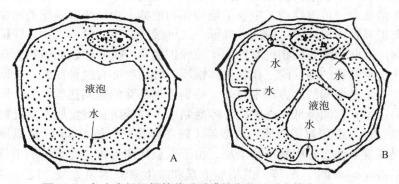

图 7–6 冬小麦低温锻炼前后质膜的变化（引自简令成 1992）

A. 锻炼前的细胞，水在途经细胞质时可能发生结冰；B. 锻炼后的细胞，水通过质膜内陷形成的排水渠，直接排出到细胞外

（2）植株含水量下降

随着温度下降，植株吸水较少，含水量逐渐下降。随着抗寒锻炼的过程，细胞内亲水性胶体加强，使束缚水含量相对提高，而自由水含量相对减少。由于束缚水不易结冰和蒸腾，所以总含水量减少和束缚水相对增多，有利于植物抗寒性的加强。

（3）呼吸减弱

植株的呼吸随着温度的下降逐渐减弱，其中抗寒弱的植株或品种减少的程度不如抗寒性强的植株。很多植物在冬季的呼吸速率仅为生长期中正常呼吸的 0.5%。细胞呼吸微弱，消耗糖分少，有利于糖分积累和对不良环境条件的抵抗。

（4）生长停止并进入休眠

冬季来临之前，树木呼吸减弱，脱落酸含量增多。这时植物减少顶端分生组织的有丝分裂活动，生长速度变慢，节间缩短。抗寒性弱的春小麦和抗寒性强的冬小麦在暖和天气下，两者生长速度相差不多，但随着温度的下降，冬小麦生长变慢，甚至停止，而春小麦还是生长着，不进入休眠期。在电子显微镜下观察得知，在活跃的生长时期，无论是春小麦还是冬小麦，细胞核膜都具有相当大的孔或口，当进入寒冬季节，冬小麦的核膜开口逐渐关闭，而春小麦的核膜开口仍然张开。因此认为，这种核膜开口的动态，可能是细胞分裂和生长活动的一个控制与调节因素。核膜开口关闭，细胞核与细胞质之间物质交流停止，细胞分裂和生长活动就受到抑制，植株进入休眠；如核膜开口不关闭，核和质之间继续交流物质，所以继续生长。以冬性、半冬性和春性小麦比较研究得知，在秋冬低温条件下，冬性小麦的细胞分裂活动缓慢，核仁生理活性下降，出现质壁分离，细胞消耗少，可溶性糖增多，蛋白质和 RNA 似乎亦有增加。总的说来，生长慢、干物质积累多，对低温的抵御就有准备；而半冬性小麦和春性小麦的细胞分裂继续、生理活动相当高，质壁分离弱（半冬性品种）或不发生质壁分离（春性小麦），消耗大，可溶性糖等有机物积累少，生长快，不能抵抗严寒的侵袭。

（5）保护物质增多

在温度下降的时候：①脱落酸含量增多，多年生树木如白桦、山杨的叶子，随着秋季日照变短、气温降低，逐渐形成较多的脱落酸，并运到生长点（芽），抑制茎的伸长，并开始形成休眠芽，叶子脱落，植株进入休眠阶段，提高抗寒力。②淀粉水解成糖，越冬植物体内淀粉含量减少，可溶性糖（主要是葡萄糖和蔗糖）含量增多。糖的增多对抗寒具有良好效果，既提高细胞液浓度，使冰点降低，又可缓冲原生质过度脱水，保护原生质胶体不致遇冷凝固。因此，糖是植物抗寒性的主要保护物质。抗寒性强的植物，在低温时其可溶性糖含量比抗寒性弱的高，同一作物抗寒性不同的品种亦有这种现象。③脂质与核酸类化合物增多，在越冬期间的北方树木枝条，特别是越冬芽的胞间连丝消失，原生质表层集中，水分不易透过，代谢降低，细胞内不容易结冰，亦能防止过度脱水。此外，在抗寒锻炼过程中，细胞也大量积累蛋白质、核酸等（杨孝育和刘存德 1988），所以原生质内贮存许多物质，提高抗寒性。④中间产物增加，由于低温代谢异常，冷害后的植株组织内积累许多乙醛、乙醇、α– 酮酸、酚等，而胡萝卜素和维生素 C 含量大减。随着零上低温天数的延长，蛋白氮逐渐减少，可溶性氮逐渐增多，游离氨基酸的数量和种类都增多。如棉花幼苗在冷害后，RNA、ATP 和其他核苷数量都减少。

（6）其他生态因子的作用

①光照强度与抗寒力有关。在秋季晴朗天气下，光合强烈，积累较多糖分，对抗寒有好处。如果秋季阴天多，光照不足，光合速度低，积累糖分少，抗寒力就较低。②土壤含水量过多，细胞吸水太多，植物锻炼不够，抗寒力差。在秋季，土壤水分减少，则会降低细胞含水量，使生长缓慢而提高抗寒性。③土壤营养元素充足，植株生长健壮，有利于安全越冬。但不宜偏施氮肥，以免消耗较多糖类去合成蛋白质，糖类减少，植株徒长而延迟休眠，抗寒力降低。

总之，在严冬来临之前，随着日照变短和气温下降，植物得到信息就会在生理生态上做出各种各样的适应性反应，最终进入休眠状态（如落叶或不落叶）。这时，植物生长基本停顿，代谢减弱，体内含水量低，保护物质含量多，原生质胶体性质改变，以适应低温条件并安全越冬（图 7–7）。

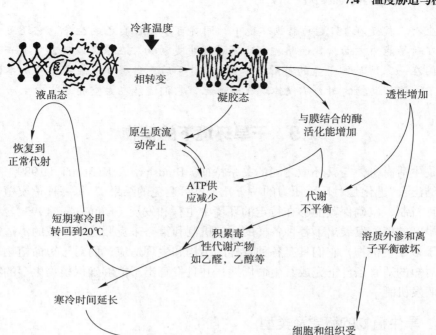

图 7-7 对冷敏感的植物引起冷害的途径图解（引自潘瑞炽和董愚德1979）

延伸阅读

极端环境下的生物

植物世界中，数地衣的生命力最顽强。据实验，地衣在 −273℃ 的低温下还能生长，在真空条件下放置 6 年还保持活力，在比沸水温度高 1 倍的温度下也能生存。因此无论沙漠、南极、北极，甚至大海龟的背上它都能生长。地衣为什么有如此顽强的生命力？

人们经过长期研究，终于找到了"谜底"。原来地衣不是一种单纯的植物，它是由两类植物"合伙"组成：一类是真菌，另一类是藻类。真菌吸收水分和无机物的本领很大，藻类具有叶绿素，它以真菌吸收的水分、无机物和空气中的二氧化碳作原料，利用阳光进行光合作用，制成养料，与真菌共同享受。这种紧密的合作，就是地衣有如此顽强生命力的秘密。

著名昆虫学家朗德·克兰佩斯特，在搜寻世界上最顽强的生存者过程中得出结论：世界上生命力最顽强的动物非常非常小，它就是缓步类动物。缓步类动物几乎分布在地球上的任何长有苔藓的地方。在大洋底部、喜马拉雅之巅、蒸汽缭绕的温泉、寒冷的北极荒地、干旱的沙漠和潮湿的雨林等都有它的行踪。它甚至会出现在你家的后院。缓步类动物真是太小了，人的肉眼根本看不见。在显微镜下观察，它们的样子很可爱，就像小玩具熊一样。这种小动物总是用四对小胖腿蹒跚爬行，从苔藓中吸取汁液。那么，当周围的环境恶化时，这些看上去非常脆弱的小生命，怎么会比大灰熊更顽强呢？

当环境恶化时，缓步类动物会把身体蜷缩起来，一动不动。这时，它们会放弃体内99%的水分，进入一种假死状态。当体温降低到一定程度时，这种动物会缩小身体，收回所有的腿，关闭体内的所有系统，直到环境改善为止。缓步类动物不仅能在 −200℃ 的寒冷环境中生存，就是在 151℃ 的酷热环境中，同样可以保住自己的生命。它还可以在沙漠中生存，在耐旱能力方面，就连骆驼也比不过缓步类动物。在很久以前，曾有一只缓步类动物，被困在一家博物馆干燥的苔藓标本中。120 年后，当科学家在苔藓中加水时，它竟然又复活了。这种动物的耐力不仅体现在地球上，它们还能在太空的真空中生活。

7.5　干旱环境下的植物

适应是生活有机体与其环境之间的关系特征。Bradshaw & Hardwick（1989）在研究此过程后总结出："进化是对环境压力的一个几乎不可避免的结果。"每一种荒漠植物都有其复杂的生存机制，以确保其能够在特定的环境中生存和发展（Gutterman 1993）。在进化过程中，干旱区的植物发展出了各种各样的适应机制和策略来克服这一区域的不适宜的环境条件：对于多年生植物，它们具有各种各样的结构和生理适应；而对于短命植物来说，它们能在相对短的适宜条件下完成其生命周期；并且发育出了能够确保植物生存的特殊的种子传播和萌发机制。

7.5.1　旱生植物的概念及类型

Schimper（1898）通过阐述植物群体通过一定的保护机制（如旱生的解剖特征）而使植物体不受干化，而引入了"旱生形态"的词条。

生长在降水稀少、高温、土壤有机质含量少并通常盐渍化地区，并且在长期或间歇干旱环境中仍能维持水分平衡和正常生长发育的植物称为旱生植物（xerophyte）。过去对旱生植物有各种定义。典型的旱生植物是一类能生长在最干旱的土壤上，并被暴露在很强光照和很干空气中的植物。Kamerling（1914）认为旱生植物不能局限于纯粹的植物地理或解剖的、生理的概念，而应是在正常的生命活动中需要很少水分的植物，它是适应极度干旱的结果。Maximov（1931）定义旱生植物为在水分缺乏状态下能将蒸发减少到最低程度的干旱环境中的植物。这个定义不是对所有生长在干旱环境中的植物都适用，并不是所有生活在干旱区域的植物都需要适应干旱。例如，短命植物就是如此，它们在雨季的几周内完成了萌发、发育、开花和种子成熟的整个生活周期而逃避了长期干旱的影响，并没有表现出也不拥有适应干旱环境的生理和解剖的特征。相似的情况也发生在多年生植物中，它们利用很深的根来供给水分而不具有旱生的生理和解剖特征。而具有鳞茎的荒漠植物，其中性结构叶片往往在干旱季节来临之前就枯萎了。

对旱生植物有各种分类。根据综合生理指标，将旱生植物分为三个主要类型：①干旱逃避型（drought escaping）：生长周期很短的植物，在干旱季节来临之前能够完成生活周期。②干旱避免型（drought evading 或 drought avoiding）：通过限制水分消耗和（或）发展出大量的根系而避免植物被干死，这些植物在干旱季节往往保持较高的、稳定的蒸腾和光合速率。③干旱忍受型（drought enduring 或 drought tolerating）：在没有任何水分供根吸收情况下能够生存的植物，如仙人掌类植物。

另外 Oppenheimer（1960）将旱生植物分为 6 个生活型：①具鳞茎或根状茎的地下芽植物。②常绿的硬叶植物。③在干旱季节中脱叶或叶被更小的、更旱生的叶子所代替的木化植物。④无叶的、非多浆的细枝状灌木。⑤具有肉质的叶、茎或根的植物。⑥在接近脱水状态下能生存的植物，又称为复活植物。根据植物体含体液的多少又可将旱生植物划分为多浆植物和少浆植物。王勋陵和王静（1989）以形态结构为主要特征，将世界各种地带性的植物划分为5类（表7-6）。

表 7-6　以形态和结构为特征划分的地带性旱生植物类型（引自王勋陵和王静 1989）

旱生植物类型		定义	形态结构特征	代表植物
肉茎植物	常态肉茎植物	茎肉质多浆，而叶不肉质。在肉质茎中，有的保持正常茎的形态，而有的则变态	角质膜厚；气孔器下陷；具栅栏状的同化组织；具含晶细胞或黏液细胞；贮水组织发达；具生活的纤维细胞；皮层在茎中占比例大	沙拐枣属（*Calligonum*），梭梭属（*Haloxylon*）麻黄属（*Ephedra*）
	变态肉茎植物		茎肥厚多浆；有球形茎的形态；茎具同化作用；气孔器下陷；贮水组织发达；维管组织和机械组织不发达；叶退化或早落；多为浅根系	仙人掌科（Cactaceae）
多浆植物		整个植物的茎和叶都肉质多浆	茎和叶的表面与体积比有减少的趋势，叶多圆柱状；栅栏组织发达；贮水组织发达；输导组织和机械组织不发达；常含丰富的单宁、胶状物质	白茨属（*Nitraria*）芦荟属（*Aloe*）松叶菊属（*Mesembryanthemum*）
薄叶植物		叶片薄，含水相对少，耐寒能力强，即使丧失50%水分植物仍能存活	根系发达；植株生长矮小；叶面积缩小；角质膜厚；叶脉发达；叶表皮细胞厚；叶表面多有覆盖物；气孔器数量多，且多下陷；栅栏组织发达而海绵组织退化；机械组织增强；常含树胶或异细胞	豆科（Leguminosae）菊科（Asteraceae）藜科（Chenopodiaceae）的一些植物
卷叶植物		生长在干旱环境中抗旱能力较强的旱生禾草，它们在遇到水分供不应求时，叶能较快地卷曲成筒状，防止水分大量蒸腾	叶表面的细胞含栓质、角质、硅质等次生壁加厚；叶上表皮有泡状细胞，失水可使叶卷成筒状；气孔数量多；无栅栏组织和海绵组织之分的等面叶；机械组织发达；部分植物具有根套	针茅属（*Stipa*）羊茅属（*Festuca*）赖草属（*Leymus*）
硬叶植物		以坚硬、革质的叶片来抵御干旱生态环境	根系发达；茎周皮发达；叶角质膜及叶表皮细胞厚，叶片坚硬具光泽；气孔器多下陷；多具复表皮，栅栏组织发达；叶脉发达	松科（Pinaceae）夹竹桃科（Apocynaceae）

7.5.2　营养器官对干旱环境的适应

7.5.2.1　根的适应变化

根的外部形态适应特征：①少浆液植物的根系发达，具有很高的根/茎比，从而使根的吸收面积增大而维持水分平衡。②根系生长速度快，此特点有利于其迅速扎根吸水。

③一些沙生植物根外往往形成保护结构——沙套，沙套是由根部分泌的黏液粘住沙粒而形成的。它可使根系免受沙粒灼伤以及减少蒸腾和防止反渗透失水（曲仲湘等 1984）。如三芒草（*Aristida adscensionis*）、羽蔗茅（*Erianthus ravennae*）等。④有些植物的经风蚀暴露的老根上能长出不定根、不定芽，进行营养繁殖，从而加强植物的生存能力，如蒿属（*Artemisia*）的植物。

　　根的解剖结构的适应特征：①根系有不同程度的肉质化，主要是其根内薄壁组织细胞的增加，从而形成地下贮水器官。有的植物具有很厚的皮层，具有类似根套的作用；但生长在极端沙漠中的植物根中，皮层的层数反而减少，这种特性被认为是缩短了土壤与中柱的距离，更有利于水分的吸收（表 7–7）。②内皮层的凯氏带变宽。凯氏带的变宽似乎与旱生植物的性状有一定关系，在极端条件下，凯氏带占据着整个内皮层的细胞的径向壁与横向壁。③具有发育良好的木质部，利于水分迅速输导。Fahn（1964）报道了沙生植物 *Retuma reutum* 的根系中除具有垂直根和横向地性的根外，还具有长度可达 10 m 的水平根，这种根在远基端有长而宽的导管分子，从而保证了水分在水平根中的有效流动，从而对迅速失水的沙土上层吸水有重要作用。④一些旱生植物的根往往形成异常结构，如骆驼蓬（*Peganum harmala*）、驼绒藜（*Ceratoides lantens*）、沙蓬（*Agriophyllum squarrosum*）。异常维管组织的生态学意义是：干旱造成外部组织死亡后，内侧的韧皮部仍能进行正常的养料运输；发达的异常维管束木质部，使植物不至于失水萎蔫而死亡。因此，异常维管束的形成是植物适应恶劣环境的一种措施。此外，荒漠灌木的一些种类往往形成木间木栓的异常保护组织，可把水分的向上运输限制在小的木质部区域内，对维持水分平衡极为重要（胡正海和张泓 1993）。

表 7–7　几种旱生植物和栽培植物根结构的比较（引自李正理 1981）

	植物种类	皮层的层数	凯氏带的宽度与径向壁之比
旱生植物	地中海白刺（*Nitraria retusa*）	2.5	1.00
	巴勒斯坦红砂（*Reaumuria palestina*）	3.0	0.90
	覆瓦珍珠紫（*Salsola baryosma*）	2.8	0.88
	丛枝霸王（*Zygophyllum dumosum*）	2.2	0.87
	异牧豆树（*Prosopis farcta*）	4.8	0.80
	丛毛沙拐枣（*Calligonum comosum*）	2.0	0.64
	地中海滨藜（*Atriplex halimus*）	2.0	0.63
	无叶柽柳（*Tamarix aphylla*）	8.6	0.52
栽培植物	菜豆（*Phaseolus vulgaris*）	14.0	0.33
	亚麻（*Linum usitatissimum*）	10.0	0.33
	龙葵（*Solanum nigrum*）	7.0	0.40
	莴苣（*Lactuca sativa*）	6.0	0.27

7.5.2.2　茎的适应变化

（1）茎的外部形态发生变化

在水分亏缺与日照强烈地区生长的植物，往往表现出粗壮矮化的外部特征，植株多呈灌木状、丛生、基部多分枝。在条件严酷的沙漠地区，流动的沙丘会把植株的枝条全部埋起来，但是这些枝条向下能发出不定根，向上发出新的枝条，从而自然形成多个灌木丛包（刘家琼 1983）。有些植物在特别干旱的季节呈假死状态，待雨水来临又恢复生长，如沙冬青（*Ammopiptanthus* ssp.）；一些植物叶片在干旱时脱落，由叶轴营光合功能，如花棒（*Hedysarum scoparium*）；还有一些沙生植物的叶子退化或消失或呈鳞片状，而由幼枝营光合功能，称为同化枝（assimilating branch），如梭梭（*Haloxylon ammodendron*）。

（2）茎的解剖结构发生变化

①皮层与中柱的比率较大。旱生植物的皮层要比中生植物的宽，可能与保护维管组织免受干旱有关。例如，在骆驼蓬茎中不具有发达的皮层，而具有发达的髓，并认为上述理论只适用于具同化枝的种类中。②沙漠植物的形成层活动和雨季持续的时间相一致。如豆科植物 *Retama raetam*、丛枝霸王（*Zygophyllum dumosum*）、蒿属的一个种 *Artemisia monosperma*、红砂属的巴勒斯坦红砂（*Reaumuria palaestina*）等，这是沙漠植物的一种适应特征。③形成了同化枝。同化枝具有较厚的皮层和极发达的贮水组织，普遍具有结晶的特点，可能与干旱有关。④皮层内有韧皮纤维组成的纤维柱。此种组织对防止吹折与沙割有一定作用，同时，一些植物的木质部分子的细胞壁都强烈木质化，增强其支持力。⑤导管平均直径小。张新英与曹宛虹（1993）发现 13 种豆科沙生植物的次生木质部的导管平均直径变小，单位面积分布频率高，复孔率高，宽窄导管并存。⑥保持着生活的木纤维。此种活的木纤维在所观察的 70% 的种中存在，如藜科、柽柳科的一些种地中海白刺（*Nitraria retusa*）和丛毛沙拐枣（*Calligonum comosum*）。⑦形成异常的次生结构。这些结构常在藜科、蒿属等一些荒漠植物中存在，如异常维管组织与木间木栓（图 7–8）。

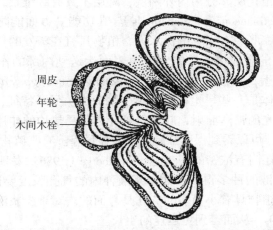

周皮
年轮
木间木栓

图 7–8　骆驼蓬茎的横切面，示异常次生保护组织——木间木栓

Fahn & Schori（1967）用放射自显影技术证实，在结合组织中分布的韧皮部具有多年的生活力。这种结构的生态学意义在于：即使由于长期干旱使茎外侧组织干枯死亡，而内侧的异常维管束仍能起到物质运输作用，并且其输导组织被厚壁结合组织分隔并限制在小区内，对于水分平衡和水分利用效率的进一步提高极为重要。而木间木栓形成的生态学意义在于：将木质部限制在小区内，对维持水分平衡很重要；当与周皮相连时，往往在伤口或即将脱落枯死的侧枝附近产生，从而延缓水分散失；常使轴器官分裂成数枝，每枝都可

执行完整的生理功能；具有防止动物、病原体和风蚀侵害的能力。

7.5.2.3　叶的适应变化

作为同化和蒸腾器官的叶子，除了适应强烈的光照与氮素缺乏外，其环境因子使旱生植物叶的旱性结构表现得尤为突出。

与中生叶相比，旱生叶具有小的表面积/体积比和大的栅栏组织/海绵组织比两个共同特征。前者属于减少蒸腾的适应。如许多旱生叶叶形变小，叶片变厚，并且多裂，这样可以使叶子能更有效地散热。有些旱生叶退化成鳞片叶（如梭梭）或刺而由同化枝执行光合功能；有的旱生叶变为肉质，成圆柱状、棍棒状等类型，甚至变为球形（如 *Seneao rowleganus*），具有最小的面积与体积比，可以最大程度减少水分丧失。后者是强光照射与干旱影响的必然结果。发达的栅栏组织分布于叶的背腹两面，与中生叶的异形叶形成鲜明对比。柽柳属（*Tamarix*）植物的叶片与营养枝愈合形成了抱茎叶，它除了具有小的表面积/体积比的特点外，其栅栏组织位于远轴面，而海绵组织则位于近轴面，与具有背腹性结构的中生叶及其他旱生叶不同，是高效的光合器官（翟诗虹等 1983）。在适应环境的方式上，不同植物的叶片是有差别的，根据叶肉结构的差别将荒漠化草原常见植物的叶片分为正常型、退化型、环栅型、全栅型、不规则型、禾草型六类。其中，全栅型较接近中生，环栅型更接近旱生。

叶片表皮及其附属物发生变化：①旱生叶的表皮细胞形小，排列紧密。但是在一些旱生植物如沙冬青（*Ammopiptanthus mongolicus*）叶中，表皮细胞特别肥大，这些肥大的表皮细胞可能有贮水作用。另外，在一些单子叶植物叶表皮中存在有泡状细胞。②一般叶片表皮外壁是由上表皮蜡层、角质层、角化层、果胶层和纤维层组成，而研究旱生叶表皮外壁结构发现，旱生叶的角化层又分为内外两层，外层不具有纤维素，而内层则具有纤维素及果胶质的微通道（pectinaceous microchannels）。其功能一方面能防止水分散发，另一方面可吸收和粘住水分而膨胀，有很大的保水力，植物只有在蒸发的拉力大于黏着力时才释放水分。同时，果胶质的微通道起着将水分由表面运送到内部的作用。在许多旱生植物中，具有很厚的表皮外壁，如沙冬青、红砂（*Reaumuria soongorica*）、珍珠（*Salsola passerina*）。③发达的毛状体是一些旱生植物的（少浆液类）另一特征，这些毛状体一般呈白色或灰色，可以反射阳光的强烈照射，起着保护叶肉免受热灼的作用。④气孔呈典型的旱生状态。在炎热的夏季，可以看到保卫细胞的壁明显增厚。有些植物气孔深陷在表皮之下，形成气孔窝，气孔窝内还附有浓密的表皮毛。Sundberge（1986）发现，少浆液的种内每单位面积的气孔要比多浆液的种多得多，而多浆液种内的气孔长度要比少浆液的种大得多。因此，笼统地认为旱生植物具有小而多的气孔是片面的。对于少浆液植物来说，高密度的气孔能更迅速地捕获 CO_2，从而得到更迅速的生长。

输导组织发生变化：少浆液植物具有发达的网状叶脉，这种发达的叶脉是与其强烈的蒸腾相关的。对于多浆液植物来说，输导组织不甚发达，可能是因为这类植物有了发达的贮水组织而用不着依靠强大的输导系统来迅速补充水分散失。

具有发达的贮水组织：这是多浆植物的特征。它们往往形成肉质的叶子，贮水组织由大型的细胞组成，含有大液泡，渗透压高，或者还具有黏液，能适应极端干旱的环境，如刺沙蓬（*Salsola pestifer*）的叶片（图 7-9）。

普遍含结晶或黏液细胞：新疆多种沙生植物存在有黏液细胞、异细胞或结晶。有些植物如花棒、白梭梭（*Halonxylon persicum*）、骆驼刺（*Alhagi peudoalhagi*）含有胶体物质。这

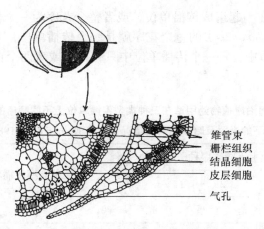

维管束
栅栏组织
结晶细胞
皮层细胞

气孔

图 7-9　刺沙蓬环栅型叶横切面，示环形的同化组织及发达的贮水组织

些黏液物质为树胶。树胶的存在与大气干燥和高温有着密切关系，树胶物质通过提高渗透压提高植物的保水性与吸水力。结晶物质的存在，可以维持细胞内高浓度的细胞液，提高植物的抗旱性与抗寒性。

机械组织加强：Bocher（1979）认为，土壤中缺少含氮化合物和缺少水分，可引起厚壁组织出现。这些厚壁组织往往分布在维管束外围而形成维管束帽。

7.5.3　种子的传播和萌发对干旱的适应

植物能在沙漠环境中生存，与其种子特殊的传播和萌发机制密切相关。特殊的传播与萌发机制的有机结合，能确保植物种子的萌发与幼苗的生长发育。在植物的生活周期中，种子对极端环境具有最大的忍耐力，如高温、高盐、高度干旱，而萌发的幼苗对环境的忍耐程度则最小。沙漠植物具有特殊的传播与萌发机制，能够度过植物对外界的敏感期，因而对于植物的生存具有重要的意义。

7.5.3.1　防止被大量采食的种子传播机制

（1）逃避型传播机制（escape dispersal strategy）

有些旱生植物产生大量的灰尘状种子，并在成熟后迅速传播。如齿稃草（*Schismus arabicus*）可产生重量 0.07 mg 的种子，二蕊拟漆姑（*Spergularia diandra*）可以产生重量 0.018 mg 的种子。这些灰尘状的种子在成熟后被迅速传播到土壤裂缝间，并被土壤颗粒埋起来，通过此方式避免被动物大量采食。

（2）保护型传播机制（protection dispersal strategy）

①植物产生地上、地下两种果实（amphicarpy），并被干枯的母体所保护。其中，地下果实通过原地萌发，而地上果实则被风或雨水传播后萌发（Gutterman 1993）。②靠雨水传播的种子，在干燥时被死的母体所保护。③具有黏液的种子（myxospermy），种子表面遇水产生黏液性的物质，如白沙蒿（*Artemisia sphaerocephala*）、黑沙蒿（*Artemisia ordosica*）（Huang & Gutterman 2000）；黏液种子或果实的产生可能是沙漠环境的进化适应的一个特征。它有助于种子黏附在地面，防止蚂蚁的采食；黏液物质将沙粒黏附于种子周围而使种子大粒化，大粒化的种子防止风将其移位而进一步传播。大粒化的种子能够下沉到土壤的一定深度，有利于种子的萌发。④连种性（synaptosperm）是另一种重要的种子传播机制，

其特点是许多种子聚集在一起组成传播单位，或者整个花序为一个传播单位。如石竹科植物翅甲草（*Pteranthus dichotomus*）的整个花序就是一个传播单位，并且这些种子具有不同的萌发能力，在每一季节中，每一个传播单位中只有一个或者两个苗萌发出而避免了竞争的发生（表 7-8）。

表 7-8　地中海沿岸植物翅甲草在三种类型传播单位上不同顺序的种子在不同
温度下的光照及暗中的萌发情况（引自 Evenari *et al.* 1982）

温度 /℃	传播单位上不同顺序种子的萌发						三种类型传播单位（A、B、C）上的种子的顺序示意图
	1		2		3		
	光	暗	光	暗	光	暗	
8	12	18	58	72	99	90	
15	23	50	83	89	97	98	
26	8	65	90	97	95	100	
30	16	72	84	97	96	100	
35	4	12	20	66		100	
37	0	0	24	65	82	91	

7.5.3.2　确保种子在合适的时间与季节萌发的遗传性机制

沙漠中一些种子具有很厚的种皮，靠发洪水时的石砾碾碎种皮而萌发，从而也确保了种子萌发时能得到大量水分。根据种子的萌发时间，可将沙漠植物分为五大类群，即夏季萌发的一年生植物、夏季萌发但在来年春天开花的植物、冬季萌发的春季一年生植物、一年中任何时候都能萌发的植物以及木质多年生植物（Went 1948）。

某些植物具有季节性萌发的特征。小叶灰藋（*Chenopodium album*）的夏季生态型在较高温度（27～32℃）、较长日长（12.5～14 h，3～9 月）下萌发和生长；相比之下，冬季生态型在较低温度（11～20℃）、较短日长（10.5～11.5 h，11～4 月）下萌发。夏季型植物是二倍体（$2n=18$），冬季型植物是六倍体（$2n=54$）。因而，温度不仅能调节不同种植物种子的萌发，而且能调节一个种间不同生态型种子的萌发。

许多植物的种子具有部分休眠及部分萌发的特性，从而可使种子在种子库中保存许多年。玄参科植物毛瓣毛蕊花（*Verbascum blattaria*）的种子贮藏 90 年后仍具有生活力，萌发后能产生正常的植株。

7.5.3.3　母体表型影响部分成熟种子的萌发

一些种子的萌发力受种子在果实或花序中位置的影响。果实在植株上的位置也影响种子的萌发力，如舌叶花（*Glottiphyllum linguiforme*）和盐角草（*Salicornia europaea*）。花序在植株上不同位置影响种子萌发力，如石竹科植物翅甲草、禾本科植物膝曲山羊草（*Aegilops geniculata*）、菊科植物 *Gymnarrhena micranha* 等。种子与位置相关的异型性（heteromorphism）也影响其萌发力，如短命植物葶苈（*Draba verna*）的种子就有此现象。

母株的年龄影响种子的萌发力：二蕊拟漆姑中，黑色种子是最先成熟的种子，而黄色种子是在生长季节末尾当大多数叶子凋谢时最后成熟的种子。黑色种子萌发率最高而黄色最低，褐色种子则居中间水平（图 7-10），如地三叶草（*Trifolium subterraneum*）和反枝

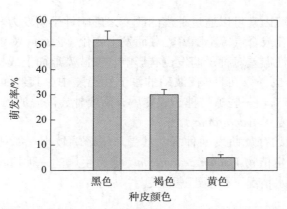

图 7-10　二蕊拟漆姑草的黑色、褐色以及黄色种子的萌发比较（引自 Gutterman1996）

二蕊拟漆姑的种子于 1989 年 6 月 27 日采自于以色列 Sede Boker 附近的自然群落中。

种子于 1994 年 5 月 2 日起，在 15℃的暗中培养 6 天后转移至光照下培养

苋（*Amaranthus retroflexus*）也有同样的现象（Kigel *et al*. 1977）。

7.5.3.4　环境和内在因素影响已成熟种子的萌发

按照种子在不同小环境中的位置，环境因素影响萌发的差异很大。从成熟到萌发期间的位于地表的种子，每天都被露水打湿，白天被重新干燥。通过模拟实验发现，*Artemisia monosperma* 种子在通过雨水而反复地吸涨和干燥能够促使种子大量地、整齐地萌发。另外，种子萌发的速率和均匀性还受地面盐分的影响（Small & Gutterman 1992）。一些植物种子靠黏液层黏附于地面上，白沙蒿和黑沙蒿的黏液层有利于种子与土壤水分的更好接触，从而迅速吸收水分；白沙蒿种子黏液层可以在露水存在的条件下促进种子细胞受损 DNA 的修复，以维持 DNA 的完整性（Yang *et al*. 2011）。另外黏液物质中还存在着一些能够促进种子萌发和幼苗发育的生长调节物质（Huang & Gutterman 2000）。一些靠水传播的种子在传播前被母体所保护，种子成熟后滞留在干燥的花序或者木化的蒴果中，以后逐渐被雨水所传播。当种子被埋在地表下不同的深度时，种子被埋越深，受日 / 夜光照及温度的波动影响越小，而且受露水影响越小（图 7-11）。

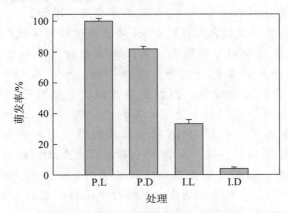

图 7-11　*Artemisia monosperma* 经过预湿处理的种子在 15℃的光照及

暗培养下 3 天后的萌发率（Gutterman 1993）

P.L—湿处理的种子在光照下的萌发；P.D—预湿处理的种子在暗中的萌发；

I.L—未处理的种子在光照下的萌发；I.D—未处理的种子在暗中的萌发

贮藏期间各种环境因素可以通过种皮的改变来影响种子萌发力。坚硬种子的种皮透性以及种脐的开放、珠孔或合点等都随着贮藏而发生变化（Bewley & Black 1994）。

日夜波动的季节性温差对种子萌发也有影响。在沙漠地面上或接近地面的种子，除了被露水湿润外，同样也暴露在日/夜波动的季节性温差中。其地面温度在夜间低于0℃，而在白天可能高于55℃。一些植物种子成熟后，需要外界高温的贮藏来减少种子的休眠，提高萌发率，如野燕麦（*Avena fatua*）。

对于一些经短期贮存就萌发的种子，其受环境影响较小。如马鞭草科植物海榄雌和地中海桑寄生科槲寄生植物 *Viscum crucineum*。桑寄生属的一种植物刺桑寄生（*Loranthus acaciae*）的种子在无水情况下也能迅速萌发。

延伸阅读

露水促进种子细胞受损 DNA 修复

种子是种子植物特有的繁殖器官。种子从成熟落地到萌发期间经常暴露于自然界的基因胁迫环境中，这些基因胁迫会直接或通过产生活性氧间接造成细胞 DNA 损伤。因此，有效的 DNA 修复机制是种子存活所必需的。DNA 修复出现在种子复水后的第一个时期，这时种胚细胞还处于分裂前的 G_1 期。

白沙蒿种子黏液层可有效利用露水修复种子细胞受损 DNA 的作用，从而促进种子在荒漠条件下维持活力。通过 750 Gy 的 γ 射线处理白沙蒿种子，诱导种子细胞产生 DNA 损伤，处理后半数种子去除黏液层。然后将种子置于荒漠露水条件下4天，再用彗星分析方法测定有无黏液层的两种类型种子细胞 DNA 修复状态。发现种子细胞 DNA 损伤随着处理射线剂量的增加而增加，且 DNA 损伤与射线剂量间呈线性关系。荒漠露水在午夜或凌晨出现，单次露水时间最长可达7 h。完整种子比去除黏液种子能够吸收更多的露水，并在日出后持水更长时间。经 750 Gy 处理的完整种子和去除黏液种子细胞 DNA 损伤分别下降到 46.84% 和 24.38%。在露水处理中，完整种子表现出显著高于去除黏液种子的 DNA 修复比率。在露水处理 18 h 后，完整种子的萌发率有显著增加。

白沙蒿种子黏液层吸收荒漠露水促进 DNA 修复的过程可用概念模型表示（图 Y7-1）。当种子暴露于外源性基因胁迫（如高温、高温时的短时吸水和紫外线等）和内源性基因胁迫（如细胞代谢产生的氧化产物等）条件下时，白沙蒿种子细胞会产生 DNA 损伤。在露水凝结和随后的日出过程中，黏液层可以使完整种子比去除黏液层种子吸收和保留更多的水分，这使得完整种子处于更高的水合状态中，这种水合状态将有效地启动细胞内的 DNA 修复因子，促进 DNA 损伤的有效修复，从而维持了种子 DNA 的完整性，种子的活力也得到保持，这将保持种子萌发能力或者维持有效的土壤种子库。相反，黏液层的缺失造成去除黏液种子不能吸收足够的水分，无法有效启动 DNA 修复因子，造成种子活力的丧失。这种长期的生存策略对于植物在荒漠生境中生存繁衍是极其重要的。

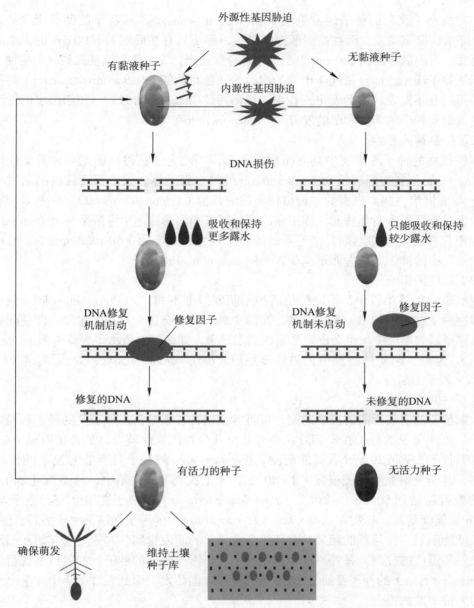

图 Y7-1　白沙蒿种子黏液层吸收荒漠露水促进种子细胞 DNA 修复的概念模型图（改自 Yang *et al.* 2011）

7.5.3.5　影响种子萌发的因素

种子的萌发力不但依赖于基因遗传的影响，也依赖于外界环境和其他因素的影响。例如，触动萌发的雨水量、温度与温周期范围，使种子萌发的浸润时间，光和暗的要求、光周期，作为萌发抑制者的化学障碍、物理障碍、胚休眠、休眠的年周期、温周期与暗休眠、种子传播在时间和空间上的调节，以及植物间相互抑制现象等都调节着种子的萌发。

（1）雨水的影响

沙漠植物种子的萌发所依赖的最重要的环境因素是雨的分布和雨量。生长在沙漠的植物具有"机会主义"的种子萌发机制（opportunistic strategy）。齿稃草的种子能在冬天少于 10 mm 降水情况下萌发；而在高温低湿的夏天，种子只有在得到大于 90 mm 的人工灌溉下才能萌发；当雨量增加到 200 mm 以上，并且分配适当，发芽率大幅度提高。一些种子的萌发不但依赖于雨量，而且依赖于雨水的次数，如穗花黄细心（*Boerhavia spicata*）的种子在第一场雨后并不萌发，而萌发出现在第二场雨后（Gutterman 1993）。积累雨水的低洼地的小生境也影响种子的萌发和苗的发育（Gutterman 1996）。

（2）抑制剂的影响

一些植物的种子或果实中具有萌发抑制剂，因此为了获得高萌发率，需要进行淋溶（leaching）。如角刺酸模属植物 *Emex spinosa* 的气生繁殖体，为了得到较高的萌发率，需要进行 48 h 淋溶。胡卢巴属的一种植物阿拉伯苜蓿（*Trigonella arabica*）在其未开放的荚果中包含有香豆素和酚类物质，霸王属的丛枝霸王和滨藜属地中海滨藜（*Atriplex halimus*）的果翅中包含有萌发抑制剂，猪毛菜属的一个种无棘猪毛菜（*Salsola inermis*）的种子通过将"翅"中的抑制剂洗去而迅速萌发（Evenari *et al.* 1982）。

（3）温度的影响

一些植物传播单位中，不同部位的种子萌发温度不同，如 *Pteranthus dichotomus*。当一些植物种子在吸涨的第一阶段暴露在高温中时，种子会进入热抑制阶段，即使随后将它们再转移至适宜温度中，也会出现胚根的延迟现象，如多年生植物番杏科植物（*Cheiridopsis* spp.）。但是，起初的高温可促进红瓣照波（*Bergeranthus scapiger*）、野莴苣（*Lactuca serriola*）种子的萌发。

（4）时间的影响

根据种子的萌发所需的浸润时间，可将沙漠植物种子分为迅速萌发的种子和慢速萌发的种子。迅速萌发的种子在浸润后几小时甚至几分钟内就能萌发，如钾猪毛菜（*Salasola kali*）的种子在浸润 29 min 后就能萌发。*Blepharis* spp. 的种子具有非常复杂的传播与萌发机制，其萌发的温度范围很宽（8～40℃），无论在光下或在暗中，只要经过 24 h 浸润，幼苗的根就能达到 50 mm。马齿苋（*Portulaca oleracea*）的种子在 40℃下经过长期干贮后，3 h 后就能萌发。乌头荠（*Anastatica hierochuntica*）的种子在被雨水传播后，经过 6 h 的吸胀就能萌发。齿稃草的颖果具有"机会主义"的萌发机制，其萌发的起始和萌发率均受到光照和温度的控制。另外一些植物的种子属于慢速萌发的种子，如阿拉伯苜蓿和芒柄草（*Ononis sicula*）的种子要通过 10 多天的吸胀才能萌发，因此在许多年中才会出现一次种子的大量萌发的机会。

值得注意的是，一些沙漠植物刚萌发的幼苗对干旱具有较强的忍耐能力。如 *Sasola inermis* 的幼苗在胚根发育到一定程度具有忍受干旱的能力，即使幼苗被晒干，仍旧具有生命力，雨水来临时仍能够存活。但是，当幼苗超过这个"极限点"（the point of no return），就会失去这种特性；Friedman *et al.*（1980）发现，乌头荠的"极限点"为幼苗的侧根长 4～6 mm。

（5）光照的影响

种子被埋越深，到达种子的光波越长，光强越弱；依赖于土壤的结构和颜色，可见光的波长随着土壤深度而增加，从而抑制光敏感种子的萌发。有些植物的种子如丛毛沙拐枣、霸王（*Zygophyllum coccineum*），光强从 200 μmol·m^{-2}·s^{-1} 降到 0 μmol·m^{-2}·s^{-1} 后，萌发率从 13% 提高到 96%。在 15～30℃范围内，对萌发中的种子进行 10～15 min 的暗间断，并不能改变在暗中的萌发率。但是，在 35~50℃ 范围内，无论在光下还是在暗中，都无种子萌发（Keren & Evenari 1974）。而黑沙蒿和白沙蒿的种子被埋太深时，会因缺光而不能萌发；如果种子太靠近地面，萌发出的幼苗会因得不到充分的土壤水分而迅速变干枯死，其适宜的萌发深度为 0.5~1.0 cm（表 7-9）（Huang & Gutterman 2000）。

表 7-9 在短日和长日光照下成熟的阿拉伯首蓿的种子的种皮和吸涨能力，以及在成熟期间经过暗袋遮盖（对照）和未被遮盖的种皮渗能力比较

光照时间	种子颜色	发生吸涨的种子 /%	种皮的渗能力 /%	
			成熟期间果实被暗袋遮盖（对照）	成熟期间果实未被遮盖
短日照（8 h）	褐色	98	100	100
	绿色	92		
长日照（20 h）	黄色带斑点	30	29	10
	黄色	4		

除此之外，多年生灌木与一年生植物之间的关系、建群种与其他植物之间的关系也可能影响到种子的萌发（Muller W. H. & Muller C. H. 1956）。

7.6 涝渍化环境中的植物

土壤中积水过多，不仅超过土壤中的水饱和量，而且超过土壤最大持水量，甚至产生地面浮水成沼泽状态，对植物的生存和正常生长已产生不利影响并造成涝害，植物生活的这种逆境就称为涝渍化环境（waterlogging environment）。涝渍化环境对植物来说只是一个相对概念，因为不同类型的植物对周围水分环境条件要求不一样。依照植物对周围环境水分的适应性，植物分为旱生植物、中生植物、湿生植物、挺水植物和水生植物等。如果旱生植物和中生植物周围土壤环境过湿，就会形成涝渍化环境；而对水生植物来说，即使被水掩埋，也不算涝渍化环境。

在我国的很多地方有大量的湿地存在，但湿地不应视为涝渍化环境。湿地生态系统是自然界长期演化的结果，生物和环境的关系已非常和谐，生物已适应这种水分较多的环境；而涝害环境是突发的、短暂的、不可预测的，植物往往不能适应这种剧烈的环境变化，其生长、发育甚至生存受到严重威胁。

7.6.1 涝渍化环境产生的原因

产生涝渍化环境的原因很多，如低洼沼泽地带、春季化冻、年度降水量过多、江河泛滥、山洪暴发等。涝渍化环境对有些植物如旱生植物、中生植物等来说就形成涝害。例如，1998 年在我国的长江流域和嫩江流域，由于雨量的过多，河水冲毁堤坝，淹没大片的土地，对植物造成涝害。另外在我国东北和华北地区的一些地方，由于降水量的时空分布不均匀，造成局部地区土壤表层积水过多，对农田的一些农作物形成涝害。不同植物适应涝渍化环境的程度不同，水分过多对大多数植物有害，如旱生植物和中生植物，但也有一些植物如水生植物和湿生植物就适应这种环境。涝渍化环境对植物来说可分为可完全淹

没（submergence）和部分淹没（partial submergence）。

7.6.2 涝渍化环境对植物的危害机制

水分过多对有些植物造成危害，其原因不在于水分本身，而是由于其他的间接原因。如果排除这些间接原因，植物即使在水溶液中也能正常生长，如用溶液培养时，植物的根是完全浸在水中的。

水涝对植物的伤害主要是恶化了土壤中的供氧状况，植物对缺氧适应能力的大小直接关系到植物抗涝能力的大小。植物对土壤空气或水体氧气状况的适应，是植物在长期系统发育过程中不断经受自然选择的结果。

7.6.2.1 缺氧影响植物的根部微生物活动

在土壤中由于缺氧，使得某些有益的需氧微生物的活动受到抑制，如氨化细菌、硝化细菌等的活动受到影响，不利于植物的养分供应；嫌气性微生物如反硝化细菌、丁酸菌等加强活动，它们的代谢产物如丁酸、硫化物、酰胺及其他有毒物质，使土壤 pH 值趋于酸性，对植物根特别有害。例如，小麦生育中后期由于降水过多，土壤供氧不足，易引起根系早衰，严重影响小麦的产量。小麦开花期土壤渍水导致小麦叶片硝酸还原酶活性下降，叶片 ABA 含量上升，GA 含量下降，SOD 活性下降，POD 活性上升，MDA 含量上升，膜透性增大；叶片中叶绿素含量、光合速率和比叶重下降，即使土壤渍水停止后，受渍小麦光合速率仍在迅速下降，从而削弱了植株光合产物的积累，影响了小麦的产量。

7.6.2.2 缺氧影响植物的呼吸作用

一般旱生植物在土壤水分饱和的情况下，就会由于土壤中水分过多而产生湿害。湿害的原因主要是由于在土壤颗粒的间隙里充满了水分，造成氧气缺乏，土壤中氧气缺乏，植物根部的呼吸就受到影响，只能进行无氧呼吸或发酵作用，结果产生一些代谢物如乙酸、丙酮酸、丁酸、乳酸等，都对植物根系的生长不利。在这种情况下，常见的有氧呼吸酶类如苹果酸脱氢酶、丙酮酸脱氢酶以及其他很多酶类都受到抑制；无氧呼吸有关的酶如乙醇脱氢酶和乳酸脱氢酶等反而增强。因而根部的呼吸作用受阻，根对营养物质的吸收就遇到障碍，根的生长就不能正常进行，导致生长减缓甚至烂根、烂苗等。

7.6.2.3 缺氧引起营养失调

水淹土壤后，由于氧气不足，根呼吸不正常，根毛再生困难，因而影响根系正常吸水、吸盐活动，特别是对矿物离子及其原子团吸收反常。如果植株吸入营养元素减少，合成又受阻，反而由于无氧呼吸消耗基质较多，所以时间稍长，必然引起营养失调。

7.6.2.4 缺氧影响植物的光合作用

淹水条件下的植物，会因缺氧而使光合作用减弱或完全停止，因为在茎叶被淹没时，植株气孔往往处于关闭状态，二氧化碳进入困难，光合作用难以进行；有氧呼吸被无氧呼吸所代替，储藏物质大量被消耗，植株由于饥饿而导致衰老，加上有毒物质在体内的积累，植物的生理活动发生紊乱，导致最终死亡。

7.6.3 植物对涝渍化环境的反应

7.6.3.1 物种的差异

大麦对淹水的反应比小麦敏感；棉花和大豆淹水 1～2 天，叶片就会自下而上枯萎脱落，而水稻和荷花却可生活在水中。有人认为，耐涝能力可能同 ADH 活性与它们在植物体内的位置有关，水稻地上部的 ADH 活性占 2/3，而玉米的 ADH 活性则是 2/3 在根中，故水稻比玉米耐涝。

7.6.3.2 品种的差异

即使相同物种的不同品种，其耐涝程度也不一样，如水稻中籼稻比糯稻耐涝，糯稻比粳稻耐涝。研究表明，不同小麦品种对渍水环境的反应也有差异，这种差异主要是品种间耐湿性不同造成的。

7.6.3.3 发育时期的差异

小麦在不同时期的耐渍力存在有很大差异，从产量或生物量角度考虑，普遍认为孕穗至扬花阶段是小麦受渍害的敏感期；若从渍水对根系的生理影响看，前期根系比后期根系更能耐涝渍化环境，前期根系渍水时能诱导次生根的发生和根皮层的某些变化，这些变化在短阶段的渍水过程中有利于氧气向根部的输送，有助于渍水后植株的恢复。另一方面，渍水条件下的新生根具有较强的保护酶活性。根系的这些形态结构及生理的适应性变化在一定程度上缓解了逆境伤害。孕穗以后，渍水已难以使其形态结构发生适应性的变化；相反，该期气温较高，植株生理代谢旺盛，短期渍水即造成代谢紊乱，衰亡加速。

7.6.3.4 受涝时间的差异

水稻是一种比较喜水的植物，但是水稻淹没在水中的时间过长也会对植物造成危害。有研究发现：水稻幼苗耐受没顶淹水的时间极限为半个月。没顶淹水和部分淹水造成的缺氧或低氧条件都能提高深水稻节间 1– 氨基环丙烷 –1– 羧酸合酶（ACC synthase）的活力，ACC 合酶活力提高以后，ACC 便大量产生，当遇到氧时，在乙烯形成酶的作用下，ACC 便转变成乙烯，部分淹水时氧分压仍然很低，ACC 很快被氧化成乙烯，乙烯能刺激纤维素酶的活力，从而促进通气组织的形成和发展，同时还刺激不定根的形成。另外，乙烯能显著促进稻株的伸长生长，所以部分淹水能显著促进稻株的伸长生长，而没顶淹水对稻株的伸长生长的促进作用不明显。当然淹水过长水稻就会被伤害，因为水稻没顶淹水会造成缺氧，在缺氧条件下，土壤氧化还原电势降低，一些厌氧微生物能把 SO_4^{2-} 还原成 H_2S，Fe^{3+} 还原成 Fe^{2+}，对水稻的根系造成危害。另外，厌氧微生物的一些代谢产物如甲烷、乙酸和丁酸等，也往往会对植物有毒害作用。

棉花耐涝性较差，对地下水埋深度和淹水时间反应敏感。沈荣开等（1999）发现，棉花的产量随着地下水位的升高而降低，随淹水时间的增加而降低（图 7–12）。

7.6.4 植物对涝渍化环境的适应

不同的植物适应涝渍化环境的程度不同，有些植物非常适应涝渍化环境，有些或多或少具有抗涝的特性，主要因为一方面植物忍受无氧呼吸的能力不同，另一方面在于氧气的供应。水生植物及水生起源植物（半水生植物类）均有抗涝结构及适于水生的代谢方式。

7.6.4.1 生理的适应

植物根细胞在进行无氧呼吸时，所积累的最终产物对细胞本身是无毒的。因为当植物根部缺氧时不是发生乙醇发酵，而是具有其他的呼吸途径，代谢产物不是乙醇，而是一些有机酸，如苹果酸、芥草酸等。另外，有一些植物利用 NO_3^- 作为 O_2 的来源，以补充氧气的不足。

7.6.4.2 形态的适应

植物适应涝渍化环境的另一个原因是天生具有抗涝结构，另外也有植物很快生成输氧

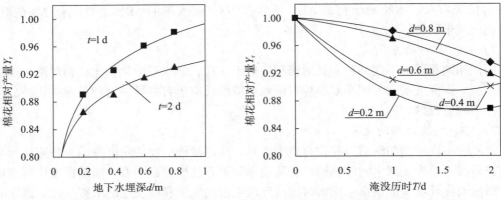

图 7-12　棉花相对产量（Y_r）和淹没历时（T）、地下水埋深（d）的关系（引自沈荣开等 1999）

管道。水生植物及水生起源植物（半水生植物类）均有抗涝结构，植物地上部具有向地下部运送氧气的通道，主要是皮层中的空气间隙，这种通气组织从叶子一直连贯到根；有些植物的通气组织可储藏白天光合作用放出的氧气，以供植物本身呼吸使用。在水稻的幼根皮层中，细胞呈柱状排列，空隙大，随着植株的成长，皮层内的细胞大多崩溃瓦解，成为空腔，形成特殊的通气组织；水生植物莲藕也具特殊的通气组织。而不太适应涝渍化环境的小麦幼根皮层细胞为偏斜排列，空隙较小，随着植株的正常生长，小麦的根在结构上也没有什么变化，缺乏特殊的通气组织。但是当小麦、玉米等根部缺氧时，也可诱导形成通气组织，因为缺氧刺激乙烯的生物合成，乙烯的增加刺激纤维素酶活性加强，于是把皮层细胞的胞壁溶解，最后形成通气组织（潘瑞炽 2001）。

露出水面生长的红树林植物，长有向上的特殊根系，这些根系能伸出通气不良的基质，而根内部具良好的细胞气室系统，与气孔相连。

有些水生植物如水藻能从水中吸收氧气，将氧气经过水道送到根部。

7.7　盐渍化生境中的植物

盐渍化生境中的植物，即在盐渍生境中能正常生长并完成生活史的自然植物区系——盐生植物（halophyte），也包括一小部分耐盐的非盐生植物如甜菜、大麦等。盐生植物是指能在含盐量超过 70 mmol·L^{-1} 的土壤中正常生长并完成其生活史的植物（Greenway *et al.* 1980）。与盐生植物相对应的是非盐生植物（non-halophyte）或甜土植物（glycophyte）（Flowers *et al.* 1985），它们在这种生境中不能正常生长，也不能完成其生活史。

地球上现有的盐生植物种类尚没有精确的报道。Aronson（1989）报道，全世界盐生植物共有 1560 余种，主要分布在盐生荒漠、沿海滩涂湿地和红树林沼泽中。该报道是十分保守的，有不少国家的盐生植物没有统计在内。有人估计世界上盐生植物有 5 000～6 000 种。我国盐生植物种类有 500 余种。世界上盐生植物主要分布在开花植物的 38 个目中（表 7-10），其中盐生植物最多的有 12 个科。根据它们对盐度的生理适应，这些盐生植物可以分成三个生理类型：稀盐盐生植物，稀盐盐生植物藜科中最多，例如海蓬子（*Salicornia herbacea*）、盐节木（*Halocnemum strobilaceum*）、盐穗木（*Halocnemum belangriana*）、猪毛菜（*Salsola collina*）、翅碱蓬等；泌盐盐生植物，13 个科中都分布有泌盐盐生植物，如二色补血草（*Limonium bicolor*）、柽柳（*Tamarix chinensis*）、獐毛（*Aeluropus sinense*）等；拒盐盐生植物，种类比较少，主要分布在禾本科、菊科中，如芦苇、紫菀（*Aster tataricus*）等（Levitt 1980）。

表 7–10　分布有盐生植物的有花植物目

中文名称	拉丁文名称	中文名称	拉丁文名称	中文名称	拉丁文名称
假柳目	Leitnerinales	桃金娘目	Myrtales	樟目	Laurales
蓝雪目	Plumbaginales	杉叶藻目	Hippuritales	睡莲目	Nymphaeales
蓼目	Polygonales	芸香目	Therebinthales	泽泻目	Alismatales
石竹目	Caryophyllales	虎儿草目	Saxifragales	水鳖目	Hydrocharitales
毛茛目	Ranales	豆目	Fabales	茨藻目	Najadales
山茶目	Theales	山茱萸目	Cornales	百合目	Liliales
报春花目	Primulales	卫矛目	Celastrales	香蒲目	Typhales
白花菜目	Capparales	龙胆目	Gentianales	兰目	Orchidales
柽柳目	Tamariales	玄参目	Scrophulariales	灯心草目	Juncales
瑞香目	Thymelaeales	唇形目	Lamiales	莎草目	Cyperales
大戟目	Euphorbiales	桔梗目	Campanulales	谷精草目	Eriocaulales
锦葵目	Malvales	菊目	Asterales	禾本目	Graminales
牻牛儿目	Geranliales	花葱目	Polemoniales		

　　根据生态学特点也可将盐生植物分成三类：旱生盐生植物，如柽柳科的红砂、藜科的黑柴（*Sympegma regelii*）、短叶假木贼（*Anabasis brevifolia*）、盐生假木贼（*Anabasis salsa*）、珍珠猪毛菜（*Salsola passerina*）等；中生盐生植物，如盐地碱蓬（*Sueada salsa*）、二色补血草、獐毛、罗布川蔓藻（*Apocymum venetum*）等；水生盐生植物，如沉水型水生盐生植物大叶藻（*Zostera marina*）、川蔓藻（*Ruppiar resteliata*）等，挺水型水生盐生植物大米草（*Spartina anglica*）、水冬麦（*Triglochin palustre*）、芦苇等。

　　不同类型的盐生植物对盐渍化生境的适应类型和机制各异。盐生植物最大的特点就是具有较大的抗盐能力，它们的抗盐能力因种而异，但均有一定的抗盐阈值。当外界盐度超过其抗盐阈值时，盐生植物也要遭受到盐分胁迫的伤害作用。盐分胁迫对植物伤害的因子，主要由于盐碱土壤中盐分浓度较高形成的渗透胁迫，渗透胁迫导致植物吸水困难，或者使植物根系不能从土壤中吸到水分，甚至使根部细胞向外排水。盐分胁迫产生渗透胁迫的同时还会产生离子胁迫。在盐渍土壤中生长的植物细胞会从土壤中吸收过量盐离子，过量盐离子会对植物细胞原生质及细胞内多种酶类产生毒害作用。

7.7.1　盐分胁迫对植物的伤害作用及其机制

　　生境中盐分超过一定浓度对植物（盐生植物和非盐生植物）就会产生伤害作用。在盐渍化生境中植物细胞过量摄取 Na^+ 和 Cl^- 以后，首先破坏细胞的离子均衡（ion homeostasis），对细胞酶活性及膜系统机构产生特异性效应，从而影响一系列代谢反应，如光合作用、呼吸作用、核酸代谢和激素代谢等，进而严重影响植物的生长发育，使植物生长缓慢，发育不良。植物生长在低水势条件下，严重影响植物细胞水分亏缺，由此也会影响矿质营养的吸收和运输、有机物质的合成和运输，使细胞膨压降低，影响光合作用与细胞分裂和膨大，最后也会影响植物的生长发育。营养亏缺也会影响植物体一系列生理代谢失调、生长减慢和发育不良。

盐分胁迫干扰植物各种生理和代谢反应的结果，都集中表现在对植物生长发育的干扰上，前者是盐分胁迫对植物分子水平和细胞水平的影响，后者是盐分胁迫对植物整体水平的影响。

盐分胁迫对植物分子水平和细胞水平的伤害机制与对植物整体水平的伤害机制是不同的，短期（几天）和长期（几个月或几年）盐分胁迫下抑制非盐生植物的因子也不一样。

在盐分胁迫下非盐生植物地上部分生长受到抑制也不是某些代谢过程引起的，如糖类的合成、蛋白质合成原料氮素的供应、ATP 的合成等。Munns *et al.*（1983）提出，在盐渍条件下，非盐生植物地上部分生长不是单纯被任何一种基质限制的，影响地上部分生长的是来自植物根系的某种信使。

由于在多方面已经证明植物根系是合成一些植物激素（如 CTK 和 ABA）及其前体的部位，以及植物激素和植物生长的关系，不少人对植物激素与盐胁迫之间的关系进行了探索。非盐生植物短期生长在盐渍条件下，调节生长的是来自根系的一种信使，不是 Na^+ 或 Cl^-，不是水分亏缺，也不是与叶片生长有关的一些代谢过程，可能是 ABA。

英国 Davis 实验室研究认为，在干旱胁迫下影响植物生长来自根系的信使就是 ABA。而众多盐胁迫实验中发现植物生长在盐胁迫下 ABA 大量增加，并上运到地上部分抑制植物生长，以及盐胁迫的组成之一渗透胁迫又占相当重要的部分，所以推测 ABA 在盐胁迫中也起重要作用，但在盐胁迫中 ABA 的受体、ABA 对地上部分生长的作用及其中间环节尚待进一步深入研究。

非盐生植物长期（几年或几周）生长在盐渍条件下，影响植物生长的因子是什么？Munns & Termaat（1986）等通过一系列的实验证明，是来自根系的 Na^+ 和 Cl^-。非盐生植物长期生长在盐渍条件下，不断地吸收和蒸腾，导致叶片特别是一些老叶中 Na^+ 和 Cl^- 浓度增大，细胞质中的高浓度 Na^+ 和 Cl^- 干扰代谢，细胞壁中的 Na^+ 和 Cl^- 降低细胞膨压，结果使细胞代谢失调和脱水，致使老叶死亡，由于老叶的不断死亡，导致光合面积减小，糖类产量下降，当下降到不能维持进一步生长水平以下时，则植株生长速度下降，当新叶生长速度小于老叶死亡速度时，最后导致整个植株死亡（图 7–13）。

7.7.2　盐生植物对盐渍生境的适应性及其机制

已知盐分胁迫对植物伤害作用主要通过渗透胁迫及离子胁迫。显然，盐生植物之所以能在盐渍生境中正常生长和完成生活史，必然要具备克服盐分胁迫中的渗透胁迫和离子胁迫的手段，否则是难以在盐渍生境中存活。植物能在盐渍生境中正常生长并完成其生活史，即对盐渍生境产生了适应，这种适应性的大小即为植物的抗盐性（salt resistance）。

7.7.2.1　稀盐盐生植物对盐渍生境的适应性及其机制

（1）稀盐盐生植物（salt dilution halophyte）

稀盐盐生植物在盐生植物中是一类真盐生植物（eu-halophyte）（Breckle 1995），它的生长发育需要一定数量的盐分。土壤盐分不足或过高都会影响它的生长发育。这类植物种

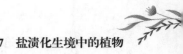

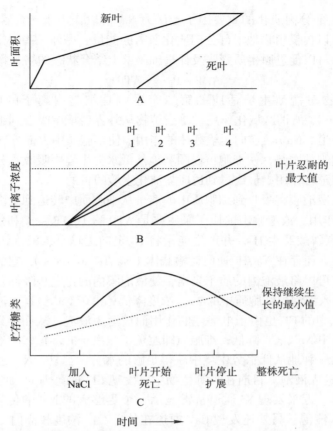

图 7-13 植物置于盐处理后植株总叶面积（A）、叶离子浓度（B）和贮存糖类含量（C）的动态变化

类在分类学上主要属藜科植物，其中有海蓬子属的盐角草、毕氏海蓬子（*Salicornia mritima*）等，猪毛菜属植物的苏打猪毛菜（*Salola soda*）、多叶猪毛菜（*Salola foliosa*）、紫翅猪毛菜（*Salola affinis*）等，盐穗木属的盐穗木（*Halosyachys caspica*），盐节木属的盐节木，盐爪爪属的圆叶盐爪爪（*Kalidium schenkianum*）、黑海盐爪爪（*Kalidium caspicum*）、细枝盐爪爪（*Kalidium gracile*）。这类植物的形态学特点是它们的茎或叶肉质化（succulence），植物体含水量特别高，叶片含盐量特别大，可达其干重的 1/3。

（2）稀盐盐生植物对盐渍生境的适应

稀盐盐生植物对盐渍生境的适应手段之一是它们的茎或叶的肉质化作用。所谓肉质化作用，即稀盐盐生植物的叶片或茎部的薄壁细胞组织大量增生，细胞数目增多，体积增大的结果。这样可以积存大量的水分，以克服植物在盐渍生境中由于吸水不足而造成的水分亏缺，更重要的是可以将从生境中吸收到细胞中的盐分进行稀释，降低细胞中盐分的浓度，使其达到不足以致害的程度，这是一种典型形态学对盐渍生境的适应现象。

关于稀盐盐生植物茎或叶肉质化的形成原因说法不一。有人认为，稀盐植物通过不断地生长，使细胞质膨胀，增大细胞壁的伸展性，同时合成较多的有机物质，促进细胞分裂和细胞膨大，从而形成叶片或茎部的肉质化。一些学者发现，Na^+ 和 Cl^- 是促进形成肉质化的必需外界因子，相同浓度的其他盐类没有这种功能。还有人发现，植物体内 ATP 代谢是稀盐植物地上部分肉质化的重要因子。认为 Na^+ 可以作用于光合膜上 ATP 酶的反向反应形成 ATP，可以提供植物地上部分肉质化所需的能量。另外一些人则认为植物肉质化主要原因是氯化物可以促进原生质膨胀及促进细胞壁上结合状态的络合物分解。

$$ADP + P_i \longrightarrow ATP$$

稀盐盐生植物对盐渍生境适应的第二个手段是细胞内离子的区域化作用（ion compartmentalization）。所谓区域化作用，是指植物从外界生境中吸收到细胞内的离子，通过质子泵、离子通道、Na^+/K^+ 逆向运输载体的作用，使细胞质中大部分 Na^+、Cl^- 转运到液泡中，从而降低细胞的水势，使细胞可以顺利地从低水势生境中吸收水分，而且可以使细胞质免受盐离子的毒害作用，最终达到适应盐渍化生境的目的。

盐生植物通过液泡膜将吸收到细胞质中的离子从细胞质中转运到液泡。首先是质子泵（proton pump）的作用。液泡膜上的质子泵主要是 ATP 酶（ATPase）和焦磷酸酶（PPase）通过水解 ATP 和焦磷酸产生 H^+，并产生能量将 H^+ 定向运输泵入液泡，形成跨膜电势梯度。其次，液泡膜上还存在 Na^+/H^+ 逆向运输载体（Na^+/H^+ antipoter），它的活动与质子泵的活动紧密相连，它可以将液泡内的质子泵出，使液泡膜内的正电势降低，逆向运输载体顺电势梯度将 Na^+ 运入液泡，细胞质中的 Na^+ 浓度降低；由于 Na^+ 被运入液泡，液泡中的正电势提高，细胞质中的 Cl^- 也由于电势差的作用而被运入液泡，从而导致液泡中 Na^+、Cl^- 浓度增大，细胞质中 Na^+、Cl^- 降低，细胞质即避免了盐离子的毒害，液泡浓度增大，水势降低，使细胞可以顺利地从低水势生境中获得足够的水分。另外，Na^+ 也可以通过离子通道（ion channel）进入液泡。目前在高等植物中已发现 Cl^- 通道、Ca^{2+} 通道和 K^+ 通道，但尚未发现 Na^+ 通道。近来发现 K^+ 通道常常显示一个足够大的 Na^+ 的传导性，很可能 Na^+ 也能通过通道进入液泡。另外还发现 Ca^{2+} 通道在外界 Ca^{2+} 浓度较高时，靠近质膜的 Ca^{2+} 浓度也变得很低，认为这是被 Na^+ 取代的结果。总之，确认 Na^+ 通过通道进入液泡还需要直接的实验证明。

Na^+ 通过质膜进入细胞质的机制类似 Na^+ 进入液泡的情况（图 7-14）。因为质子泵（ATPase）、Na^+/H^+ 逆向运输载体和离子通道既存在于液泡膜上，也同时存在于质膜上。液泡膜上的 ATPase 和 PPase 称 V-H-ATPase 和 V-H-PPase，质膜上的称 P-H-ATPase 和 P-H-PPase。除此，通过胞饮作用也可以将外界离子转运到细胞中。

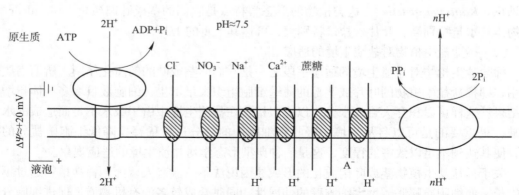

图 7-14　tp-ATPase 与 tp-PPase 的致电 H^+ 传递与次级传递系统 $\Delta\Psi$ 建立的膜电势

7.7.2.2 泌盐盐生植物对盐渍生境的适应性及其机制

（1）泌盐盐生植物

有花植物界中泌盐盐生植物（salt secretion halophyte）的种类也相当多，大约有14科，分成两大类，即向外泌盐的盐生植物（茎或叶生有盐腺）和向内泌盐的盐生植物（茎或叶具有盐囊泡）（表7-11）。具有盐腺的盐生植物中，禾本科植物较多，其盐腺基本都是由两个细胞组成的。其中的一些种类盐腺的泌盐功能已经退化，泌盐能力很低，有的甚至完全丧失泌盐功能。另一些科的植物盐腺大多由多个细胞组成，有的盐腺由30~40个细胞组成，它们的泌盐能力较强。

表7-11 泌盐植物的科属（引自 Breckle 1995）

类别	科名	属名举例
向内泌盐盐生植物（有盐腺）	爵床科（Acanthaceae）	老鼠簕（*Acanthus*）
	海榄雌科（Avicenniaceae）	海榄雌属（*Avicennia*）
	旋花科（Conovolvulaceae）	旋花属（*Convovulus*），番薯属（*Ipomaea*）
	瓣鳞花科（Frankeniaceae）	瓣鳞花属（*Frankenia*）
	紫金花科（Myrsinaceae）	桐花树属（*Aegiceras*）
	白花丹科（Plumbagenaceae）	石苁蓉属（*Limonium*），白丹花属（*Plumbago*）
	禾本科（Poaceae）	獐毛属（*Aeluropus*），米草属（*Spartina*），格兰马草属（*Bouteloua*），野牛草属（*Buchloe*），虎尾草属（*Chloris*），狗牙根属（*Cynodon*），弯穗草属（*Dinebra*），牛筋草属（*Eleusine*），肠须草属（*Enteropogon*），须芒草（*Andropopgon*），臂形草属（*Brachiaria*），蒺藜属（*Cenchrus*），金须属（*Chryopopgon, Caix*），马唐属（*Digitaria*），稗属（*Echinochlora*），蔗茅属（*Erianthus*），苞茅属（*Hyparrhenia*），黍属（*Panicum*），雀稗属（*Paspalum*），类雀稗属（*Paspalidium*），甘蔗属（*Saccharum*），狗尾草属（*Setaria*），高粱属（*Sorghum*）
向内泌盐植物（有囊泡细胞）	报春花科（Primulaceae）	海乳草属（*Glaux*）
	玄参科（Scrophulariaceae）	火焰草属（*Castilleja*）
	柽柳科（Tamarieaceae）	水柏枝属（*Myricaria*），红砂属（*Reaumoria*），柽柳属（*Tamarix*）
	龙须海棠科（Mesembryanthemaceae）	龙须海棠属（*Mesembryanthemum*），*Psilocanlon*
	藜科（Chenopodiaceae）	滨藜属（*Atriplex*），藜属（*Chenopodium*），盐蓬属（*Halimione*），猪毛菜属（*Salsola*）
	酢浆草科（Oxalidaceae）	酢浆草属（*Oxalis*）
	豆科（Leguminosae）	大豆属（*Glycine*）

（2）盐腺的结构及功能

某些盐生植物的叶片或茎上生有盐腺，利用它可以将吸到植物体内的盐分再分泌到体外，从而避免盐离子的毒害作用。

　　盐腺有两类，即盐腺和盐囊泡。盐腺（salt gland）由两个到多个细胞组成，多半镶嵌在表皮细胞中间，如二色补血草的盐腺由 16 个细胞组成（图 7-15），最外层为收集细胞，收集细胞以内为杯状细胞（4 个），在内为毗连细胞（4 个），最内为分泌细胞（4 个）。盐分由收集细胞集中，传递到杯状细胞和毗连细胞，最后转运到分泌细胞，其顶部有分泌小孔，盐分通过小孔分泌到体外，从而可以减少细胞内的盐浓度，避免盐离子的毒害作用。盐囊泡（salt bladder）的构造比较简单，一般只有两个细胞。一个柄细胞和一个分泌细胞（图 7-16）。细胞中盐分转运到囊泡中，暂时贮存起来，囊泡遇到刮风、下雨或与动物接触或碰击，囊泡便会立即破裂，将囊泡中的盐分遗留在体外，也达到降低植物细胞中的盐分浓度，避免盐离子毒害的目的。

　　盐腺的泌盐过程是一个主动过程，说明离子进入囊泡及在囊泡中运输是需要能量的。盐腺分泌的物质主要是盐类，除此还有少量的小分子有机物质等。盐腺分泌的盐分与培养基中的盐分是一致的。培养基中含有 NaCl，则分泌物中绝大部分是 Na^+、Cl^-；如果培养基中含有 $CaCl_2$，则分泌物中主要是 Ca^{2+}，其次为 Na^+、Cl^- 等，还有少量有机小分子物质。盐腺分泌盐的速度和数量也与培养液中的盐浓度有关（表 7-12）。

　　泌盐盐生植物将从土壤中吸收的盐分通过盐腺大部分分泌到体外。以下两类物质作为渗透调节剂，一类是盐离子，另一类是小分子可溶性的相容（competible）有机物质，而且在总渗透作用中占据相当大的比例。

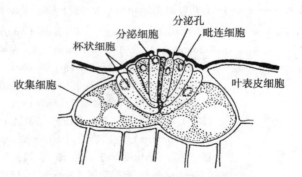

图 7-15　二色补血草盐腺示意图

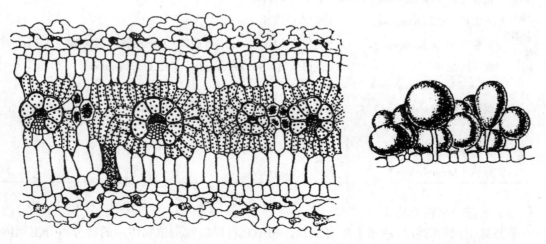

图 7-16　滨藜叶表面死囊泡剖面图（左）和薄荚滨藜（*Atriplex leucoclada*）的盐囊泡（右）

表 7-12　培养液中离子组成对柽柳分泌物中离子含量的效应（引自赵可夫和李法曾 1999）

培养液	3 天中每 100 g 植物鲜重分泌物中离子含量 /mg			
	Ca^{2+}	K^+	Na^+	Cl^-
自来水	43.8	17.6	262.7	54.9
0.1 mol NaCl	46.1	17.1	461.6	126.2
0.2 mol NaCl	40.9	16.7	754.3	215.2
0.3 mol NaCl	42.3	17.1	669.0	128.3
0.4 mol NaCl	39.6	14.6	401.3	130.7
0.1 mol KCl	41.8	23.1	155.0	191.0
0.1 mol $MgCl_2$	42.6	9.0	158.0	106.0
0.1 mol $CaCl_2$	44.7	15.0	113.7	56.5
0.2 mol $CaCl_2$	40.0	15.3	72.9	52.5
0.3 mol $CaCl_2$	42.3	13.0	71.6	55.7
LSD $P=0.01$	ns	3.68	49.7	24.79
LSD $P=0.05$	ns	2.68	36.24	18.80

注：ns 表示无显著差异。

　　关于泌盐盐生植物盐腺的泌盐机制，目前只知道它是一个主动过程，其所需能量均由代谢过程产生和提供，其他方面仍停留在假说阶段。

　　① 流体静压力学假说。该假说是由 Arisz *et al.*（1955）提出的，至今还在被人引用。认为盐离子主动地积累到盐腺细胞中，增大盐腺细胞的渗透势，即导致细胞流体静压力的产生。当盐腺压力达到最高水平以后，即通过周期性的微水滴向盐腺分泌细胞外部排出。总之，认为盐腺分泌作用就是一个物理过程，即

叶肉细胞盐离子 $\xrightarrow[\text{主动过程}]{\text{共质体}}$ 收集细胞 $\xrightarrow[\text{主动过程}]{\text{共质体}}$ 分泌细胞 $\xrightarrow[\text{主动和物理过程}]{\text{流体静压力}}$ 盐离

子被分泌到体外

　　② 胞饮相反过程假说。该假说是由 Ziegler 和 Luttge（1967）及 Shimony 等（1973）提出。他们认为泌盐植物的盐腺的分泌，是通过以前积累在一些细胞质囊泡中的盐液向细胞外表面排出的过程，是一种相反的胞饮现象。在植物的某些阶段也会发生这种现象，如膜结构临时变化以及细胞质组分的泄漏，也会发生分泌作用。他们还指出，一些分泌物质如果胶质，可以作为离子的运输载体。

　　除以上两个假说外，还有人认为泌盐植物的分泌机制与动物的液流运输系统相似。认为在盐腺基部细胞中有一种主动将离子分泌到分割膜的胞外通道中。这个过程是通过由线粒体提供能量来完成的。假设有一个溶液–水的运输系统，则水分将被动地沿着渗透梯度

通过基部细胞并进入胞外通道。

盐囊泡的泌盐机制比较简单。盐分从维管束鞘细胞→栅栏细胞→下表皮细胞→盐囊泡柄细胞→盐囊泡运动。这个系统细胞中的盐离子浓度通过渗透调节作用是逐渐增大的。维管束鞘细胞中 Na^+、Cl^- 浓度最小，逐步升高到盐囊泡时 Na^+、Cl^- 浓度最高，离子通过质膜和液泡膜质子泵、Na^+/H^+ 逆向运输载体的作用以及离子通道，即可以完成盐离子运输到盐囊泡，盐离子到达盐囊泡后，也不需要分泌到胞外，待囊泡破裂后盐分即被送到体外（图 7–17）。

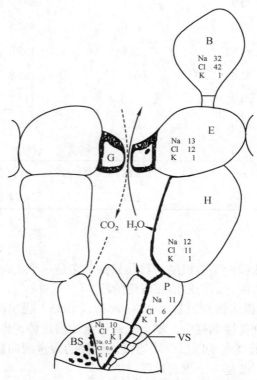

图 7–17　生长于 600 mmol·L^{-1} NaCl 条件下泡状滨藜成熟叶片的渗透调节

BS. 维管束细胞质和液泡；VS. 维管系统；P. 栅栏细胞（液泡）；H. 下表皮细胞（液泡）；
E. 表皮细胞（液泡）；B. 盐囊泡（液泡）；G. 保卫细胞。箭头表示 CO_2 和 H_2O 的运动

一些盐植物除盐腺和盐囊泡外还有一些其他排盐方式，例如：

① 淋溶　盐生植物地上部分细胞中的可溶性物质，可以通过蒸腾流将叶细胞内和积累在叶表面的盐分排掉，这些盐分也可以通过胞间联丝或者角质层破裂排出，而后经雨水淋溶掉，即所谓的假分泌作用。一般情况下，植物组织中的 Na^+、Cl^- 十分容易被雨水淋溶。滨藜属植物叶片的盐分大约有 50% 是通过雨水把它们淋溶掉的。另外，利用淋溶去盐在热带红树林植物和其他海岸盐生植物中是一种重要的脱盐方式。

② 吐水　有一些盐生植物有泌水结构——排水孔（hydrathode），地上部分的盐分可以通过排水孔排掉。另外，叶片的吐水现象普遍存在于植物中，特别是一些幼年植物的叶片。吐水的液流与木质部液流不同，吐水的液流中的营养离子一般都低于伤流液。吐水溶

液中有 Na⁺、K⁺、Cl⁻、Ca²⁺ 等，可以通过吐水减少植物组织中的盐分，这对生长在潮湿地区的幼年盐生植物的脱盐特别重要。

③ 盐饱和器官的脱落 一些盐生植物还可以用落叶的办法来降低植物体中的盐分。有的盐生植物的叶生长到老年时，叶中的盐分已达到饱和，此时这些叶即脱落。例如盐生灯心草（*Juncus maritima*）的叶，当其叶中盐的负荷达到饱和时即脱落，许多盐生植物叶历程都是如此，幼年叶含盐少，中年叶含盐增高，老年叶（脱落叶）含量最高（表 7–13）。

表 7–13　盐生植物滨藜和白刺的幼叶、成熟叶和落叶中 Na⁺ 含量（引自 Waisel 1972）

植物	叶中 Na⁺ 含量（占干重百分比）/%		
	幼叶	成熟叶	落叶
地中海滨藜	4.3	7.10	7.86
地中海白刺	0.8	1.47	1.52

④ 盐的再运输 还有一些盐生植物，在植物体积累的盐分可以通过韧皮部再运输到根部，并从根部再排到根外，从而降低植物体内的盐分，这也是一种排盐方式。

（3）拒盐盐生植物（salt exclusion halophyte）对盐渍生境的适应性及其机制

这一类植物的特点是，其根系对盐（主要指 NaCl）拒绝吸收，或吸收以后贮存在根部，不向地上部分运输，从而使代谢活跃的地上部分免受盐离子的伤害作用。这也是植物对盐渍生境的另一种适应方式。盐生植物芦苇就是一个典型的例子。Matsushit & Matoh（1991）报道，芦苇生长在不同盐度下，植物体的含盐量随之升高，但根部含盐量远大于地上部分。在 50 mmol·L⁻¹ NaCl 条件下，根部的 Na⁺ 含量是地上部分的 3.38 倍。除芦苇外，不少禾本科植物中的盐生植物，甚至非盐生植物如玉米、高粱都可以发现这种现象。关于盐生植物和非盐生植物的拒盐机制，目前有以下几种假说：

① 离子均衡假说 该假说的主要论点认为植物细胞 K⁺ 和 Na⁺ 等一价离子的含量与二价离子 Ca²⁺ 等的含量正常情况下有一定的比例，其比例为 Na⁺：Ca²⁺=10∶1。当这种比例正常时，细胞的选择吸收也正常；当这种比例被破坏时，例如盐分胁迫使植物过量吸收 Na⁺ 时，则这种比例即被破坏，细胞选择性吸收也被破坏，透性增大。Na⁺ 大量进入细胞，胞内 K⁺ 及小分子有机物质也会大量外渗，胞内离子均衡破坏，产生恶性循环。通常情况下，非盐生植物对 Na⁺ 的透性都比较大，对 Ca²⁺ 的透性都比较小，所以将非盐生植物栽培在盐渍生境中很容易产生钠和钙的比例失调，导致质膜透性增大，所以非盐生植物抗盐能力比较小。而盐生植物细胞对 Na⁺ 和 Ca²⁺ 的透性与非盐生植物相反，对 Na⁺ 和 Ca²⁺ 的吸收能力都很大，在大量吸 Na⁺ 的同时，也大量吸收 Ca²⁺，Na⁺/Ca²⁺ 仍能维持均衡，其质膜透性仍能维持正常，不易受过量 Na⁺ 的毒害，所以它比较抗盐（Levitt 1980）。

② 质膜组成假说 植物细胞质膜组成膜脂单半乳糖甘油二酯（MGDG）的含量与盐离子进入细胞的多少有关。MGDG 含量高的葡萄植株，吸收盐离子少，抗盐，相反则不抗盐。在培养液中加入适量 MGDG 后，可以促进棉花和大豆对 Na⁺ 的吸收。赵可夫（1999）在紫花苜蓿与盐角草中也证实了上述观点。同时发现植物的质膜透性与质膜脂肪酸的不饱和度有关，不饱和度高的脂肪酸组成的质膜抗盐能力弱，不饱和度低的脂肪酸组成的质膜

抗盐性强。

③ 脉内再循环假说 关于假盐生植物将吸收到植物体中的盐分集中贮存在根部和茎部的机制，在目前缺乏直接证据的情况下，可以利用一些耐盐非盐生植物的研究结果来解释。

一些非盐生植物如菜豆、玉米等，其地上部分也具有拒 Na^+ 的能力，将其吸收到植物体中贮存在根部或茎基部。通过植物解剖学、生理学的研究，发现植物根系吸收 Na^+、Cl^- 以后，在向上运输的过程中大部分 Na^+ 积累在根部或茎基部，所以根部和根茎部的 Na^+ 含量特别高。同时发现，在 Na^+ 含量增大的同时，根茎部或根部的 K^+ 含量也随之降低。因而推论，木质薄壁细胞从木质导管中吸收 Na^+，是通过木质部薄壁细胞中 K^+ 与木质部导管中 Na^+ 进行离子交换来完成的。而木质部薄壁细胞有没有这种能力进行离子交换，成为大家讨论的焦点。Kramer *et al.*（1977）很快发现这类植物的木质薄壁细胞在盐渍条件下可以分化成传递细胞，传递细胞具有较大的质膜表面，可以高速进行离子交换，从而解决了这个疑问。后来，Winter & Lauchli（1982）利用放射性 $^{22}Na^+$ 和 $^{35}Cl^-$ 研究埃及车轴草（*Trifolium alexandrinum*）。将 $^{22}Na^+$ 和 $^{35}Cl^-$ 施到用盐处理的埃及车轴草叶片上，$^{22}Na^+$ 和 $^{35}Cl^-$ 很快被运输到茎基部和根部，因而提出离子从叶片被重新吸收运到根部和茎基部，是通过木质部向韧皮部传递，即通过木质部传递细胞运到韧皮部传递细胞，进入韧皮部筛管，然后通过筛管将离子运输到茎基部或根部。

根据以上事实，Lauchli（1984）提出一个脉内再循环（intraveinal recycling）假说（图7-18）。

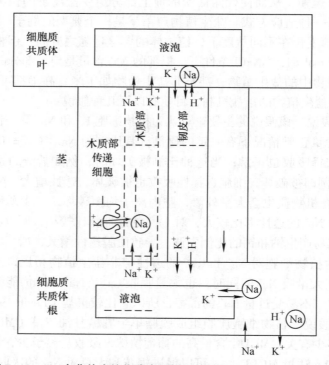

图 7-18 Na 在非盐生植物脉内再循环的模型（引自 Lauchli 1984）

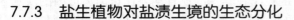

7.7.3 盐生植物对盐渍生境的生态分化

植物对任何生境的适应都会被诱导产生一些生态分化（形态解剖、生理、发育节奏、繁殖方式等）。植物对盐渍生境的适应性可能是暂时的，并且只表现在植物的某些部位上。当自然选择形成的变化一旦在遗传上被固定下来，则会形成一些新的生态型。显然植物的适应性不是永恒不变的，而是在适应的过程中再产生分化，形成新的生态型植物。盐生植物对盐渍生境的生态分化可以显著地表现在以下几个方面。

7.7.3.1 形态学的分化

在海滨地区的不同海岸带地区的生境中，经常可以发现一些相似的生态型，如北美海岸地区发现洋蓍草（*Achillea millefolium*）由内陆生态型分化成海滨生态型，植株分化成致密紧凑，叶片也分化成肉质化叶片。再如毛蕊花（*Verbascum sinoatum*）原为内陆生态型植物，后来分化成海滨生态型，叶片由小分化成宽大叶片，而且抗盐能力也有所提高。再如从不同盐渍化地区采集到的盐角草种子，也出现生态分化现象，由这些种子形成的植物出现三种类型，因而可将它们分成三个变种（*Salicornia herbacea* var. *stricta*、*S. herbacea* var. *patula* 和 *S. herbacea* var. *appressa*）。再如苍术（*Atractylodes flava*），不同生态型叶片气孔分布和数量也有很大差异。

7.7.3.2 生理的分化

同种盐生植物分布在不同盐渍化地区，其耐盐性也出现明显的差异，证明植物对盐渍化土壤的适应性，也说明它们在适应过程中产生生态分化。如盐地生态型的芦苇的种子具有较大的抗盐性，而水生生态型芦苇的种子的抗盐能力要小得多；不但表现在抗盐性上，它们的其他生态性状也有很大差异，如光合作用、呼吸作用、S 代谢、N 代谢等对盐分的反应都不一样。

7.7.3.3 发育节奏的分化

植物对生境的生态分化也表现在发育的节奏上。如不同生态型植物的物候期发生很大的变异，苍术的海滨生态型的开花期较内陆生态型晚 20 天，比沙漠生态型晚 30 天（图 7-19）。

图 7-19 苍术三种生态型的物候

C. 海滨生态型，M. 地中海生态型，D. 沙漠生态型

□开花；■结果；---- 零星开花与结果

黄河三角洲盐碱地区，黄河大堤外的芦苇在春季的返青期要比黄河大堤内的淡水区的芦苇晚 20 天左右，实际上这两种生境的差别主要是盐渍生境，堤内堤外的光照、光周期、温度等因素都是一样的，其结果却相差很大，可见环境因素对植物的作用是巨大的。

7.7.3.4 繁殖方式的分化

适宜的盐度不仅能促进植物的营养生长，而且能促进某些盐生植物的开花与果实发育。当盐分不足时，部分盐生植物营养生长并不表现出明显的抑制现象，但生殖过程却不能顺利进行。这种现象最早发现在 18 世纪，白刺（*Nitraria schoberi*）在乌普萨拉的花园中生长了 20 年，但是没有开过一次花，而把它当作盐生植物增施食盐时，才第一次开花。

沙霍夫（1958）在非盐渍土中培育的白滨藜（*Atriplex cana*）虽然生长接近正常，但在 5 年内没有开过一次花，直到第 6 年才逐渐产生适应，开始开花。后来他又进行了海蓬子与猪毛菜的盆栽试验，表现盐渍化对植物开花的作用。在有 NaCl 的盆钵中，全部植株都开了花，而在对照条件下，只有个别才开花。在 10 月末，盐渍化生境中的植株形成了正常的种子，而对照植株的种子发育不充分，颜色较淡和空瘪。

7.7.4 盐生植物的起源

7.7.4.1 盐生植物来自非盐生植物假说

Flowers *et al.*（1977）的研究分析发现，盐生植物广泛存在于许多有花植物的目中。有花植物的 94 个目中，38 个目（表 7-8）中都存在盐生植物，从单子叶的较原始类群，如百合目，到较高等的类群禾本目；从双子叶较原始类群如樟目和睡莲目，到较高等的唇形目，这个结果说明盐生植物的耐盐性是多元起源（polyphyletic origin of salt tolerance）的，即盐生植物来自非盐生植物。

7.7.4.2 非盐生植物来自盐生植物假说

根据盐生植物的分布，发现沉水盐生植物有 6 科 40 余种，低海岸盐生植物有 8 科 12 属近百种，认为盐生植物与海洋关系密切。Chapman（1968）在盐沼地带发现盐生甜菜（*Beta vulgaris* ssp. *maritima*），认为它是栽培甜菜（*Beta vulgaris*）的祖先，近来又发现芒麦草（*Hordeum jubatum*）也起源于盐碱地区。根据以上事实，认为现在非盐生植物起源于盐生植物，非盐生植物是由于丢失了盐生植物的特性而发展起来的一群植物。孰是孰非，各有依据，目前难以定论。

7.7.5 盐生植物和非盐生植物的区别

从表面上看，盐生植物与非盐生植物之间确实有很大的不同；如果深入细致进行比较，很难找到它们之间有本质的差异。

7.7.5.1 从形态学、生态学和生理学上对比盐生植物和非盐生植物

与非盐生植物进行形态学比较对比，发现盐生植物的根、茎、叶、花、果实和种子的形态、构造没有任何特殊之处。从生态学比较，盐生植物的生态型有旱生型、中生型和水生型，非盐生植物也是如此；从生理学比较，盐生植物的矿质代谢、水分生理、光合代谢、呼吸代谢的类型和机制以及各种生物酶的种类，完全与非盐生植物一样。从上述方面来看，盐生植物与非盐生植物的不同只是量上的差异，而没有质的不同（Munns *et al.* 1983）。

另外，在盐度很低的情况下，NaCl 对许多种植物（包括非盐生植物）的生长都有一定的促进作用（Zhu 2000）。换言之，植物（盐生和非盐生植物）都有一定的抗盐性，不

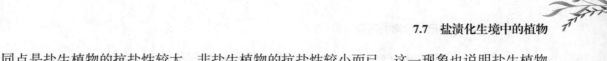

同点是盐生植物的抗盐性较大，非盐生植物的抗盐性较小而已。这一现象也说明盐生植物和非盐生植物之间的区别是量上的不同，没有质的差别。

7.7.5.2 从遗传学上对比盐生植物和非盐生植物

可能有人要说，盐生植物抗盐能力大，有抗盐基因，而非盐生植物没有。通过近年不断深入地研究，非盐生植物也具有抗盐基因，也有一定的抗盐性。许多非盐生植物的细胞经过在一定盐度下逐渐适应也会产生一定的抗盐性。这种例子比比皆是，这说明所有植物基因组中都存在抗盐基因，如果缺乏适应锻炼，耐盐基因就得不到适当的表达，抗盐性就得不到提高。

非盐生植物同样具有抗盐基因的事实是完全可以理解的，因为盐生植物的耐盐基因可能是从那些适应了低盐胁迫的非盐生植物的基因进化而来的。众所周知，Na^+ 是地球上土壤阳离子中最丰富的元素之一。对大多数植物来说，Na^+ 是一种共用的环境因子，由于大体积水的蒸腾流要通过植物，所以即使浓度低于 $1\ mmol\cdot L^{-1}$，Na^+ 在植物体内的积累仍然可以达到很高水平。由于耐盐基因调控 Na^+ 的流量，所以 Na^+ 在植物体内积累到毒害水平是不可能的（Zhu 2000）。

关于耐盐基因进化的观点已得到许多研究结果的支持。一些研究指出，尽管拟南芥不具备这些性状，但有利于农业生产性状的控制基因在拟南芥中存在着同源系列，例如拟南芥没有番茄所具有的果实成熟响应（fruit-ripening response），但是番茄果实成熟响应中的乙烯受体与拟南芥介导由乙烯产生的三重响应的分子是同一类型（Wilkinson *et al.* 1995）。所以我们相信可以从像拟南芥一样的非盐生植物中获得与盐生植物差异并不很大的耐盐基因。

延伸阅读

七洲列岛的神奇植物为适应恶劣环境而改变

七洲列岛，离海南岛最远的近海离岛，一个华南地区航海家曾经必经之地但又望而生畏的地方，一个让植物学者神往但又多次计划考察未能如愿之地。这里常年浪涛汹涌，过去从未有人进行过任何植物学方面的研究工作，是我国唯一缺乏植物学本地调查研究的群岛。

今年 2 月，海南文昌籍植物学家邢福武和他的团队通过深入考察，编撰出版了《海南省七洲列岛的植物与植被》一书，这是我国第一部全面介绍七洲列岛植物学的著作，也填补了我国岛屿植物学研究的一个空白。

通过《海南省七洲列岛的植物与植被》能够看到什么呢？除了巧夺天工的地质地貌，更有独具特色的堪称神奇的热带北缘小岛植物群落。

七洲列岛距离海南岛数十公里，岛上的植物是从何而来呢？面对咸湿的海风、干旱的气候和呼啸的台风，这些植物是如何生长的？

就让读者跟随中国科学院华南植物研究所研究员邢福武的脚步，去领略这些神奇小岛的植物及其起源吧。

圆梦七洲列岛

"考察七洲列岛可以说是我儿时就有的梦想。"邢福武生于文昌文教河畔，由于距离七洲列岛不远，儿时常听祖辈们讲七洲列岛上海盗的故事，虽然让他生畏，也令他更为神往，"七洲列岛被文昌渔民称为'七洲峙'，是海南岛近岸最美的海岛。"

古代的七洲列岛虽然舟楫繁忙，却是人迹罕至之地。近代以来，由于捕捞船只和设备的更新换代，渔民到七洲列岛捕捞已是轻而易举的事，而且正在逐年增加，其生态环境遭到一定程度的干扰。在科学研究方面，七洲列岛无疑是研究海洋科学、地学和生物学等方面不可多得的研究地点。然而，过去很少有学者对该地区的自然资源做过系统的调查研究。植物学研究方面，直至2015年，尚未有相关研究成果发表。因此，邢福武上岛的心情更趋迫切。

"最近几年，我曾几次策划考察该群岛，但由于种种原因而未能成行。"后来邢福武从事了植物学方面的研究工作，对七洲列岛这个神奇的群岛更加兴趣浓厚。由于七洲列岛及附近海面海浪和天气变化无常，他曾几次赴文昌东部海滨等待机会，望着隐约可见的七洲列岛，却因风大浪急无法登岛而只能叹惜。

2015年4月26日，经过10天的漫长等待，清澜港码头终于得以风平浪静，天上布满星星，凌晨2点，邢福武一行上船出海往七洲列岛方向驶去。这一去，终于圆了他心中盼望已久的登岛梦。

岛上植物种类不多，但却让邢福武和他的团队眼界大开。据调查，七洲列岛共有维管束植物83种，隶属于45科、80属，其中假臭草、马缨丹、南洋楹为外来种。

风大，乔木长矮变成灌木

"七洲列岛上都是恶劣环境下的神奇植物。"邢福武说，由于岛上岩岸多、土层薄，常年大风，而且还不时有台风袭击，再加上太阳辐射强度和水分蒸发量大、盐分高，使植物的生长受到不利的影响，植被的发育受到种种限制。七洲列岛的自然植被比较单调，仅包括灌木丛和草丛。其中，灌丛所占的面积最大，草本植被集中分布于南峙，它们代表了七洲列岛的植被类型，也反映了本区植被在特殊的自然条件下其植被组成、外貌和演替的特点。

他们在调查中没有发现自然植被中有乔木群落分布，却惊讶地发现岛上并非没有乔木，而是乔木全部"矮化"成灌木，如细叶榕、笔管榕、赤果鱼木、漏楄树和美叶菜豆树等。这些植物由于岛上大风和灾害性台风的影响，加上土层瘠薄，树种高度变得低矮。"这是植物对不利于自身生长发育的自然条件的一种生态适应。"邢福武说。

然而，在北峙和南峙两个最大的岛屿上，自然条件相对优越，灌丛和草本植被面积大，逐渐改善了岛上植物的生长环境，有利于形成多样化适于各类植物所需的小生境。在北峙南坡细叶榕和笔管榕组成的群落高度约4 m，正在向着乔木群落演替。在南峙的乔木树种，包括细叶榕、美叶菜豆树、笔管榕、漏楄树、赤果鱼木，还有小乔木树种包括印度鸡血藤、打铁树等组成高灌丛群落，高度近4 m，向着有利于形成乔木群落的方向发展。

变得耐旱、耐盐、抗风

"为了抵御岛上恶劣的环境，植物们各显神通。"邢福武说，岛上主要以喜光、耐旱、耐盐、抗风的植物为主。为抵御干旱，一些植物根系发达、深深扎于石缝中，一些植物枝叶肉质可以贮存丰富的水分；为减少蒸腾，一些植物叶子退化，仅存肉质的茎，一些植物的营养器官退化成刺，一些植物遇旱则把叶子卷起；为了抵御太阳辐射，一些植物毛被相当发达。

"岛上的植物大多数有刺，这是为了抵御干旱。"邢福武称，叶子退化为针状刺可减少蒸腾，如刺葵；有些托叶变为尖刺状，如曲枝槌果藤；有些枝条变为尖刺，如细叶裸实。为抵御干旱，有些植物体内多乳汁，如细叶榕、笔管榕、匙羹藤、海岛藤、鲫鱼藤、肉珊瑚等。灌木的种类其叶子多为小型的肉质叶，以抵御干旱；有些叶子变成白色毛被，抵御太阳辐射。

为了抗风，灌木丛的高度一般为 1 m 左右，靠近海岸峭壁上的灌木丛更矮，有些不足50 cm，生长于岛屿山谷中的灌木丛较高，有些高达三四米。群落中的植株密度较大，根系发达，分枝较多，互相交织，难以穿梭其中。由于灌木丛很密，覆盖度达到七八成，因此林下草本很少，常见较耐阴的植物只有耳叶肾蕨。

邢福武说，草本植物群落在各岛都有分布，但以南峙分布的面积较大，多呈连续成片分布，组成的植物种类多以禾本科和莎草科的植物为主。这些草本植物多为耐旱、耐盐植物，是岛屿上峭壁上的先锋植物之一。为抵御干旱，它们的根茎发达而粗壮，叶子于旱季呈现卷叶现象。

美丽的植物景观

邢福武此行还发现了一些美丽的植物景观，包括南峙刺葵、露兜树和北峙榕树景观。

在南峙，露兜树和刺葵在岛上生长旺盛，通常成片组成群落，面积达几十亩。每当露兜树果实成熟时，从海边远远望去，仿佛在大树上结了金黄色的"野菠萝"，与长长的叶子和气根相映成趣。

与露兜树一样，刺葵是岛上极具热带海岛景观特色的植物，其根系发达，特别耐旱，在岛上成片地旺盛生长，它以棕榈科植物独特的形态美，与露兜树一起组成连绵不断的灌丛群落，成为七洲列岛两个最具有热带海岛特色的植物，观赏价值很高。

北峙的榕树景观主要分布在南坡和北部，这里成片生长的榕树群落达几十亩，主要由具有气根的细叶榕和笔管榕组成。因常年风大，植株大都伏石而生。为抵御强风和干旱，榕树的根深深扎在石缝中或攀爬于石上。树形与树根千姿百态，与形态各异的巨石一起组成景观，胜似人工巧造的石头公园景观。

小结

植物的生存依赖于环境，必须适应环境才能生存。不同的环境胁迫因子对植物的伤害不同；相应地，植物对不同的环境胁迫也因植物种类而异，从而形成了不同的适应策略。自然界中，植物生长遇到的环境胁迫主要有冷害、高温、干旱、水涝、盐碱胁迫以及UV-B 辐射等。

温度是植物生存的重要因素，并决定植物的自然分布，植物也总是在达到一定温度总量才能完成其生活周期，不同植物各有其最适生长的温度范围，总是在达到一定的温度总量（积温）后才能完成其生活周期。自然界中，植物受到的温度胁迫主要有低温胁迫和高温伤害。低温胁迫是对植物耐寒性的检验，植物耐寒性是对低温环境长期适应中通过本身的遗传变异和自然选择获得的一种适应性。低温胁迫包括冻害和冷害。目前冻害的机制有三点：①细胞内结冰；②原生质脱水；③生物膜体系破坏。冷害的原发反应是生物膜发生相变，液晶态变为凝胶态，原生质环流停止，植物体内乙烯增加，光呼吸速率下降。植物的耐寒性是其固有的遗传特性，而且总是在逐步降温的过程中得以适应，这即为冷驯化或谓抗寒锻炼。植物所处环境中温度过高引起的生理性伤害称为高温伤害，又称为热害。高温胁迫对植物的直接伤害是蛋白质变性，生物膜结构破损，体内生理生化代谢紊乱。热害往往与干旱并存，造成失水萎蔫或灼伤。不同植物所忍受的最高温度或致死温度是不同的，同一株植物不同器官或组织耐热性也有较大差异。根系对高温逆境最敏感，繁殖器官次之，叶片再次之，老叶的耐热性强于幼叶，树干的耐热性强于枝梢，木本植物的耐热性强于草本植物。

水分不仅是植物生存的重要因子，而且是植物重要的组成成分。植物对水的需求有两种：一是生理用水，如养分的吸收运输和光合作用等用水；二是生态用水，如保持绿地的环境湿度，增强植物生长势。水分胁迫在植物中表现为两个极端，干旱胁迫和淹水胁迫。干旱是使植物产生水分亏缺的环境因子，是各种植物最具威胁性的逆境之一。植物发育的萌动和生长过程是植物对缺水胁迫最敏感的阶段，也是植物因缺水导致早衰、夭折、死亡最重要的时期。在其营养生长中，水分胁迫的可见症状有叶萎蔫、叶枯死、叶脱落、枝梢干枯、植株枯死。不同的营养器官对水分胁迫反应的敏感度不同，水分的淹涝胁迫就是水分过多，过多的土壤水分和过高的大气湿度都会破坏植物体内水分平衡，进而影响植物发育。土壤中水分过多一般有两种状态，一种是土壤水分超过最大持水量，处于饱和状态，土壤的气相完全被液相取代，即为"渍水"，又称渍害；另一种是水分不仅充满了土壤而且地面积水，淹没了植物的局部或整株，通常称为"涝害"。不论是渍害或涝害，水分过多对植物的伤害并不在水分本身，而是由于积水而导致土壤中缺 O_2 并发生 CO_2 累积。

盐胁迫在炎热、干旱条件下对植物的伤害比冷凉条件下严重，强光下盐胁迫对植物生长的抑制比弱光下的盐胁迫要大。过量地使用 N、P、K 肥不能缓解盐度引起的生长抑制，反而会加剧盐害。不同植物种类其耐盐性不同。盐胁迫不仅影响植物的外部形态，也影响植物内部的生理生化特性。盐害的典型症状是植物生长量显著减少，叶尖和叶缘灼伤，叶失绿和坏死，卷叶，花萎蔫，根坏死，枯梢，落叶，甚至死亡。生长抑制是植物受制于盐胁迫最敏感的生理过程，糖累积下降，蒸腾作用下降，水分亏缺，CO_2 同化速率下降，营养不良，盐胁迫的植物通常树冠小，叶小而少，枝梢少，节间短，出苗率低。盐胁迫对植物的伤害在我国北方重于南方，在城市园林界环渤海湾城市群较为突出。

除了本章主要提到的温度、水分以及盐胁迫外，植物的生长还受到强光、紫外线、大气污染物以及酸雨等的胁迫。

思考题

1. 试从自然环境胁迫与植物的适应的角度解释"物竞天择，适者生存"的说法。
2. 可以用哪些生理生态的方法研究光抑制？
3. 举例说明旱生植物对干旱环境的适应策略，请分别从形态、结构、生理等方面论述。
4. 举例说明旱生植物与盐生植物在特征上有什么区别，哪种类型植物的水势更低。

第 **8** 章
环境污染与植物的反应

　　环境污染是人为制造的环境胁迫，对于植物来讲，表现为植物的生长发育受到污染因子的影响。那么，什么是污染因子呢，它们是从哪里来的？实际上，任何生命生长的必需元素当它们的量过剩后就造成了污染。这些元素原来沉睡在岩石圈中（如大部分的化石燃料、矿物质）或者悬浮在大气圈中（如氮素），人们出于各种目的开采煤矿、石油和其他矿产，制造了许多种化学物质（肥料、农药、染料、塑料、化纤物质、石油产品等），致使许多元素从稳定的状态变成活跃的状态进入到环境中去，变成难以对付的有害物质。因此，污染物质的出现是伴随人类技术进步与物质文明的发展而出现的，是科学与工业革命的副产物。在工业革命开始后的几十年至一百年中，人们仍沉醉于提高生产力的喜悦之中，根本没有注意到污染这种现象，只是到了 20 世纪 50 年代前后，国际上接连发生的环境污染事件引起了人们对环境问题的恐慌，血的事实以及巨大的人、财、物损失使人们开始对自己生存的环境焦虑起来。1971 年在斯德哥尔摩召开的人类环境会议，标志着人类全面治理环境污染问题的开始。20 世纪 70—80 年代，我国一些从事传统植物生态学研究的人员，开始了环境质量的植物指示与生物监测方面的研究。他们根据不同植物种类的组成、分布、污染物含量等划分不同的污染等级，用于环境质量评价；到 20 世纪 90 年代，人们改变了污染物终端控制的策略，加强了面源污染及其生态风险评价的研究。其中利用水生植物吸收并转化氮、磷、重金属及有机污染物，利用高等植物建立的水污染净化隔离带，在防止土壤和水体污染中起到了越来越大的作用。在矿业废弃地上，利用高等植物的生态修复功能净化重金属污染，以排除防不胜防的"化学定时炸弹"。在城市中，环境绿化已从单纯强调绿地率（植被数量指标），转变到强调丰富多彩的城市植被（植被质量指标），使植物在治理环境污染、废地蔓延、城市扩张、改善城市环境质量、提高居民的现代化文化生活质量等方面起到了巨大的作用。环境污染物质包括大气、水、土壤中的污染物，这些污染物对生态系统中的动物、植物、微生物都会产生影响。本章仅探讨环境污染物（重点是大气污染物）对植物的影响及植物的反馈作用。

8.1　环境污染、类型及其危害

工业革命以后，人类改变自然的手段有了更进一步的提高。燃烧矿石、发电、合成成千上万的化学物质等工业活动向环境中释放了许多对人体有害的污染物，这些污染物的增加致使环境质量下降。

8.1.1　环境污染

有害物质或有害因子进入环境，并在环境中扩散、迁移、转化，使环境系统的结构与功能发生改变，并对人类或其他生物的正常生存和发展产生不利影响的现象，称为环境污染。其中引起环境污染的物质或因子称为环境污染物，简称污染物，如工业生产过程中排放的 SO_2、NO_x，生活过程中散布出来的各种病原体，火山爆发时释放的粉尘等。由原生污染物引起的环境污染，是自然活动的结果。如火山爆发产生的尘埃、CO_2、SO_2 等，以及自然生态系统过程中产生的孢粉、花粉、糖类等（表 8-1）。北京地区春季出现的柳絮和杨絮亦属于此列。

但通常所指的环境污染，是由于人为活动而引起的污染所导致的环境质量下降。如矿石和生物质燃烧、化学物质合成、工业排放等（表 8-2）。

表 8-1　相对清洁大气与污染大气中痕量气体浓度　　　　　单位：$mg \cdot m^{-3}$

气体	清洁大气	污染大气
CO_2	5.76×10^5	7.20×10^5
CO	115	$4.6 \times 10^4 \sim 8.05 \times 10^4$
C_2H_4	920	1 533
NO	450	—
NO_2	1.9	376
O_3	39	980
SO_2	0.5	524
NH_3	7.0	14.0

表 8-2　对流层中主要的大气污染物质（引自 Smith 1966）

污染物	颗粒	气体
原生污染物	各种尘埃（粉尘、石棉、尘土、盐粒）	各种氧化物（CO_2、SO_2、NO_x）
无机物	氯化物	卤素（HCl，HF）
	氟化物	其他（NH_3，H_2S）
	痕量金属	糖类
有机物	孢粉	酮
	花粉	硫醚

污染物	颗粒	气体
		硫醇
次生污染物		
无机物	硫化物	臭氧（O_3）
	硝酸盐类	醛
有机物	糖类	光化学烟雾
	硝酸酯	亚硝基氮化合物
	羧酸	
	双羧酸	

注：其中次生污染物主要与人类活动有关，人类活动也加剧了原生污染物的释放。

8.1.2　环境污染的类型

在实际工作中，判断环境是否污染或污染的程度，是以环境质量标准为尺度的。由于社会、经济、技术等方面的不同造成在环境污染的衡量方面有一定程度的差别。环境污染的划分类型因目的、角度不同而不同，如按污染物性质可分为生物污染、化学污染和物理污染；按环境要素可分为大气污染、水污染和土壤污染等；按污染产生的原因可分为生产污染和生活污染等。

8.1.2.1　按照污染物性质划分

按污染物性质可分为生物污染（biological pollution）、化学污染（chemical pollution）和物理污染（physical pollution）三类。污染物性质决定污染发生的过程。

（1）生物污染

生物污染是指对人和生物有害的微生物、寄生虫、病原体等污染水、气、土壤和食品，影响生物产量和质量，危害人类健康。水、气、土壤和食品中的有害生物主要来源于生活污水、医院污水、屠宰场废弃物、食品加工厂污水、未经无害化处理的垃圾和人畜粪便，以及大气中的悬浮物和气溶胶。其中主要含有危害人与动物消化系统和呼吸系统的病原菌、寄生虫。空气中的微生物多数是借助土壤以及人和生物体传播，或借助大气悬浮物和水滴传播。悬浮物以及病人、病畜等的喷嚏、咳嗽等排泄物和分泌物所携带的微生物中，包括细菌、霉菌、酵母菌和放线菌等腐生性微生物。地面的微生物、大气中悬浮的微生物均可进入水中而污染水体。邻近城镇的水体，含有害微生物和寄生虫卵较多。地下水埋藏越深，微生物越少。有害微生物和寄生虫或卵污染食品，可使食品腐败或产生毒素，使人食后中毒，或使人患寄生虫病。

（2）化学污染

化学污染是指人们在生产生活中产生的物质对人们的生存环境造成的污染。如由于化石燃料的大量燃烧，使大气中的 SO_2 的浓度急剧增高的现象；工业废水和生活污水的排放，使水质变坏；废弃物的任意堆放造成大面积的土壤污染等现象都称为化学污染。

（3）物理污染

物理污染是因由于人为改变的物质能量交换与变化而造成的环境污染类型。人们生存的环境中各种物质都在不停地运动着，物质的运动表现为能量的交换和变化，这种物质能量的交换和变化，构成了物理环境。如噪声、振动、电磁辐射、放射性等。物理因素在环境中过量，超过了人的忍耐限度就会造成物理污染，使人眩晕恶心，导致多种疾病甚至死亡。物理污染对人类的威胁日益严重，人类必须控制物理污染，开展物理污染监测。

8.1.2.2　按照环境要素划分

按环境要素可分为大气污染（air pollution）、水污染（water pollution）和土壤污染（soil pollution）。

（1）大气污染

大气污染是指大气中的污染物或由它转化成的二次污染物的浓度达到了有害程度的现象。自从人类用煤作燃料以后，大气污染的现象就存在了。产业革命促进了工业的迅速发展，煤的消耗量急剧增多，工业区和城市的大气严重地受到了烟尘和 SO_2 的污染。1930 年 12 月比利时马斯河谷重工业区的烟雾事件，1948 年 10 月美国多诺拉镇的烟雾事件，以及 1952 年 12 月的伦敦烟雾事件是大气污染的一些突出的典型事例。城市中大量使用汽车，排出的废气含有氮氧化物和碳氢化合物，造成另一种类型的大气污染，即最先在美国洛杉矶发现的光化学烟雾污染。大气污染物的种类很多，其物理和化学性质非常复杂，毒性也各不相同，主要来自矿物燃料燃烧和工业生产。前者产生 SO_2、NO_x、碳氧化物、碳氢化物和烟尘等；后者因所用原料和工艺不同而排放出不同的有害气体和固体物质（粉尘），常见的有氟化物和各种金属及其化合物。农业施用的农药飞散进入大气，也会成为大气污染物。煤和石油造成的大气污染，是当前世界上最为普遍的环境问题之一。

（2）水污染

水污染指由于人类活动排放的污染物进入河流、湖泊、海洋或地下水等水体，使水和水体底泥的物理、化学性质或生物群落组成发生变化，从而降低了水体的使用价值。早期的水体污染主要是人口稠密的大城市和生活污水造成的。产业革命以后，工业排放大量的废水和废物成为水体污染物的主要来源。随着工业生产的发展，水污染范围不断扩大，污染程度日益严重。20 世纪 50 年代以后，在一些水域和地区，由于水体严重污染而危及人类的生产和生活。20 世纪 70 年代以来，人们采取了一些防治污染措施，部分水体的污染程度虽有所减轻，但全球性的水污染状况还在发展，尤其工业废弃物对水体的污染还具有潜在的危险性。1980 年在中国全国水质调查中，798 个城镇中有 179 个日平均排放废水量为 7 258 万吨（不包括电厂冷却水和矿井废水），其中工业废水占 81.2%，生活污水占 18.8%。90% 以上的废污水未经处理直接排入水域。目前，我国城市每年排放工业、生活污水 400 多亿吨，其中 80% 以上的污水未经处理直接排放，对环境造成很大危害。这可能与我国工业技术水平、管理水平和废水处理费用高等有关。如我国的吨钢耗水量高达 70～100 m^3，而美国仅为 4 m^3，法国为 3.75 m^3，日本为 2.1 m^3，我国比发达国家高出 17～50 倍（曲格平 2000）。水资源因受到污染而降低或丧失了使用价值，使水资源更加短缺。例如，美国约有 16 500 个下水道系统和 30 多万个工厂将废水排入河流等水体中，使美国 52 条主要河流都受到不同程度的污染。水体污染使海洋和湖泊中鱼类种类和数量减少，如世界上最大的湖泊——里海，周围开采石油的钻井逐年增多，沿岸已有炼油厂 100 多个，大量油污排入海中。20 世纪 30 年代每年捕鱼量为 50 万吨，60 年代下降到 23 万吨；名贵的鲟鱼捕获量 1970 年只有 20 世纪初的 1/4。

（3）土壤污染

土壤污染指人类活动产生的污染物进入土壤并积累到一定程度，引起土壤质量恶化的现象。土壤污染物主要来自工业和城市的废水和固体废物、农药和化肥、牲畜排泄物、生物残体以及大气沉降物等。人类最初开垦土地，主要是从中索取更多的生物量。已开垦的土地逐渐变得贫瘠，人们就向农田补充肥料，农田获得肥力的同时也受到了污染。如施用人畜粪尿作为肥料，虽能保持农田的良好生产性能，但粪尿中的病原体也同时进入农田，造成土壤污染。产业革命以来，特别是 20 世纪 50 年代以来，由于现代工农业生产的飞快发展，农药、化肥大量施用，大气烟尘和污水不断侵袭农田，土壤的生产性能和利用价值受到影响，引起人们对土壤污染的注意。1955 年日本发生了"镉米"事件，其原因是富山县的农民长期用神通川上游铅锌冶炼厂的废水灌溉稻田，致使土壤和稻米中含镉量增加。人们食用了这种稻米，镉在体内积累，引起全身性神经痛、关节痛、骨折，以至死亡。农药是土壤的主要污染物，目前有杀虫效果的化合物超过 6 万种，大量使用的农药约有 50 种。石油、多环芳烃、多氯联苯、多溴联苯醚、三氯乙醛等也是土壤中常见的有机污染物。

8.1.2.3 按照污染产生的原因划分

按污染产生的原因可分为生产污染和生活污染。

生产污染指通过人类的生产活动造成的。例如，工业生产形成的废水、废气、废渣及噪声等。这些污染物未经处理或处理不力、控制不严而排放到环境中，到一定程度就会产生环境污染。工业污染物的产生主要与技术水平、生产工艺以及防治措施等因素有关。

生活污染指人们日常生活产生的大量废物，如粪便、垃圾、脏水等。随着人口数量的剧增以及消费模式、消费水平的改变，生活废弃物日益增多，并且种类日趋复杂。如塑料、高分子化合物和洗涤剂等的大量使用，使生活污染物的影响日益增大，处理也日益困难。对某种具体的污染物来说，其产生是与某些具体的生产、生活活动有关的。例如，SO_2 在很大程度上是石化燃料，特别是在煤炭的燃烧过程中形成的，但是硫酸制备等工业也会产生一定的 SO_2。因此，就某一种具体的污染物而言，通常具有多条产生途径。

8.1.3 大气污染的危害

大气污染作为人类生存面临的环境问题的一个重要方面，与人类的生产与生活密切相关。在相当长时期内，因其范围小、程度轻，危害不明显，未能引起人们的足够重视。从七八百年前开始用煤作为燃料开始，大气污染才逐渐引起一些人的关注。1306 年，英国国会曾发布文告禁止伦敦工匠和制造商在国会开会期间用煤。1661 年，英国出版了约翰·爱凡林写的《驱逐烟气》一书。其后，又有人编写《伦敦琐事》《黄色浓雾》等剧本描述伦敦烟雾之害。1962 年，美国人 Carson 发表的《寂静的春天》曾经引起舆论界的强烈反应。直到 20 世纪 80 年代后，由于工业迅速发展，重大的污染事件不断出现（表 8-3），环境污染才逐渐引起人们的普遍关注。至今，环境污染已成为全球性问题，它不仅损害了人类的健康和福利，而且也制约了社会经济的发展。当然，表 8-3 列出的事件已经成为历史，因为西方国家加大了环境治理的力度，昔日的伦敦烟雾事件目前已经不存在，但作为重要的历史事件，至今仍对我们有重要的借鉴意义。中国应该避免重复西方国家"先污染、后治理"的老路，这需要环境保护组织、企业与社会各界的共同努力才能实现。

表 8-3　20 世纪世界著名八大环境公害及其危害

事件名称	时间	国家	地点	起因	死亡人数	受害人数
马斯河谷烟雾事件	1930.12.3—5	比利时	列日市	工厂排放烟雾，SO_2 达 25~100 mg·m^{-3}，引起呼吸道疾病	60	>3 000
光化学烟雾事件	1940	美国	洛杉矶	由汽车尾气与工业污染引起的大气氮氧化物和紫外线在光下反应，生成有刺激作用的光化学烟害，对人体有强烈刺激作用	—	—
多诺拉烟雾事件	1930.10.26—31	美国	宾夕法尼亚州多诺拉镇	工厂排放烟雾，SO_2 达 0.5~20 mg·m^{-3}，能够引起呼吸道疾病	17	5911
伦敦烟雾事件	1952.12.5—8	英国	伦敦	煤烟及烟雾排放，SO_2 达 3.8 mg·m^{-3} 烟雾达 4.46 mg·m^{-3}，使人体呼吸困难	4 000	>10 000
水俣病事件	1953—1956	日本	熊本县水俣市	工业废水的甲基汞进入鱼体内，人食鱼后中毒	60	283
米糠油事件	1968.3	日本	九州市复知县	生产米糠油时混入了多氯联苯，人畜食用后中毒或死亡	16	13 000
富山痛病事件	1955.4.26	日本	富山县神道川流域	Cd 中毒	81	130
切尔诺贝利事件	1986.4.29	苏联	切尔诺贝利	核物质泄露	31	数万人遣散

8.1.3.1　大气污染对植物的伤害

植物受大气污染的主要部位在叶片中。叶片表皮虽起着保护内部组织的作用，但表皮上分布有气孔，在植物气体交换过程中（光合作用、蒸腾作用、呼吸作用等），大气中的污染物则通过气体交换从气孔中进入到叶中，而使叶肉组织受伤害。细胞结构的破坏可能是由于大气污染改变正常的水分关系，引起质壁分离的结果。大气污染对植物的伤害一般分为急性伤害、慢性伤害、间接伤害三种。

（1）急性伤害

大气污染对植物的急性伤害是一种严重的、看得见的叶组织的损伤，常常出现变干或灼伤等坏死症状。

（2）慢性伤害

慢性伤害是植物长期暴露在低浓度的大气污染物中所引起的损伤。由于叶绿素的破坏常表现出颜色的改变，出现褪绿病，但没有明显的细胞损伤。由于色素的损伤，也可能表现为暗棕色、黑色、紫色或红色的斑点。另外还表现为生长减退，刺激横向生长，减少顶端优势，形成扭曲、下垂或矮化的结构，落花或不能适时开花等。

（3）间接伤害

间接伤害是除急性或慢性伤害以外的伤害作用，如大气污染引起病虫害的发生（污染使植物衰退、病虫害乘虚而入）；SO_2引起的酸雨污染，土壤酸化伤害根系等。

8.1.3.2 大气污染对陆地生态系统的影响

大气污染对陆地生态系统的影响主要体现在对森林生态系统、农田生态系统和城市植被的影响上。

（1）对森林生态系统的影响

大气污染对森林生态系统的污染主要表现在：①树木生长减退。许多试验证明，植物长期暴露在较高浓度的大气污染物中，即使这些污染物的浓度尚不足以引起植物产生可见的受害症状，也会使植物光合作用减退，从而导致植物的生长衰退。如北美乔松幼苗暴露在浓度为 $116.5 \sim 129.4 \ mg \cdot m^{-3}$ 的 SO_2 环境下 10 h，其净光合作用减少 50%；在冶炼厂附近生长的树木，由于长期受到 SO_2 的影响，其木材生产量呈下降趋势。②树木结实量减少。大气污染不仅阻碍树木的营养生长，还会影响其生殖生长。例如大气污染会使树木形成花芽的数量减少，花粉萌芽及花粉管伸长受到抑制。大气污染还会影响到昆虫的存在和活动，破坏了树木正常授粉，这些都会造成树木结实率降低，减少种子的数量。另外，大气污染物本身会抑制种子的萌发，使实生幼苗减少。有报道在炼铁厂周围 48 km^2 内，因 SO_2 污染影响了树木结实和种子发芽而找不到美洲五针松幼龄实生苗。③病虫害增加。环境污染使树木的生长势减弱，由此易于感染病虫害。例如针叶树在大气污染物影响下，往往受到甲壳虫的危害；如美国加州松树，由于受光化学烟雾危害，长势减弱，松甲虫大量滋生蔓延。周青等（2002）的研究结果发现，酸雨也可使叶片的叶绿素含量降低，从而影响植物的光合作用（表 8-4）。河北承德避暑山庄内古松受 SO_2 污染，树势衰弱，小蠹虫、几丁虫等虫眼遍布树体，古松死亡率曾高达 26.5 棵 / 年。从已经死亡的油松年轮内分析 S 含量推测，SO_2 浓度 1820—1990 年增加了十几倍（蒋高明 1992）。④树木死亡。当污染物浓度很高时，各种植物便会受到急性危害，在较短时间内陆续死亡，从而使松柏类树木消失。如联邦德国一个冶炼厂附近，因长期受 SO_2 影响，植被演替依次出现了裸露带、过渡带、灌木丛草、灌木带、乔木带（正常森林）等类型。我国广东某化肥厂排放 SO_2 和 HF 每天达 $12 \sim 14 \ m^3$，使昔日茂密的马尾松（*Pinus massoniana*）林变成了秃山。

表 8-4　酸雨对 3 种木本植物叶绿素含量的影响（引自周青等 2002）　　单位：$mg \cdot g^{-1}$

植物种	酸雨 pH				
	5.8（对照组）	4.0	3.0	2.5	2.0
桃树	2.20 ± 0.20（100.0）	2.19 ± 0.24（99.55）	2.13 ± 0.11（96.82）	1.95 ± 0.10（88.64）	1.83 ± 0.07（83.18）
蜡梅	3.65 ± 0.81（100.0）	3.58 ± 0.75（98.08）	3.44 ± 0.82（94.25）	3.00 ± 0.76 82.19	2.95 ± 0.42（80.82）
木犀	1.07 ± 0.05（100.0）	1.07 ± 0.03（100.0）	1.05 ± 0.07（98.13）	0.99 ± 0.01（92.52）	0.96 ± 0.02（89.72）

注：括号内为相对值。

（2）对农业生态系统的影响

大气污染对农业生态系统也有重要影响。在一些污染源附近，常见农作物表现出生长衰弱，少收或颗粒不收等现象；果树叶片出现伤害症状或提早脱落，甚至树体死亡。由于工厂排放废气、废水、废渣等引起附近农村死鱼、死鸭的现象比比皆是。过去兰州重工业区工厂密布，烟囱林立，排出 NO_x、SO_2、HF、NH_3、乙烯等多种有害气体，使附近农田与果园受到严重危害，果树出现落花落果，桃、杏（*Armeniaca vulgaris*）、枣（*Ziziphus jujuba*）等果树无收。西瓜是该地区特产，未受大气污染前的个体重量为 10～20 kg，受污染后果实变小（＜2 kg），品质降低，甚至根本不结瓜。

（3）对城市植被的影响

城市植被受大气污染的程度较大。大气中的污染物会使城市绿化植物树木叶片出现伤斑，从而损害了观赏价值，并且造成枝条变短、生长减弱、叶面积减少，以及不开花、少开花、迟开花等现象。江苏某城市行道树悬铃木（*Platanus acerifolia*）受到大气污染的影响后叶面积受害达 10%～90%，以至某些区段的树木全部死亡；除树木外，城市植物中一些草坪或花卉受害也很明显，如广州某冶炼厂下风向 800 m 处一个花卉苗圃，所种植的白兰花（*Michelia alba*）因受 SO_2 影响，叶呈黄绿色，叶片变小，新枝变短，每个枝条只有 2～3 朵花，而未受污染的枝条产花 7～8 朵。Lombardo *et al.*（2001）通过比较巴勒莫城市及附近乡村 15 个样点的松树针叶中几种金属元素及细胞解剖结构，分析污染对城市植被的影响，发现城区松树针叶中 Pb、Cu、Zn、Fe 含量明显高于乡村。

在大气污染的长期影响下，一些对污染敏感的城市植物种类逐渐减少或消失，使种类趋向单一化。如城市森林中一些高大的优势植物往往减少并消失，代之以低矮灌木及草本植物；一些受大气污染敏感的地被植物或附生植物消失，形成城市工业地区的"地衣类荒漠"。某城市附近的栎树（*Quercus* spp.）、松树（*Pinus* spp.）、铁杉混交林中，由于受 SO_2 影响，植物种类从距城市 7.4 km 的 56 种下降到距污染源 1.1 km 的 18 种。

8.2　大气中的主要污染物质及其危害

8.2.1　二氧化硫

二氧化硫（SO_2）是城市环境常规监测污染气体之一。主要来源于含硫化石燃料的燃烧，其次是生产硫酸和金属冶炼时黄铁矿的燃烧等。SO_2 是大气污染主要酸性污染物，是环境酸化的重要先驱物。大气中 SO_2 在 0.65 mg·m^{-3} 以下对人体有潜在的影响，在 1.29～3.88 mg·m^{-3} 时多数人感受到刺激，在 518～647 mg·m^{-3} 出现溃疡和肺水肿直至窒息死亡。Pikhart *et al.*（2001）对波兹南和布拉格两座城市中的 7～10 岁小学生的健康状况和城市大气中的 SO_2 浓度做了调查，调查结果表明，40% 的小学生有气喘病，14% 的学生有晚间咳嗽的症状，而这两座城市大气 SO_2 浓度分别为 80 μg·m^{-3} 和 84 μg·m^{-3}。SO_2 与大气中烟尘有协同作用，当大气中 SO_2 浓度为 0.21 mg·m^{-3}，烟尘浓度大于 0.3 mg·m^{-3}，可使呼吸道疾病发病率提升，慢性病患者的病情恶化。伦敦烟雾事件、马斯河谷事件和多诺拉等烟雾事件是 SO_2 与大气中烟尘协同作用的结果。

SO_2 使植物叶肉组织受伤害出现一系列的症状，水浸状→白色或淡褐色→红褐色→脱落。急性伤害从叶脉附近的叶绿体开始使叶片变黄、脱落；慢性伤害是使叶子呈现棕红色斑点，叶内的物质淋流出致使叶子变白。一般植物暴露于 0.3 $\mu g \cdot g^{-1}$ 的 SO_2 环境下 8 h 即引起伤害。SO_2 进入植物体内的转化机制是：$SO_2 \rightarrow HSO_3^-$ 和 $SO_3^{2-} \rightarrow SO_4^{2-}$。而 SO_2 转化为 SO_3^{2-} 的速率大大超过 SO_3^{2-} 转化为 SO_4^{2-} 的速率。当环境 SO_2 浓度较高，会造成 SO_3^{2-} 大量积累，若植物体内积累的 HSO_3^- 和 SO_3^{2-} 超过了植物的代谢解毒功能，就会破坏叶肉组织，使叶片失绿，对植物造成损伤。除此之外，SO_2 还影响气孔的正常开启或关闭，影响正常的代谢生理和光合作用，并对细胞产生毒性。

8.2.2 氮氧化物

氮氧化物也是常规监测气体之一，是氮的氧化物的总称，包括 N_2O（笑气）、NO、NO_2、N_2O_3（亚硝酸酐）、N_2O_4、N_2O_5（硝酸酐）等。NO_x 通常所指主要是 NO 和 NO_2 两种成分的混合物，火力发电厂排出的烟气中含 NO 达 1553 $mg \cdot m^{-3}$，汽车尾气中 5 176 $mg \cdot m^{-3}$。据田贺忠（2001）统计，中国氮氧化物排放量从 1980 年到 1995 年呈持续增长的趋势，自 1996 年开始有一定程度的回落。另外对全国除西藏之外的所有省份的调查表明，NO_x 排放量存在着明显的地区差异（表 8-5）。NO_x 是光化学反应的重要起始反应物。NO_x 的中轻度污染引起咽部不适、干咳、胸闷等；吸入过量则引起呼吸系统疾病，还会引起高铁血红蛋白血症。

表 8-5　中国各省（区、市）NO_x 排放的年际变化（不含港澳台数据，引自田贺忠 2001）　单位：t

省（区、市）	1995	1996	1997	1998	省（区、市）	1995	1996	1997	1998
北京	237011	151620	247453	239071	湖北	470110	505294	522299	497549
天津	217484	212761	230211	233582	湖南	437025	447999	373000	363989
河北	786041	827195	808563	756760	广东	650474	697016	659591	669750
山西	605832	655079	609454	570680	广西	226783	227841	208549	216030
内蒙古	342199	382731	407726	358689	海南	30218	31691	33655	35006
辽宁	782830	778492	762754	685713	重庆	–	–	210924	231575
吉林	377771	415517	404288	315848	四川	619358	661723	464955	445701
黑龙江	497211	488676	539426	494227	贵州	219202	245977	254349	259183
上海	411113	482112	475261	471156	云南	184196	207696	216664	214618
江苏	799318	848710	768950	749307	西藏	–	–	–	–
浙江	430107	482789	477830	452145	陕西	276501	302350	269364	245824
安徽	404836	444879	447533	431879	甘肃	204867	213551	186133	1901999
福建	184575	208726	199822	201422	青海	37159	42173	43504	39354
江西	226034	225595	202231	206238	宁夏	74896	82474	74211	70542
山东	776776	802231	742635	755013	新疆	198095	227711	227640	218600
河南	589756	634034	596640	563958	全国	11297680	12034642	1165615	11183609

注：重庆市从 1997 年开始单独统计能源消费；我国对西藏自治区不作能源统计。

8.2.3　总悬浮颗粒物

总悬浮颗粒物表示为 TSP（total suspended particle），指飘浮在空气中各种不同粒径，在重力作用下易沉降到地面的液体或固体微粒，粒径大小为 0.1～100 μm。其化学组成十分复杂，主要是 Na、K、Ca、Mg、Al 以及一些重金属的氧化物、碳酸盐、硫酸盐和硝酸盐等，其中因 SO_2、NO_x 遇水氧化产生的二次颗粒物已成为大气颗粒物的主要成分，此外亦含有诸如苯丙芘等多环芳烃化合物（表 8–6）。燃煤排烟、汽车尾气以及生物质燃烧是人为产生悬浮颗粒物的重要来源，地面粉尘也有一小部分贡献。有人对北京西北城取暖期环境大气中的粒度小于 10 μm 和小于 2.5 μm 的颗粒物进行了观察（时宗波 2002），发现夜间颗粒物的浓度明显高于白天。大气颗粒物中因 Fe、Al、N 等元素的含量较高，会对植物造成显著影响，包括引起光合系统损伤以及氧化胁迫等。空气中 TSP 的多少可反映环境质量的好坏，是环境常规监测的指标之一。

表 8–6　北京、南京、西安、厦门等地大气 PM2.5 颗粒中各元素浓度

（引自 Zhang *et al.* 2002，庄马展 2007，刘咸德等 2010，杨卫芬等 2010）　单位：μg · m⁻³

元素 / 离子	北京	南京	西安	厦门
Na	1.10～3.80	0.48～1.10	1.80～6.60	0.30～1.00
Mg	1.70～10.00	0.12～1.60	3.10～130	0.11～0.27
Al	2.00～22.00	1.10～2.50	5.10～25.00	0.19～0.46
K	1.20～5.90	1.30～4.80	2.20～8.90	0.10～0.71
Ca	8.50～34.00	0.39～2.70	6.30～36.00	0.16～0.38
Fe	3.70～24.00	0.37～1.60	2.70～16.00	0.17～0.41
Mn	0.10～0.71	0.040～0.18	0.32～1.00	—
Ni	0.008～0.025	0.002～0.01	0.18～0.81	—
Cu	0.14～0.42	0.02～0.07	0.17～0.83	—
Zn	0.30～0.85	0.29～0.71	1.00～3.00	0.081～0.26
As	0.013～0.046	0.04～0.08	0.14～0.75	—
Se	0.003～0.012	0.003～0.01	0.03～0.25	—
Cd	0.003～0.011	0.001～0.012	—	—
e	0.005～0.014	0.001～0.002		
Pb	0.073～0.28	0.13～0.58	0.06～4.3	0.069～0.13
Cr	—	0.006～0.02	0.10～1.10	0.050～0.11
Ti	—	0.049～0.18	0.10～2.20	0.014～0.03
NO_3^-	9.90～33.00	4.80～24.00	16.00～65.00	0.60～4.70
NH_4^+	6.50～13.50	4.00～22.00	17.00～140.00	2.70～5.20
SO_4^{2-}	14.00～29.00	8.60～31.00	27.00～340.00	6.80～15.00
Cl^-	1.40～3.60	0.031～2.60	1.70～11.00	0.60～0.80

8.2.4 雾霾

雾霾（fog and haze）是雾和烟霾的结合体。雾霾天气是两种天气现象的合称。雾是大气中因悬浮的大量水汽凝结，使水平能见度低于 1 km 的天气现象；霾指大量极细微的干尘粒等均匀地悬浮于空气中，空气普遍混浊，使水平能见度小于 10 km 的天气现象。霾使远处光亮物体微带黄、红色，使黑暗体微带蓝色。雾和霾同时或相继出现，就形成了危害巨大的雾霾天气。提到雾霾天气，还有一个重要的词 $PM_{2.5}$，是指空气中悬浮的直径小于或等于 2.5 μm 的颗粒物。它粒径小、面积大、活性强，能长时间停于空气中。$PM_{2.5}$ 的浓度是空气质量好坏的指标。$PM_{2.5}$ 在 2012 年才被列入中国周围空气质量标准污染物，2013年开始有官方的监测数据。对北京全市 35 个监测点的大气 PM_{10} 和 $PM_{2.5}$ 进行分析，发现 PM_{10} 的浓度有所减低，而 $PM_{2.5}$ 的浓度增加（图 8-1）。

雾霾的细微颗粒物主要来自工业废气、汽车尾气、空气中的灰尘、细菌、病毒和有毒化合物等污染物，它对人们的生活和健康具有严重的危害。这些有害物质被吸入人体内，容易诱发各种疾病，尤其是呼吸道疾病。空气中高浓度的重金属和无机离子能够加速由生物性粒子引起的过敏和哮喘反应（Gavett & Koren 2001）。大气颗粒物的主要成分，Fe、Al、N 的过量存在会导致植物生长受到显著抑制（Lin *et al.* 2011；Li *et al.* 2012；Liu *et al.* 2016），且金属污染物可明显增强植物化感物质的分泌（Callaway *et al.* 2002；Vasconcelos & Leal 2008；Wu & Tu 2010）。

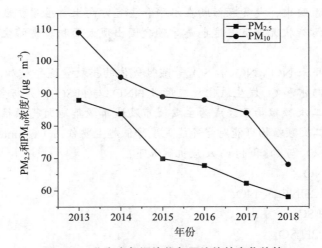

图 8-1 北京空气污染物年平均值的变化趋势

数据来源：PM_{10} 和 $PM_{2.5}$ 来自北京市环境保护局，2013—2018。
2018 年数据为 1—5 月份平均值，其他年份为 1—12 月份平均值。

延伸阅读

雾霾天气与二次颗粒物

根据中国气象局《地面气象观测规范》（2003）的定义，雾与霾的区别主要在于：

（1）能见度范围不同：雾的水平能见度小于 1 km，霾的水平能见度小于 10 km。（2）相对湿度不同：雾的相对湿度大于 90%，霾的相对湿度小于 80%，相对湿度介于 80%～90% 是霾和雾的混合物，但其主要成分是霾。（3）主要成分不同：雾是悬浮于空气中的微小水滴；而霾的主要成分则是气溶胶 $PM_{2.5}$ 粒子。（4）厚度不同：雾的厚度一般小于 200 m，霾的厚度可达 1～3 km。（5）边界特征不同：雾的边界很清晰，但是霾与晴空区之间没有明显的边界。（6）颜色不同：雾的颜色是乳白色、青白色的，霾则为黄色、橙灰色。（7）日变化不同：雾一般午夜至清晨最易出现；霾的日变化特征不明显，当气团没有大的变化，空气团较稳定时，持续出现时间较长。

雾和霾常常相伴发生，共同造成大气浑浊、视野模糊、能见度恶化的雾霾天气，对社会环境、经济发展以及人口健康造成严重危害。大部分严重灰霾天气过程往往具有持续性的特征，一旦形成很难快速消散（李江波等 2010）。自 21 世纪初开始，雾霾天气在包括中国北方大部分地区，乃至整个南亚东南亚以及北印度洋地区频繁发生，造成巨大经济损失（Ramanathan et al. 2001；Ding & Liu 2014；Wang et al. 2014）。早在 2011 年，雾霾天气首次入选中国十大天气气候事件，并在 2013 年再度上榜，反映出社会公众对雾霾天气的关注程度越来越高。

一般认为，雾霾天气产生的条件主要有两个：其一是控制当地的气团性质稳定；其二是空气中存在大量粉尘、硫酸盐、硝酸盐、有机化合物等细小颗粒物。其中气团性质目前人为难以控制，而大气中存在粉尘等颗粒物则主要来自人为大气污染物的排放，重点与车辆尾气、燃煤烟气、扬尘等污染物有关；此外也与部分地区农村大田作物秸秆焚烧有关。由于在稳定的天气系统中，大气颗粒物在水平和垂直方向上都很难扩散，导致颗粒物在近地表大气中积累，污染状况加重，这也是导致我国出现大面积雾霾的主要原因（张军英和王兴峰 2013）。

另一方面，近年来 NO、NO_2 和 SO_2 等酸性气体的排放量逐年增加，而 NO_x 和 SO_2 在水汽充足的条件下与水和 O_2 发生氧化反应形成 HNO_3 与 H_2SO_4，并与金属或 NH_4^+ 等碱性物质反应后产生的二次颗粒物已经成为主要城市及城市聚集地大气颗粒物的重要来源。且硝酸盐、硫酸盐等二次颗粒物可能对空气能见度降低起主要作用（Countess et al. 1980）。

NO、NO_2 和 SO_2 与 O_2 和 H_2O 反应机制如下：

$$2NO + O_2 = 2NO_2$$
$$3NO_2 + H_2O = 2HNO_3 + NO$$
$$SO_2 + H_2O = H_2SO_3$$
$$2H_2SO_3 + O_2 = 2H_2SO_4$$

8.2.5　臭氧

臭氧（O_3）又称为超氧，在常温下带有干青草和腥味的天蓝色气体，在光热作用下易分解，有强氧化作用，可与很多元素和有机物反应。近地面 O_3 属于二次污染物，它是由机动车、工厂等人为源以及天然源排放的氮氧化物（NO_x）和挥发性有机物（VOC）等一次污染物在大气中经过光化学反应形成的。在雷电、高压放电，Hg、Xe 等放电管的紫外照射下，焊接、电解、氢氧火焰或氧化物的分解等会产生臭氧。大气中臭氧的本底浓度约为 1 $\mu g \cdot m^{-3}$。大气层上空的臭氧是有益的，可阻挡太阳辐射中的紫外线，保护地球表面的生物。大气污染（氯氟烃制冷剂）等则引起臭氧层破坏，是新的环境问题；但低空的

O_3是有害的，是光化学烟雾中有害气体之一。O_3浓度与温度呈显著正相关，与相对湿度呈负相关。高温低湿通常伴随着高O_3污染。如在南京地区，O_3浓度白天高而晚上低，最高峰出现在正午1点左右；春季浓度最高，其次为夏季，而秋季和冬季最低。O_3会引起哮喘、支气管炎、咳嗽、嗅觉障碍等。长期暴露在$1\ mg \cdot m^{-3}$ O_3环境下会发生肺癌。

O_3对植物的伤害作用可归纳为以下两个方面：①对生长及器官脱落的影响。O_3可抑制根茎的发育和生长，抑制花粉萌发，引起落叶落果等。如O_3污染下，番茄的株高、节间长度、植物干重、开花结实数量明显降低；O_3污染可抑制大豆的生长速率、相对生长速率、叶片扩展速率、叶片电导率及蒸腾速率。②对生理功能的影响。O_3可使光合作用、呼吸作用、磷酸化等许多生理过程发生变化，如O_3对植株熏气30 min，净光合速率降低30%；熏气120 min，则降低60%。Schreuder等（2001）的研究发现，在O_3环境下针叶树针叶水分损失增加，而两种阔叶树杨树的光合生物量明显降低。Biswas等（2008）研究发现，在O_3环境下小麦光合生物量明显降低。

O_3对植物的危害机制为：O_3对植物的毒害是由于其强氧化性，其原初作用点是细胞膜，通过氧化硫氢键和类脂肪的水解，破坏膜结构的完整性，增加膜透性，降低原初代谢产物的合成，增强了酶和基质的反应而提高次生代谢产物的数量，由于细胞代谢活动的失调而使细胞受害。

延伸阅读

环境污染物研究有关的诺贝尔奖

（1）1914年，美国科学家西奥多·威廉·理查兹（Theodore William Richards, 1868—1928）因"在化学元素中准确地确定了原子的质量"而获得诺贝尔化学奖。

在周边的世界里有很多不同类型的原子，我们称之为元素。不同元素的原子有不同的质量。在计算化学反应中，确定原子的质量，对于明确物质的相对质量是非常重要的。理查兹发明的方法非常精确地确定原子的质量。在1904年，他准确地修正了许多不同元素的质量。

（2）1943年，德国科学家乔治·德海韦西（George de Hevesy, 1885—1966）因"使用同位素示踪研究化学过程"而获得诺贝尔化学奖。

通过示踪各种元素在不同的化学过程对于理解有机生物如何工作非常重要。在1913年，德海韦西试图从铅中分离镭的同位素而失败，后来他发现镭是放射性元素，通过测量它的放射物，就可以研究铅在不同过程中的行程。在1923年，德海韦西发表了首次使用这种方法进行的研究，至今该方法在化学和生物领域仍具有重要角色。

（3）1995年，德国科学家保罗·约泽夫·克鲁岑（Paul J. Crutzen, 1933—）、美国科学家马里奥·塔加林斯基·万里雄（Mario J. Molina, 1943—）、美国科学家舍伍德·罗兰（F. Sherwood Rowland, 1927—2012），因"在大气化学中发现臭氧的形成与分解"而获得诺贝尔化学奖。

地球周围的大气含有少量的臭氧，由3个氧原子组成，臭氧在吸收太阳紫外线中起主要作用，否则紫外线对地球上的生物产生负面影响。1970年克鲁岑研究表明NO加速臭氧转化为氧气（含两个氧原子）。在后来的工作中，他为臭氧层在极点上变薄可能是因为工业气体的释放的理论做出贡献。1974 年，万里雄和罗兰证实氟利昂对大气中臭氧层有破坏作用。氟利昂有许多用途，包括冰箱中的喷雾罐和制冷剂中的推进剂，通过限制使用氟利昂，臭氧层的破坏速度已经减缓。

（4）2015 年，英国科学家托马斯·林达尔（Tomas Lindahl, 1938—），美国科学家保罗·莫德里奇（Paul Modrich, 1946—）和美国科学家阿齐兹·桑贾尔（Aziz Sancar, 1946—）因"研究 DNA 修复的机理研究"而获得诺贝尔化学奖。

活的生物细胞具有携带有机体基因的 DNA 分子。有机体的生存和发展，DNA 并不会改变。DNA 分子不是完全稳定的，它可以被破坏。从 1970 年代中期开始，林达尔通过研究细菌表明某些蛋白质分子怎么修复酶，去除和替代部分被破坏的 DNA 片段；1989 年，通过研究细菌病毒，莫德里奇发现附着于 DNA 分子上的甲基作为信号修复 DNA 的不正确复制；1983 年，桑贾尔发现某些蛋白质分子和某些修复酶，修复被紫外线破坏的 DNA。这些发现提高了我们对老化过程中活体细胞如何工作的理解。

8.2.6　氟化物

氟化物主要以气态 SiF_4、液态 HF 与含氟粉尘等形式进入大气，含氟粉尘粒径较大，不易进入植物体内，SiF_4 所占比重较小，毒性较低，因而对植物危害起主导作用的是 HF。HF 为无色和发强烟的液体，有很强的腐蚀性，人能够感觉的浓度为 0.03 mg·m^{-3}，暴露后发生呼吸障碍和溃疡症状。稀土矿物中常含有大量氟盐，这些氟盐在冶炼或开采过程中常有 HF 释出。而自然界中的氟进入人体内的途径是通过食物和呼吸。

HF 的排放量虽然没有 SO_2 大，但其毒性比 SO_2 大 10～100 倍，大气中含 1.3～6.5 µg·m^{-3} 的氟化物，经较长时间接触，可使敏感植物受害。较低浓度的 HF 进入叶片后，并不立即使植物造成伤害，随着蒸腾流转到叶片端和边缘后，积累到一定的浓度时才能使叶片组织遭到破坏。HF 对植物的毒性很强，植物对 HF 的响应的程度不同，比较敏感的植物如唐菖蒲（*Gladiolus communis*）、郁金香、樱花（*Cerasus serrulata*）等，在 HF 浓度为 6.5 µg·m^{-3} 时就出现伤害症状；大麦、玉米等敏感的植物感应的浓度为 6.5～12.9 mg·m^{-3}；一般植物正常叶片中含 F 量为 6.5～12.9 mg·m^{-3}，大于 51.8 mg·m^{-3} 即表明受到 F 污染。生殖器官对 HF 更敏感，低浓度的含 HF 气体即可引起落花、落果，造成农作物、果树、蔬菜的减产。

8.2.7　氯气

Cl_2 是黄绿色有刺激性气味的气体，吸入过量 Cl_2 气体可以引起损害呼吸系统为主的疾病。急性中毒引起结膜刺激、流泪、干咳、咽炎，中度引起支气管炎、肺炎，重度中毒引起水肿、昏迷、休克。对植物的危害是出现不同程度的褪绿至漂白，破坏叶绿体结构，造成叶绿体片层排列紊乱。Cl_2 进入叶片后，以 HClO 形式存在，对叶肉细胞有很强的杀伤力，能很快破坏叶绿素及各种酶蛋白，使叶片产生失绿漂白的伤斑，严重时使全叶漂白脱落。Cl_2 对植物的毒性要比 SO_2 大 3～5 倍。植物受 Cl_2 危害后，生长和结实会受到明显的影响。

8.2.8　挥发性有机污染物

挥发性有机污染物（volatile organic compound, VOC）是在空气中普遍存在且组成复杂的一类有机污染物，世界卫生组织将其定义为室温下饱和蒸气压超过 133.32 Pa，沸点在

50～260℃，在常温条件下以气体形式存在的有机物。VOC 的主要成分包括芳香烃及其卤化物、氟利昂类、有机酮、胺、醇、醚、酯、酸以及石油烃化合物等。燃料燃烧、工业废气、汽车尾气以及光化学污染是 VOC 的主要来源。曾凡刚等（2002）对北京石景山、前门、农展馆、十三陵等地区在不同季节大气中气溶胶多环芳烃污染进行了测定，发现冬季大气中强致癌的多环芳烃 BAP 在所有地区均超过国家标准（10 ng·m⁻³），而且冬季有机污染是夏季和春季的 10 倍左右（表 8-7），这些有机污染物主要来源于煤的不完全燃烧，也有相当部分来源于汽车尾气排放。环境中 VOC 会对人类健康造成显著影响，研究表明芳烃类 VOC 不但与血液疾病有关，同时与肺癌、甲状腺癌等癌症亦具有明显相关性。此外，VOC 具有较强挥发性，极易产生"蚱蜢跳效应"，从而在全球范围内广泛传播，应引起足够的重视。

表 8-7　北京十三陵、前门、农展馆、石景山 16 种 PAH 浓度（引自曾凡刚等 2002）

化合物	大气中 PAH 浓度 /（ng·m⁻³）														
	十三陵				前门				农展馆				石景山		
	春	夏	秋	冬	春	夏	秋	冬	春	夏	秋	冬	春	夏	冬
芴	0.01	0.04	0.09	0.21	0.12	0.05	0.85	0.93	0.06	0.03	0.09	0.72	0.08	0.70	2.68
菲	0.74	0.08	0.70	5.82	1.97	0.38	14.07	43.5	1.33	0.13	1.31	9.92	1.90	11.44	56.07
蒽	0.05	0.02	0.05	0.50	0.17	0.02	1.19	6.2	0.14	0.02	0.05	2.75	0.20	1.11	7.35
荧蒽	2.85	0.30	1.44	19.13	4.71	0.97	11.05	85.5	3.25	0.28	2.76	37.27	6.19	9.68	85.73
芘	2.54	0.30	1.24	17.94	4.55	0.79	10.18	78.8	2.84	0.24	0.60	36.72	6.18	8.99	109.40
屈（䓛）	1.81	0.23	0.86	16.72	5.10	0.52	5.52	57.4	3.07	0.13	0.20	30.21	8.15	9.75	89.27
苯并［a］蒽	3.16	0.55	1.49	21.58	7.92	3.01	9.72	74.5	4.91	0.28	3.52	36.59	13.27	16.49	113.88
苯并［k+b］荧蒽	2.26	0.71	1.99	19.40	9.80	9.06	5.27	65.8	6.29	0.14	4.79	31.33	15.08	8.17	109.09
苯并［a］芘	1.85	0.37	0.82	13.26	5.98	0.21	3.63	48.9	3.95	0.13	0.09	23.87	7.91	9.11	73.83
茚并［1,2,3-cd］芘	0.20	0.84	1.85	7.42	6.90	8.20	5.37	51.7	4.65	0.18	2.29	10.72	11.07	6.40	70.66
二苯并［a,h］蒽	0.18	0.15	0.25	0.91	1.12	0.97	0.88	4.8	0.76	0.02	0.34	2.55	1.50	0.80	6.07
苯并［ghi］北（䓛）	2.80	0.90	1.78	13.65	9.88	6.93	9.48	57.6	6.70	0.19	0.36	24.27	12.99	12.59	69.74
苯并［e］芘	2.95	0.77	1.68	16.01	8.34	4.42	9.50	56.6	4.75	0.18	1.79	25.45	10.17	17.34	79.06
总计	21.38	5.25	14.24	152.58	66.56	5.72	86.71	632.13	42.71	1.96	18.20	272.35	94.69	112.57	872.83

延伸阅读

全球蒸馏效应或蚱蜢跳效应

近年来，在从未有人类进行过工农业生产活动的南北极地区的冰雪内检测到 DDT 等持久性有机污染物（persistent organic pollutant，POP），美国阿拉斯加的阿留申群岛上栖居的秃鹰体内以及阿留申群岛附近的西北太平洋海域生活的鲸体内也有很高的有机氯农药类 POP。值得注意的是：地球北部的许多高山，如奥地利的阿尔卑斯山、西班牙的比利牛斯山、加拿大的落基山顶以及我国喜马拉雅山顶，最近也发现有较高浓度的 POP。而且还发现，随海拔增加和温度降低，冰雪所含的农药浓度也在增加，虽然在高山上几乎是没有人烟的冰雪世界。山顶冰雪所含农药的浓度为山下农业区域的 10～100 倍。这些极地和高山雪域的 POP 是哪里来的？

1975 年，Goldberg 最早提出了"全球蒸馏效应"（global distillation effect）的科学假设，借此他成功解释 DDT 通过大气传播从陆地迁移到海洋的现象。后来，加拿大科学家 Wania & Mackay 用这个概念成功地解释了 POP 从热温带地区向寒冷地区迁移的现象。

全球蒸馏效应理论认为，中低纬度地区的挥发性有机污染物（VOC）能够通过蒸发进入大气或者吸附在大气颗粒物上，在大气环境中进行远距离迁移，其具备的适度挥发性又使其不会永久停留在大气中，在较冷的高纬度地区因被冷凝而沉降至地面或水体中，且该过程可以反复多次发生，最终导致全球范围的污染传播。由于 VOC 自低纬度至高纬度的扩散会经历数个"蒸发—沉降—再蒸发—再沉降"的循环，产生一系列相对短的跳跃式传播过程，因而该效应亦被形象地称之为"蚱蜢跳效应"（grasshopper effect）。

VOC 在环境中的迁移和分配驱动力主要来自温度与浓度的差异，中低纬度地区，由于温度相对较高，污染程度相对较重，VOC 挥发速率大于沉降速率，其不断进入大气并向高纬度地区迁移；当温度较低时，沉降速率大于挥发速率，VOC 重新沉降回地面。局部地区，温度较高的夏季易于 VOC 的挥发和迁移，而在较为寒冷的冬季则易于 VOC 的沉降，这在季节性明显的温带地区最为常见。这一理论同样适用于 VOC 自低海拔地区向高海拔地区的迁移。

综上所述，不论 VOC 在什么地方使用或释放，其最终都会通过"蚱蜢跳效应"向全球扩散，并在两极或山顶汇集，导致 VOC 污染的全球化。近年来，由于全球变暖，不同纬度地区间温度差异降低，"蚱蜢跳效应"减弱，沉积在两极地区的 VOC 会随着冰雪融化等形式，重新进入水体与大气，最后也许会走向全球污染均质化的可能。

8.2.9　光化学烟雾

大气中的氮氧化合物和烃类等一次污染物在阳光、紫外线的作用下发生一系列的光化学反应，生成臭氧（O_3 占 85% 以上）、过氧乙酰硝酸酯（PAN，10%）、高活性自由基、醛类、酮类和有机酸等二次污染物。这些一次和二次污染物所形成的混合物，称之为光化学烟雾（图 8-2）。具有很强的氧化性，属氧化型烟雾。20 世纪 40 年代在美国以及 50 年代以来在日本、加拿大、德国、澳大利亚、荷兰及我国兰州西固区石油化工地区都发生过光化学烟雾污染。对动植物产生有害的 O_3、PAN、甲醛和丙烯醛等，对眼睛、咽喉有强烈的刺激作用，它们可以引起头痛、呼吸道疾病恶化以至死亡。

8.2.10　重金属

比重大于 4 或大于 5 的金属称为重金属。如比重大于 5 的约有 45 种，比重大于 4 的约 60 种。Cu、Pb、Zn、Fe、Co、Ni、V、Ti、Mn、Cd、Hg、Cr、W、Mo、Ag 等为环境中常见的重金属。对重金属的开采、冶炼、加工及商品制造过程中易造成重金属污染。重

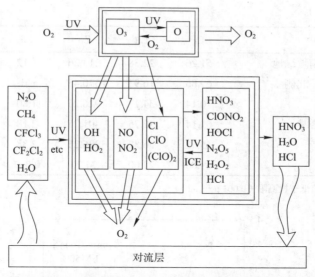

图 8-2　氮氧化物与烃类有机物在紫外辐射下分解形成具有破坏性自由基过程示意图（Ronald 1994）

"源"化学物质（N_2O、$CFCl_3$ 等）从地球表面散发出后，穿过对流层进入同温层，被太阳光紫外线（UV）分解形成具有破坏性的自由基形式（NO、NO_2、Cl、ClO 等）。这些自由基能够被转化成不具破坏性的"贮备"化学物质（NO、NO_2、Cl、ClO 等），也能够在 UV 或两极的恒温层冰粒的作用下重新转化成自由基的形式。稳定的贮备物质（HNO_3、H_2O、HCl）作为"库"将化学元素返回地球表面从而完成这个循环。各种破坏性的自由基催化 O_3 和 O 之间的反应或 O_3 与 O_3 之间将 O_3 重新形成原来的 O_2 的反应，O_3 就是由 O_2 通过 UV 的裂解作用形成的

金属一旦进入到环境或生态系统中会存留、积累或迁移，但不会被消灭，因此它们的危害极大。许多工业废水中含有大量重金属，其中有些重金属元素如 Mn、Cu、Zn 等是生命的必需元素，而 Hg、Pb、Cd 则属非必需元素。无论是必需元素还是非必需元素，它们的浓度超过一定的量就会造成危害。许多重金属如 Hg、Cd、Pb、As 与蛋白质的巯基有强配合力，有的还易于积累在生物体内造成危害。日本水俣病和痛痛病就分别是由 Hg 和 Cd 污染所致。土壤中的重金属主要来自污水灌溉、金属矿藏开发、污泥利用以及大气沉降。重金属污染是随着工业化的进程发展的（图 8-3）。王庆仁（2002）对我国几个工矿污染区的土壤重金属进行了调查表明，土壤重金属含量绝大部分高于土壤背景值，Cd、Zn 等明显超标（表 8-8），而大气中的一种重金属铅却呈现了下降的趋势。

表 8-8　中国几个工矿污染区土壤重金属总量（引自王庆仁 2002）　　　单位：$\mu g \cdot g^{-1}$

采样点	Cr	Cu	Zn	Cd	Pb	Ni
北京石景山区首钢冶炼厂绿地	101.69	38.14	294.49	4.24	127.12	52.97
辽宁青城子铅锌矿尾矿区	56.91	43.02	399.58	6.32	214.78	22.76
河北唐山市大城山植物园	81.79	46.42	439.88	2.21	161.36	40.23
北京清河农田污染沟内	86.21	37.28	983.22	n.d.	102.52	36.81
北京石景山区首钢北侧山坡地	17.38	34.75	197.65	2.17	195.48	9.56
北京门头沟区永定河首钢段	48.08	72.12	466.35	2.40	69.71	38.64
北京清河南岸蔬菜地	57.22	33.54	576.16	1.97	71.03	26.05

续表

采样点	Cr	Cu	Zn	Cd	Pb	Ni
广东深圳莲花山南坡绿地	51.26	22.38	213.26	1.12	98.62	18.98
河北唐山市钢铁厂北侧	69.86	16.93	370.45	n.d.	29.64	35.35
北京清河稻田土	70.14	34.17	926.26	1.80	86.33	30.22
北京清河岸北银杏林	61.14	32.75	401.75	2.18	159.39	29.26
广东深圳工业区	45.52	36.82	326.25	2.38	75.25	23.12
土壤背景值	61.00	22.60	74.20	0.097	26.00	26.90

注：n.d. 表示测定值低于检测限（$0.001\ \mu g \cdot ml^{-1}$）

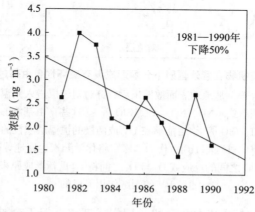

图 8-3 加拿大阿德勒斯特（Alert）地区 20 世纪 80 年代对流层底层铅含量的变化趋势（Ronald 1994）

8.3 植物对大气污染的抗性

8.3.1 植物抗大气污染的生理基础

植物对大气污染的伤害有多种抵抗途径，限制气态污染物少量进入或不进入组织、细胞内的特性，与叶片的气孔控制和形态结构有关。污染物进入组织、细胞后，其毒害的程度与一系列的生理生化特性有关。植物受害后的恢复能力强弱亦是植物抗性强弱的重要因素。从生理生态上看，植物抗大气污染的特征表现在以下几个方面。

（1）气孔控制

气孔是植物与外界进行气体交换的主要通道，气孔孔隙的变化控制光合作用过程中 CO_2 的吸收和蒸腾作用过程中水分的丧失，也控制气态污染物进入植物体的数量和速率。因此，气孔反应对控制污染物的进入和维持正常的生理功能非常重要。植物对污染物抗性主要取决于植物的气体交换、生长及产量形成等方面。如 SO_2 浓度增高，诱导呼吸作用加强，导致内部 CO_2 浓度提高，引起气孔关闭，从而限制了 SO_2 的吸入量。

（2）对污染物具有忍耐作用

一些植物细胞 pH 缓冲能力较大，对污染物有一定的抵抗能力；另一些植物的酶对污染物具有耐性，如 C_4 植物的 PEP 羧化酶对 SO_3^{2-} 或 HSO_3^- 的耐性强，因而能够忍受一定程度的污染物。

（3）具备代谢解毒机制

进入到植物体内的一些气体污染物通过生理代谢活动、氧化、自由基的清除或生成其他产物排放出来。如 SO_2 进入植物体内经亚硫酸氧化酶（SO）氧化成 SO_4^{2-} 而使毒性减少，而 SO_4^{2-} 又可经 5′- 腺苷磷酸硫酸还原酶（APR）作用重新形成 SO_3^{2-}，后者进一步同化形成半胱氨酸（Cys）等含硫化合物。由 SO 与 APR 介导的硫酸盐 – 亚硫酸盐循环被认为是植物调节亚硫酸解毒过程中硫分配的重要机制。再如，植物在重金属污染条件下会利用 Cys 合成富含巯基的植物络合素（phytochelatin），利用巯基与重金属的螯合能力使重金属沉淀，从而减轻重金属对植物的损伤。

（4）较强的植物恢复生长能力

有些植物虽对污染物反应敏感，易出现伤害症状，但其萌生能力强，能很快恢复生长，以此抵抗大气污染。如构树（*Broussonetia papyrifera*）在落叶后数天又可长出新叶，形成新的绿色树冠，并开始进行光合生长。植物在胁迫后恢复生长的能力往往超过胁迫前的水平，被称为补偿生长，是植物适应污染环境的重要机制之一。

延伸阅读

植物的补偿生长

在自然生态系统中，大多数植物都很难达到其最适生长状态，植物在其生活史中经常会遇到各种环境胁迫（低温、干旱、虫害）。当植物遭到胁迫或者伤害之后，一旦胁迫解除，植物将逐渐恢复其生长，当其某一器官受环境影响而功能减退或丧失时，则植物体内部具有恢复该器官功能的能力，以减少或消除环境胁迫对植物体所带来的不利影响，这一功能即为植物的补偿效应（compensatory effect）。补偿生长是植物抵御环境胁迫的一种手段，一般情况下，植物补偿功能越强，其抗胁迫能力也就越强，对生长就越有利（图 Y8-1）。

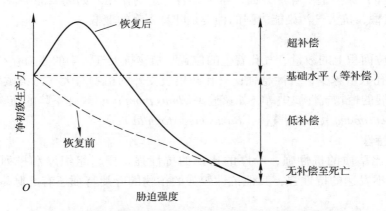

图 Y8-1 植物补偿效应与胁迫水平的关系（仿原保忠等 1998）

Chapin Ⅲ（1991）认为，在植物体内存在一个胁迫反应中心，当胁迫发生时，该中心可在激素调节作用下平衡植物体内的各种代谢活动，植物所表现出的补偿性生长反应即由该胁迫中心介导，且植物的补偿效应因植物种类、所处环境以及所处生长阶段的不同而表现出明显的差异。

根据补偿程度的不同，可将补偿分为超补偿、等补偿和低补偿（Belsky 1986）三类。

超补偿效应（over-compensatory effect）是指当胁迫解除后，植物体生物量或代谢活性恢复并超过胁迫前的水平。超补偿效应即为补偿程度最高时的状态。

等补偿效应（equal-compensatory effect），或称完全补偿效应（completely compensatory effect）是指当胁迫解除后，植物体生物量或代谢活性完全恢复，恢复后的水平与胁迫前水平相当。等补偿效应的补偿程度较超补偿稍低。

低补偿效应（under-compensatory effect），或称部分补偿效应（partly compensatory effect）是指当胁迫解除后，植物体生物量或代谢活性有所恢复，但始终不能恢复到胁迫前的水平。低补偿效应的补偿程度最低。

植物产生补偿效应的程度主要与胁迫发生时期、胁迫强度与胁迫持续时间有关。一般认为随胁迫强度及时间的增大，植物产生补偿效应的程度越低，当胁迫强度超过植物所能承受的阈值时，所受伤害达到无法逆转的程度，植物将不能产生补偿作用。另一方面，一般在植物营养生长后期或生殖生长初期，植物产生补偿效应的程度较高。

8.3.2　植物抵抗大气污染的形态学基础

（1）表皮细胞、角质层

表皮细胞排列是否紧密，表皮是一层细胞还是复表皮，表皮的厚度、细胞和角质层的厚薄，是决定植物抵抗污染能力的重要因素。有人发现表皮层数多而厚的植物抵抗大气污染强，具复表皮的植物抗性也强。角质层的阻力远大于气孔阻力，角质层越厚，大气污染物越难进入植物体，表现较强的抗性。如抗性强的印度榕（*Ficus elastic*）叶子，角质层厚 12 mm，而抗性弱的岭南枣（*Spondias lakonensis*）角质层仅 3 μm。

（2）表皮毛

表皮毛覆盖于表皮上，污染气体进入植物叶内部之前，必须绕过表皮毛。因此表皮毛在阻挡污染气体，保护整个叶片方面，常常具有一定的作用。如同属的糠椴（*Tilia mand-schurica*）与紫椴，抗大气污染能力强的种类是叶具密毛的糠椴。

（3）气孔

气孔在单位面积上的数量、气孔着生的位置与植物抗大气污染的能力存在一定的相关性。如叶片气孔数量越少，抗性越强；气孔凸出表皮外的植物对大气污染敏感，如白桦、紫椴；气孔平展的植物抗性属中等，如家榆（*Ulmus pumila*）；气孔下陷的植物抗性强，如油橄榄（*Olea europaea*）、大叶黄杨（*Buxus megistophlla*）等。

（4）叶片特性

叶片革质比草质的抗性强，叶厚的比薄的抗性强，栅栏组织厚和排列紧密的抗性强，海绵组织不发达的抗性强；其他抗性较强的植物的叶片特征还有叶脉呈密网状，单叶等。

（5）综合形态结构

具有上述多种防护特征的植物抵抗大气污染的效果，比具有单一的形态结构特征的植物强，如夹竹桃叶片厚、革质、有复表皮层，表皮细胞壁厚，角质层厚，气孔分布在气孔窝内，并有表皮毛覆盖，栅栏组织多层，海绵组织不发达，机械组织发达等。这些综合的形态特征有利于夹竹桃对各种有害气体产生很强的抗性。植物在受污染后生长的快慢也可以指示植物对污染的忍受程度的大小。

8.4 大气污染的植物控制

植物是大气污染的受害者，同时它又能通过叶片对污染物的吸收、吸附、过滤等作用，使大气得到净化，减轻大气污染危害。植物的这种控制大气污染物作用很强，是植物反作用于大气污染物质表现最积极的方面。植物控制大气污染物的作用主要有以下表现。

（1）吸收 CO_2 释放 O_2

当大气中的 CO_2 浓度达到 647 $\mu mol \cdot mol^{-1}$ 时，会影响人的呼吸，当达到 2 588 ~ 7 764 $\mu mol \cdot mol^{-1}$ 时对人体有害。目前每年因燃烧排放的 CO_2 达 50 多亿吨，使气温升高，造成全球气候变暖。绿色植物是 CO_2 的消耗者，也是 O_2 的天然制造工厂。据报道，1 株 100 年生长的水青冈（高 25 m、冠幅 15 m、树冠体积 2 700 m^3、覆盖面积 100 m^2）每小时吸收 CO_2 达 2 352 g，制造 O_2 1 712 g。

（2）吸收大气中的有害物质

每公顷森林总叶面积按 2.49 km^2 计算，每小时每平方米可吸收 SO_2 70 g，每公顷可吸收 748 t。植物对 Cl_2 的吸收能力也很强，如印度榕可达 27 $\mu g \cdot g^{-1}$；樟叶槭（*Acer cinnamomifolium*）叶对 F 的积累量可达 3 411 $mg \cdot m^{-3}$。除了气体污染物外，植物对重金属 Al、Cd、Hg、Pb 等的吸收净化能力也很强。

（3）吸滞粉尘

据统计，地球上每年降尘量达 1.0×10^6 ~ 3.7×10^6 t，许多工业城市的降尘量达 500 $t \cdot km^{-2} \cdot a^{-1}$。植物尤其是树木对粉尘有明显的阻挡、过滤和吸附作用。一方面植物具有降低风速的作用，使空气携带的灰尘经过植被层再下降地面；另一方面叶片上的茸毛、油脂和叶浆等起吸滞作用，如核桃滞尘量可达 573 $kg \cdot hm^{-2}$，即使冬季落叶期间，枝、皮也能减少含尘量 18% ~ 20%。

（4）杀菌作用

空气中散布着各种细菌，不少是对人体有害的病菌，绿色植物可以减少空气中的细菌数量。一方面是由于绿化地区空气中灰尘减少，细菌失去了生存的基质，从而减少了细菌数量；另一方面是由于植物本身具有杀菌作用，如 1 hm^2 圆柏（*Sabina chinensis*）林一昼夜能分泌 30 kg 杀菌素，可以杀死白喉、伤寒、痢疾等病原菌。绿地覆盖还可以大大减少细菌的数量，如南京火车站每平方米面积内细菌数 50 000 个，而南京中山植物园每平方米面积内只有 1 046 个，相差 46 倍。

（5）减少噪声

城市中噪声污染很明显，如长期在 90 dB 下工作，20% 的人听力受损害；在 50 dB 下就会有 23% 的人睡眠受影响。绿化对减噪起一定的作用，如：攀缘植物覆盖住屋的时候，屋内噪声可减少 50%；街道绿化树木在某些情况下可减少噪声 14 ~ 15 dB；阔叶树冠能吸收声能的 26%，反射和散射 74%。

（6）减少空气放射性物质含量和辐射的传播

放射性污染影响人们的健康和生命。放射性照射人类半致死量约为 4 Gy，照射剂量 6.5 Gy 时死亡率为 100%。树木对放射性物质有吸收、过滤作用，从而能够减低空气中的放射性物质含量。有试验证明，背风面树叶的放射性物质含量为向风面的 1/4；用不同剂量的电子 1 伽马混合辐射照射 5 块栎树林，发现在剂量 1 500 rad 以下时，树木可以吸收而不影响枝叶生长；剂量为 40 Gy 时，对枝叶生长量有影响；当剂量大于 40Gy 时，枝叶才大量减少。广州某工厂附近受放射性污染的空气经过竹丛阻挡吸收后，放射性物质含量降低 1/3 左右。

8.5　植物对大气污染的生物指示与监测作用

环境不是一个单纯的外界无机条件的综合，而是与生物联系在一起的。根据这一观点出现了以生物为指标去观测环境的想法。如原始农业时代，就有利用野生植物判断土地条件的事例（中野尊正等 1985）。Clements 早在 1920 年就提出了指示植物的概念，他认为植物标志对于综合生境条件如土地熟化程度、肥沃程度、气候等，以及单一条件如 pH 大小、土壤颗粒粗细、地下水位高低、光照度、温度等都有一定的指示性（John & Clements 1929）。侯学煜在 20 世纪 30 年代对中国境内酸性土、盐碱土、钙质土的指示植物进行了研究（侯学煜 1954）。

19 世纪工业革命以来，环境污染问题日趋突出，由环境污染带来的危害也越来越明显，其中最突出的是"八大环境"公害的出现，引起了人们的恐慌。也唤醒了人们对自己生存环境的关注，各国政府纷纷花费大量的资金用于污染环境的治理。在污染治理方面，有效的环境监测手段十分必要，除了利用理化的仪器监测外，人们注意到在环境污染下植物出现的反应，如伤害症状的出现、种的消失以及群落结构的改变等，从而产生了利用生物指示和监测环境的想法，研究最多的是利用植物指示和监测大气污染。

8.5.1　生物指示

早在 19 世纪，就有人开始利用敏感植物的伤害症状对大气中的 SO_2 进行监测。Nylander 1866 年在英国 Epping 森林研究了地衣对大气污染的指示性（Hawksworth & Rose 1970），他们是开展大气污染指示植物的先驱人物。其后又有人开展了用地衣和苔藓指示大气污染的研究工作，发现地衣受大气污染影响很明显，地被植物消失与 SO_2 有很大的关系。

20 世纪 50 年代以来，国外关于大气污染指示植物的研究论文很多，1972 年斯德哥尔摩"人类环境会议"以后，这方面的研究进一步得到加强。这些研究概括起来，主要有以下几方面的内容（蒋高明 1992）。

8.5.1.1　利用叶片典型症状指示大气污染

暴露在大气环境中的敏感植物受污染物质影响，叶表现为伤害症状。如果污染物浓度很高且暴露时间很短，那么植物表现为急性症状，如叶片坏死、颜色由绿变黄、变白等；当污染物浓度较低而且暴露的时间较长时则表现为慢性伤害，如叶片由绿变棕黄、脱绿和早熟落叶。这两种症状均为典型症状，不同植物对于不同的污染物质反应不同，利用典型症状（尤其是急性症状）可以指示大气中某种污染物的存在。Bel-W$_3$ 烟草对 O_3 敏感，被污染后气孔开张受到影响（Macdowall 1964），并产生典型症状，而且还能在不同浓度下出现不同症状及大小，这种症状被称为干枯斑点（weather fleck）（图8–4）。对 O_3 敏感的植物还有菜豆、葡萄、白皮松（*Pinus bungeana*）等（Hech *et al.* 1960）。而甜菜、莴苣、早熟禾（*Poa annua*）等对 PAN 有一定的指示性（图8–5）。最初的研究是在美国加利福尼亚州，因为那里最早发现光化学烟雾污染，受害症状表现为下表皮漂白。另外 Zonneveld（1982）发现烟草、芸薹（*Brassica arvensis*）对 NO_x 有较好的指示作用。许多植物在自然及实验状态下受 SO_2 影响出现典型伤害症状，叶脉之间以及叶的边缘变成白色，组织脱水，叶组织死亡、焦枯、早期脱落。一年四季均有指示 SO_2 的植物，如在中国北方，春季有毛白杨（*Populus tomentosa*）、桦树（*Betula pendula*）、紫花地丁（*Viola yedoensis*）、早熟禾等，夏季有紫花苜蓿、小麦，秋季有白皮松等，冬季有油松。像 SO_2 一样，HF 在高等植物的叶缘及叶尖聚集，使阔叶边缘或先端出现坏死区，并且逐渐变色，颜色由黄→红→棕色，并引起大量落叶。目前人们对乙烯与植物受害典型症状的关系研究比较透彻，比较公认的乙烯指示植物为斑叶杓兰（*Cypripedium margaritaceum*）。

8.5.1.2　利用附生植物指示大气污染

在 1920—1970 年的 50 年中，关于附生植物指示大气污染的研究主要有：污染地区附

图 8–4　植物叶片对 O_3 污染的反应（引自 Zonneveld 1982）

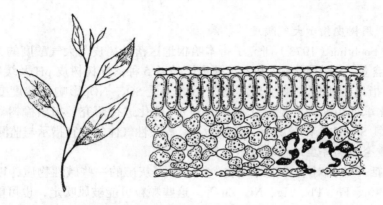

图 8–5　PANs 对植物叶片的伤害现象（引自 Zonneveld 1982）

生植物群落类型、种类组成与分布；移植附生植物于污染地区观察其受害至其死亡所需时间；利用附生植物群落学特征计算大气洁净度指数，进行环境评价；用种的丰富度或种类数量特征绘制大气污染分布图。欧洲从 1955 年左右开始注意到城市污染和地衣类分布的关系，Barkman（1969）发现城市化造成附生植物荒漠（epiphyte desert），绘制了荷兰附生植物地图（中野尊正等 1985）。Gilbert（1975）在英国首次发现市中心为地衣类荒漠（lichen desert），以后他又调查了苔藓类发现了同样的规律。Le Blanc & Rao（1973）、Nieboer（1976）等人研究了地衣对 SO_2 的指示性，其中利用的指标有生物量、叶绿素含量、颜色变化、种的覆盖度、频度、丰度、叶状体症状、种类总数及植物体内 S 含量等。蒋高明和韩志兴（1990）研究表明，夏季油松针叶 S 含量与大气 SO_2 浓度有明显的相关性，可利用油松针叶进行环境监测并据此绘制 SO_2 污染分布图（图 8-6）。

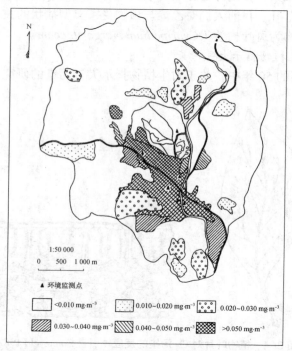

图 8-6 用油松针叶监测的承德市大气夏季 SO_2 污染分布图（1：50 000）（引自蒋高明 1995）

8.5.1.3 利用树皮指示大气酸度

Johnson & Sochting（1973）研究了哥本哈根地区落叶树皮与大气酸度的关系，并测定了树皮中的 S 含量。Grodzinska（1978）研究了波兰 5 种落叶树树皮 pH 及缓冲容量（butter capacity），指出利用树皮能够较好地指示大气受 SO_2、NO_x 影响的酸度变化。蒋高明（1996）对河北承德市 8 种常见绿化树种树皮 pH 变化进行研究，指出榆树等 4 种落叶阔叶树树皮对大气 SO_2 的变化较敏感，可作为 SO_2 等酸性气体的适宜指示与监测植物。

8.5.1.4 重金属和降尘的植物指示和监测

粉尘中包括一些相对不活跃的物质，如来自石灰矿的一些碱性物质，以及一些重金属元素如 Cd、Cu、Fe、Pb、Hg、Ni、Zn 等。这些颗粒可能被风吹走，也可能停留在叶表皮上，通过气孔或受损伤的部位进入叶内。冶炼厂附近的光叶榆（*Ulmus glabra*）和山楂

（*Crataegus monogyna*）叶子中的 Cd、Pb 和 Zn 浓度较高，其浓度值与主风向有关。Good-man（1971）研究了草本植物紫羊茅（*Festuca rubra*）叶中的重金属含量，认为表土和草本植物可以指示大气中的重金属污染。用于研究重金属指示性较好的植物是附生植物，这类植物被大量用于监测。除了观察野生生长的附生植物外，还可以利用苔袋等方法，移植地衣或苔藓于污染区，然后测定其富集的重金属浓度。对粉尘污染的指示性，有人研究了铁杉蒙尘状况，通过对叶片蒙尘的形态观察和理化分析，得知研究地区受到石灰性物质及水泥的影响，同时发现针叶生长量受粉尘污染而降低（Manning 1971）。

8.5.2 生物监测

生物监测是指用生物做指标对环境质量变化进行监测。根据指示生物、生物指数、物种多样性指数、群落代谢、生物测试、生理生化特征及残毒含量等方法监测大气、水体环境质量或污水废水毒性，如根据植物中毒症状判断某工厂的大气污染状况，根据紫花苜蓿、棉花等叶片的叶脉之间出现不规则的白色、黄色斑点或块状坏死指示 SO_2 污染，根据烟草叶片出现红棕色斑点状坏死指示 O_3 的污染等。

8.5.2.1 指示生物、监测生物和富集生物

利用典型症状指示大气污染的一个主要问题是不能回答大气污染物的含量，仅能定性对大气污染状态进行指示的指示者（indicator）而非监测者（monitor），而且典型症状并不典型。即使勉强能够区分污染症状与病虫害、旱害、缺素引起的症状，但因典型症状大多是在实验条件下观察到，因而在野外用典型症状来监测大气污染仍有一定的局限性。污染的指示生物（bioindicator）一般是通过典型症状揭示环境污染而非其他自然灾害或人为压力造成的伤害，但它可能是典型症状，也可能是一系列复杂的非典型症状；监测生物（biomonitor）可以是生物指示者或富集者，而且它也可以回答指示或富集的量；富集生物（bioaccumulator）可在一定时间间隔内积累一定量的污染物，其中的污染物在其分解、释放或转移之前可通过理化分析手段测出。进入 20 世纪 80 年代以来，人们的注意力转移到植物的监测和富集特性来，运用仪器分析，采集测定树叶、树枝、树皮、草本植物、地衣及苔藓植物内的 S 及重金属等来监测或指示大气污染，并借助于计算机等先进手段处理大量数据，从而使大气污染指示植物的研究有了更好的发展。

8.5.2.2 生物监测的特点

（1）生物监测的优点

表现在：①经济实惠。采用化学分析或仪器测定都要购置必要的分析器皿、仪器和药品，有些精密仪器很昂贵，如一台臭氧测定仪大约需要 1 万美元，一台 SO_2 监测仪也要 5 万元人民币，有的更昂贵，而且需要维护和保养，同时还要有一批专业技术人员。如果监测点很多，那需要的仪器设备和工作人员就更多。而植物监测只需一些敏感植物，如果监测植物是监测区内的现有植物，就更经济。所做的工作是监测点观察、记录或收集样品，短期内可完成几十、几百甚至更多人员的工作。分析样品也不受时间的限制。②方法简便。如果用典型伤害症状作监测指标，只需在监测点上种植或放置一些监测植物，然后监测人员对照监测图谱，检查确定污染物种类。不像仪器分析要求监测人员具有一定的数理化基础，要经过严格的专业培训才能进行监测。③监测灵敏度高。如雪松（*Cedrus deodara*）与 712 mg·m^{-3} 的 HF 接触 1.5 h，新增的受害面积可达 55%；更有甚者，被称为"白雪公主"的唐菖蒲品种，在 0.013 mg·m^{-3}HF 环境下 20 h 就会出现症状，现在最精密的监

测仪器还达不到这样的监测水平。④具有监测的多功能性。一般细胞方法专业性较强，如测定 O_3 的仪器不能测氟化物，测 SO_2 的不能测乙烯。但有些植物通过不同的症状反应能分别监测多种污染物，如植物被 SO_2 污染后，叶脉出现漂白或银色斑点；受氟化物污染后叶的伤害处在叶尖和叶缘，并且在正常组织与受伤组织之间出现一条明显的分界线。⑤能连续监测。可以反映一个地区受污染的累积量和受污染的历史状况，这点是任何现代监测方法难以实现的。植物长期生长在一定的环境中，能够忠实记录污染的全过程和承受污染的累积量，而理化仪器监测是非连续性的瞬间监测。事实证明，对植物做连续污染水平的监测效果，比大量连续性仪器监测结果要准确，如：仪器测 SO_2，有 4 次痕量，有 4 次未检出，有 1 次为 $0.06\ mg \cdot m^{-3}$；但分析紫花苜蓿叶片含 S 量，比对照高出 $0.87\ mg \cdot m^{-3}$。特别是一些植物还能追溯一个地区的污染历史，如分析过去采集的植物标本、化石标本、泥岩层标本，以及树木年轮等揭示大气污染的历史。

（2）生物监测的缺陷

表现在：①外界各种因子容易影响植物的监测性能。如蚕豆（Vicia faba）暴露在 O_3 下，当光强为 $1\ 500\ \mu mol \cdot m^{-2} \cdot s^{-1}$ 时，受伤面积为 89%；当光强为 $100\ \mu mol \cdot m^{-2} \cdot s^{-1}$ 时，受伤面积为 10%。低浓度 SO_2 在有雾、露或毛毛雨时比干燥时易受伤害；给葡萄施正常肥料时，不易受 HF 伤害，但额外施以微量元素 B 时，出现严重伤害。②受植物生长状况影响。植物的健康状况，所处的发育期都会影响植物对污染的反应能力，如健康的植物易受污染，有病害的植物受害较轻；植物略微萎蔫时比正常时不易为 SO_2 所伤害。气孔开启与关闭也会影响敏感性，10～14 时和晚上气孔关闭时，植物对污染反应不明显。幼龄植物抵抗力强，中龄植物易受伤害；抽穗、扬花、灌浆时期对污染反应最敏感，危害也最大。③易与其他伤害症状混淆。干热风、霜冻、矿质元素缺乏病虫害等都能引起植物的伤害，而且有些类似于大气污染引起的症状。如干热风引起谷类作物顶端发白；霜冻或矿质元素缺乏，类似于 SO_2 的症状；病毒引起的症状类似于 O_3 的症状；低浓度除草剂（2,4-D 等）与氟化物污染的效应一样，都能引起植物落叶、矮态、卷曲、僵直等。④不能像理化仪器那样迅速做出反应，在较短的时间内就能获得监测结果；也不能像仪器能监测出大气污染中的含量，它反映的只是各监测点粗略的污染水平。

8.5.3　大气污染监测植物选择的标准和方法

8.5.3.1　监测植物选择的标准

（1）必须是对大气污染敏感的植物

大自然中植物种类繁多，不同植物甚至同种植物不同品种对各类气体的反应都不一样，就是同种植物对不同气体的反应也不一样。例如唐菖蒲雪青色花品种被 HF 熏气 40 天，会有 60% 的叶片叶尖出现 1～1.5 cm 长的伤斑，吸氟量比对照增加 $6.79\ mg \cdot m^{-3}$；而粉红色花品种则是大部分叶片受伤，叶尖出现 5～15 cm 长的伤斑，吸氟量增加 $153\ mg \cdot m^{-3}$。唐菖蒲对氟化物无疑非常敏感，但对 SO_2 则有较强的抗性，而紫花苜蓿则恰恰相反。为此选择监测植物一定要根据监测对象，挑选相应的敏感植物。

（2）必须是健壮的植株

只有健壮植物体上出现的伤害症状或生长受阻才能令人信服。如果植物本身长势很弱，叶片上有病斑或有虫害痕迹，就很难说清大气污染的影响效果。因此要求选择监测所用的植物个体一定要发育正常、健壮、叶无斑痕，植株间较为均匀一致。

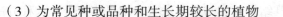

（3）为常见种或品种和生长期较长的植物

选择常见品种或品种能保证有足够种子或繁殖体来源，并在正常栽培条件下容易种植和管理；要求生长季节较长，不断发出新叶，保证监测器有较长的使用期。如果选用自然生长的植物来做活的聚集器，更要用常见植物，否则满足不了大面积监测的布点。如我国选择的行道树杨树、悬铃木等以及在南方用水稻来监测氟污染就很符合这项要求。

（4）监测水平较高者，最好选用无性系植物

因为无性系植物各植株间在遗传性上差异甚小，能使不同监测器在各个监测位置上获得较为一致的监测结果。有人采用杨树等无性系来监测臭氧获得了较好的效果。

（5）尽量选择除监测功能外兼有其他功能的植物

选择兼有其他功能的植物可一举多得。如有的经济价值，有的有绿化或观赏价值等。因此，国内外常选唐菖蒲、玉簪（*Hosta plantaginea*）来监测氟化物，选秋海棠、石竹（*Dianthus chinensis*）来监测 SO_2，选牡丹（*Paeonia suffruticosa*）来监测 O_3，选兰花、玫瑰（*Rosa rugosa*）来监测乙烯，选千日红（*Gomphrena globosa*）、大波斯菊（*Cosmos bipinnatus*）来监测氯等。它们既可观赏，又能报警，一举多得。

8.5.3.2 选择监测植物的方法

（1）污染现场评比法

选择排放已知单一大气污染物的现场，对污染源四周的各类植物进行观察记录，注意植物的受害表现，特别注意叶片上出现的伤害症状特征和受伤面积，然后比较各种植物受害的程度，评比出各植物的抗性等级。凡敏感的植物（即受害最重者）就可选来作指示植物或监测植物，此法比较简单易行。但在野外条件下，环境因子复杂，很难保证各植物个体间的一致性，选出的植物不一定很理想。

（2）栽培比较试验法

将各种预备筛选的植物进行盆栽培养，然后把栽活的植物放在已知污染区一定位点上进行观察记录，记下植物的受害症状和程度，评比植物的抗性等级，选出敏感植物。这种方法可避免现场植物受土壤因子等立地条件差异的影响。但仍有一些干扰因子影响指示的准确性。

（3）人工熏气法

将需要筛选的植物移植或放置在人工控制条件下的熏气室中，把所需浓度的单一或混合污染气体与空气混匀后送入熏气室内，根据需要控制熏气时间。一般的熏气室为动态熏气室，即用抽气的方法，使污染气体不断进入熏气室，接着又不断抽出熏气室，使室内保持一定污染气体浓度的动态平衡。到目前为止，熏气装置又有所发展，有人工开顶式熏气装置，即熏气室顶上是敞开的，使室内条件直接近于自然条件。甚至还有完全开放的熏气装置，使被熏植物完全处于田野自然状态，这样获得实验结果更有实用价值。熏气选择监测植物的方法，其优点在于能够人工控制熏气时的条件（气温、浓度、时间），因此能准确把握植物的反应症状或其他指标，受害的临界值（引起植物受害的最低浓度和最早时间），以及评比各类植物的敏感程度等。

（4）叶片浸蘸法

人工配制一种化学溶液，浸蘸植物叶片后，产生近似于某种污染气体直接熏气同样的效果。如浸蘸氢氟酸可产生氟化氢的效果，浸蘸亚硫酸可产生二氧化硫的效果等。如用 $500\ \mu mol \cdot L^{-1}$ 的氢氟酸水溶液浸蘸植物叶片 1 min，取出后过一定时间观察，统计植物

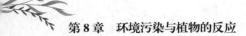

的受害程度以鉴别其敏感性。试验证明其结果基本与熏气法实验结果相符合。这种方法简便、快速，在没有熏气条件的地方，可以采用此种方法来筛选监测植物。

8.5.4　植物监测大气污染的指标

8.5.4.1　典型症状

主要是通过肉眼观察植物体发生的形态变化，特别是以叶片表面出现的受害症状来评价污染。可分为定性与定量两类。

（1）定性

是性是指通过植物受害症状确定大气中有何种污染物的指标。各处污染物引起的症状有共性，也有个性。利用这一指标的监测者，必须熟练掌握各类污染物引起的症状特征，并且手边应备有一本质量较高的症状彩色图谱，在调查中随时查对。

（2）定量

定量是指通过植物受害症状的数量统计确定污染物及其相对污染程度的指标。这些指标不仅反映污染物与植物症状的对应关系，而且还反映污染物浓度与植物伤害程度的相关规律。监测者手边应备一张污染物浓度与植物伤害程度的等级表，根据植物伤害程度和面积反映大气中污染物的浓度范围（表 8-9）。也可将落叶量划分受害等级，如落叶度一级（落叶量 1% ~ 20%）、落叶度二级（落叶量 21% ~ 40%）、落叶度三级（落叶量 41% ~ 60%）、落叶度四级（落叶量 61% ~ 80%）、落叶度五级（落叶量 81% ~ 100%）等，根据受害等级对某地区的环境污染状况进行生态学评价。

表 8-9　利用菜豆对周围 O_3 反应的评价表

受伤程度	评价系统伤害严重性的指数	叶受伤百分数 /%
无	0	0
轻微	1	1 ~ 25
中度	2	26 ~ 50
中度 – 严重	3	51 ~ 75
严重	4	76 ~ 99
完全受伤	5	100

8.5.4.2　植物生长势和产量

空气污染会影响植物的生长发育，特别是植物的慢性伤害，最终会导致生产量的变化。反之，根据植物的生长发育和产量状况可以指示大气污染程度，植物各类器官生长状态的数值都可用来做指标，如：测根的鲜重和干重，茎的高度或长度、生长速度、节数、节长、鲜重或干重，叶数、叶面积、生长速度、鲜重或干重，芽形成时间，开花数量、植物群开花百分率和开花的初始时间等，芽数与花芽数比率，果实的直径（大的果实）、重量（肉质的测鲜重，谷类的侧干重）、每个果实含种子平均数目等，种子（包括颖果在内）的粒重、千粒重、发芽率等，总收获量或生物量，茎与根的经率等。对于乔木，重要的指标是：小枝数、小枝长度、小枝直径、地面上一定高度的直径（如胸径等）、茎干生长率、叶或针叶大小和（或）面积、果实或球果坐果率、结籽状况。

8.5.4.3　植物群落学指标

大气污染同样会影响植物种类的分布，群落内物种的消长、变迁以及盖度的变化等，因此调查植物群落变化就可以推断大气污染状况。特别是苔藓和地衣群落对污染最为敏感，变化十分明显，是比较理想的监测手段。以苔藓、地衣为例，监测的指标有：①种类数，即统计某种苔藓或地衣同在一起的各种苔藓或地衣的"抗性系数"时用。如生长在仅有 1~2 种苔藓或地衣的地方，此种抗性强；如生在 10 种以上的地方，此种抗性弱。②出现度，调查苔藓或地衣在样方中出现频率（即频度），可用百分率表示，划成五个等级，每隔 20% 为一个等级。一般取五株权的平均值。③盖度，调查苔藓或地衣覆盖面积占样方总面积的百分数。所有植物的盖度称总盖度，代表着整个植物的生长量；每种植物的盖度，代表着每种植物的生长量。

8.5.4.4　植物生理指标

（1）光合作用

大气污染对植物光合作用有明显影响，在缺乏可见伤害症状的情况下，测量光合作用则能指示出植物中短暂的或可逆的变化。例如有人测得 O_3、NH_3 等大气污染物抑制光合电子传递，导致卡尔文循环中间产物的损失和 CO_2 固定速率的减慢，使得整个光合作用减弱。在污染物浓度超过阈值剂量后，光合作用减弱强度与污染物的浓度成正比。因此，测定光合作用的减弱程度就可了解大气的污染状况。近代还有人利用叶绿素能激发出荧光的原理，使用荧光变化技术测量污染引起的荧光变化量，也能了解大气污染的程度，例如高 N 胁迫条件下苔藓植物初始荧光（F_o）、可变荧光（F_v）和最大光化学量子产量（F_v/F_m）等荧光参数均会明显下降（Liu *et al.* 2016）。

（2）呼吸作用

呼吸作用是植物最重要的生理活动之一。因为这一生理活动要不断与外界进行气体交换，因此受大气污染的影响较大。例如氟化物能引起呼吸强度的增高，而且与受损害的规模呈明显的比例关系，因此呼吸作用也可作监测大气污染的一种生理指标。不过有人在臭氧的实验室中观察到，叶片早期没有出现伤害症状前，呼吸是抑制的，出现症状便转向刺激呼吸作用。为此，我们在利用呼吸指示指标时要把握这一规律，否则会造成监测上的失误。

（3）气孔开放度

气孔是植物体进行气体交换的门户，也是大气污染物质进入植物体内部的主要通道。植物体受害与气孔的启闭状况关系密切，同时有害气体又能影响气孔的活动。如有人观察到 SO_2 能诱导气孔开放，在 1.3~3.2 mg·m^{-3} 范围之内，气孔开张程度与 SO_2 浓度增高成正相关，同时气孔开度也与叶片受伤面积正相关。因此，以上两种相关规律都是监测大气污染程度的较好指标。

（4）光呼吸

光呼吸是植物体内过剩光能耗散的重要途径之一，通过消耗 ATP 与 NADPH，可以有效防止光合电子传递链的过度还原以及减轻光抑制。如有研究指出，过量 N 与 Al 均会导致植物光呼吸过程的关键酶之一的乙醇酸氧化酶活性明显上升（Xiao *et al.* 2005；Liu *et al.* 2016）。此外，光呼吸过程会产生甘氨酸，因而可以促进谷胱甘肽的合成，后者在植物应对氧化胁迫以及解除重金属毒性方面均发挥重要作用。

（5）细胞膜的透性

无数实验已经证明，O_3、SO_2、NO_x 以及重金属污染都能导致植物发生膜脂过氧化，导致细胞膜的透性增加，改变细胞外渗物的电导率，有人注意到非离子化气体伤害程度与电导率变化成正比增加。为此电导率成了衡量污染的一个指标，只要用电导仪测量被污染植物组织浸出物的电导率就能推断植物受污染的程度。

（6）pH 或耐酸力

有人发现植物对 SO_2 的抗性与叶组织汁液的 pH 有关，凡是偏酸的容易受害，接近中性的则抗性强，因此提出叶组织汁液的 pH 可作为指示植物抗性的生理指标，适宜用来间接、快速地测定植物对 SO_2 的抗性表现。此后，也有人把这个指标用来监测氯，同样看到叶片汁液 pH 的高低与植物对 Cl_2 的抗性强弱基本上成正相关。但也有人注意到不同植物细胞的缓冲能力不一样，是因为各自细胞的等电点不同，确定植物的抗性不能单纯决定于 pH，而是决定于 pH 与等电点之间的相差多少，此差值即"耐酸力"。为此，应当用耐酸力作为植物受酸性气态污染物污染的生理指标。

（7）酶指标

任何一种植物都具有各种各样的酶蛋白，它们在生理代谢活动中起着重要的作用。有些酶对某些污染物非常敏感。如 6- 磷酸葡糖脱氢酶很容易被 PAN 钝化；氟化物对肌醇六磷酸酶有抑制作用；O_3 能引起硝酸还原酶、酸性磷酸酶、核糖核酸酶、细胞色素氧化酶等活性的增加，对葡糖磷酸变位酶、乳酸脱氢酶等有抑制作用等。其中特别是过氧化酶对一些污染物更为敏感，人们常用来检测大气污染物对植物的影响。有人认为它是一种对大气污染物非常敏感的生理指示物。

（8）初生代谢产物

污染影响植物的生理活动，所以也必然影响植物代谢产物生理学形成与累积。如有人注意到臭氧能引起游离氨基酸增高，也有人注意到对臭氧敏感的植物中可溶性还原糖含量最低，经 O_3 处理的植物还原糖水平立刻增加 50%；同时，K^+ 和还原糖呈负相关，还原糖达到最低时，K^+ 量达到最高。最大量的 K^+、最小量的糖和游离氨基酸浓度与臭氧的最高敏感性之间存在着重要关系。

（9）次生代谢产物

植物次生代谢中的苯丙烷途经亦在抗氧化胁迫机制中发挥重要作用，因其代谢产物中酚酸、黄烷醇和类黄酮等酚类物质中的酚羟基极易被氧化，可以通过还原反应降低细胞中的氧自由基含量，具有很强的清除自由基的能力，因此其与植物抗氧化胁迫的能力密切相关。许多研究表明，植物在重金属、SO_2 以及有机物污染条件下，酚类次生代谢产物含量均有明显提升。此外，生物碱也是植物体内重要的次生代谢产物，它可以作为植物细胞相容性物质，在植物抗渗透胁迫机制中发挥重要作用，同时部分生物碱亦可在抗氧化机制中发挥作用。因此这几项代谢都可用来作为植物未致死前检查毒物剂量影响的方法。

8.5.4.5 生殖器官

（1）染色体微核率

利用植物雄蕊发育过程中，花粉母细胞减数分裂时四分体时期出现的微核百分率来指示环境污染。我们知道，植物细胞分裂时染色体要进行复制，在复制时如果受到外界诱变因子的作用，就会产生一些游离染色体片段，形成包膜，变成大小不等的小球体，这就是"微核"。这种效应在花粉母细胞的减数分裂时特别敏感，在分裂的四分体时期最易观察到。微核大小多少不定，一般为细胞核的 1/20 ~ 1/10，每个四分孢子中可能有一个或多个。研究证明，产生微核的数量与外界诱变因子的强弱成正比。一般说来，污染物中的诱变物质越多，产生的微核就越多。因此可用微核出现的百分率来评价环境污染水平和对生物毒害和破坏的程度。

（2）花粉萌发率和花粉管伸长速度

有些大气污染物会影响植物的结实，深究其原因，有的是由于污染物直接影响了花粉的萌发和花粉管的伸长。如 HF 会影响番茄花粉管萌发和使花粉管在柱头上生长受遏制，同样 O_3 也会阻碍番茄花粉管的伸长。在高浓度 O_3 中，烟草和矮牵牛的花粉管会暂时停止生长，而且管尖变窄。由此看来，花粉管的萌发和生长是指示大气污染较为直接的指示指标。

（3）地衣子囊孢子和粉芽的影响

有人注意到有些地衣产生的子囊孢子、粉芽等随大气污染增加而减少；还有人观察到在污染地区，地衣一般缺乏粉芽和其他营养结构。凡是 SO_2 浓度超过 0.04 $mg \cdot m^{-3}$ 的地区槽梅衣（*Parmelia sulcata*）就不能产生粉芽；SO_2 浓度为 0.04 ~ 0.006 $mg \cdot m^{-3}$ 只产生少量粉芽；浓度小于 0.006 $mg \cdot m^{-3}$ 的地区则产生大量粉芽。

8.5.4.6　植物体内污染物含量

植物对外界不断进行气体和物质交换，受污染的环境必然要吸入并积累污染物，测定植物体内污染成分的含量便可估测大气的污染成分和相对污染程度。此法的优点是：① 分析精确；②能测得一个时期的污染累积量；③可各处布点，绘出一个区域污染状况图，故多为人们采用。不过也有缺点：①不能用于不积累的污染物；②有些污染物直入植物体后有转化、转移等变化，不能完全与大气中的含量一致；③要有化学分析的条件。为此这种方法用于重金属、氟化物等监测上效果较好。

在实际工作中，主要采用分析叶片、枝条、年轮、地被、水分中化学分子的方法测定污染的浓度，并用以环境质量评价，主要有污染物含量指数法 IPC 法，表示为：

$$IPC = \frac{C_m}{C_c} \tag{8-1}$$

式中，IPC 为污染物含量指数；C_m 为监测点采样植物叶片中某种污染物的含量；C_c 为对照点采样植物叶片中某种污染物的含量。根据 IPC 对各监测点的空气污染度进行分级，举例如下：

Ⅰ级：清洁（< 1.20）

Ⅱ级：轻度污染（1.21 ~ 2.00）

Ⅲ级：中度污染（2.01 ~ 3.00）

Ⅳ级：严重污染（> 3.00）

在实际应用中，可以根据具体的地点和具体污染物性质划分空气污染等级。

8.5.5　植物指示与监测大气污染研究展望

8.5.5.1　继续寻找更多更可靠的指示植物

一些植物对于某种污染物的典型症状并不恒定，品种之间存在差异，因此要寻找遗传特性一致的指示植物。对不同种与污染物之间的对应关系应继续研究，从而筛选有效的指示植物。一些栽培草本植物被证明是某种污染物的指示植物，如 Bel-W$_3$ 烟草对 O$_3$ 有很好的指示作用，但这种植物是一年生的，需要每年栽培，应用起来比较费时。如果能寻找出多年生或一年生野生植物来替代这些栽培种，那么在实践中就更为方便。另外，在研究中发现，在污染中心地区可利用的指示植物较少，如松树虽对 SO$_2$、O$_3$ 等有指示作用，但仍需要寻找比较可靠的替代植物，如一年生或多年生杂草（伴生植物），这类植物分布很广，对生境要求不严。

延伸阅读

空气凤梨——空气生物净化的新宠

空气凤梨是凤梨科铁兰属（*Tillandsia*）植物的通称，又名气生凤梨、空气草、铁兰花，为多年生附生草本。原产于中、南美洲的热带或亚热带地区。原生种类逾 500 种，种类之多是凤梨之冠。近年来不断出现人工杂交的品种，新的野生品种亦陆续被发现。空气凤梨根部稀疏，外露在空气之中，仅能作固定植株之用，有些种类甚至没有根。叶片上有许多白色小鳞片，能够吸收空气中的水分和矿质元素，是真正吸收水和养分的器官。这些鳞片多呈盾形凹陷，空气中水分及养分会被凹陷处的气孔截获，经薄壁细胞的空隙渗透到植株体内。空气凤梨多为 CAM 植物，其气孔在温度较高，空气相对干燥的白天处于半闭合状态，以减少水分蒸发，等到温度降低，空气湿度增大的夜晚则完全打开，吸收空气中的水分。

空气凤梨大部分品种耐干旱、强光，只有少部分品种喜潮湿环境。由于它们生长所需的水分和养分均全部来自空气，因此也能够同时吸收大气颗粒物中的污染物（包括有机污染物和重金属），从而成为有效检测环境变化的"指示植物"和去除环境污染的修复植物。1997 年，Calasansa 和 Malm 曾发现松萝凤梨（*T. usneoides*）（图 Y8-2）是一种很好的检测空气中重金属离子的指示植物，它能快速、有效地积累空气中悬浮的重金属离子，并对一些胁迫环境，如高温、高重金属、氯气等具有较强的拮抗能力。近年来研究亦发现，

图 Y8-2　松萝凤梨

A. 整体观；B. 叶片（示叶片表面鳞片）

除松萝凤梨以外，*T. permutata*、*T. recurvata*、*T. tricholepis* 等空气凤梨对空气中重金属离子均具有良好的吸附以及监测能力，一些种的吸附能力甚至比地衣还要强（Gonzalo *et al.* 2009）。

其实，不仅仅是空气凤梨，许多附生植物如兰科、苦苣苔科中的一些附生种类，甚至一些附生蕨类，它们都能直接从空气中吸收水分和养分，对大气环境的净化均能起到很好的作用，只是目前被广泛接受并且了解最多的仅空气凤梨这一类特殊植物。目前世界上阿根廷、巴西等部分国家已对空气凤梨做了较为系统的研究，我国在这方面仍处于起步阶段。如何更好地利用包括空气凤梨在内的附生植物，为环境污染的治理与修复提供更有效的生物修复途径将是未来值得研究的课题。

8.5.5.2 建立大气污染植物指示与监测的标准化系统

由于各地地理、气候等客观条件不同，以及采样及分析方法不统一，不同学者所得到的数据可比性差，有必要建立标准化系统，将筛选出来的指示植物、典型症状、污染物浓度、背景值、各生长期污染物含量等指标建立数据库，便于具体监测单位查证。同时，采样所要求的风向、季节、种类、位置、年龄以及化学分析过程中的前处理、测试条件和方法也应规范化。

8.5.5.3 建立指示植物反应—周围大气污染物浓度—人体健康一体化的监测系统

大气污染使植物发生反应，如出现典型症状或污染物在植物体内富集。用典型症状不易定量地指示大气污染程度，如果结合理化分析手段就能实现。理化分析能够客观地反映植物中污染物富集量，如 S、F、重金属等。但 O_3、PAN、乙烯等在植物体内并不富集，无法用理化分析检测，尚需寻找更为有效、能够定量或半定量的植物指示特征，如生理指标等。

植物体内的重金属含量往往与周围污染物浓度有一定相关性，因此通过测定植物体内重金属含量就能基本回答大气受污染程度，然后根据人体健康的要求，制定以植物体内污染物含量评价大气质量的污染标准体系，从而加强环境保护。这项工作首先要求有效地指示植物，另外尚需做大量的研究工作以检验植物反应与大气污染之间的定量关系。如果有这样一个监测系统，则能充分利用指示植物的综合性、真实性、长期性、灵敏性及经济实效的特点。

8.5.5.4 大气污染指示植物形态生理生态或遗传特性的研究

从宏观和微观机制上探讨大气污染指示植物的机制。研究指示植物的污染环境下发生的形态、生理生态特性或遗传的改变，如蒸腾、光合、生殖及物质特性等，从内部机制上探讨污染物在植物体内迁移规律及对植物产生伤害的机制。

小结

环境污染主要是指由于人类活动造成许多有害物质或有害因子被释放到环境中去，在环境中扩散、迁移或转化，并对人类或其他生物产生影响。环境污染物质包括大气、水、土壤中的污染物，这些污染物对生态系统中的动物、植物、微生物都会产生影响。但由于植物叶面积较大，与污染大气的接触面积大，对污染物的反应较为敏感；另外植物无法躲避污染，只能在原地忍耐或抵抗污染，从而表现出相应的抗性指示或受害症状。因此，人们选择植物作为环境污染的指示物种。

大气中主要的污染物质有 SO_2、氮氧化物、O_3、氟化物、Cl_2、总悬浮颗粒物等，这些物质对植物的伤害主要是通过叶片表面的气孔，在植物进行气体交换时，伴随 CO_2 一起从气孔进入叶肉细胞，而使叶肉组织受到伤害，改变正常的水分关系并导致细胞结构改变。SO_2 在叶片细胞中形成 SO_4^{2-} 离子，大量积累后会影响正常的生理代谢和光合作用，对细胞产生毒性。O_3 是强氧化性物质，破坏膜结构的完整性，导致细胞代谢失调，抑制植物花粉管萌发，引起落叶和落果，使光合作用、磷酸化等过程发生变化等。氮氧化物是光化学反应的起始反应物，其中 NO 可导致大气臭氧层的破坏。总悬浮颗粒物的多少，反映环境质量的好坏，是环境常规监测的指标之一，其中较小的颗粒物可能会引起植物气孔堵塞。

植物对大气污染的伤害有多种抵抗途径，植物叶片气孔控制或表面形态结构的变化可限制气态污染物少量进入或不进入细胞、组织的特性；污染物进入细胞、组织后，则可通过一系列代谢解毒机制减低其毒害。植物也可通过叶片对污染物的吸附、吸收、过滤等作用使大气环境得到净化，减轻污染危害。同时人们也可以利用植物对环境污染进行指示和监测。

思考题

1. 简述按照污染物性质划分环境污染的类型有哪些。
2. 简述大气污染对陆地生态系统的影响。
3. 简述 SO_2 对植物伤害的过程和机制。
4. 简述 O_3 对植物的伤害作用和机制。
5. 植物抗大气污染的生理基础有哪些？
6. 简述植物抵抗大气污染的形态学基础。
7. 植物对大气污染控制有哪些表现？
8. 大气污染的植物指示作用有哪些方面？
9. 生物监测是指什么？其优点有哪些？举例说明。
10. 大气污染监测植物选择的标准是什么？植物指示的指标有哪些？

附录 I
植物生理生态学发展里程碑

年代	里程碑	参考文献
1661	《好奇的化学家》(The Sceptical Chymist)一书问世，阐述了元素、化合物及土壤盐分的性质	Boyle (1661)
1699	首次应用溶液培养，确定了植物对不溶物的吸收	Woodward (1699)
1727	《植物静力学》(Vegetable Statics)出版，首次全面理解整株植物的生理学特征，提出空气是植物的组成部分，并阐述了太阳光的作用	Hales (1727)
1776	普里斯特利 (Joseph Priestley) 认为植物的生命物质来自空气，植物能够制造氧气	Loomis (1960)
1779	英根豪斯 (Jan Ingenhousz) 首次阐述光合作用中光的作用，光和黑暗引起的空气吸收与氧气释放对实验动物的影响	Loomis (1960)
1782	森内伯 (Jean Senebier) 证明植物体重的增加来源于空气与光的互作，在后来的著作中，此理论被重新表达为拉佛斯 (Lavoisier) 现代化学观	Russel (1973)
1801	耐特 (T.A. Knight) 阐述树木在地下水上移中的作用，茎秆对同化物向下运动的作用，叶脉组织特征在叶片对光反应运动中的作用	Knight (1801)
1804	桑舒 (Nicolas Théodore de Saussure) 首次更正了光合作用的计算公式	Lieth & Whittaker (1975)
1840	李比希 (J. Liebig) 等证明植物所接受的空气实际上是 CO_2 的来源，并且推断出全球尺度上的光合规模	Liebig (1840)
1847	沃特森 (H.C. Watson) 出版《大不列颠植物区系》，证明气候和海拔对英国植物地理分布的影响	Watson (1847)
1858	普费 (W. Pfeffer) 健全了溶液培养技术，至此，对于植物所需要的主要营养已有了全面的认识	Pfeffer (1900)
1861	在此时期，关于植物学和生理学的教科书及知识仍处于基础性和概括性的阶段	Bently (1861)
1862	李比希 (J. Liebig) 提出最小因子定律	Liebig (1862)
1881	普费 (W. Pfeffer) 出版了《植物生理学》教科书，文中对植物个体的基本生理过程进行了总结，对光合作用、呼吸作用、物质运输过程、植物与水分、矿质营养及其他环境因子的关系和氮素吸收等都给予了全新的阐释	Pfeffer (1900)

19 世纪 80 年代以前，发表的许多文章在今天看来都属于生理生态学的范畴，这些文章均早于 20 世纪才出现的一些生态学杂志，比如 *American Naturalist*，*Annual of Botany*，*Annals des Sciences Naturelles Botaniques*，*Butetin of the Torrey Botanical Club*，*Botanical Gazette*，*Comptes Rendus des Seances de l'Academie des Sciences*，*Frlora*，*Journal of Linnaean Society*，*Nature*，*New Phytologist*，*Philosophical Transactions of the Royal Society London*

附录 I 植物生理生态学发展里程碑

续表

年代	里程碑	参考文献
1882	《植物生理学》教科书问世	Sachs（1882）
1884	《植物解剖生理学》出版	Haberlandt（1884）
1885	伯森劳特（M. Berthelot）阐述土壤微生物的固氮作用	Berthelot（1885）
1887	阿仁纽斯（Arrhenius）提出了分解理论，这对于理解土壤–植物的关系推进了一步	Clark（1923）
1889	赫瑞哥（Hellrigel）首次阐述自生固氮作用	Preffer（1900）
1893	温那哥瑞斯卡（Winogradsky）推导出自生固氮作用的能量消耗效率	Preffer（1900）
1894	包括已熟知的《植物生理学》在内的植物学教科书出版； 水分运输过程中的表面张力公式的介绍； 用生态学理论探讨的应用植物生理学教科书出版	Strasburger（1898） Dixon & Joly（1894） Darwin & Acton（1894）
1900	叶片结构形成与叶片展开的理论； 详细阐述了植物基于土壤条件的分布，开展了在不同土壤类型及改良土壤中的植物生长试验	Brown & Escombe（1900）
1903	莱温斯顿（B.E. Livingstone）关于渗透势、水分运动和蒸腾作用的理论	Livingstone（1903）
1904	伯哥斯泰因（A. Burgstein）关于蒸腾作用的专著问世	Burgstein（1904）
1905	对植物叶片的能量平衡的阐述； 克莱门茨（F.E. Clements）的首本教科书《生态学研究方法》问世，之后一直到1930年又连续出版了一系列的专著，这些工作极大地促进了植物生理生态学的发展	Brown & Escombe（1905） Clements（1905；1907；1916；1920；1928；1929）； Blackman（1905）
1909	作为生物学家，索仁森（Sorensen）首次应用 pH 的概念	Clark（1923）
1919– 1920	布莱克曼（F.F. Blackman）对植物生长分析技术进行初步介绍	Blackman（1919）；West et al.（1920）；Evans（1972）
1922	图森（G. Turesson）首次对植物功能基因群进行描述	Turesson（1922；1931）
1925	费歇尔（R.A. Fisher）关于回归、相关、列联、方差分析等统计方法的导论和试验设计的完善	Fisher（1925；1935）
1925	马克西莫夫（N.A. Maximov）用生理生态学词汇描述的植物与水分关系的教科书问世	Maximov（1929）
1927	哥格（R. Geiger）的《近地表气候学》问世	Geiger（1927）（1965 English version）
1931	伦得嘎德（H. Lundegar）最早的生理生态学教科书之一《环境与植物发育》问世	Lundegar（1931）
1935	坦斯勒（A.G. Tansley）提出生态系统概念	Tansley（1935）
1938	温特（F.W. Went）可调气候温室首次应用于植物生理试验	Went（1957）
1942	林德曼（R.L. Lindemann）的"生态热动力学：一个关于生态系统后期形成的学术论文"发表	Lindemann（1942）

年代	里程碑	参考文献
1948–1949	温特（F.W. Went）等人在 Pasadena 和 California，应用可控气候室进行仿真模拟的合作研究，筛选出野生种群对气候因子的反应类型	Went（1957）
1953–1957	奥德姆兄弟（E.P. Odum & H.T. Odum）理解的生态系统概念以及有关数量生态系统功能的基础研究	Odum（1953）；Odum E & Odum H（1955）& Odum（1957，1971）
1962	首次进行了有关森林生物地理化学的生态系统研究	Likens *et al.*（1977）
1964–1974	《国际生物学规划》（IBP）联合报告由剑桥大学出版社出版	
1966	瓦特（K.E.F. Watt）生物系统分析的第一本教科书问世	Watt（1966）
1969	凡德尼（G. M. van Dyne）的系统分析问世	van Dyne（1969）
1972	《光化生态学》出版；《植物生态学》出版	Harborne（1972；1977）Stalfelt（1972）
1974	《植物与环境》出版	Daubenmire（1974）
1975	拉夏埃尔的《植物生理生态学》专著出版	Larcher（1975）
1976	班内斯特（P. Bannister）《植物生理生态学导论》出版	Bannister（1976）
	除了以上所列之外，在过去的十年中还有大量的生理生态学专著问世，如《生态学研究》，1–32 卷（1973–1979）（Springer–Verlag）和《生理生态学》（Academic Press）	
1979	波尔曼和李肯斯（F.H. Bormann & G.E. Likens）的《生态系统格局与过程》一书发表，该书讨论了新罕布什尔州生态系统的结构与功能	Bormann & Likens（1979）
1980	美国自然科学基金会建立了 18 个长期生态学研究试验站，这些实验站包括了海岸、草地、落叶阔叶林、针叶林、热带雨林等各种生态系统类型	Vogt *et al.*（1997）
1982	首次报道空气污染造成美国云杉异常死亡	Siccama *et al.*（1982）
1983	欧洲开展陆地生态系统调查，确定森林生态系统由于空气污染所造成的损失	Huettle（1989）
1985	考克斯（C.B. Cox）和莫尔（P.D. Moore）第四版《生物地理学：生态学和进化生物学途径》出版	Cox & Moore（1985）
1986	《生态系统等级概念》一书发表，提出生态系统尺度的新理论，指出生态系统存在着等级结构	O' Neil *et al.*（1986）
1987	《森林采伐产生的景观格局》中的文章《生态后果与原则》，阐述了森林采伐方式对景观结构改变的重要作用	Franklin & Forman（1987）
1988	第一部生态系统管理的著作问世	Agee & Johnson（1988）
1991	《预测生态系统对 CO_2 浓度升高的响应》一文发表，呼吁新的长期生态系统研究和减少试验室的试验	Mooney *et al.*（1991）
1992	《生物多样性探索》一书问世	Grumbine（1994）

续表

年代	里程碑	参考文献
1993	《保护生态学和关键种概念》文章发表，建议应该用种内和种间及与生境的相互作用代替关键种的概念； 联合国环境规划署《生物多样性研究国家规范》诞生	Mills *et al.*（1993） UNEP（1993）
1994	《生态系统管理》一书发表	Gordon（1993）
1995	双通道开路式光合测定仪的诞生	LI–COR（1995）
1997	《京都协议》诞生	United Nation Environment Programme（1998）
2002	Walther 阐述了气候变化背景下，物候、个体生理、物种分布及群落间关系的响应。	Walther（2002）
2002	《植物生态学》出版	Greritch（2002）
2002	Dawson 综述了稳定同位素技术在植物生态研究中的应用。	Dawson（2002）
2002	Westoby 阐述了植物物种间变化的生态策略	Westoby（2002）
2003	《植物生理生态学：生态生理和逆境生理功能》出版，该书揭示了不同植物种类和功能型对不同生境的响应	Larcher（2003）
2003	《高山植物：高山生态系统的功能植物生态学》出版	Körner（2003）
2004	Reich 分析证实了温度对叶片氮和磷含量有显著影响	Reich（2004）
2004	《土壤植物水分关系原理》出版，该书从生理角度解释了水分在土壤 – 植物 – 大气系统中的运动。	Kirkham（2004）
2005	《种子生态学》出版	Fenner（2005）
2006	Poorter 揭示了叶片性状与植物性能之间的关系	Poorter（2006）
2007	《根际：在土壤植物间的生物化学和有机物质》出版	Pinton（2007）
2009	《从植物性状到植被结构》出版	Shipley（2009）
2010	Nicotra 探讨了植物可塑性对全球气候变化的响应。	Nicotra（2010）
2011	Isbell 研究证实丰富的植物多样性可以维持生态系统服务功能	Isbell（2011）
2012	《光子 – 植被相互作用：光学遥感与植物生态的应用》出版	Myneni（2012）

附录 II
常见植物生理生态指标的测定方法 🅮

（标有 🅮 的内容参见本书配套的数字课程基础版，下同）

附录 III
发表植物生理生态学领域
论文的 SCI 刊物概览 🅮

参考文献 *e*

名词解释 *e*

名词索引 *e*

植物拉丁名索引 *e*